高等院校计算机技术“十二五”规划教材

MATLAB 可视化科学计算

主编　刘加海　严　冰　季江民　陈忠宝

前　言

PROFACE

MATLAB 是 MathWorks 公司开发的一套高性能的数值计算和可视化软件，也是一套功能十分强大的计算机科学计算、可视化辅助设计、可视化教学软件。

MATLAB 是以矩阵计算为基础的程序设计语言，其指令格式与教科书中的数学表达式非常相近，用 MATLAB 编写程序犹如在演算纸上书写公式和求解问题一样方便。它比 BASIC、FORTRAN 和 C 等语言更加接近书写计算公式的思维方式。由于使用 MATLAB 编程运算与人进行科学计算的思路和表达方式完全一致，所以在学习 MATLAB 编程时不像学习其他高级语言那样难于掌握。事实表明，学习者可在短短几个小时的学习和使用中就能初步掌握 MATLAB 的基础知识，从而使学习者能够进行高效率和富有创造性的计算。另外，MATLAB 还具有功能丰富和完备的数学函数库及工具箱。大量繁杂的数学运算和分析可以通过调用 MATLAB 函数直接求解，从而大大提高了编程效率，程序编写速度远远超过了传统的 C 和其他计算机程序设计语言。而且用 MATLAB 语言编程，往往可以达到事半功倍的效果。在图形处理方面，MATLAB 可以提供二维、三维甚至是四维的直观表现，同样有很强的表现能力。

MATLAB 的应用范围非常广，包括科学计算、信号和图像处理、通讯、控制系统设计、测试和测量、财务建模和分析以及计算生物学等众多应用领域，利用 MATLAB 提供的各种分析和计算工具大大地方便了科学计算。例如解一个非线形规划的问题，约束条件往往有十几个，甚至几十个，如果靠手工计算，那简直是不可能完成的工作，但 MATLAB 几乎瞬间就可以完成。在建模时主要应用到的 MATLAB 工具不仅包括专业的数学工具还包括绘图、图像处理等一些辅助操作。利用 MATLAB 的二维和三维绘图功能可以形象和直接地分析和检验数据，能够综合运用所学的各科知识和各种工具软件。

MATLAB 对于学习者的编程语言基础要求不高，库函数和编程语句丰富多样且简单易学，在数据可视化上也有其独特的优势。学习者不需要投入太多的时间在编程语言知识学习上，可以直接利用软件提供的丰富的函数，编写较简单的程序即可解决许多实际问题。学习者通过对 MATLAB 的学习与应用，可深深地体会到它的强大与便利，为今后的科学计算和研究打下良好的基础。

正是由于 MATLAB 的各种优势和特点及其强大的功能使得它日益成为科研、工程计算等众多领域不可或缺的重要工具。对于大学生而言，学好 MATLAB 这一工具软件，可以为以后步入科研工作岗位做好必要的准备。在国外的高等院校里，MATLAB 已经成为大学生、硕士生、博士生必须掌握的基本技能。在设计研究单位和工业部门，MATLAB 已经成为研究和解决各种具体工程问题的一种标准软件。

目前已进入大数据时代，因而 MATLAB 在数据计算分析，特别是对海量数据的处理方面表现出相比其他的编程语言更大的优势。为了适应信息计算的需要，从 2004 年起笔者在浙江大学本科生中开设《基于 MATLAB 的可视化计算》课，深受学生的欢迎。随后于 2009 年开始在浙江大学远程计算机专业开设了《可视化计算》课程，本书是应浙江大学计算机学院远程教育的需要而编写的，因而在编写过程中突出了 MATLAB 的应用，增强了 MATLAB 在可视化方面的应用，减少了较深的数学上的应用。本书也适用于计算机及理工、文等各科的学生使用。

本书的主要内容有：基于 MATLAB 的可视化计算概述、MATLAB 的基本运算、MATLAB 中的矩阵运算及应用、MATLAB 在编程方面的应用、MATLAB 在图形设计上的应用、MATLAB 在计算数学中的应用、MATLAB 在信号分析与处理中的应用、MATLAB 在概率论与数理统计中的应用、MATLAB 在数字图像处理中的应用、MATLAB 在物理学中的应用、MATLAB 的动画设计、MATLAB 可视化计算实例。

本书由浙江大学城市学院刘加海教授、严冰副教授、陈忠宝副教授、胡珺老师，浙江大学计算机学院季江民副教授，浙江大学宁波理工学院唐云廷副教授，西安电子科技大学理学院刘俊玮、方群英，浙江商业职业技术学院孔美云老师编写。由于时间仓促及作者水平有限，书中难免存在疏漏和不妥之处，敬请广大读者批评指正。如需教学课件与部分源程序请发邮件至 ljhqyyq@aliyun.com。

在本书的编写过程中查阅并参考了百度文库、新浪、网易、道客巴巴上的大量课件、学生课程设计，在此表示衷心感谢。

目　录

CONTENTS

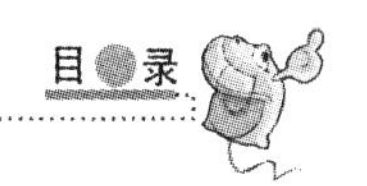

第1章 基于 MATLAB 的可视化计算概述

科学计算可视化的基本含义是运用计算机图形学或者一般图形学的原理和方法，将科学与工程计算等产生的大规模数据转换为图形、图像，以直观的形式表示出来。它涉及计算机图形学、图像处理、计算机视觉、计算机辅助设计及图形用户界面等多个研究领域，已成为当前计算机图形学研究的重要方向。

计算机作为强有力的计算工具，在科学与工程计算方面起到重要作用。在此方面最著名的就是美国 Math Works 公司的 MATLAB。MATLAB 语言是国际科学界应用和影响最广泛的三大计算机数学语言之一。近10年来，随着 MATLAB 语言和 Simulink 仿真环境在各学科领域中日益广泛的应用，我国的科研工作者和教育工作者也逐渐将 MATLAB 和 Simulink 语言作为首选的计算工具。无疑 MATLAB 在数据的可视化计算方面具有独特的优势，可以认为只要能用数据描述的对象必然可以使用 MATLAB 进行分析和研究，并且一旦熟悉相关工具箱函数以后，一系列的复杂运算和让人头痛的编程工作已经不能再困扰我们。

1.1 MATLAB 的发展历程和影响

MATLAB 名字由 MATrix 和 LABoratory 两词的前三个字母组合而成。20世纪70年代后期，时任美国新墨西哥大学计算机科学系主任的 Cleve Moler 教授及其同事在美国国家科学基金的资助下，出于减轻学生编程负担的动机，研究开发 LINPACK 和 EISPACK 并调用了 FORTRAN 子程序库，开始编写能够方便调用 LINPACK 和 EISPACK 的接口程序，并取名为 MATLAB，这是 MATrix（矩阵）和 LABoratory（实验室）的缩写，意为“矩阵实验室”。

经过几年的校际流传，在 Little 的推动下，于1984年成立了 MathWorks 公司，并把 MATLAB 正式推向市场。从此 MATLAB 的内核采用 C 语言编写，而且除原有的数值计算能力外，还新增了数据图视功能。

历经十几年的发展和竞争，MATLAB 已成为当今国际认可的优秀应用软件，具有极高通用性，成为带有众多实用工具的运算操作平台。在欧美各高等院校，MATLAB 已经成为应用线性代数、自动控制理论、数据统计、数字信号处理、时间序列分析、动态系统仿真、图像处理等课程的基本教学工具，是大学生应掌握的基本工具。由于使用 MATLAB 编程运算与人进行科学计算的思路和表达方式完全一致，所以不像学习其他高级语言——如 Basic、C 等那样难于掌握，用 MATLAB 编写程序犹如在演算纸上排列出公式与求解问题，所以又被称为演算纸式科学算法语言。由于它不需定义数组的维数，使之在求解诸如信号处理、建模、系统识别、控制、优化等领域的问题时，显得大为简捷、高效、方便，这是其他高级语言所不能比拟的。在设计研究和工业部门，MATLAB 已被广泛地应用于科研和工程运算。迄今，MATLAB 在继续研究和发展中，至今仍然没有一个别的计算软件可与 MATLAB 匹敌。MATLAB 的工具箱也很丰富，在图像处理、信号处理、小波、人工智能、经济数学等方面的工具箱里的工具、示例非常多，功能非常强大。另外，MATLAB 还支持与 C++等多种语言的混合编程。

在欧美等国家的大学里，诸如应用代数、数理统计、自动控制、数字信号处理、模拟与数字通信、时间序列分析、动态系统仿真等课程的教科书都把 MATLAB 作为工具，MATLAB 是攻读学位的大学生、硕士生、博士生必须掌握的基本工具。

在国际学术界，MATLAB 已经被确认为准确、可靠的科学计算标准软件。在许多国际一流学术刊物上，都可以看到 MATLAB 的应用。

1.2 MATLAB 的基本组成和特点

MATLAB 自问世起，就以数值计算功能强大称雄。MATLAB 进行数值计算的基本处理单位是复数数组或称阵列。这一方面使 MATLAB 程序可以被高度“向量化”，另一方面使用户易写、易读。

1. 高效的矩阵运算机制

MATLAB 软件是基于矩阵计算开发的，在其他编程语言中需要使用多个循环语句才能完成的操作，在 MATLAB 中直接使用矩阵即可完成计算，因而 MATLAB 在数据计算分析，特别是对海量数据的处理方面表现出相比其他的编程语言更大的优势。

2. 多样化的操作途径

MATLAB 语言为用户提供了多种操作方式选择。用户可以编写代码实现各种功能，代码可重复利用，同时，不擅长编程的用户也可以通过 MATLAB 图形界面操作，完成 MATLAB 的相应功能。

3. 丰富的可视化能力

MATLAB 的图形可视能力在所有数学软件中是首屈一指的。MATLAB 的图形系统由高层和低层两个部分组成。高层指令友善、简便；低层指令细腻、丰富、灵活。不管二元函数多么复杂，仅需 10 条左右指令，就能得到其富于感染力的三维图形。数据和函数的图形可视手段包括：线的勾画、色图使用、浓淡处理、视角选择、透视和裁剪。MATLAB 有比较完备的图形标识指令，它们可标注：图名、轴名、解释文字和绘画图例。

4. 超强的可编辑图形用户界面

对一般用户来说，在使用 MATLAB 图形功能时，感受最强烈的变化是图形窗。在图形窗里，只需点动工具图标或菜单选项，就可直接对显示图形的各种“对象属性”进行随心所欲的设置，可交互式地改变线条型式、粗细、颜色，可动态地变换观察视角，可在图形窗随意位置标识文字或子图。

5. 功能强大的工具箱

MATLAB 包括拥有数百个内部函数的主包和三十几种工具包。工具包又可以分为功能性工具包和学科工具包。功能工具包用来扩充 MATLAB 的符号计算、可视化建模仿真，文字处理及实时控制等功能。学科工具包是专业性比较强的工具包，控制工具包、信号处理工具包、通信工具包等都属于此类。开放性使 MATLAB 广受用户欢迎。除内部函数外，所有 MATLAB 主包文件和各种工具包都是可读可修改的文件，用户通过对源程序的修改或加入自己编写程序构造新的专用工具包。

Financial Toolbox——财政金融工具箱
System Identification Toolbox——系统辨识工具箱
Fuzzy Logic Toolbox——模糊逻辑工具箱
Higher-Order Spectral Analysis Toolbox——高阶谱分析工具箱
Image Processing Toolbox——图像处理工具箱
LMI Control Toolbox——线性矩阵不等式工具箱
Model Predictive Control Toolbox——模型预测控制工具箱
μ-Analysis and Synthesis Toolbox——μ 分析工具箱
Neural Network Toolbox——神经网络工具箱
Optimization Toolbox——优化工具箱
Partial Differential Toolbox——偏微分方程工具箱
Robust Control Toolbox——鲁棒控制工具箱
Signal Processing Toolbox——信号处理工具箱
Spline Toolbox——样条工具箱
Statistics Toolbox——统计工具箱
Symbolic Math Toolbox——符号数学工具箱
Simulink Toolbox——动态仿真工具箱
Wavele Toolbox——小波工具箱

6. 良好的扩展能力

利用 MATLAB 语言编写的程序具有良好的扩展能力，可以方便地与各种编程语言链接。用户可以方便地在 MATLAB 中调用其他语言已编写好的程序，同时在其他语言中也可以方便地调用 MATLAB 的程序。MATLAB 语言具有良好的接口编程技术。

7. 完善的帮助系统

完善的帮助系统是 MATLAB 的又一突出特点，MATLAB 向用户提供了多种帮助途径，在 1.4 节中将详细介绍 MATLAB 强大的帮助系统。通过 MATLAB 的帮助系统，用户可以获取 MATLAB 常用函数的使用方法及应用实例，而且这种帮助可以是实时的、在线的。同时，为了便于用户更好地使用 MATLAB 软件，在 MATLAB 中的主要算法都是可以直接看到源代码的。

8. API 应用程序接口

MATLAB API 由一系列接口指令组成。借助这些接口指令，用户就可在 C 或 FORTRAN 中，或直接读写 MATLAB 的 MAT 数据文件，或把 MATLAB 当作计算引擎使用。

9. 仿真计算软件 SIMULINK

MATLAB 提供了一个模拟动态系统的交互程序 SIMULINK，用户通过简单的鼠标操作，就可建立起直观的系统模型，并进行仿真。SIMULINK 在 Communication Toolbox、Nonlinear Control Design Blockset、Power System Blockset 等专业工具包的配合下，就可对通信系统、非线性控制系统、电力系统进行深入的建模、仿真和分析研究。

10. 图形文字统一处理功能

MATLAB Notebook 成功地将 Microsoft Word 与 MATLAB 集成为一个整体，为文字处理、科学计算、工程设计营造了一个完美统一的工作环境。它既拥有 Word 强大的文字处理功能，又能从 Word 访问 MATLAB 的数据计算和可视化结果。

总之，MATLAB 作为最为著名的工程计算软件，将数值计算与可视化集成在一起，被广泛应用于科学计算、控制系统、信息处理等领域的分析、仿真和设计工作。MATLAB 已有多个版本，最新为 7.0 版，而且还在不断的升级过程中。它在数值分析、数值和符号计算、工程和科学绘图、控制系统的设计与仿真、数字图像处理等方面拥有广阔的前景。

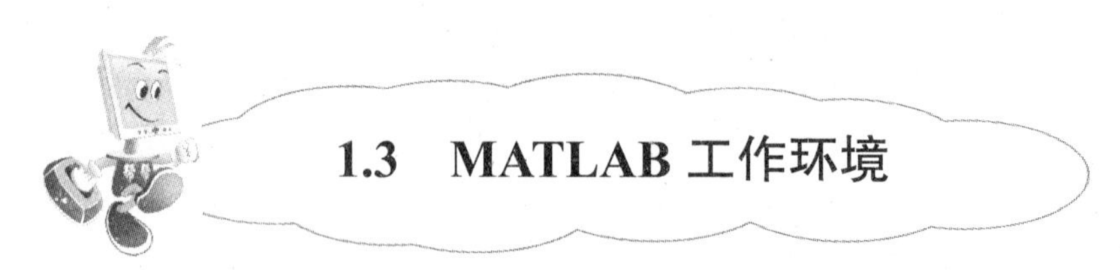

1.3 MATLAB 工作环境

所谓工作环境是指：帮助系统、工作内存管理、指令和函数管理、搜索路径管理、操作系统、程序调试和性能剖析工具等。

1. 图形用户界面

引入了许多让使用者一目了然的图形界面，如在线帮助的交互型界面 helpwin、管理工作内存的 workspace、交互式的路径管理界面 pathtool、指令窗显示风格设置界面等。

2. 全方位帮助系统

采用图形界面的在线帮助系统，即时性强，反应速度快，对求助内容的回答及时准确。MATLAB 旧版就一直采用这种帮助系统，并深受用户欢迎。

在 MATLAB 软件设计过程中一向重视演示软件的设计，带有内容丰富的演示程序。

3. M 文件编辑、调试的集成环境

编辑器有十分良好的文字编辑功能。它可采用色彩和制表位醒目地标识程序中不同功能的文字，如运算指令、控制流指令、注释等。通过编辑器的菜单选项可以对编辑器的文字、段落等风格进行类似 Word 那样的设置。

4. MATLAB 的桌面系统

MATLAB 的桌面系统，是由桌面平台、窗口、菜单栏和工具栏组成。启动 MATLAB 后，首先出现 MATLAB 的欢迎界面，接着就打开了 MATLAB 的桌面系统，其系统界面如图 1-1 所示。

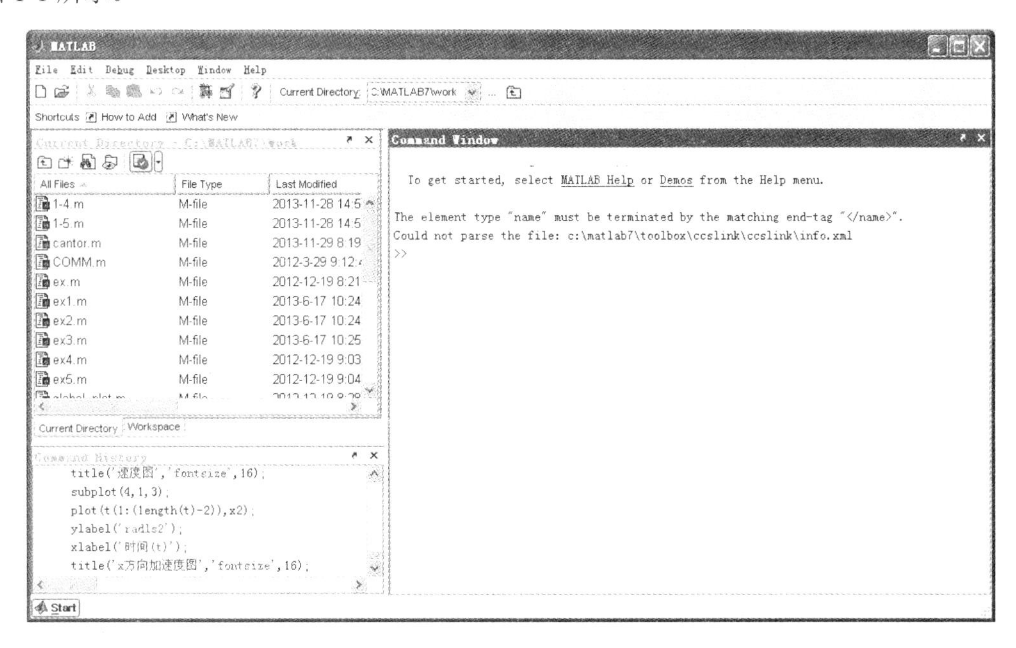

图 1-1 MATLAB 系统界面

在图 1-1 中，最上面有“MATLAB”标题，标题栏下是条形主菜单，主菜单下是工具栏按钮与设置当前目录的弹出式菜单框及其右侧的查看目录树的按钮【Browse for Folder】。在工具栏下的大窗口就是 MATLAB 的主窗口，在大窗口里设置有 4 个小窗口：“Work-space”是工作空间浏览器窗口，管理工作空间中的变量，在运行 MATLAB 程序时，程序创建的所有变量的主要信息都驻留在工作空间浏览器里，为用户提供了非常方便的查询服务；“Current Directory”是路径浏览器窗口，它显示当前路径下的文件；“Command History”是历史命令窗口；“Command Windows”是用户使用 MATLAB 进行工作的命令窗口，也是实现 MATLAB 各种功能的主窗口，MATLAB 在这里为用户提供了交互式的工作环境，即用户可在这里进行诸如数值计算、符号运算和运算结果的可视化等复杂的分析和处理。

许多简单的计算工作都可以在命令窗口中完成，例如：数的运算、向量与矩阵计算、符号运算等。在命令窗口中执行命令语句可以一句一句地执行，清晰方便。但是，有很多复杂的工作还是需要进行程序设计。

在 MATLAB 下进行基本数学运算，只需将运算式直接打入提示号(>>)后，并按【Enter】键即可。

例如：

```
>> (10*19+2/4-34)/2*3
ans =
  234.7500
>>
```

MATLAB 会将运算结果直接存入一变量 ans，代表 MATLAB 运算后的答案，并在屏幕上显示其数值。

如果在上述的例子结尾加上“；”，则计算结果不会显示在指令视窗上，要得知计算值只须键入该变数值即可。

MATLAB 可以将计算结果以不同的精确度的数字格式显示，可以通过视窗上的指令 format 改变数字显示的格式。

例如：

```
>>format short
```

MATLAB 利用了↑↓两个游标键可以将所下过的指令叫回来重覆使用。按下↑键则前一次指令重新出现，之后再按 Enter 键，即再执行前一次的指令。而↓键的功用则是往后执行指令。其他在键盘上的几个键如→、←、Delete、Insert，其功能则显而易见。

Ctrl+C（即同时按 Ctrl 及 C 两个键）可以用来中止执行中的 MATLAB 的工作。有三种方法可以结束 MATLAB。

（1）exit

（2）quit

（3）直接关闭MATLAB的命令视窗（Command window）

5. MATLAB 系统命令

如图 1-2 是 MATLAB 命令窗口，命令窗口是 MATLAB 的主要交互窗口，用于输入命令并显示除图形以外的所有执行结果。MATLAB 命令窗口中的“>>”为运算提示符，表示 MATLAB 处于准备状态。当在提示符后输入一段程序或一段运算表达式，按【Enter】键后，MATLAB 会给出计算结果,并再次进入准备状态(所得结果将被保存在工作空间窗口中）。

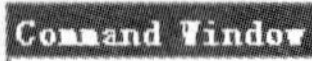

图 1-2　MATLAB 命令窗口

MATLAB 常用系统命令如表 1-1 所示。

表 1-1　MATLAB 常用系统命令

命　令	含　义
help	在线帮助
helpwin	在线帮助窗口
helpdesk	在线帮助工作台
demo	运行演示程序
ver	版本信息
readme	显示 Readme 文件
who	显示当前变量
whos	显示当前变量的详细信息
clear	清空工作间的变量和函数
pack	整理工作间的内存
load	把文件调入变量到工作间
save	把变量存入文件中
quit/exit	退出 MATLAB
what	显示指定的 MATLAB 文件
lookfor	在 HELP 里搜索关键字
which	定位函数或文件
path	获取或设置搜索路径
echo	命令回显
cd	改变当前的工作目录
pwd	显示当前的工作目录
dir	显示目录内容
unix	执行 unix 命令
dos	执行 dos 命令
!	执行操作系统命令
computer	显示计算机类型

例 1-1　命令 help 的使用。

例如应用 help 命令查找函数 sin 的应用，只要在命令窗口输入：help sin，按回车就可。

```
>> help sin
 SIN    Sine.
    SIN(X) is the sine of the elements of X.
 Overloaded methods
    help sym/sin.m
```

例 1-2　命令 demo 的演示。

```
>> demo
```

展开 MATLAB 标签中的 Graphics，选中“2-D Plots”，点击右上角的“Run this demo”，如图 1-3 所示。

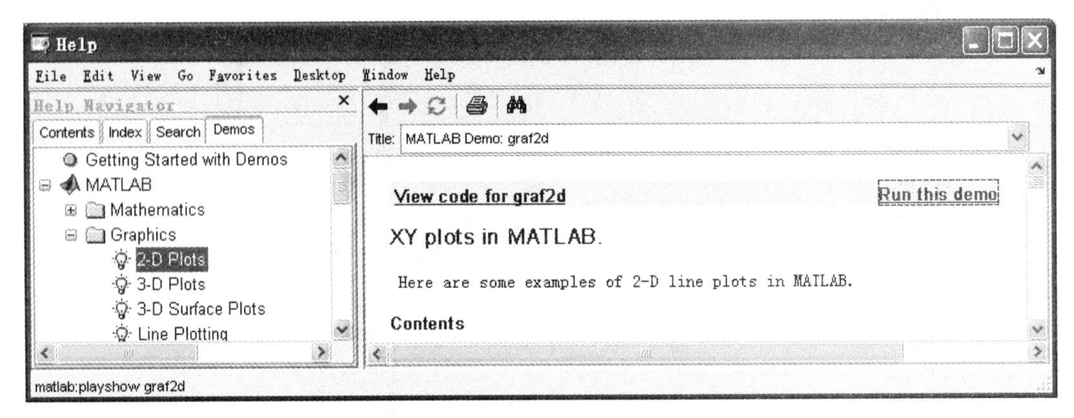

图 1-3 展开 MATLAB 标签中 Graphics 后的示意图

点击右上角的“Run this demo”后，呈现如图 1-4 所示的界面，点击按钮“Start”，结果如图 1-5 所示。

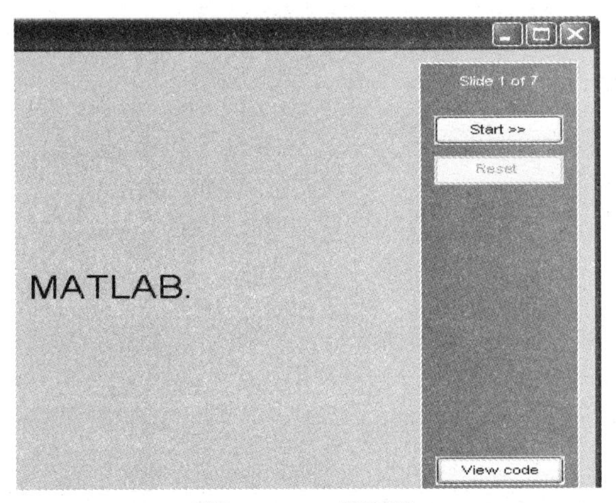

图 1-4 2-D 界面图

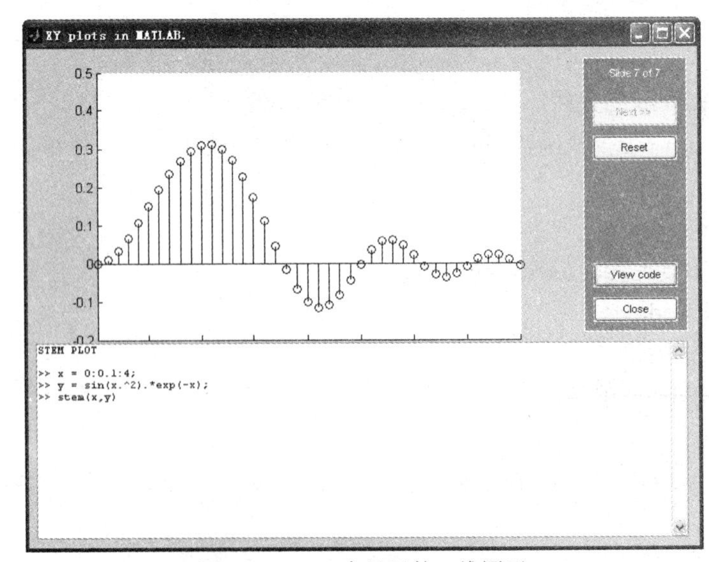

图 1-5 demo 中显示的二维图形

1.4 MATLAB的主要功能及其应用

MATLAB之所以成为世界顶级的科学计算与数学应用软件，是因为它随着版本的升级与不断完善而具有愈来愈强大的功能。mathworks 公司针对不同领域的应用，推出了自动控制、信号处理、图像处理、模糊逻辑、神经网络、小波分析、通信、最优化、数理统计、偏微分方程、财政金融等多个具有专门功能的MATLAB工具箱。工具箱中的各种函数可以链装，也可以由用户更改。多年来，国外许多不同应用领域的专家使用MATLAB开发出了相当多的应用程序，极大地扩展了应用领域。

1. 数值计算功能

MATLAB出色的数值计算功能是使之优于其他数学应用软件的关键性因素之一。

例1-3 使用数组算术运算法则进行向量的运算。

```
>> t=0:pi/3:2*pi;                %t为行向量
>> x=sin(t).*cos(t)              %数组的乘法
x =
  Columns 1 through 6
         0    0.4330   -0.4330   -0.0000    0.4330   -0.4330
  Column 7
   -0.0000
```

例1-4 在一天24小时内，从零点开始每间隔2小时测得的环境温度数据分别为：0，−2，−4，−3，−2，−1，4，6，6，4，4，2，−2，推测中午13点时的温度，通过插值的方法画出一天24小时的温度曲线。

分析：测量时间分别在：

0 2 4 6 8 10 12 14 16 18 20 22 24

测得的温度分别为：

0 -2 -4 -3 -2 -1 4 6 6 4 4 2 -2

```
x=0:2:24
a=13;
y=[0 -2 -4 -3 -2 -1 4 6 6 4 4 2 -2]
y1=interp1(x, y, a, 'spline')   % interp1为插值函数，spline为插值类型
y1 =
    5.4239
```

若要得到一天24小时的温度曲线，如图1-6所示，则可用下列代码实现：

```
xi=0:1/3600:24;
```

```
yi=interp1(x，y，xi， 'spline');
plot(x，y，'o' ，xi，yi)
title('一天 24 小时的温度分布')
```

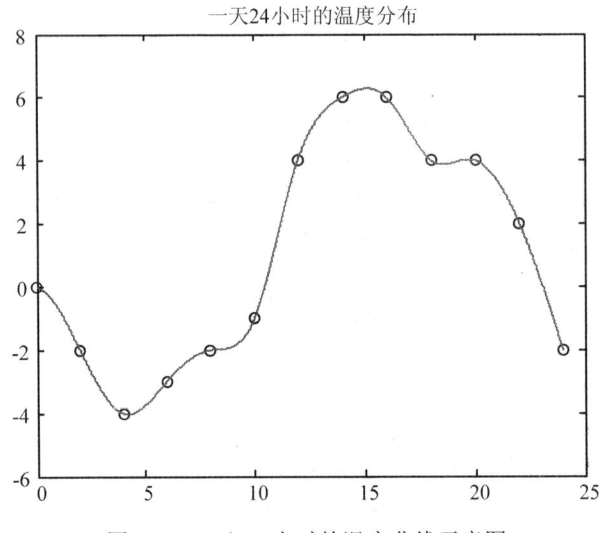

图 1-6　一天 24 小时的温度曲线示意图

2. 矩阵运算功能

例如：零矩阵的产生，A=zeros(M，N)命令中，A 为要生成的零矩阵，M 和 N 分别为生成矩阵的行和列。

```
>> A=zeros(3，4)
A =
     0     0     0     0
     0     0     0     0
     0     0     0     0
```

例 1-5　求解线性方程组 $\begin{cases} 7x+3y-2z=2 \\ 3x+4y-z=6 \\ -2x-y+3z=1 \end{cases}$ **的解。**

MATLAB 的程序代码为：

```
A=[7 3 -2；3 4 -1；-2 -1 3]
B=[2；6；1]
X=B'/A
X =
   -0.3261    1.9348    0.7609
```

得到 x、y、z 的解分别是：-0.3261、1.9348、0.7609。

3. 符号计算功能

MATLAB 符号运算的独特之处，无须事先对符号变量赋值，而所得的结果以标准的符

号形式表达，符号计算的整个过程中以字符表达。

例1-6　应用符号计算 x^2+tan(x)/(x−1)^2的一阶、二阶导数，并计算 x 为100时的函数值。

分析：先定义符号 x，然后应用函数 diff 求一阶、二阶导数。

```
syms x   %声明符号变量 x
y=x^2+tan(x)/(x-1)^2；%创建符号表达式
diff(y，1) %求一阶导数
diff(y，2) %求二阶导数
y=inline('x^2+tan(x)/(x-1)^2')；%用 inline 创建函数
yvalue = y(100) %计算函数值
ans =
2*x+(1+tan(x)^2)/(x-1)^2-2*tan(x)/(x-1)^3
ans =
2+2*tan(x)*(1+tan(x)^2)/(x-1)^2-4*(1+tan(x)^2)/(x-1)^3+6*tan(x)/(x-1)^4
yvalue =
  1.0000e+004
```

例如：符号表达式的分解，因式分解 x^9−1。

```
syms  x
factor(x^9-1)
ans =
(x-1)*(x^2+x+1)*(x^6+x^3+1)
```

4. 程序设计功能

在 MATLAB 中程序的扩展名为.m 文件，在程序设计中有完整的各种控制流程语句与对各种文件的操作能力。

例1-7　计算1~100内奇数的和。

点击 MATLAB“File”→“New”→“M-File”，输入以下代码：

```
clc；clear all；close all；
sum=0；
for i=1:100
    if rem(i，2)==1
        continue；    % 跳过后面的语句进行下一次循环
    end
    sum=sum+i；
end
sum
```

点击保存图标，保存为1-5.m 文件，然后在命令窗口输入文件名执行此程序。

```
>> 1-5
ans =
    -3
```

例 1-8　编写下列 ex1_8.m 文件。

点击 MATLAB “File” → “New” → “M-File”，输入以下代码：

```
clear
clc
for i=1:1:6      %行号循环，从1到6
    j=6;
    while j>0      %列号循环，从6到1
        x(i, j)=i-j;          %矩阵 x 的第 i 行第 j 列元素值为其行列号的差
        if x(i, j)<0       %当 x(i, j)为负数是，取其相反数
            x(i, j)=-x(i, j);
        end
        j=j-1;
    end
end
x
```

并把文件保存为文件名 ex1_8.m，在命令窗口输入文件名，执行此文件。

```
>>ex1_8
X=
   0  1  2  3  4  5
   1  0  1  2  3  4
   2  1  0  1  2  3
   3  2  1  0  1  2
   4  3  2  1  0  1
   5  4  3  2  1  0
```

5. 在可视化计算中的应用

MATLAB 的图形可视能力在所有数学软件中是首屈一指的，可以把各种抽象数据进行展示，可以把科学计算过程展现出来。

例1-9　可视化图形设计实例1。

```
clear
subplot(1, 2, 1);
[X, Y, Z]=peaks(30);
waterfall(X, Y, Z)
xlabel('X-axis'), ylabel('Y-axis'), zlabel('Z-axis');
subplot(1, 2, 2);
contour3(X, Y, Z, 12, 'k');          %其中12代表高度的等级数
xlabel('X-axis'), ylabel('Y-axis'), zlabel('Z-axis'); subplot(1, 2, 1);
```

程序运行结果如图1-7所示。

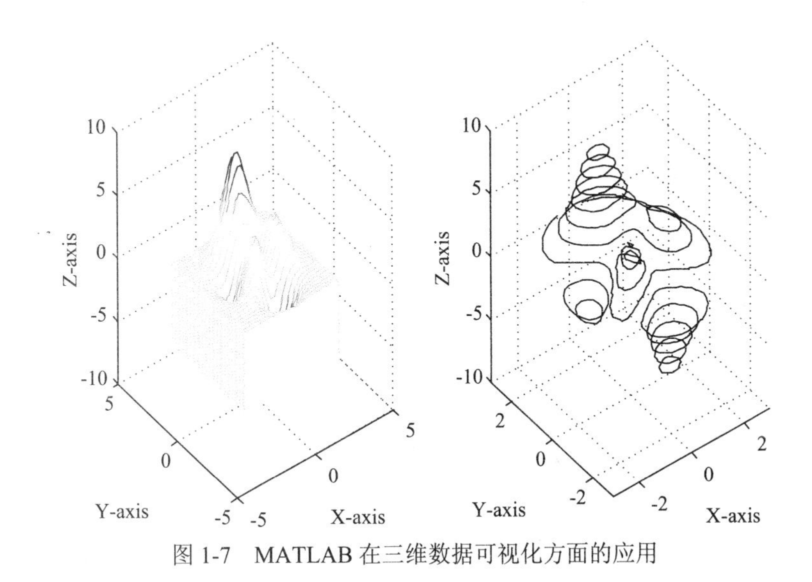

图 1-7　MATLAB 在三维数据可视化方面的应用

【思考】　查找函数 subplot、contour3的功能与用法。

例如：振荡曲线可视化的表示。

x=linspace(0，5);

y=1-exp(-x).*sin(2*pi*x);

plot(x，y)

以上代码运行结果如图1-8所示。

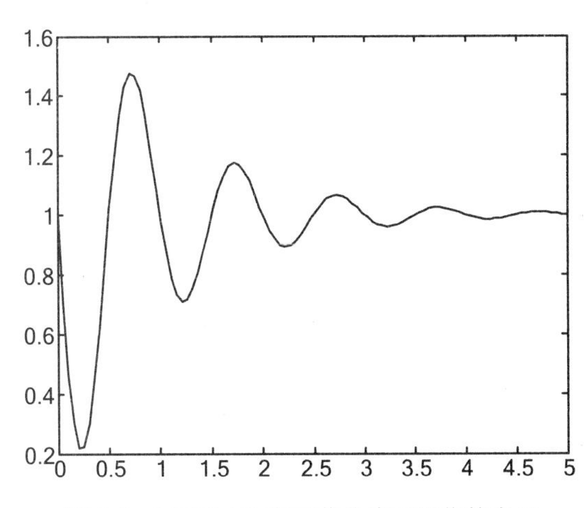

图 1-8　MATLAB 在振荡曲线可视化的表示

6. 在计算数学中的应用

MATLAB 在计算数学中的应用主要包括线性与非线性方程的数值解法、插值、曲线拟合、数值微分、数值积分、常微分方程的数值解等。

例 1-10　数据拟合中的应用。

程序中 x（1~10）有 10 个取点，对应于函数 $y=2x^2-10x$+rand，rand 为随机噪声，通过

这 10 个 y 值按拟合 20 个点画出此条曲线。

MATLAB 源程序为：

```
clear
rand('state'，0)
x=1:1:10；
y=2*x.^2-10*x+rand(1，10).*5；
plot(x，y，'o')
p=polyfit(x，y，2)
xi=1:0.5:10；
yi=polyval(p，xi)；
hold on
plot(xi，yi)；
hold    off
```

程序运行结果如图1-9所示。

```
p =
    2.0077   -10.1933    3.6003
```

它表示函数可以拟合为：$y=2.0077x^2-10.1933x+3.6003$

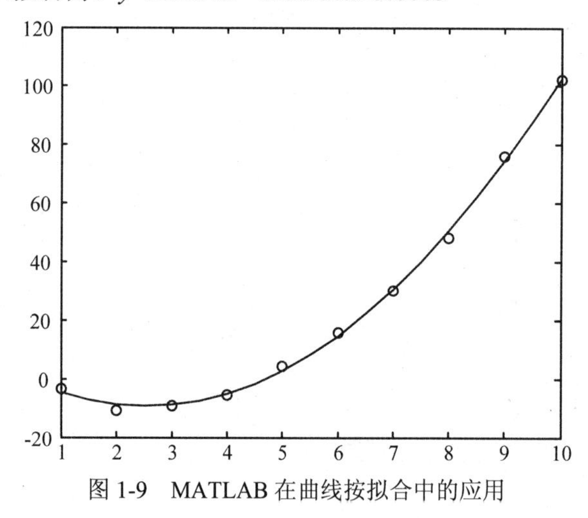

图 1-9　MATLAB 在曲线按拟合中的应用

例1-11　三维图形的设计。

```
x=[0.5，1.5，1.5，0.5，1.1，1.0]；
y=[0.5，0.5，1.5，1.5，1.2，0.8]；
z=[0.4，0.7，0.8，0.3，2.1，0.5]；
stps=0:0.002:2；
[X，Y]=meshgrid(stps)；
%将 X 与 Y 数列转换成3D 图形
Z=griddata(x，y，z，X，Y，'cubic')；          %三次插值
mesh(X，Y，Z)；
```

```
hold on;    %保持
plot3(x, y, z, '*r');
```

程序运行结果如图1-10所示。

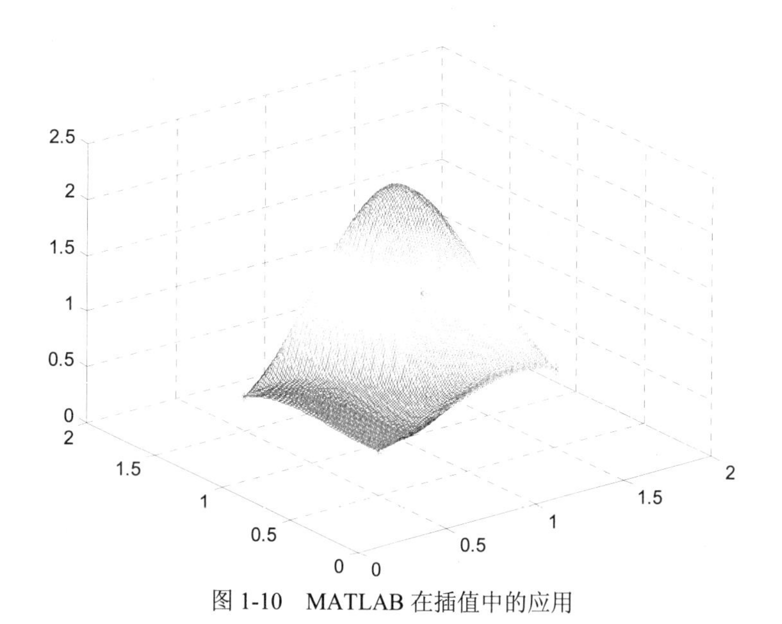

图 1-10 MATLAB 在插值中的应用

例1-12 建立一个1_12.m，输入下列 MATLAB 代码，并在命令窗口执行程序1_12。

```
clear
[x, y, z]=peaks(6);
mesh(x, y, z)
title('原始数据')
[xi, yi]=meshgrid(-3:0.2:3, -3:0.2:3);                % 生成供插值的数据网格
strmod={'nearest', 'linear', 'spline', 'cubic'};      % 将插值方法存储到元胞数组。
strlb={'(a)method=nearest', '(b)method=linear', ...
'(c)method=spline', '(d)method=cubic'};               % 绘图标签
figure                                                % 建立新绘图窗口
for i=1:4
    zi=interp2(x, y, z, xi, yi, strmod{i});           % 插值
    subplot(2, 2, i)
    mesh(xi, yi, zi);                                 % 绘图
    title(strlb{i})                                   % 图标题
end
```

程序运行结果如图1-11所示。

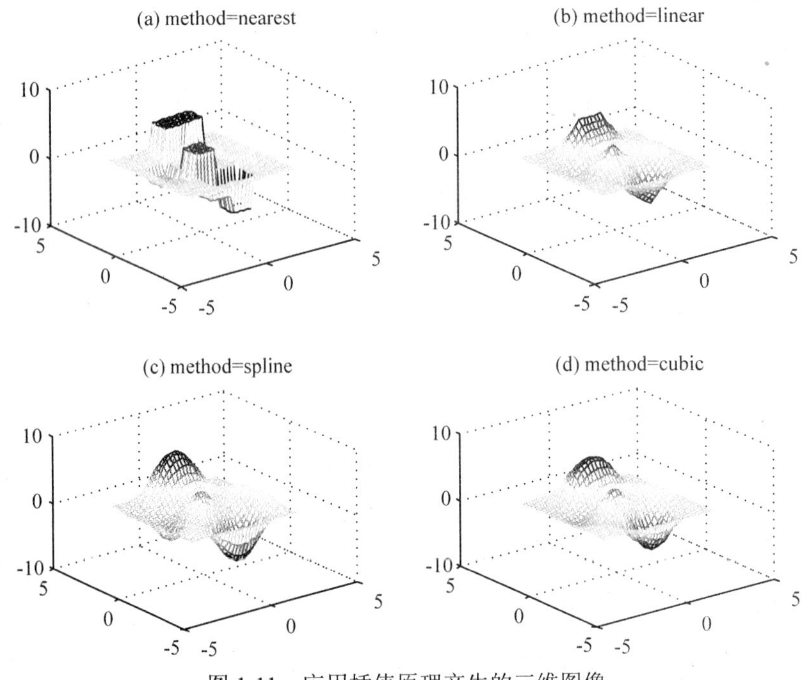

图 1-11　应用插值原理产生的三维图像

7. 在信号处理中的应用

MATLAB 在信号处理方面具有强大的功能，可以解决信号处理中的各种计算和仿真问题。

例 1-13　对函数 $y=\sin(100\pi t)+3\cos(200\pi t)$ 生成一个采样频率是 1000Hz 的时域信号，并画出其图形。

```
clear
t = (0:0.001:1)';              %生成一个从 0～1 的序列，间隔为 0.001
y = sin(2*pi*50*t)+3*cos(2*pi*100*t);
plot(t(1:50), y(1:50))         %绘出变量 t 和 y 的前 50 个值的图像
```

程序运行结果如图1-12所示。

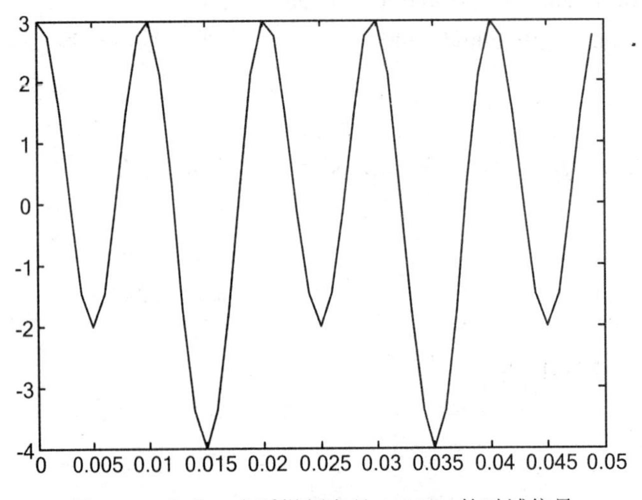

图 1-12　生成一个采样频率是 1000Hz 的时域信号

例 1-14 MATLAB 在信号处理中的应用。

```
tp=0:2048;                    %  时域数据点数 N
yt=sin(0.08*pi*tp).*exp(-tp/80);              %  生成正弦衰减函数
subplot(3，1，1)
plot(tp，yt)， axis([0，400，-1，1])，            %  绘正弦衰减曲线
t=0:800/2048:800;                            %  频域点数 Nf
f=0:1.25:1000;
yf=fft(yt);                                 %  快速傅立叶变换
ya=abs(yf(1:801));                          %  幅值
yp=angle(yf(1:801))*180/pi;                %  相位
yr=real(yf(1:801));                         %  实部
yi=imag(yf(1:801));                         %  虚部
%figure
subplot(3，2，3)
plot(f，ya)，axis([0，200，0，60])            %  绘制幅值曲线
title('幅值曲线')
subplot(3，2，4)
plot(f，yp)，axis([0，200，-200，10])       %  绘制相位曲线
title('相位曲线')
subplot(3，2，5)
plot(f，yr)，axis([0，200，-40，40])        %  绘制实部曲线
title('实部曲线')
subplot(3，2，6)
plot(f，yi)，axis([0，200，-60，10])        %  绘制虚部曲线
title('虚部曲线')
```

程序运行结果如图1-13所示。

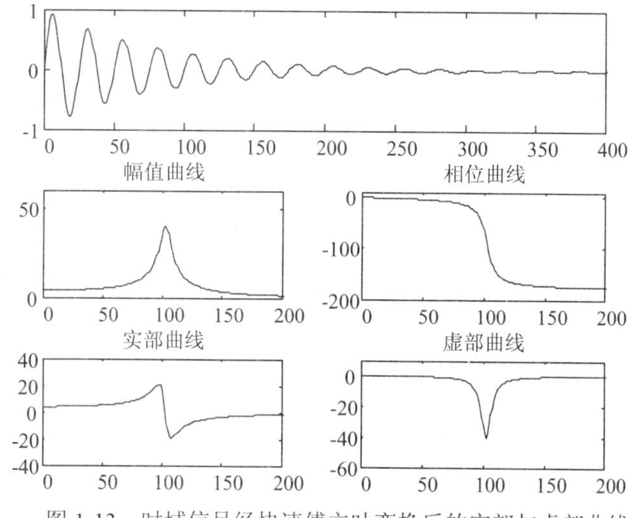

图 1-13 时域信号经快速傅立叶变换后的实部与虚部曲线

例 1-15 MATLAB 在信号处理方面的应用。

```
n=0:199;
x=randn(size(n));   %%产生随机序列
subplot(2, 1, 1);
stem(n, x, '.');
ylabel('x(n)');
xlabel('n');
k=n;
X=fft(x);
X=abs(X);        %%频谱
subplot(2, 1, 2);
plot(k, X);
ylabel('X(k)');
xlabel('k');
```

程序运行结果如图1-14所示。

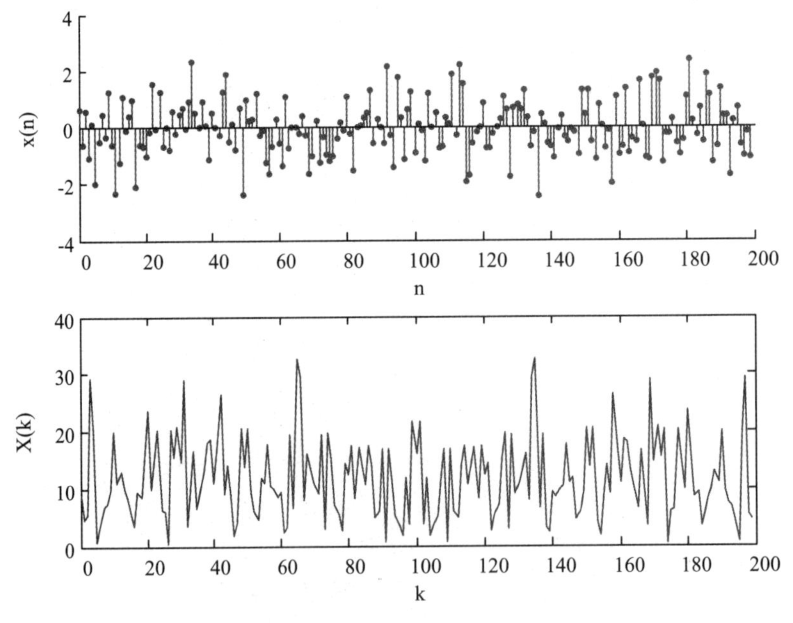

图 1-14 随机信号的频谱分析

8. 概率与数理统计中的应用

MATLAB 在概率论与数理统计中有广泛的应用，例如在概率分布函数、统计作图、参数估计等、假设检验、方差分析、线性回归分析等方面。

例 1-16 对 30 个一维随机数计算它的平均差、方差与标准差。

```
clc;
clear;
N=30;
```

```
a=randn(1, N);
mean_a=mean(a);
summ=sum(abs(a-mean_a));
AD=summ/N                              %平均差
a=randn(1, N)*10;
S2=sum(a.^2)/N-(sum(a)/N)^2       %方差
S=sqrt(S2)                             %标准差
```

9. 在数字图像中的应用

MATLAB 在图像的读取和显示、图像的点运算、图像的几何变换、空间域图像增强、频率域图像增强、彩色图像处理、形态学图像处理等方面有广泛的应用。

例1-17　图像读取及灰度变换

```
I=imread('D:\kids.tif'); %读取图像
subplot(1, 2, 1), imshow(I)    %输出图像
title('原始图像')       %在原始图像中加标题
subplot(1, 2, 2), imhist(I) %输出原始图像直方图
title('原始图像直方图')   %在原始图像直方图上加标题
```

程序运行结果如图1-15所示。

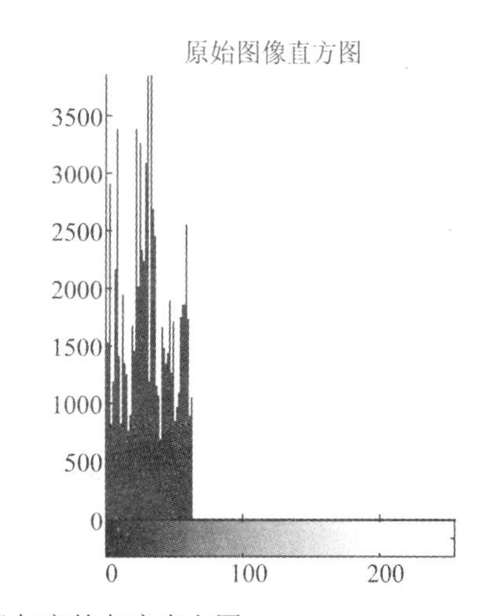

图 1-15　原始图像与它的灰度直方图

例1-18　MATLAB在图像处理中的应用。

```
I=imread('D:\kids.tif'); %读取图像
I=3*I;
subplot(1, 2, 1);
imshow(I)      %输出图像
theta = 30;
K = imrotate(I, theta);
subplot(1, 2, 2);
imshow(K)
```

程序运行结果如图1-16所示。

图 1-16　原始图像与它的旋转图

例 1-19　MATLAB **图像的灰度线性变换。**

```
I=imread('d:\1.bmp')；
subplot(2，2，1)，imshow(I)；
title('原始图像')；
I1=rgb2gray(I)；
subplot(2，2，2)，imshow(I1)；
title('灰度图像')；
J=imadjust(I1，[0.1 0.5]，[])；  %局部拉伸，把[0.1 0.5]内的灰度拉伸为[0 1]
subplot(2，2，3)，imshow(J)；
title('线性变换图像[0.1 0.5]')；
K=imadjust(I1，[0.3 0.7]，[])；  %局部拉伸，把[0.3 0.7]内的灰度拉伸为[0 1]
subplot(2，2，4)，imshow(K)；
title('线性变换图像[0.3 0.7]')；
```

程序运行结果如图1-17所示。

原始图像

灰度图像

线性变换图像[0.1 0.5]

线性变换图像[0.3 0.7]

图 1-17　原始图像与它的灰度图像

10. 在动画设计中的应用

MATLAB 在动画及制作方面应用广泛，例如形变动画、逐帧动画与路径动画的设计与制作。

例 1-20　下述程序段播放一个直径不断变化的球体。

```
n=3000
[x，y，z]=sphere
m=moviein(n);
for j=1:n
      i=j*0.01+5;
    surf(i*x，i*y，i*z)
    m(:，j)=getframe;
end
movie(m，3000);
```

程序运行结果如图1-18所示。

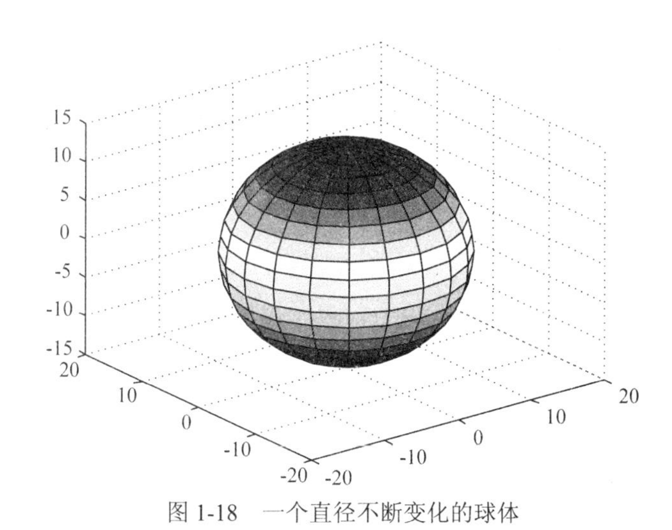

图 1-18　一个直径不断变化的球体

实验一

一、实验目的和要求

熟悉 MATLAB 的环境，命令窗口、菜单与工具的使用、MATLAB 的搜索路径、演示系统的使用、根据课本的内容进行以下 10 个方面的模仿实验。

二、实验内容和原理

1. 回答在 MATLAB 中，A 与 a 是否代表同一变量？为什么？
2. 应用 help 命令查找函数 plot 的应用。
3. 根据课本例 1-2，演示 demo 中的 cos 图形与三维图形。
4. 根据课本例 1-4，测量时间设为 1、2、3、...、23 时等，画出一天 24 小时的温度曲线。
5. 上机调试下列线性方程组的求解：

$$\begin{cases} 7x+3y-2z=2 \\ 3x+4y-z=6 \\ -2x-y+3z=1 \end{cases}$$

MATLAB 的程序代码为：

```
>>A=[7 3 -2；3 4 -1；-2 -1 3]
>>B=[2；6；1]
>>X=B'/A
```

6. 模仿课本例 1-7，计算 1~100 之间偶数的和。
7. 调试课本 1-9 的程序，并应用 help 查找函数 subplot、peaks、waterfall、xlabel、contour3 的功能。
8. 调试课本例 1-11 的三维图形的设计。
9. 模仿课本实例 1-13，产生信号 $y=20\sin(100\pi t)e^{-0.01t}$。
10. 自己在 D 盘根目录下，存放一个 tif 的图形文件，并命名为 kids.tif，并执行下列 MATLAB 语句，思考所得的结果。

```
I=imread('D:\kids.tif')；%读取图像
subplot(1，2，1)，imshow(I)    %输出图像
title('原始图像')      %在原始图像中加标题
subplot(1，2，2)，imhist(I) %输出原图直方图
```

```
title('原始图像直方图')    %在原图直方图上加标题
```

三、实验过程

四、实验结果与分析

五、实验心得

第2章

MATLAB的基本运算

本章主要学习在 MATLAB 中变量及其命名规则、MATLAB 的基本数据类型、矩阵与数组的创建、数组的算术运算、关系运算和逻辑运算、字符串的创建和字符串函数、结构体的定义和操作等内容。

2.1 变量命名规则及数据类型

MATLAB 数值类型包括整数、单精度浮点数和双精度浮点数。默认情况下，MATLAB 用双精度浮点数来保存所有数值类型数据。

2.1.1 常量与变量

1. 常数

表示方法：十进制
表示形式：小数点表示法与科学计数法
表示范围：10^{-309}~10^{309}

2. 变量

在 MATLAB 中使用变量无需事先定义，第一次使用变量即成为合法名称。

3. 变量的命名规则

MATLAB 中的变量命名规则为：

（1）变量名的大小写是敏感。

（2）变量名必须以字母开头，后面可以跟字母、数字、下划线，但不能用空格和标点符号（这个跟 C 标准相同）；

（3）避免使用函数名和系统保留字；

（4）变量名不能超过 64 个字符。

在 MATLAB 环境中变量分局部变量和全局变量，局部变量仅在函数文件中有效，全局变量在主程序与函数文件中有效。

4. MATLAB 中预定义变量

在 MATLAB 中有一些特定的变量，它们已经被预定义了某个特定的值，因此这些变量被称为常量，如表 2-1 所示。

表 2-1　预定义的变量

ans	预设的计算结果的变量名
eps	MATLAB 定义的正的极小值=2.2204e-16
pi	内建的 π 值
inf 或 INF	∞表示无限大，如 1/0
NaN 或 nan	表示不确定数，如 0/0，∞/∞，0*∞
i 或 j	虚数单位 i=j= $\sqrt{-1}$
nargin	函数输入参数个数
nargout	函数输出参数个数
realmax	最大的正实数
realmin	最小的正实数
flops	浮点运算次数

例如：pi 为圆周率，NaN 表示不确定值，eps 表示浮点运算的相对精度为 10 的-52 次方，Inf 表示无穷大。

2.1.2　数据类型

1. 数据类型

MATLAB 中的数据类型最大特点就是每一种数据类型都是以数组为基础，都是从数组派生出来的，MATLAB 事实上把每种类型的数据都作为数组处理。

MATLAB 下有六种基本数据类型，分别是：double（双精度数值），char（字符），sparse（稀疏数据），storage（存储型），cell（单元数组），struct（结构）。

其中存储类型是一个虚拟数据类型，它包括：int8（8 位整型），uint8（无符号 8 位整型），int16（16 位整型），uint16（无符号 16 位整型），int32（32 位整型），uint32（无符号 32 位整型）。

这些类型中最常用的一般只有双精度型和字符型，所有的 MATLAB 计算都能把数据作

为双精度处理。其他的数据类型只在一些特殊条件下使用，如：无符号8位整型数据（uint8）一般用于存储图像数据，稀疏数据（sparse）一般用于处理稀疏矩阵，单元数组（cell）和结构（struct）一般只在大型程序中使用。

存储型数据（storage）只用于内存的有效存储。可以对这些类型的数组进行基本操作，但不能对它们执行任何数学运算，在执行数学运算之前必须用double函数把这类数组转换成双精度型。

在MATLAB中数据又可分为字符型、数值型、元胞型、结构体型等，如图2-1所示。数值型数据又可分为有符号整数、无符号整数、单精度数据、双精度数据。

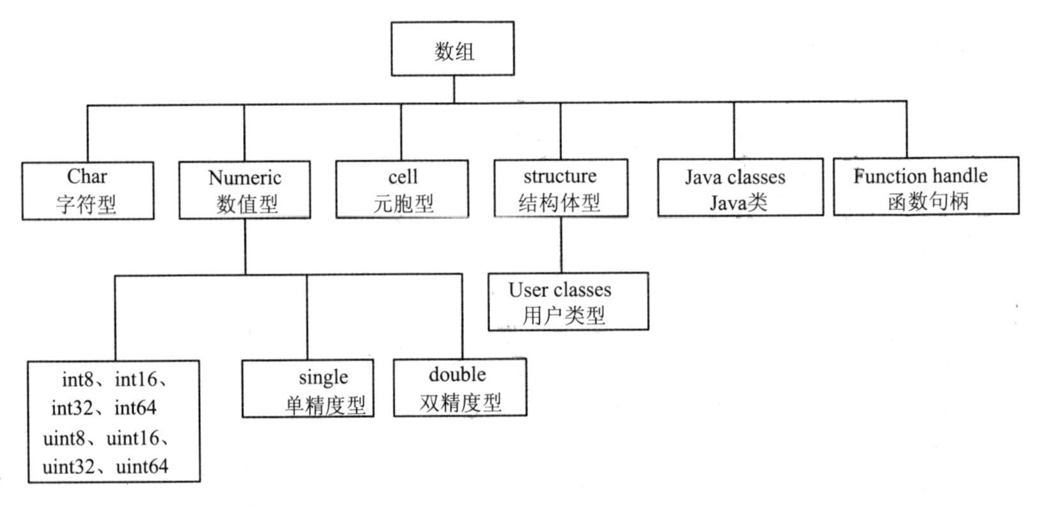

图2-1　MATLAB中的数据类型

2. 整数

在MATLAB中分别有8、16、32、64位的整型数，其数据类型、表示范围、类型转换函数如表2-2所示。

表2-2　整型数的数据类型、表示范围

数据类型	表示范围	类型转换函数
无符号8位整数 uint 8	$0\sim2^{8}-1$	uint 8 ()
无符号16位整数 uint 16	$0\sim2^{16}-1$	uint 16 ()
无符号32位整数 uint 32	$0\sim2^{32}-1$	uint 32 ()
无符号64位整数 uint 64	$0\sim2^{64}-1$	uint 64 ()
有符号8位整数 uint 8	$2^{-7}\sim2^{7}-1$	int 8 ()
有符号16位整数 uint 16	$2^{-15}\sim2^{15}-1$	int 16 ()
有符号32位整数 uint 32	$2^{-31}\sim2^{31}-1$	int 32 ()
有符号64位整数 uint 64	$2^{-63}\sim2^{63}-1$	int 64 ()

3. 浮点数

浮点数包括单精度型和双精度型，其数据的存储空间与数值取值范围如表2-3所示。

表 2-3 浮点数的存储空间与数值取值范围

数据类型	存储空间	表示范围	类型转换函数
单精度型 single	4 字节	$-3.40282\times10^{38}\sim+3.40282\times10^{38}$	Single()
双精度型 double	8 字节	$-1.79769\times10^{308}\sim+1.79769\times10^{308}$	double()

4. 字符和字符串

字符和字符串在高级程序设计中是极其重要的一类数据，字符串是指由一个或多个字符构成的字串在 MATLAB 中有着丰富的字符与字符串操作函数。

- 用 char 表示 MATLAB 中的字符；
- 一般用单引号来定义一个字符变量；
- 用 string 表示 MATLAB 字符串；
- 可以用字符数组或字串单元来创建字符串；
- 字符串用一对单引号将多个字符括起来构建。

（1）字符串的赋值

在 MATLAB 中可直接对变量赋字符串，所赋的字符串要用单引号括起来。

例如：

```
>> A='可视化工具 MATLAB'
A =
可视化工具 MATLAB
```

（2）字符串的访问

字符串的访问可以通过下标来访问，**例如：**

```
>> A，A(1)，A(2)，A(4:7)，A(8)
A =
可视化工具 MATLAB
ans =
可
ans =
视
ans =
工具 Ma
ans =
T
```

（3）字符串格式输出

应用函数 sprintf 实现字符串格式输出。

例如：

```
sprintf ('Average %s score of %d individual is %2.f points.'，'english'，60，83.5)
```

（4）字符串常用函数

isletter：判断字符串中的每个字符是否为英文字母；

isspace：判断字符串中的字符是否属于格式字符（空格、制表符、回车和换行等）；

isstrprop：逐字符检测字符串里的字符是否属于指定范围（字母、字母和数字、大写或小写、十进制数、十六进制数等）；

strfind(str，pattern)：在字符串 str 中查找 pattern 子串，返回字串出现位置；

findstr(str1，str2)：查找字符串 str1 和 str2，返回较短字符串在较长字符串中出现的位置；

strmatch(str，strarray)：从字符串数组 strarray 中查找所有以字符串 str 开头的字符串。

5. 数组与矩阵

按照数组排列方式和元素个数的不同，可以将 MATLAB 数组分为空数组、一维数组、二维数组和多维数组。MATLAB 一般使用方括号、逗号、空格和分号来创建数组。方括号中给出数组的所有元素，不同行之间用分号分隔，同一行不同元素之间用逗号和空格分隔。矩阵是 m×n 的二维数组，需要使用“[ ]”、“，”、“；”、空格等符号创建。也就是说：

- 矩阵元素应用方括号[ ]括住；
- 每行内的元素间用逗号，或空格隔开；
- 行与行之间用分号；或回车键隔开；
- 元素可以是数值或表达式。

（1）创建数组

- 创建空数组 **A**=[ ]
- 创建一维行向量，把所有用空格或逗号分隔的元素用方括号括起来；
- 创建一维列向量，把所有用分隔分隔的元素用方括号括起来；
- 利用转置运算符将行向量转换为列向量。
- 通过冒号运算符（:）来创建等差向量 varName = startVal : step : stopVal
- 通过 linspace 函数创建等差向量 ；
- 通过 logspace 函数创建等比向量 ；

（2）数组元素的表示

①全下标方式: $a(d1，d2，d3\ldots)$

②单下标方式: $a(n)$

以 $m \times n$ 的矩阵 a 为例

元素 $a(i，j)$对应的单下标为$(j-1)\times m+i$，矩阵元素的下标如图 2-2 所示。

$a(1，1)$	$a(1，2)$	$a(1，3)$	$a(1，4)$
$a(2，1)$	$a(2，2)$	$a(2，3)$	$a(2，4)$
$a(3，1)$	$a(3，2)$	$a(3，3)$	$a(3，4)$

图 2-2　矩阵元素的下标表示

（3）数组的赋值

数组也可以先定义为空，然后需要的时候再添加。

例如：

```
A=[ ];                %A 为空
A1=[1 2 3];           %数组为 A1=[1 2 3]
```

```
A2=[A1， 4];              %改变后为 A2=[1 2 3 4]
A3=[A2; ones(1，4)];      %变为 A3=[1 2 3 4;  1 1 1 1];
>> A，A1，A2，A3
A =
     []
A1 =
     1     2     3
A2 =
     1     2     3     4
A3 =
     1     2     3     4
     1     1     1     1
>> A=[1; 2; 3; 4; 5]  %产生列向量
A =
     1
     2
     3
     4
     5
```

（4）用“:”生成向量

a=J:K

例如：

```
>> a=1:9
a =
     1     2     3     4     5     6     7     8     9
```

生成的行向量是 a=[J，J+1，...，K]

a=J:D:K

生成行向量

a=[J，J+D，…，J+m*D]，m=fix((K-J)/D)

例如：

```
>> A=1:2:9
A =
     1     3     5     7     9
```

（5）函数 linspace 用来生成数据按等差形式排列的行向量

x=linspace(*X*1，*X*2):

在 *X*1 和 *X*2 间生成 100 个线性分布的数据，相邻的两个数据的差保持不变。构成等差数列。

x=linspace(*X*1，*X*2，*n*):

在 *X*1 和 *X*2 间生成 *n* 个线性分布的数据，相邻的两个数据的差保持不变。构成等差数列。

例如：

```
>> A=linspace(0, 10, 6)
A =
     0     2     4     6     8    10
```

（6）函数 logspace 用来生成等比形式排列的行向量

X=logspace(*x*1，*x*2)

在 *x*1 和 *x*2 之间生成 50 个对数等分数据的行向量。构成等比数列，数列的第一项 $x(1)=10^{x1}$，$x(50)=10^{x2}$

X=logspace(*x*1，*x*2，*n*)

在 *x*1 和 *x*2 之间生成 *n* 个对数等分数据的行向量。构成等比数列，数列的第一项 $x(1)=10^{x1}$，$x(n)=10^{x2}$

例如：

```
>> A=logspace(1, 10, 10)
A =
  1.0e+010 *
  0.0000  0.0000  0.0000  0.0000  0.0000  0.0001  0.0010  0.0100  0.1000  1.0000
```

（7）数组的访问

在 MATLAB 中数组的访问在圆括号内可以用数组的下标来表示。

例如：在命令窗口输入以下命令，请仔细分析运行的结果。

```
A=[1 2 3 4 5 6 7 8 9 10];
A（3）          %A 的第 3 个元素
A([1 2 5])  %A 的第 1、2、5 个元素
A(1:5)          %A 的第前 5 个元素
A(4:end)        %A 的第 4 个元素后的元素
A(8:-1:4)     %A 的第 8 个元素和第 4 个元素的倒排
A(find(A>5))%A 中大于 5 的元素
A(4)=100        %给 A 的第 4 个元素重新给值
A
A(3)=[]         %删除第 3 个元素
A
A(11)=20        %加入第 11 个元素
A
ans =
     3
ans =
     1     2     5
ans =
     1     2     3     4     5
ans =
```

```
     4    5    6    7    8    9   10
ans =
     8    7    6    5    4
ans =
     6    7    8    9   10
A =
     1    2    3  100    5    6    7    8    9   10
A =
     1    2    3  100    5    6    7    8    9   10
A =
     1    2  100    5    6    7    8    9   10
A =
     1    2  100    5    6    7    8    9   10
A =
     1    2  100    5    6    7    8    9   10    0   20
A =
     1    2  100    5    6    7    8    9   10    0   20
```

5. 结构型变量

如果要将不同类型的数据组合在一个变量中，就需要定义结构型变量，结构型变量类似于数据库中的记录。

例如：

学号 xh	姓名 xm	性别 xb	成绩 cj
320130578	张三	男	80

假设变量名为 A，在 MATLAB 中可以有二种方法定义此结构体变量。

（1）给属性直接赋值

例如：

```
A.xh=320130578
A.xm='张三'
A.xb='男'
A.cj=80
A =
    xh: 320130578
    xm: '张三'
    xb: '男'
    cj: 80
```

（2）利用 struct 函数创建

struct('field1'，值 1，'filed2'，值 2，…)　　%创建结构体将值赋给各字段

例如：

```
>> A=struct('xh', 320130578, 'xm', '张三', 'xb', '男', 'cj', 80)
A =
    xh: 320130578
    xm: '张三'
    xb: '男'
    cj: 80
```

2.2 MATLAB 中常用运算符

MATLAB 编程语言运算符主要为算术运算符、关系运算符和逻辑运算符，还包括一些特殊运算符。本节对 MATLAB 语言的各种运算符作一一介绍。

1. 算术运算符

MATLAB 算术运算符分为两类：矩阵运算和数组运算。矩阵运算是按线性代数的规则进行运算，而数组运算是数组对应元素间的运算。算术运算符及相关运算方式如表 2-4 所示。

表 2-4 算术运算符

运算符	运算方式	说明	运算符	运算方式	说明
+，-	矩阵运算	加、减	+，-	数组运算	加、减
*，/	矩阵运算	乘、除	.*	数组运算	数组乘
\	矩阵运算	左除，左边为除数	./	数组运算	数组左除
^	矩阵运算	乘方	.\	数组运算	数组右除
'	矩阵运算	转置	.^	数组运算	数组乘方
:	矩阵运算	索引，用于增量操作	.’	数组运算	数组转置

MATLAB 数组的算术运算，是两个同维数组对应元素之间的运算。一个标量与数组的运算，是标量与数组每个元素之间的运算。

例 2-14 使用数组算术运算法则进行向量的运算。

```
>> t=0:pi/3:2*pi;              %t 为行向量
>>x=sin(t).*cos(t)             %数组的乘法
x =
        0    0.4330   -0.4330   -0.0000    0.4330   -0.4330   -0.0000
>>y=sin(t)./cos(t)             %数组的除法
y =
        0    1.7321   -1.7321   -0.0000    1.7321   -1.7321   -0.0000
```

注意：在这里特别要注意一下有没有加点“.”之间的区别，这些算术运算符所运算的两个阵列是否需要长度一致。

例如：

```
A=1:1:5
B=5:2:13
C=A.*B
D=A\B
E=A/B
F=B./A
G=A.\B
H=A.^2
```

```
A =
     1     2     3     4     5
B =
     5     7     9    11    13
C =
     5    14    27    44    65
D =
          0          0          0          0          0
          0          0          0          0          0
          0          0          0          0          0
          0          0          0          0          0
     1.0000     1.4000     1.8000     2.2000     2.6000
E =
     0.3483
F =
     5.0000     3.5000     3.0000     2.7500     2.6000
G =
     5.0000     3.5000     3.0000     2.7500     2.6000
H =
     1     4     9    16    25
```

【**思考**】写出矩阵运算 A\B、A/B、B./A、A.\B 的区别。

2. 关系运算

关系运算符用于比较两个同维数组或同维向量的对应元素，结果为与操作数同维的逻辑数组，数组的每个元素为逻辑真或逻辑假。关系运算符及说明如表 2-5 所示。

表 2-5　关系运算符

关系运算符	说明
<	小于
<=	小于等于
>	大于
>=	大于等于
==	等于
~=	不等于

例如：

```
>> A=rand(1，5)
A =
    0.6154    0.7919    0.9218    0.7382    0.1763
>> B=rand(1，5)
B =
    0.4057    0.9355    0.9169    0.4103    0.8936
>> A>=B
ans =
    1    0    1    1    0
```

除了传统的数学运算，MATLAB 支持关系和逻辑运算。这些运算符的应用是控制基于真/假命题的一系列 MATLAB 命令（通常在 M 文件中）的流程，或执行次序。MATLAB 把任何非零数值当作真，把零当作假。所有关系和逻辑表达式的输出，对于真，输出为 1；对于假，输出为零。

例如：分析以下指令的执行结果。

```
A=1:9，  B=9-A
T1=A>4
T2=(A==B)
T3=B-(A>2)
A =
    1    2    3    4    5    6    7    8    9
B =
    8    7    6    5    4    3    2    1    0
T1 =
    0    0    0    0    1    1    1    1    1
T2 =
    0    0    0    0    0    0    0    0    0
T3 =
    8    7    5    4    3    2    1    0   -1
```

$T1$ 为找出 A 中大于 4 的元素。0 出现在 A<=4 的地方，1 出现在 A>4 的地方；

$T2$ 为找出 A 中的元素等于 B 中的元素；

$T3$ 为找出 A>2，并从 B 中减去所求得的结果向量。

例如：分析以下指令的执行结果

```
>> x=(-3:3)/3
x =
    -1.0000    -0.6667    -0.3333          0    0.3333    0.6667    1.0000
>> sin(x)./x
Warning: Divide by zero.
ans =
     0.8415     0.9276     0.9816        NaN    0.9816    0.9276    0.8415
```

由于第四个数据是 0，计算函数 sin(x)/x 时给出了一个警告。由于 sin(0)/0 是没定义的，在该处 MATLAB 结果返回 NaN。用 eps 替代 0 以后，再次执行命令。

```
x=(-3:3)/3;
x=x+(x==0)*eps;
sin(x)./x
ans =
     0.8415     0.9276     0.9816     1.0000     0.9816     0.9276     0.8415
```

现在 sin(x)/x 在 x=0 处给出了正确的极限。

3. 逻辑运算

MATLAB 包含三种类型的逻辑运算：逐元素逻辑运算、捷径逻辑运算和逐位逻辑运算，其中前面两类以运算符的形式提供。如表 2-6 所示。

表 2-6　逻辑运算符

运算类型	运算符与函数	说明
一般逻辑运算	&（and）	逻辑与
	|（or）	逻辑或
	~（not）	逻辑非
	xor	逻辑异或
捷径运算符	&&	支标量值的捷径与
	||	对标量值的捷径或
函数运算	xor(*x*，*y*)	异或运算。*x* 或 *y* 非零(真)返回 1，*x* 和 *y* 都是零(假)或都是非零(真)返回 0。
	any(*x*)	如果在一个向量 *x* 中，任何元素是非零，返回 1；矩阵 *x* 中的每一列有非零元素，返回 1。
	all(*x*)	如果在一个向量 *x* 中，所有元素非零，返回 1；矩阵 *x* 中的每一列所有元素非零，返回 1。

MATLAB 用“0”和“1”分别代表逻辑“假”和逻辑“真”。逻辑类型常以标量形式出现，但也可以是逻辑数组。MATLAB 程序中，用户在使用各种控制语句的时候，经常需要使用返回的逻辑值作为控制语句的判断条件。

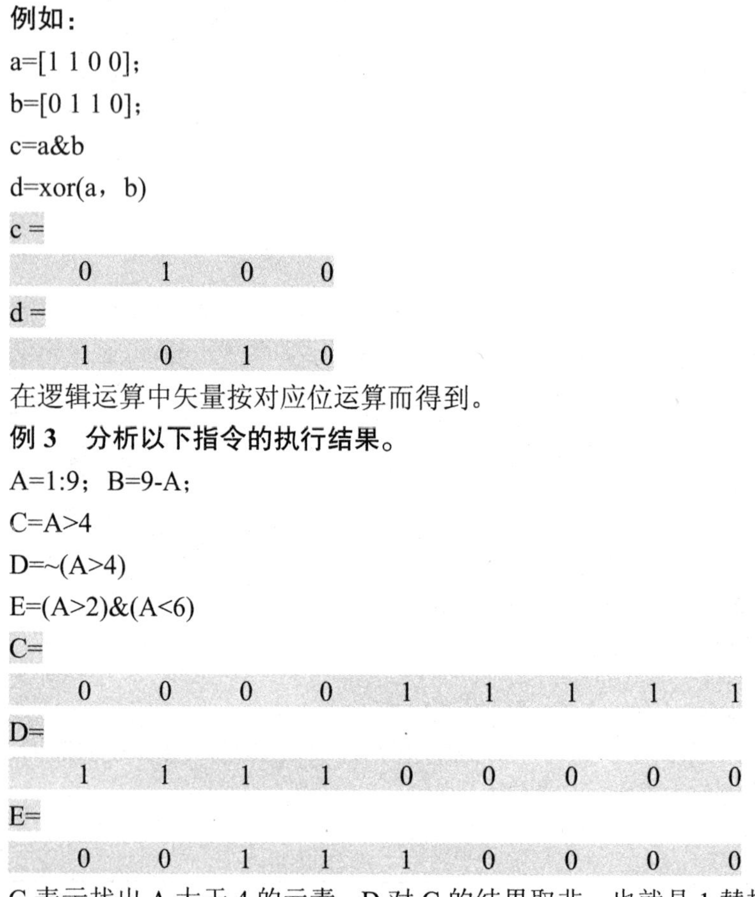

例如：

```
a=[1 1 0 0];
b=[0 1 1 0];
c=a&b
d=xor(a, b)
c =
    0    1    0    0
d =
    1    0    1    0
```

在逻辑运算中矢量按对应位运算而得到。

例 3　分析以下指令的执行结果。

```
A=1:9; B=9-A;
C=A>4
D=~(A>4)
E=(A>2)&(A<6)
C=
    0    0    0    0    1    1    1    1    1
D=
    1    1    1    1    0    0    0    0    0
E=
    0    0    1    1    1    0    0    0    0
```

C 表示找出 A 大于 4 的元素，D 对 C 的结果取非，也就是 1 替换 0，0 替换 1，E 表示在 A 大于 2'与 A'小于 6 处返回 1。

捷径运算符只对标量值执行逻辑与和逻辑或运算。捷径运算首先判断第一个运算对象，如果可以知道结果，直接返回，而不继续判断第二个运算对象。捷径运算提高了程序运算效率，可以避免一些不必要的错误。

例如：表达式 x=b　&&　(a/b>10) **如果** b=0，**捷径运算符不需要计算**(a/b>10)**的值就可知道表达式的值，因而也就避免了被 0 除的错误。**

例如：

```
x=[1 1 0 0];
y=[0 1 1 0];
a=xor(x, y)
b=any(x)
c=all(y)
a =
    1    0    1    0
```

```
b =
     1
c =
     0
```

4. 特殊运算符

除了以上运算符，MATLAB 还经常使用一些特殊的运算符，如表 2-7 所示。

表 2-7　一些特殊运算符

运算符	说明	运算符	说明
[ ]	生成向量和矩阵	…	续行符
{ }	给单元数组赋值	,	分隔矩阵下标和函数参数
( )	在算术运算中优先计算；封装函数参数；封装向量或矩阵下表	;	在括号内结束行；禁止表达式显示结果；隔开声明
=	用于赋值语句	:	创建矢量、数组下标；循环迭代
'	两个'之间的字符为字符串	%	注释；格式转换定义中的初始化字符
.	域访问	@	函数句柄，类似于 C 语言中的取址运算

5. 运算符优先级

运算符的优先级如表 2-8 所示。

表 2-8　运算符优先级

顺序，从高到低	名称	运算符
1	小括号	( )
2	转置和乘幂	.'、.^、'、^
3	一元加/减运算、逻辑非	+、-、~
4	乘、除、点乘、点除	*、/、.*、./、.\
5	加、减	+、-
6	冒号运算	:
7	关系运算	>、>=、<、<=、==、~=

2.3　MATLAB 常用数学函数

1. 三角函数和双曲函数

在 MATLAB 中常见的三角函数和双曲函数如表 2-9 所示。

表 2-9　三角函数和双曲函数

名称	含义	名称	含义	名称	含义
sin	正弦	csc	余割	atanh	反双曲正切
cos	余弦	asec	反正割	acoth	反双曲余切
tan	正切	acsc	反余割	sech	双曲正割
cot	余切	sinh	双曲正弦	csch	双曲余割
asin	反正弦	cosh	双曲余弦	asech	反双曲正割
acos	反余弦	tanh	双曲正切	acsch	反双曲余割
atan	反正切	coth	双曲余切	atan2	四象限反正切
acot	反余切	asinh	反双曲正弦		
sec	正割	acosh	反双曲余弦		

例如：应用正弦、余弦函数作图。

x=0:359；

y=3*sin(2*pi*x/180)+2*cos(pi*x/180)；

plot(x，y)

代码运行结果如图 2-3 所示。

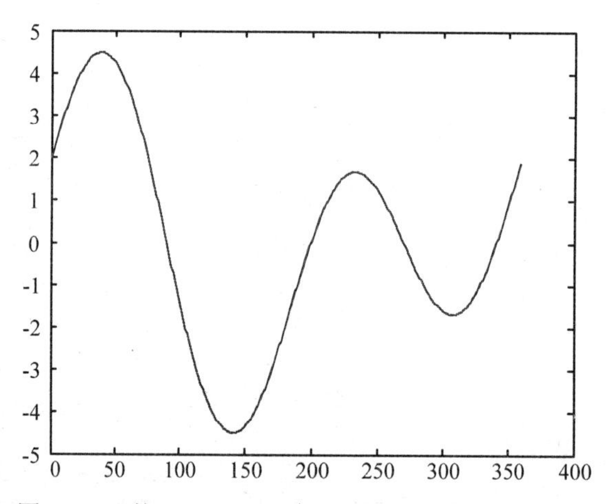

图 2-3　函数 3*sin(2*pi*x/180)+2*cos(pi*x/180)的图形

2. 指数函数

在 MATLAB 中的指数函数与对数函数如表 2-10 所示。

表 2-10　指数函数与对数函数

名称	含义	名称	含义	名称	含义
exp	e 为底的指数	log10	10 为底的对数	pow2	2 的幂
log	自然对数	log2	2 为底的对数	sqrt	平方根

例如：应用指数函数作图。

x=1:10:360；

```
y1=10*log(x).*exp(-0.01*x);
y2=log10(x).*log2(-0.6*x);
plot(x, y1, '+r', x, y2, 'b*')
```

代码运行结果如图 2-4 所示。

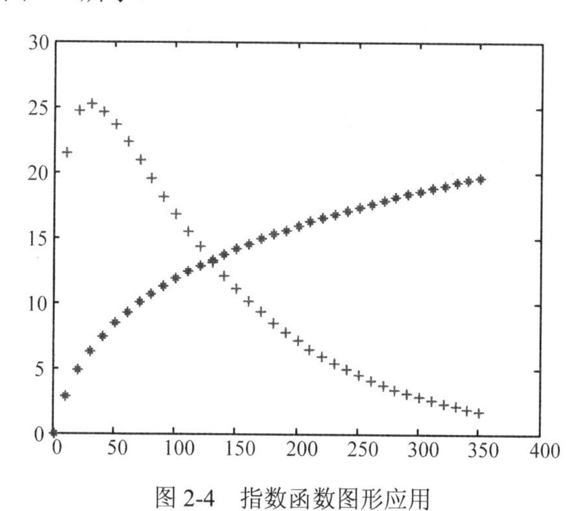

图 2-4　指数函数图形应用

3. 日期函数

在 MATLAB 中常见的日期函数如表 2-11 所示。

表 2-11　常见的日期函数

名称	含义
date	按照日期字符串格式获取当前系统时间
now	按照连续的日期数值格式获取当前系统时间
clock	按照日期向量格式获取当前系统时间
datestr	指定格式显示

日期格式

（1）日期字符串

例如：

```
>> now
ans =
  7.3559e+005
>> clock
ans =
  1.0e+003 *
    2.0130    0.0120    0.0170    0.0120    0    0.0052 %产生的日期向量
>> datestr(clock)
ans =
17-Dec-2013 11:59:23
```

```
>> datestr(now)
ans =
17-Dec-2013 11:59:42
```

注意日期向量为

[year month day hour minute second]

（2）提取日期时间信息

使用 year、month、day、hour、minute、second 函数提取当前时间的相关信息。

例如：

```
>> year(datestr(clock))
ans =
        2013
>> month(datestr(clock))
ans =
    12
>> day(datestr(clock))
ans =
    17
```

4. 复数函数

在 MATLAB 中的复数函数如表 2-12 所示。

表 2-12　复数函数

名称	含义	名称	含义	名称	含义
abs	绝对值	conj	复数共轭	real	复数实部
angle	相角	imag	复数虚部		

例如：

```
z=10+20i
a=abs(z)    %sqrt(10^2+20^2)
b=angle(z) %实部为 x 轴，虚部为 y 轴，点到原点的连线的夹角就是相位角，单位弧度

c=conj(z)
d=real(z)
e=imag(z)
z =
  10.0000 +20.0000i
a =
    22.3607
b =
     1.1071
```

```
c =
  10.0000 -20.0000i
d =
    10
e =
    20
```

注意：实部为 x 轴，虚部为 y 轴，点到原点的连线的夹角就是相位角，单位弧度。

5. 矩阵变换函数

在 MATLAB 中有很丰富的矩阵函数，包括矩阵的生成函数、矩阵的变换函数与矩阵的运算函数等。常见的矩阵的变换函数如表 2-13 所示，具体的应用见第 3 章。

表 2-13 矩阵变换函数

名称	含义	名称	含义
fiplr	矩阵左右翻转	diag	产生或提取对角阵
fipud	矩阵上下翻转	tril	产生下三角
fipdim	矩阵特定维翻转	triu	产生上三角
Rot90	矩阵反时针 90 翻转		

6. 逻辑关系函数

在 MATLAB 中常见的逻辑关系函数如表 2-14 所示。

表 2-14 逻辑关系函数

指令	含义
xor	不相同就取 1，否则取 0
any	只要有非 0 就取 1，否则取 0
all	全为 1 取 1，否则为 0
isnan	为数 NaN 取 1，否则为 0
isinf	为数 inf 取 1，否则为 0
isfinite	有限大小元素取 1，否则为 0
ischar	是字符串取 1，否则为 0
isequal	相等取 1，否则取 0
ismember	两个矩阵是属于关系取 1，否则取 0
isempty	矩阵为空取 1，否则取 0
isletter	是字母取 1，否则取 0（可以是字符串）
isstudent	学生版取 1
isprime	质数取 1，否则取 0
isreal	实数取 1，否则取 0
isspace	空格位置取 1，否则取 0

7. 其他常用函数

在本课程的学习中还要用到如表 2-15 所示的常用函数。

表 2-15　其他函数

名称	含义	名称	含义
min	最小值	max	最大值
mean	平均值	median	中位数
std	标准差	diff	相邻元素的差
sort	排序	length	个数
norm	欧氏（Euclidean）长度	sum	总和
prod	总乘积	dot	内积
cumsum	累计元素总和	cumprod	累计元素总乘积
cross	外积	rem	求余数
ceil	向+∞圆整	round	向靠近整数圆整
fix	向 0 圆整	sign	符号函数
floor	向-∞圆整	mod	模除求余

2.4　字符串的基本操作

在 MATLAB 工作空间中，字符串是以向量形式来存储的，用' '所包含的内容来表示该字符串。字符串由多个字符组成，是 1×n 的字符数组；每一个字符都是字符数组的一个元素，以 ASCII 码的形式存放并区分大小。

1. 字符串也可以作为矩阵来连接

例如：

```
s1='who ';
s2='is student';
s1=[s1, s2]
s1 =
who is student
```

2. 求字符串的长度

例如：

```
s1='who ';
s2='is student';
s1=[s1, s2];
```

length(s1)

ans =

14

3. 字符串连接

（1）直接水平连接[字串 1，字串 2]

例如：

>> A=['Red '，'Yellow']

A =

Red Yellow

（2）函数 strcat 连接

应用函数 strcat 连接忽略字符串结尾处的空格。

例如：

A=strcat('Red   '，'Yellow')

A =

RedYellow

4. 字符串的比较 strcmp

比较字符串的函数 strcmp、strcmpi 和 strncmp 按同样的顺序比较字符串(数组)中的字符，相同则返回 1，不同则返回 0。

例如：

s1='who ';

s2='is student';

A=strcat(s1，s2)

s3='iS student';

B=strcmp(s2，s3)

A =

whois student

B =

0

5. 字符串的替换

函数 strrep 用法为:

str=strrep(str1，str2，str3)用字符串 str3 替换字符串 str1 中所有的字符串 str2。

例如：

s1='who is student';

s2='who is';

s3='We are';

B=strrep(s1，s2，s3)

B =

We are student

在字符串 *s*1 中与 *s*2 相同的部分用 *s*3 来替换。

6. 字符串的转换

int2str 数字取整后转换为字符串；

dec2hex 十进制数到十六进制字符串转换；

setstr ASCII 数值转换成字符串；

abs 字符串转换为 ASCII 码值。

例如：

```
x='ABC';
y=[97 98 99 100];
A=abs(x)
B=dec2hex(y)
C=setstr(y)
A =
     65     66     67
B =
61
62
63
64
C =
abcd
```

7. 字符串的查找 strmatch 及 findstr 函数

函数 strmatch 的用法为:

i=strmatch('str'，STRS)查找字符串数组 STRS 中所有以字符串'str'开头的字符串，并返回其次序行向量，如果附加参数'exact'，则查找完全相同的字符串。

例如：

```
A=strmatch('max',  strvcat('max',  'minimax',  'maximum'))
B=strmatch('max',  strvcat('max',  'minimax',  'maximum'),'exact')
A =
      1
      3
B =
      1
```

函数 findstr（str1，str2）的用法为:返回所有在字符串 str1 中的字符串 str2 的起始位置。

```
>> B=findstr('max',  ['max',  'minimax',  'maximum'])
B =
      1      8     11
```

8. 字符串大小写转换

字符串可以应用函数 upper 与 lower 进行大小写转换。

例如：

```
s='We like MATLAB';
A=upper(s)
B=lower(s)
A =
WE LIKE MATLAB
B =
we like matlab
```

在 MATLAB 中常见的字符串函数如表 2-16 所示。

表 2-16 字符串函数

字 符 串 转 换	
abs	字符串到 ASCII 转换
dec2hex	十进制数到十六进制字符串转换
fprintf	把格式化的文本写到文件中或显示屏上
hex2dec	十六进制字符串转换成十进制数
hex2num	十六进制字符串转换成 IEEE 浮点数
int2str	整数转换成字符串
lower	字符串转换成小写
num2str	数字转换成字符串
setstr	ASCII 转换成字符串
sprintf	用格式控制，数字转换成字符串
sscanf	用格式控制，字符串转换成数字
str2mat	字符串转换成一个文本矩阵
str2num	字符串转换成数字
upper	字符串转换成大写
eval(string)	作为一个 MATLAB 命令求字符串的值
blanks(n)	返回一个 n 个零或空格的字符串
deblank	去掉字符串中后拖的空格
feval	求由字符串给定的函数值
findstr	从一个字符串内找出字符串
isletter	字母存在时返回真值
isspace	空格字符存在时返回真值
isstr	输入是一个字符串，返回真值
lasterr	返回上一个所产生 MATLAB 错误的字符串
strcmp	字符串相同，返回真值
strtok	在一个字符串里找出第一个标记
strrep	用一个字符串替换另一个字符串

2.5 结构体的基本操作

MATLAB 中结构的概念和 C 语言中类似，它也包含一个或多个域（数据容器），每一个域可以包含任何类型的数据，而且互相独立。

1. 创建结构体

（1）直接创建

直接使用赋值语句创建结构体，用“结构体名.字段名”的格式赋值。

```
A.name='Liuhei';
A.year=1990;
A.score=[95，89];
A
A =
    name: 'Liuhei'
    year: 1990
    score: [95 89]
```

直接建立结构和各个域，同时给各个域赋值（也可以不赋值），结构和域之间用点“.”连接。同样，访问结构的各个域时，也是“结构名.域名”的格式，结构的各个域可以按照其本身的数据类型进行相应的各种运算。

（2）利用 struct 函数创建

```
struct('field1'，值 1，'filed2'，值 2，…)%创建结构体将值赋给各字段
A=struct('xh'，320130578，'xm'，'张三'，'xb'，'男'，'cj'，80)
A =
    xh: 320130578
    xm: '张三'
    xb: '男'
    cj: 80
```

2. 结构体的常用操作函数

（1）删除结构体的字段

```
rmfield(A，'fieldname')          %删除字段
```

（2）修改结构体的数据

```
setfield(A，{A_index}，'fieldname'，{field_index}，值)
```

例如：

```
A=
    name: 'Liuhei'
```

```
    year: 1990
    data: [95 89]
>> rmfield(A，'year')
ans =
    name: 'Liuhei'
    data: [95 89]
>> setfield(A，'addr'，'zhejing hangzhou')
ans =
    name: 'Liuhei'
    data: [95 89]
    addr: 'zhejing hangzhou'
```

实验二

一、实验目的和要求

熟悉常用的运算符、运算表达式，尤其是字符串的访问、矩阵的构造、常用数学、字符等函数的应用、结构体的构造等。

二、实验内容和原理

1. 回答在 MATLAB 中，变量的定义规则是什么？eps、Inf、INF、NaN、nan 分别代表什么含义？

2. 定义一字符串 *A*='可视化工具 MATLAB'，通过字符串下标来访问获取字符串 *A* 中的内容：'可视化'、'工具'、'MATLAB'。

3. 思考下列语句的运行结果，并上机调试：

```
A=[ ]
A1=[1 2 3]
A2=[A1，  4]
A3=[A2；ones(1，4)]
```

4. 数组运算与矩阵运算有什么不同，请举例说明。请上机分析下列语句：

```
x=1:5
y=5:-1:1
A=x*y
B=x.*y
```

5. 调试下列语句：

```
x=1:10:360；
y1=10*log(x).*exp(-0.01*x)；
y2=log10(x).*log2(-0.6*x)；
plot(x，y1，'+r'，x，y2，'b*')
```

根据语句运行的结果，改变向量 *x* 的间隔，更换 *y*1、*y*2 函数的表达式，请重新调试以上修改过的语句。

6. 举例说明语句：str=strrep(str1，str2，str3)的应用。

7. 上机调试下列语句：B=findstr('max'，['max'，'minimax'，'maximum'])，并分析语句运行的结果，举例说明它的应用。

8. 创建结构体

（1）直接创建结构体，结构体各成员如下：

```
B.name='Liuhei';
B.year=1990;
B.score=[95，89，88];
```

（2）应用命令setfield，增加结构体字段sex，并赋值'男'；

（3）应用命令rmfield，删除结构体的字段year；

（4）应用struct函数重新实现以上过程。

要求显示所有的操作过程。

9. 调试下列程序，使$z=\sin(y).*\cos(x)$的分布以立体的方式清晰地展现出来。

```
clear
x=-pi:0.1:pi;
y=-pi:0.1:pi;
z=sin(x).*cos(y);
[X，Y]=meshgrid(x，y);
Z=sin(Y).*cos(X);
figure，mesh(X，Y，Z)
%end
```

10. 调试下列程序，绘出RLC电路中的“欠阻尼”现象的图像。

```
clear
t=1:0.01:10
y=8*(exp(0.8.*(-t)).*cos(10.*t));
plot(t，y)
axis([1 10  -1 1])
xlabel('times-(t)');
ylabel('Current-( ')');
title('2-dimension');
%end
```

三、实验过程

四、实验结果与分析

五、实验心得

第3章 MATLAB中的矩阵运算及应用

矩阵是数学中一个十分重要的概念，其应用能够十分广泛，MATLAB中最基本最重要的功能就是进行矩阵运算，MATLAB的所有数值功能都是以矩阵为基本单元进行的，向量和标量都作为特殊的矩阵来处理，掌握MATLAB中的矩阵运算是十分重要的。

在MATLAB中从运算的角度看，矩阵运算从矩阵的整体出发，采用线性代数的运算规则，数组运算从数据的元素出发，针对每个元素进行运算。

3.1 矩阵的基本运算

在前一章节，已经讲述了矩阵的基本数学运算符与基本运算表达式。矩阵的运算包含四则运算、与常数的运算、逆运算、行列式运算、幂运算与指数运算、对数运算等。下面通过一些实例来讨论矩阵的转置、矩阵加和减、矩阵乘法、矩阵除法、矩阵的乘方及矩阵的数组乘法、矩阵的数组除法、矩阵的数组乘方运算。

1. 矩阵转置 A'

例如：

```
A = [1 2 3 4 ;  5 6 7 8;    4 5 6 7;    8 9 10 11]
A =
     1     2     3     4
     5     6     7     8
     4     5     6     7
     8     9    10    11
```

```
>> A'
ans=
     1     5     4     8
     2     6     5     9
     3     7     6    10
     4     8     7    11
```

矩阵转置是指矩阵的第一行成为矩阵的第一列，矩阵的第二行成为矩阵的第二列，以此类推。

2. 数组扩展和裁剪

利用[ ]裁剪数组。对指定位置的元素赋值为空方括号[ ]，即可完成数组元素的删除。

例 3-1　矩阵的扩展。

```
A=[1 2 3；4 5 6；7 8 9]
A(4，4)=16
A(3，:)=[ ]；
A(:，4)=[ ]；
A
A =
     1     2     3
     4     5     6
     7     8     9
A =
     1     2     3     0
     4     5     6     0
     7     8     9     0
     0     0     0    16
A =
     1     2     3
     4     5     6
     0     0     0
```

分析：因原矩阵为 3×3，语句 *A*(4，4)=16 扩展了矩阵，使矩阵扩展为 4×4，除保留原矩阵的值与元素 *A*(4，4)=16 外，其它元素的值都赋于 0。而语句：*A*(3，:)=[ ]；*A*(:，4)=[ ]；把矩阵 *A* 的第 3 行、第 4 列利用[ ]裁剪数组，最后得到一个 3×3 的矩阵。

例 3-2　矩阵的裁剪。

```
A=[-2 4 6 -8；4 3 2 1；-7 6 -5 4；   11 -10 9 8]
I1=A(:，2)
I2=A(:，2)-2
I3=A(3，:)
A =
```

```
   -2     4     6    -8
    4     3     2     1
   -7     6    -5     4
   11   -10     9     8
I1 =
    4
    3
    6
  -10
I2=
    2
    1
    4
  -12
I3=
   -7     6    -5     4
```

分析：表达式 *I*1=*A*(:，2)表示对矩阵 *A* 取第二列的元素赋给 *I*1，表达式 *I*2=*A*(:，2)-2 表示对矩阵 *A* 取第二列的元素减 2 后赋给 *I*2，表达式 *I*3=*A*(3，:)表示对矩阵 *A* 取第三行元素赋给 *I*3。

3. 矩阵的加减运算

在矩阵的加减运算中要求两个矩阵是同阶的。

例 3-3　矩阵的加减运算。

```
x=[1 2 3 4;  5 6 7 8;   4 5 6 7;   8 9 10 11]   %二维 4×4 矩阵
y=[2 4 6 8;  1 2 3 4;   7 6 5 4;   11 10 9 8]
s=x+y
c=x−y
x=
    1     2     3     4
    5     6     7     8
    4     5     6     7
    8     9    10    11
y=
    2     4     6     8
    1     2     3     4
    7     6     5     4
   11    10     9     8
s=
    3     6     9    12
```

```
    6     8    10    12
   11    11    11    11
   19    19    19    19
c =
   -1    -2    -3    -4
    4     4     4     4
   -3    -1     1     3
   -3    -1     1     3
```

从结果可以得出，矩阵的加减是对应元素的加减。

4. 矩阵的逆运算 inv

函数：inv

功能：求矩阵的逆

语法：inv(A)

例 3-4　矩阵的逆运算及矩阵的 A∗A⁻¹ 运算。

```
A=[-2 4 6 -8; 4 3 2 1; -7 6 -5 4;   11 -10 9 8]
B=inv(A)
C=A*B
A =
   -2     4     6    -8
    4     3     2     1
   -7     6    -5     4
   11   -10     9     8
B =
  -0.0718    0.1552   -0.0991   -0.0417
   0.0201    0.1466    0.0453   -0.0208
   0.1178   -0.0345    0.0776    0.0833
  -0.0086    0.0086    0.1056    0.0625
C =
   1.0000   -0.0000    0.0000         0
   0.0000    1.0000   -0.0000   -0.0000
  -0.0000   -0.0000    1.0000    0.0000
  -0.0000         0   -0.0000    1.0000
```

你会发现，对一个方阵 A 来说，$A*A^{-1}$ 为单位阵，即 $A*A^{-1}=\mathbf{1}$。

5. 矩阵的乘除运算

矩阵的乘除运算符为'∗'，要求相乘的两个矩阵有相邻公共维，即：A 矩阵的列数必须等于 B 矩阵的行数。例如 A 矩阵是 $i\times j$ 阶，则 B 矩阵是 $j\times k$ 阶，A、B 两矩阵才能相乘，乘积的矩阵是 $i\times k$ 阶的。

例 3-5　矩阵的乘法运算。

```
A=[2 3 4; 5 6 7]
B=[1 2; 3 4; 5 6]
C=A*B
A =
     2     3     4
     5     6     7
B =
     1     2
     3     4
     5     6
C =
    31    40
    58    76
```

矩阵的除法可以分为左除'\'与右除'/'。如果 A 矩阵是非奇异方阵，则 $A\backslash B$ 和 B/A 运算可以实现。

$A\backslash B$ 等效于 A 的逆左乘 B 矩阵，也就是 inv(A)*B，而 B/A 等效于 A 矩阵的逆右乘 B 矩阵，也就是 B*inv(A)。对于矩阵来说，左除和右除表示两种不同的除数矩阵和被除数矩阵的关系。对于矩阵运算，一般 $A\backslash B \neq B/A$。

有矩阵运算 $Ax=B$，如写成右除为 $x=B/A$，等效于 A 矩阵的逆右乘 B 矩阵，也就是 B*inv(A)。如写成左除为 $x=A\backslash B$，等效于 inv(A)*B。

例 3-6　矩阵的右除与左除。

```
A=[1 2 3; 4 5 6; 7 8 9];
B=[4 5 -6; 1 -2 3; -9 -8 7];
C=A/B
D=A*inv(B)
E=inv(B)*A
F=A\B
H=inv(A)*B
G=B*inv(A)
C =
   -5.2308   -3.0000   -2.7692
  -11.0000   -6.0000   -6.0000
  -16.7692   -9.0000   -9.2308
D =
   -5.2308   -3.0000   -2.7692
  -11.0000   -6.0000   -6.0000
  -16.7692   -9.0000   -9.2308
```

```
E =
     3.1923     4.1923     5.1923
   -10.1538   -13.1538   -16.1538
    -6.5000    -8.5000   -10.5000
Warning: Matrix is close to singular or badly scaled.
         Results may be inaccurate. RCOND = 1.541976e-018.
F =
   1.0e+016 *
     3.1525    -0.4504     2.2518
    -6.3050     0.9007    -4.5036
     3.1525    -0.4504     2.2518
Warning: Matrix is close to singular or badly scaled.
         Results may be inaccurate. RCOND = 1.541976e-018.
H =
   1.0e+016 *
     3.1525    -0.4504     2.2518
    -6.3050     0.9007    -4.5036
     3.1525    -0.4504     2.2518
Warning: Matrix is close to singular or badly scaled.
         Results may be inaccurate. RCOND = 1.541976e-018.
G =
   1.0e+017 *
     0.5404    -1.0809     0.5404
    -0.3603     0.7206    -0.3603
    -0.6305     1.2610    -0.6305
```

从实验结果分析，*C*=*A*/*B* 与 *D*=*A*∗inv(*B*)是等效的，*F*=*A**B* 与 *H*=inv(*A*)∗*B* 是等效的。

6. 矩阵与常数运算

矩阵与常数运算是指矩阵的各元素与常数之间的运算。

例如：

```
A=[1 2 3； 4 5 6； 7 8 9]；
B=2*A
B =
     2     4     6
     8    10    12
    14    16    18
```

7. 矩阵的行列式运算

在 MATLAB 中矩阵的行列式的值可用 det 函数计算。

例如：

```
A=[1 2 3; 4 5 6; 7 8 9];
B=det(A)
B =
     0
```

8. 矩阵的数组运算

（1）数组加减

数组相加减是指数组中对应元素相加减。

例如：

```
A=[1 2 3; 4 5 6; 7 8 9];
B=[9 8 7; 6 5 4; 3 2 1];
C=A+B
D=A-B
C =
    10    10    10
    10    10    10
    10    10    10
D =
    -8    -6    -4
    -2     0     2
     4     6     8
```

（2）数组的乘

A.∗*B*　*A*，*B* 必须同维，即 *A*、*B* 两数组相乘必须有相同的行和列，其结果是两数组相应元素相乘。

或其中之一为标量。

例 3-7　数组相乘。

```
A=[1 2 3; 4 5 6; 7 8 9];
B=[9 8 7; 6 5 4; 3 2 1];
C=A.*B
C =
     9    16    21
    24    25    24
    21    16     9
```

（3）数组的左除

A.*B* 将得到一个矩阵，该矩阵的元素维数组 *A* 和数组 *B* 中的每个相应元素进行 $B(i, j)/A(i, j)$运算的结果。

注意：

① *a*./*b*=*b*.*a* 都是指 *a* 的元素被 *b* 的对应元素除；

② *a*.*b*=*b*./*a* 都是指 *a* 的元素被 *b* 的对应元素除。

例 3-8　数组相除。

```
A=[1 2 3; 4 5 6; 7 8 9];
B=[9 8 7; 6 5 4; 3 2 1];
C=A.\B
D=B./A
C =
    9.0000    4.0000    2.3333
    1.5000    1.0000    0.6667
    0.4286    0.2500    0.1111
D =
    9.0000    4.0000    2.3333
    1.5000    1.0000    0.6667
    0.4286    0.2500    0.1111
```

分析： *A*.*B* 的运算与 *B*./*A* 等价。

（4）数组的乘方

A.^*B* 以 *A* 中的元素为底，*B* 中的相应元素为幂作乘方运算，相当于计算[*A*(*i*，*j*)^*B*(*i*，*j*)]。*A*，*B* 必须同维，或其中之一为标量。

注意： 数组运算指元素对元素的算术运算，与通常意义上的由符号表示的线性代数矩阵运算不同。

```
A=[1 2 3; 4 5 6; 7 8 9];
B=A.^2
C=A ^2
B =
     1     4     9
    16    25    36
    49    64    81
C =
    30    36    42
    66    81    96
   102   126   150
```

注意： *B*=*A*.^2 与 *C*=*A* ^2 的区别。

3.2 矩阵的生成

1. 矩阵生成有多种方式，通常使用的有四种

（1）在命令窗口中直接输入矩阵。

（2）通过语句和函数产生矩阵。

（3）在 M 文件中建立矩阵。

（4）从外部的数据文件中导入矩阵。

2. 在命令窗口中直接输入矩阵

其中第一种是最简单常用的创建数值矩阵的方法，较适合创建较小的简单矩阵。把矩阵的元素直接排列到方括号中，每行内元素用空格或逗号相隔，行与行之间的内容用分号相隔。如：

```
matrix=[1，1，1，1；2，2，2，2；3，3，3，3；4，4，4，4]     %逗号形式相隔
matrix =
     1     1     1     1
     2     2     2     2
     3     3     3     3
     4     4     4     4
matrix=[1 1 1 1；2 2 2 2 ；3 3 3 3；4 4 4 4]     %采用空格形式相隔
matrix =
     1     1     1     1
     2     2     2     2
     3     3     3     3
     4     4     4     4
```

注意：

- 输入的矩阵要以“[　]”为标识；
- 矩阵的同行元素之间可以用空格或逗号，行与行之间用分号或回车分隔；
- 矩阵大小可以不预先定义，矩阵元素可分运算表达式；
- 矩阵元素的下标从 1 开始。
- MATLAB 允许输入空阵，当一项操作无结果时，返回空阵。

3. 通过语句产生矩阵

（1）使用冒号表达式

在 MATLAB 中，冒号是一个重要的运算符。利用它可以产生向量，还可用来拆分矩阵。冒号表达式的一般格式是：

***e*1:*e*2:*e*3**

其中 *e*1 为初始值，*e*2 为步长，*e*3 为终止值。冒号表达式可产生一个由 *e*1 开始到 *e*3 结束，以步长 *e*2 自增的行向量。

语法：

- ***e*1:*e*3**
- ***e*1:*e*2:*e*3**

例如：

>>x=(0:0.02:1)；%以:起始值=0、增量值=0.0.2、终止值=1 的矩阵

>>x=linspace(0，1，100)；%利用 linspace，以区隔起始值=0 终止值=1 之间的元素数目=100

>>a=[]%空矩阵

```
a =
      []
```

（2）使用 linspace 和 logspace 函数生成向量。

函数：linspace

功能：生成线性等分向量

语法：linspace（*a*，*b*，*n*）

说明：linspace 用来生成线性等分向量，与"from：step：to"方式不同的地方在于是它直接给出元素的个数从而得出各个元素的值。*a*、*b*、*n* 分别表示开始值，结束值和元素的个数，生成从 *a* 到 *b* 之间线性等分的那个元素的行向量，*n* 默认为 100。

例如：

linspace(1，10，10)

```
ans =
      1      2      3      4      5      6      7      8      9      10
```

函数：logspace

功能：用来生成对数等分向量

语法：logspace（*a*，*b*，*n*）

说明：logspace 用来生成对数等分向量，此函数和 linspace 一样直接给出元素的个数而得出各个元素的值。*a*、*b*、*n* 分别表示开始值，结束值和元素的个数。

MATLAB 提供了许多数学函数，函数的自变量规定为矩阵变量，运算法则是将函数逐项作用于矩阵的元素上，因而运算的结果是一个与自变量同维数的矩阵。

例如：

logspace(1，10，10)

```
ans =
      1.0000      1.2915      1.6681      2.1544      2.7826      3.5938      4.6416
5.9948      7.7426      10.0000
```

4. 通过函数创建矩阵

MATLAB 中提供了一些内部函数来生成特殊矩阵如 eye 生成单位阵，函数 zeros 产生

零矩阵，函数 rand 产生随机矩阵，函数 magic 产生魔方阵。

例如：产生单位矩阵。

```
A=eye(4)
A =
     1     0     0     0
     0     1     0     0
     0     0     1     0
     0     0     0     1
```

例如：产生魔方阵。

```
A=magic(4)
ans =
    16     2     3    13
     5    11    10     8
     9     7     6    12
     4    14    15     1
```

所谓魔方阵是指各行或各列和相等。

5. 在 M 文件中建立矩阵

M 文件

利用 M 文件建立矩阵：对于比较大且比较复杂的矩阵，可以为它专门建立一个 M 文件，内容为生成矩阵。在 MATLAB 的命令窗口中输入此文件名，即将矩阵调入工作空间（写入内存）。其步骤为：

第一步：使用编辑程序输入矩阵。

第二步：把输入的内容以纯文本方式存盘，并把文件名改为*.m。

第三步：在 MATLAB 命令窗口中输入文件名，就会建立一个矩阵，可供以后显示和调用。

例如：用建立 M 文件的方式生成矩阵

（1）建立 M 文件 mydata.m 内容如下

```
%生成矩阵
A=[1，2，3；4，5，6；7，8，9]
```

（2）运行 M 文件 mydata.m

```
>>mydata
```

则生成矩阵 A。

例如：编制一名为 zjutest1.m 文件，文件内容如下：

```
Test=[ 5    6    7    8    9    10
       6    7    8    9    10    0
       7    8    9    10    0    0
       8    9    10    0    0    0
       9    10    0    0    0    0
       10    0    0    0    0    0 ]
```

在 MATLAB 命令窗口中输入：

```
>>zjutest1
>>inv(Test)
```

此例中，当执行 zjutest1（.m 的文件名）后，在 MATLAB 命令窗口中或在程序中就可以使用此矩阵。

6. 通过数据文件创建矩阵

在 MATLAB 中，还可以通过读入外部数据文件来生成矩阵。外部数据文件包括：以前 MATLAB 生成矩阵存储成的二进制文件、包含数值数据的文本文件、Excel 数据表、图像文件、声音文件等。在文本文件中，数据必须排列成矩阵形式，数据之间用空格分隔，文件的每行仅包含据矩阵的一行，并且每行的元素个数必须相等。

例 3-9　有文本文件 data.txt 内容如下，通过此文件创建矩阵。

```
1.1   3   4
2.3   2   1
```

用下述命令将 data.txt 中的内容导入工作空间并生成变量 data

```
>> load data.txt     %将 data.txt 的内容导入工作空间
>> data              %查看变量 data
data =
        1.1000    3.0000    4.0000
        2.3000    2.0000    1.0000
```

7. 矩阵的合并

在 MATLAB 中，新的矩阵可用通过原有矩阵的合并而产生。命令格式为：

c=[*a*　*b*]，表示将矩阵 *a* 和 *b* 水平方向合并为 *c*，要求 *a* 和 *b* 的列相同；

c=[*a*；*b*]，表示将矩阵 *a* 和 *b* 垂直方向合并为 *c*，要求 *a* 和 *b* 的行相同。

例 3-10　矩阵的扩展。

```
A=[1 2 3; 4 5 6; 7 8 9];
B=[9 8 7; 6 5 4; 3 2 1];
C=[A; B]   %数组行扩展
D=[A B]   %数组列扩展
C =
     1     2     3
     4     5     6
     7     8     9
     9     8     7
     6     5     4
     3     2     1
D =
     1     2     3     9     8     7
     4     5     6     6     5     4
```

```
7    8    9    3    2    1
```

3.3 特殊矩阵的生成

1．常用特殊矩阵

MATLAB 中的特殊矩阵比较多，常用的有下面几类：

（1）单位矩阵；

（2）全“1”矩阵；

（3）全零矩阵；

（4）对角矩阵；

（5）范德蒙矩阵；

（6）幻方矩阵；

（7）希尔伯特矩阵。

下面主要论述以下几类：①单位矩阵，②全“1”矩阵，③全零矩阵，④对角矩阵。在表 3-1 中列出常见的产生矩阵的函数。

表 3-1 常见的产生矩阵的函数

函数名	功能
eye(*m*，*n*)	产生 $m\times n$ 的单位矩阵，对角线全为 1
zeros(*d*1，*d*2，*d*3，…)	产生 *d*1**d*2**d*3*…的全 0 数组
ones(*d*1，*d*2，*d*3，…)	产生 *d*1**d*2**d*3*…的全 1 数组
rand(*d*1，*d*2，*d*3，…)	产生均匀分布的随机数组，元素取值范围为 0.0～1.0
diag(*n*1，*n*2，*n*3，...)	根据向量 *n*1，*n*2，*n*3，...元素创建对角矩阵
randn( )	产生均值为 0，方差为 1 的标准正态分布随机矩阵
blkdiag（*A*，*B*）	以 *A*，和 *B* 为块创建块对角矩阵

2. 零矩阵和全 1 矩阵

函数：zeros

功能：产生零矩阵

语法：zeros(*N*)

zeros(*M*，*N*)

说明：零矩阵指各个元素都为零的矩阵。

（1）*A*=zeros(*M*，*N*)命令中，*A* 为要生成的零矩阵，*M* 和 *N* 分别为生成矩阵的行和列。

（2）若存在已知矩阵 *B*，要生成与 *B* 维数相同的矩阵，可以使用命令 *A*=zeros(size(*B*))。

（3）要生成方阵时，可使用命令 *A*=zeros(*N*)来生成 *N* 阶方针。

全 1 矩阵用 ones 函数实现。

例如：产生 4×5 的全 0 矩阵。

A=zeros(4，5)

A =

0	0	0	0	0
0	0	0	0	0
0	0	0	0	0
0	0	0	0	0

分析：产生一个 4 行 5 列的零矩阵。

例 3-11　产生与某一矩阵（B）相同大小的零矩阵。

B=[1 2 3 4 5；2 3 4 5 6；9 8 7 6 5；8 7 6 5 4]

B =

1	2	3	4	5
2	3	4	5	6
9	8	7	6	5
8	7	6	5	4

A=zeros(size(B))

A =

0	0	0	0	0
0	0	0	0	0
0	0	0	0	0
0	0	0	0	0

例如：只有一个参数时产生方阵。

A=zeros(5)

A =

0	0	0	0	0
0	0	0	0	0
0	0	0	0	0
0	0	0	0	0
0	0	0	0	0

函数：ones

功能：产生全 1 矩阵

语法：ones(*N*)

　　　Ones(*M*，*N*)

例如：产生 5×6 的全 1 矩阵。

C=ones(5，6)

C =

1	1	1	1	1	1
1	1	1	1	1	1

```
     1     1     1     1     1     1
     1     1     1     1     1     1
     1     1     1     1     1     1
```

例如：只有一个参数时产生方阵。

```
C=ones(3)
C =
     1     1     1
     1     1     1
     1     1     1
```

单位矩阵的生成

函数：eye

功能：产生单位矩阵

语法：eye(*N*)

eye(*M*，*N*)

说明：

（1）*A*=eye(*M*，*N*)命令，可生成单位矩阵，*M*和*N*分别为生成单位矩阵的行和列；

（2）要生成一个与*B*维数相同的单位矩阵，可以使用命令：

A=eye(size(*B*))。

（3）也可以使用*A*=eye(*N*)来生成*N*阶方阵。

例如：

```
A=eye(4，5)
A =
     1     0     0     0     0
     0     1     0     0     0
     0     0     1     0     0
     0     0     0     1     0
```

例如：

```
B=eye(size(A))    %A与上例相同
B =
     1     0     0     0     0
     0     1     0     0     0
     0     0     1     0     0
     0     0     0     1     0
```

例如：

```
A=eye(4)
A =
     1     0     0     0
     0     1     0     0
```

0	0	1	0
0	0	0	1

3. 随机矩阵的生成

函数：rand、randn
功能：产生随机矩阵
语法：rand(*N*)
rand(*M*，*N*)
randn(*N*)
randn(*M*，*N*)
说明：随机矩阵之矩阵元素是由随机数构成的矩阵。
（1）rand(*N*)生成N阶随机矩阵，生成的元素值在区间（0.0，1.0）之间。
（2）rand(*M*，*N*)命令生成*M***N*阶随机矩阵，生成的元素值在区间（0.0，1.0）之间。
（3）randn(*N*)命令生成N阶随机矩阵，生成的元素服从正态分布*N*（0，1）。
（4）randn(*M*，*N*)命令生成*M***N*阶随机矩阵，生成的元素服从正态分布*N*（0，1）。
例如：

A=rand(4)

A =

0.8147	0.6324	0.9575	0.9572
0.9058	0.0975	0.9649	0.4854
0.1270	0.2785	0.1576	0.8003
0.9134	0.5469	0.9706	0.1419

产生一个4×4的随机矩阵。

4. 上三角阵和下三角阵的生成

函数：triu
功能：产生上三角矩阵
格式：triu(*A*)
triu(*A*，*K*)
说明:triu(*X*，*K*)命令中，*K*=0表示主对角线以上部分（包括主对角线）；*K*>0表示矩阵的主对角线*K*列以上的部分；*K*<0表示矩阵的主对角线*K*列以下的部分。triu(*X*)等价于triu(*X*，0)。

例3-12　根据已有的矩阵A产生不同的上三角。

A=[1 2 3 4；5 6 7 8；9 10 11 12；13 14 15 16]

B=triu(A)

C=triu(A，1)

D=triu(A，-1)

A =

1	2	3	4
5	6	7	8

```
   9    10    11    12
  13    14    15    16
B =
   1     2     3     4
   0     6     7     8
   0     0    11    12
   0     0     0    16
C =
   0     2     3     4
   0     0     7     8
   0     0     0    12
   0     0     0     0
D =
   1     2     3     4
   5     6     7     8
   0    10    11    12
   0     0    15    16
```

函数：tril

功能： 产生下三角矩阵

格式： tril(*A*)

tril(*A*，*K*)

说明： 下三角 tril(*X*，*K*)命令中，*K*=0 表示主对角线以下部分（包括主对角线）；*K*>0 表示矩阵的主对角线*K*列以下的部分；*K*<0 表示矩阵的主对角线*K*列以上的部分。tril(*X*)等价于 tril(*X*，0)。

例 3-13　根据已有的矩阵 A 产生不同的下三角。

```
A=[1 2 3 4； 5 6 7 8； 9 10 11 12； 13 14 15 16]
B=tril(A)
C=tril(A，1)
D=tril(A，-1)
A =
   1     2     3     4
   5     6     7     8
   9    10    11    12
  13    14    15    16
B =
   1     0     0     0
   5     6     0     0
   9    10    11     0
  13    14    15    16
```

C =

1	2	0	0
5	6	7	0
9	10	11	12
13	14	15	16

D =

0	0	0	0
5	0	0	0
9	10	0	0
13	14	15	0

5. 范得蒙矩阵

函数：vander

功能：产生范得蒙矩阵

语法：vander(*V*)

说明：vander(*V*)生成以向量 *V* 为基础向量的范得蒙矩阵。范得蒙矩阵最后一列全为 1，倒数第二列为一个指定的向量，其他各列是其后列与倒数第二列的点乘积。可以用一个指定向量生成一个范得蒙矩阵。范德蒙德矩阵是线性代数中一个很重要的矩阵。用 *A*=vander(*V*)，其中有 *V*(*i*，*j*)=*V*(*i*)^(*n*-*j*)。

例如：

v=[1 2 3 4 5]；

A=vander(v)

A =

1	1	1	1	1
16	8	4	2	1
81	27	9	3	1
256	64	16	4	1
625	125	25	5	1

6. 希尔伯特矩阵

函数：hilb

功能：生成希尔伯特矩阵

语法：hilb(*N*)

说明：hilb(*n*)生成希尔伯特矩阵。使用一般方法求逆会因为原始数据的微小扰动而产生不可靠的计算结果。MATLAB 中，有一个专门求希尔伯特矩阵的逆的函数 invhilb(*n*)，其功能是求 *n* 阶的希尔伯特矩阵的逆矩阵。

Hilbert 矩阵是有名的病态矩阵，它的第 *i* 行第 *j* 列的元素值为 1/(*i*+*j*−1)。

（1）hilb(*N*)命令生成 *N* 阶的 Hilbert 矩阵。

（2）invhilb(*N*)命令生成 *N* 阶反 Hilbert 矩阵。

例 3-14 由 hilb(6)产生的希尔伯特矩阵与它的逆矩阵相乘后得到单位阵。

A=hilb(6)

A =

1.0000	0.5000	0.3333	0.2500	0.2000	0.1667
0.5000	0.3333	0.2500	0.2000	0.1667	0.1429
0.3333	0.2500	0.2000	0.1667	0.1429	0.1250
0.2500	0.2000	0.1667	0.1429	0.1250	0.1111
0.2000	0.1667	0.1429	0.1250	0.1111	0.1000
0.1667	0.1429	0.1250	0.1111	0.1000	0.0909

例如：

B=invhilb(6)

B =

36	-630	3360	-7560	7560	-2772
-630	14700	-88200	211680	-220500	83160
3360	-88200	564480	-1411200	1512000	-582120
-7560	211680	-1411200	3628800	-3969000	1552320
7560	-220500	1512000	-3969000	4410000	-1746360
-2772	83160	-582120	1552320	-1746360	698544

C=A*B

C =

1.0000	0	0	0	0	0
0	1.0000	0	0	0	0
0	0	1.0000	0	0	0
0	0	0	1.0000	0	0
0.0000	0	0	0	1.0000	0.0000
0	0	0	0	0	1.0000

7. Toeplitz 矩阵

函数：toeplita

功能：生成 Toeplitz 矩阵

语法：toeplita（*C*）

toeplita（*C*，*R*）

说明：Toeplitz 矩阵与 Hankel 矩阵类似，也是针对于一个向量 *C* 或者两个向量 *C* 及 *R*，而生成的一个对称矩阵。矩阵中各元素满足如下规律：

（1）当只有一个向量 *C* 时，T=toeplita（*C*），以向量 *C* 作为 Toeplitz 矩阵的第一列，对角线上的各元素相等；各元素关于主对角线对称。

（2）当有两个向量 *C* 或 *R* 时，T=toeplita(*C*，*R*)时：以向量 *C* 作为 Toeplitz 矩阵的第一列；以向量 *R* 作为矩阵的最后一行；当 *C* 的第一个元素不同于 *R* 第一个元素时，取 *C* 的第一个元素作为主对角上的元素。

例如：

A=[1 2 3 4 5 6]；

B=[5 6 7 8 9 10]；

T=toeplita(A)

D=toeplita(A，B)

T =

1	2	3	4	5	6
2	1	2	3	4	5
3	2	1	2	3	4
4	3	2	1	2	3
5	4	3	2	1	2
6	5	4	3	2	1

D =

1	6	7	8	9	10
2	1	6	7	8	9
3	2	1	6	7	8
4	3	2	1	6	7
5	4	3	2	1	6
6	5	4	3	2	1

8. 帕斯卡矩阵

函数：pascal

功能：产生阶帕斯卡矩阵

语法：pascal(N)

说明：函数 pascal(n)生成一个 n 阶帕斯卡矩阵。二次项$(x+y)^n$展开后的系数随 n 的增大组成一个三角形表，称为杨辉三角形。由杨辉三角形表组成的矩阵称为帕斯卡(Pascal)矩阵。

例如：

A=pascal(6)

A =

1	1	1	1	1	1
1	2	3	4	5	6
1	3	6	10	15	21
1	4	10	20	35	56
1	5	15	35	70	126
1	6	21	56	126	252

Pascal 矩阵的第一行元素和第一列元素都为 1，其余位置处的元素是该元素的左边元素加起上一行对应位置相加而得，即：$a_{ij}=a_{i-1,\ j}+a_{i,\ j-1}$

9. 魔方数组

函数：magic

功能： 产生魔方阵

语法： magic(*N*)

说明： 魔方数组是一种较常用特殊数组，这种数组一定是正方形的，且方阵的每一行每一列以及每条主对角线的元素之和都相同（2 阶方阵除外），用 magic 函数生成魔术矩阵。magic(*N*)命令生成 N 阶的魔术矩阵，使矩阵的每一行每一列以及主对角线的元素和相等；N>0 或 N=2 除外。

例如：

```
A=magic(4)
B=magic(5)
A =
    16     2     3    13
     5    11    10     8
     9     7     6    12
     4    14    15     1
B =
    17    24     1     8    15
    23     5     7    14    16
     4     6    13    20    22
    10    12    19    21     3
    11    18    25     2     9
```

10. Hadamard 矩阵

函数： **hadamard**

功能： 产生 Hadamard 矩阵

语法： hadamard(*N*)

说明： Hadamard 矩阵为元素 1 或−1 组成，并且满足条件 $H'*H=N*I$，Hadamard 矩阵的维数为 N，I 为 N 阶单位矩阵，Hadamard 矩阵在组合数学，数值分析和信号处理方面都有广泛的应用。需要注意的是，当 N=1 时，Hadamard 矩阵就是 1，当 N>=2 时，Hadamard 的维数 N 有一定的要求，即 N、N/12 或 N/20 是 2 的正整数次幂。

例如：

```
A=hadamard(8)
A =
     1     1     1     1     1     1     1     1
     1    -1     1    -1     1    -1     1    -1
     1     1    -1    -1     1     1    -1    -1
     1    -1    -1     1     1    -1    -1     1
     1     1     1     1    -1    -1    -1    -1
     1    -1     1    -1    -1     1    -1     1
     1     1    -1    -1    -1    -1     1     1
```

```
   1    -1    -1     1    -1     1     1    -1
```

11. Hankel 矩阵

函数：hankel
功能：产生 Hankel 矩阵
语法：hankel(*C*)
hankel(*C*，*R*)

说明：Hankel 矩阵是针对于一个向量 *C* 或者两个向量 *C* 或 *R*，而生成的一个对称矩阵。矩阵中各元素满足如下规律：

（1）当只有一个向量 *C* 时，*H*=hankel(*C*):以向量 *C* 作为 Hankel 矩阵的第一列；反对角线上的各元素相等；主反对角线下方元素为 0。

（2）当有两个向量 *C* 和 *R* 时，*H*=hankel(*C*，*R*)：以向量 *C* 作为 Hankel 矩阵的的第一列；以向量 *R* 作为矩阵的第一行；当 *C* 的第一个元素不同于 *R* 的第一个元素时，取 *C* 的第一个元素作为主反对角上的元素。

例如：

```
A=[6 5 4 3 2 1];
B=[1 2 3 4 5 6];
C=hankel(A)
D=hankel(A，B)
```

```
C =
     6     5     4     3     2     1
     5     4     3     2     1     0
     4     3     2     1     0     0
     3     2     1     0     0     0
     2     1     0     0     0     0
     1     0     0     0     0     0
D =
     6     5     4     3     2     1
     5     4     3     2     1     2
     4     3     2     1     2     3
     3     2     1     2     3     4
     2     1     2     3     4     5
     1     2     3     4     5     6
```

3.4 矩阵的操作举例

1. 对角矩阵的生成

对角矩阵指的是对角线上的元素为任意数，其他元素为 0 的矩阵。

（1）*A*=diag(*V*，*K*)命令中，*V* 为某个向量，*K* 为向量 *V* 偏离主对角线的列数。*K*=0 时表示 *V* 为主对角线；*K*>0 的数时表示 V 在主对角线上；*K*<0 表示 *V* 在主对角线以下。

（2）A=diag(V)相当于 A=diag(V，0)

例 3-15　根据函数 diag 中参数的不同，产生不同的对角阵。

```
v=[1 2 3 4];
A=diag(v)
B=diag(v，1)
C=diag(v，-1)
A =
     1     0     0     0
     0     2     0     0
     0     0     3     0
     0     0     0     4
B =
     0     1     0     0     0
     0     0     2     0     0
     0     0     0     3     0
     0     0     0     0     4
     0     0     0     0     0
C =
     0     0     0     0     0
     1     0     0     0     0
     0     2     0     0     0
     0     0     3     0     0
     0     0     0     4     0
```

2. 矩阵的逆运算

矩阵的逆运算的充分必要条件是矩阵的行列式不为零。

例 3-16　矩阵的逆运算。

```
A=[1 0 0 0；1 2 0 0；2 1 3 0；1 2 1 4]；
B=inv(A)
```

```
C=A*B
B =
    1.0000         0         0         0
   -0.5000    0.5000         0         0
   -0.5000   -0.1667    0.3333         0
    0.1250   -0.2083   -0.0833    0.2500
C =
     1     0     0     0
     0     1     0     0
     0     0     1     0
     0     0     0     1
```

4. 矩阵的特征值运算

（1）用 eig 和 eigs 两个函数来进行矩阵的特征值运算。其格式如下：*E*=eig(*X*)命令生成由矩阵 *X* 的特阵值所组成的一个列向量。

（2）[*V*，*D*]=eig(*X*)命令生成两个矩阵 *V* 和 *D*，其中 *V* 是以矩阵 *X* 的特征向量作为列向量组成的矩阵，*D* 是由矩阵 X 的特征值作为主对角线元素购成的对角矩阵。

（3）eigs(*A*)命令是由迭代法求解矩阵的特阵值和特征向量。

（4）*D*=eigs(*A*)命令生成由矩阵 *A* 的特征值组成的一个列向量。*A* 必须为方阵，最好是大型稀疏矩阵。

（5）[*V*，*D*]=eigs(*A*)命令生成两个矩阵 *V* 和 *D*，其中 *V* 是以矩阵 *A* 的特征向量作为列向量组成的矩阵，*D* 是由矩阵 *A* 的特征值作为主对角线与元素构成的对角矩阵。

例 3-17　矩阵的特征值运算。

```
A=magic(4)
B=eig(A)
[V，D]=eig(A)
A =
    16     2     3    13
     5    11    10     8
     9     7     6    12
     4    14    15     1
B =
   34.0000
    8.9443
   -8.9443
    0.0000
V =
   -0.5000   -0.8236    0.3764   -0.2236
   -0.5000    0.4236    0.0236   -0.6708
```

```
  -0.5000    0.0236    0.4236    0.6708
  -0.5000    0.3764   -0.8236    0.2236
D =
  34.0000         0         0         0
        0    8.9443         0         0
        0         0   -8.9443         0
        0         0         0    0.0000
```

5. 矩阵的范数运算

数值分析与计算方法不同之处在于引入了范数的概念，用 norm 和 normest 函数来计算矩阵的范数，在二维、三维空间相当于距离。

函数：norm

功能：计算矩阵的范数

语法：norm(*A*)

说明：

norm（*X*）用来计算矩阵 *X* 的 2-氾数

norm（*X*，2）与 norm(*X*)的功能相同

norm（*X*，1）用来计算矩阵 *X* 的 1-范数

norm（*X*，inf）用来计算矩阵 *X* 的无穷范数

norm（*X*，'fro'）用来计算矩阵 *X* 的 frobenius 范数

例 3-18　矩阵的范数运算。

```
>> X=hilb(4)
X =
    1.0000    0.5000    0.3333    0.2500
    0.5000    0.3333    0.2500    0.2000
    0.3333    0.2500    0.2000    0.1667
    0.2500    0.2000    0.1667    0.1429
>> norm(4)
ans =
     4
>> norm(X)
ans =
    1.5002
>> norm(X，2)
ans =
    1.5002
>> norm(X，1)
ans =
    2.0833
```

```
>> norm(X, inf)
ans =
    2.0833
>> norm(X, 'fro')
ans =
    1.5097
>> normest(X)
ans =
    1.5002
```

7. 矩阵的秩

矩阵中的任意一个 r 阶子式不为 0，且任意的 r+1 阶子式为 0，则阶数 r 就叫作该矩阵的秩，用 rank 来计算矩阵的秩。

例如：

```
T=rand(6)
R=rank(T)
T =
    0.6948    0.7655    0.7094    0.1190    0.7513    0.5472
    0.3171    0.7952    0.7547    0.4984    0.2551    0.1386
    0.9502    0.1869    0.2760    0.9597    0.5060    0.1493
    0.0344    0.4898    0.6797    0.3404    0.6991    0.2575
    0.4387    0.4456    0.6551    0.5853    0.8909    0.8407
    0.3816    0.6463    0.1626    0.2238    0.9593    0.2543
R =
    6
```

计算矩阵的秩的一个有用应用是计算线性方程组解的数目。如果系数矩阵的秩等于增广矩阵的秩，则方程组只有一个解。在这种情况下，它有精确的一个解。如果增广矩阵的秩大于系数矩阵的秩，则通解有 k（k 为方程的数目与秩的差）个自由参量。在控制论中，矩阵的秩可以用来确定线性系统是否为可控制的或可观察的。

8. 正交矩阵

函数 orth(A)可以很方便的求得矩阵 A 的正交矩阵。完整的应用形式为 Q=orth（A），Q 是基于矩阵 A 的范围内的正交阵，且满足 $Q'*Q=I$，Q 的列数与矩阵 A 的秩相同。

例 3-19　矩阵的正交运算。

```
A=[1 2 3; 4 5 6; 7 -8 9]
B=orth(A)
R=orth(B)
E=R'*R
F=B'*B
```

```
A =
     1     2     3
     4     5     6
     7    -8     9
B =
   -0.1381   -0.3597   -0.9228
   -0.3255   -0.8635    0.3853
   -0.9354    0.3536    0.0022
R =
    0.9892   -0.1381   -0.0494
   -0.0924   -0.3255   -0.9410
   -0.1139   -0.9354    0.3348
E =
    1.0000         0   -0.0000
         0    1.0000         0
   -0.0000         0    1.0000
F =
    1.0000    0.0000    0.0000
    0.0000    1.0000    0.0000
    0.0000    0.0000    1.0000
```

例 3-20 求下列线性方程组的解。

$$\begin{cases} x+1.5y+2z+9a+7b=3 \\ 3.6y+0.5z-4a-4b=-4 \\ 7x+10y-3z+22a+33b=20 \\ 3x+7y+8.5z+21a+6b=5 \\ 3x+8y+90a-20b=16 \end{cases}$$

在 MATLAB 命令窗口输入命令：

```
A=[1 1.5 2 9 7; 0 3.6 0.5 -4 -4; 7 10 -3 22 33; 3 7 8.5 21 6; 3 8 0 90 -20];
B=[3; -4; 20; 5; 16];
x=A\B
x =
    3.5056
   -0.8979
   -0.2745
    0.1438
    0.0137
```

或者 x=inv(A)*B 求得 x 的解。

3.5 常用的矩阵操作函数

1. 矩阵的构造与操作

zeros 生成元素全为 0 的矩阵
ones 生成元素全为 1 的矩阵
eye 生成单位矩阵
rand 生成随机矩阵
randn 生成正态分布随机矩阵
sparse 生成稀疏矩阵
full 将稀疏矩阵化为普通矩阵
diag 对角矩阵
tril 矩阵的下三角部分
triu 矩阵的上三角部分
flipud 矩阵上下翻转
fliplr 矩阵左右翻转

2. 矩阵运算函数

norm 矩阵或向量范数
normest 稀疏矩阵（或大规模矩阵）的 2-范数估计
rank 矩阵的秩
det(*x*)方阵行列式
inv(*x*)矩阵的逆阵
diag(*x*)矩阵的对角阵
det 方阵的行列式
trace 方阵的迹
null 求基础解系（矩阵的零空间）
orth 正交规范化
rref 矩阵的行最简形（初等行变换求解线性方程组）
subspace 两个子空间的夹角

3. 与线性方程有关的矩阵运算函数

inv 方阵的逆
cond 方阵的条件数
condest 稀疏矩阵 1-范数的条件数估计
chol 矩阵的 Cholesky 分解（矩阵的平方根分解）

cholinc 稀疏矩阵的不完全 Cholesky 分解
linsolve 矩阵方程组的求解
lu 矩阵的 LU 分解
ilu 稀疏矩阵的不完全 LU 分解
luinc 稀疏矩阵的不完全 LU 分解
qr 矩阵的正交三角分解
pinv 矩阵的广义逆

4. 与特征值或奇异值有关的矩阵函数

eig 方阵的特征值与特征向量
svd 矩阵的奇异值分解
eigs 稀疏矩阵的一些（默认 6 个）最大特征值与特征向量
svds 矩阵的一些（默认 6 个）最大奇异值与向量
hess 方阵的 Hessenberg 形式分解
schur 方阵的 Schur 分解

实验三

一、实验目的和要求

掌握矩阵的基本运算符、矩阵的扩展、矩阵运算表达式、矩阵的左除与右除、矩阵的应用。

二、实验内容和原理

1. 产生一个4×4的矩阵，并求这个矩阵的转置矩阵与逆矩阵。
2. 调试下列语句：并分析运行的结果。

```
A=[1 2 3; 4 5 6; 7 8 9]
A(4, 4)=16
A(3, :)=[ ];
A(:, 4)=[ ];
A
```

3. 调试下列语句：

```
A=[-2 4 6 -8; 4 3 2 1; -7 6 -5 4; 11 -10 9 8]
I1=A(:, 2)
I2=A(:, 2)-2
I3=A(3, :)
```

并说明如何获取矩阵中某一行或某一列的元素。

4. 调试下列语句：

```
A=[1 2 3; 4 5 6; 7 8 9];
B=[4 5 -6; 1 -2 3; -9 -8 7];
C=A/B
D=A*inv(B)
E=inv(B)*A
F=A\B
H=inv(A)*B
G=B*inv(A)
```

说明左除与右除的区别，举例逆矩阵在线性方程组解题中的应用。

5. 求矩阵：A=[-2 4 6 -8；4 3 2 1；-7 6 -5 4；11 -10 9 8]行列式的值。
6. 在M文件data.m中，存放矩阵：A=[-2 4 6 -8；4 3 2 1；-7 6 -5 4；11 -10 9 8]，然后

显示在MATLAB命令窗口中，再用load命令再次载入内容，并用save命令保存为jzudata.m文件中。

7. 调试下列MATLAB语句：

```
A=[1 2 3；4 5 6；7 8 9]；
B=[9 8 7；6 5 4；3 2 1]；
C=[A；B]
D=[A B]
```

并思考在MATLAB中用现有的矩阵组合新的大矩阵的方法。

8. 产生一个4×4的随机矩阵，并求此矩阵的上三角矩阵与下三角矩阵。

9. 应用向量：*v*=[1 2 3 4]；产生一个对角阵。

10. 应用函数pascal(*n*)生成一个*n*阶帕斯卡矩阵，并用实例说明此函数的实际应用。

11. 求解下列线性方程组的解：

$$\begin{cases} x+1.5y+2z+9a+7b=3 \\ 3.6y+0.5z-4a-4b=-4 \\ 7x+10y-3z+22a+33b=20 \\ 3x+7y+8.5z+21a+6b=5 \\ 3x+8y+90a-20b=16 \end{cases}$$

三、实验过程

四、实验结果与分析

五、实验心得

第 4 章

MATLAB 在编程方面的应用

本章主要对 MATLAB 在编程方面的应用作一个较详细讲解，其中涉及了编程必然须注意的变量类型、数据类型、程序控制语句：顺序结构、if…else…end 结构、switch…case…end 结构、try…catch…end 结构、for 循环、while 循环及交互设计等 MATLAB 函数等相关内容的学习。

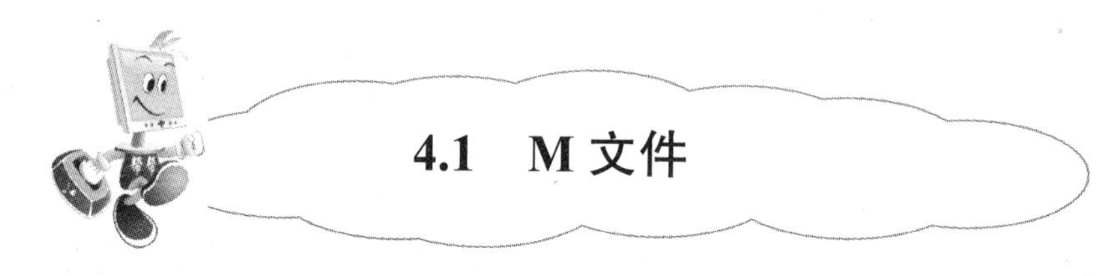

4.1 M 文件

4.1.1 M 文件的建立与打开

MATLAB 有两种工作方式：交互式的命令行工作方式与 M 文件的程序工作方式。用 MATLAB 语言编写的程序，称为 M 文件。M 文件可以根据调用方式的不同分为两类：命令文件(Script File)和函数文件(Function File)。命令文件在执行时不需要输入参数，也不返回输出参数；而函数文件在执行时可以输入参数，也可返回输出参数。

1. 建立新的 M 文件

为建立新的 M 文件，启动 MATLAB 文本编辑器有 3 种方法：

（1）菜单操作。从 MATLAB 主窗口的 File 菜单中选择 New 菜单项，再选择 M-file 命令，屏幕上将出现 MATLAB 文本编辑器窗口。

（2）命令操作。在 MATLAB 命令窗口输入命令 edit，启动 MATLAB 文本编辑器后，输入 M 文件的内容并存盘。

（3）命令按钮操作。单击 MATLAB 主窗口工具栏上的 New M-File 命令按钮，启动 MATLAB 文本编辑器后，输入 M 文件的内容并存盘。

MATLAB 编辑器对于编写 M 文件比较方便，它有自动缩排功能，而且把关键字、字符串、注释用不同的颜色表示，便于区别。该编辑器提供的调试功能，可以在程序中设置多个断点进行在线调试。

当然，在其他任何文本编辑器中输入代码，然后保存为 M 文件的形式（扩展名为“.m”）也同样可以建立 M 文件。

2. 打开已有的 M 文件

打开已有的 M 文件，也有 3 种方法：

（1）菜单操作。从 MATLAB 主窗口的 File 菜单中选择 Open 命令，则屏幕出现 Open 对话框，在 Open 对话框中选中所需打开的 M 文件。在文档窗口可以对打开的 M 文件进行编辑修改，编辑完成后，将 M 文件存盘。

（2）命令操作。在 MATLAB 命令窗口输入命令：edit 文件名，则打开指定的 M 文件。

（3）命令按钮操作。单击 MATLAB 主窗口工具栏上的 Open File 命令按钮，再从弹出的对话框中选择所需打开的 M 文件。

运行程序使用 Debug 菜单中的 Run 命令，或者直接点击工具条中的按钮(Save and Run)。程序的运行结果显示在命令窗口中图形输出在图形窗口中。

程序中的变量以及变量的维数等信息可以在命令窗口左上部的 workspace 中找到。

例 4-1　分别建立命令文件和函数文件，将华氏温度 f 转换为摄氏温度℃。建立新的 M 文件，从 MATLAB 命令窗口的 File 菜单中选择 New 菜单项，再选择 M-file 命令。输入以下代码：

```
clear;                    %清除工作空间中的变量
f=input('Input Fahrenheit temperature：');
c=5*(f-32)/9
```

注意：MATLAB 在编译执行 M 文件时把每一行中“%”后面的内容全部作为注释，不进行编译。

建立命令文件并以文件名 4-1.m 存盘。然后在 MATLAB 的命令窗口中输入 4-1，将会执行该命令文件，执行情况为：

```
>> ex4_1
Input Fahrenheit temperature：90
c =
    32.2222
```

例 4-2　下列 M 文件首先产生序列 t，然后计算 sin(8πt)与 cos(4πt)，合成后输出图形。

从 MATLAB 命令窗口的 File 菜单中选择 New 菜单项，再选择 Script（或 M-file 命令），在编辑区输入以下代码：

```
clc;
clear all;
close all;
```

```
t=0:1/fs:1;
y=sin(8*pi*t);    %产生正弦函数
z=cos(4*pi*t);    %产生余弦函数
x=y+z;
plot(t, x);
```

点击保存图标，保存为 ex4_2.m 文件，在 MATLAB 命令窗口输入 ex4_2，程序执行结果如图 4-1 所示。

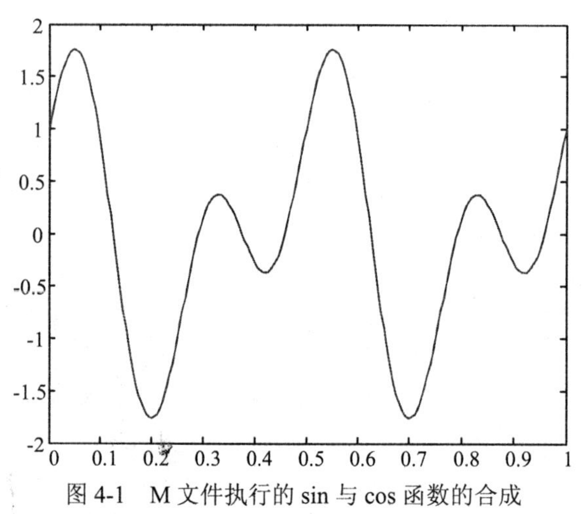

图 4-1 M 文件执行的 sin 与 cos 函数的合成

4.1.2 M 文件中的数据交互

1. 数据的输入

从键盘输入数据，则可以使用 input 函数来进行，该函数的调用格式为：

A=input(提示信息，选项);

如果在 input 函数调用时采用's'选项，则允许用户输入一个字符串。其中提示信息为一个字符串，用于提示用户输入什么样的数据。

例如：想输入一个人的姓名，可采用命令：

xm=input('What''s your name?', 's');

2. 数据的输出

MATLAB 提供的命令窗口输出函数主要有 disp 函数，其调用格式为

disp(输出项)

其中输出项既可以为字符串，也可以为矩阵。

例如：

```
>> A='Hello, MATLAB';
>> disp(A)
Hello, MATLAB
```

例如：

```
>> disp([11 22 33；   44 55 66；   77 88 99])
    11     22     33
    44     55     66
    77     88     99
```

3. 格式化输出

MATLAB 提供的命令窗口格式化输出函数主要有 fprintf 函数，其调用格式为

fprintf('格式列表'，变量列表)

例如：

```
fprintf('The area is %8.5f\n',   area) ；
```

注意：输出格式前须有%符号，它与 C 语言中不同之处是单引号而不是双引号。

例如：

```
x=input('请输入长度 ');
y=input('请输入宽度 ');
area=x*y;
fprintf('长方形的面积为 %8.5f\n', area)
请输入长度 6
请输入宽度 7
长方形的面积为 42.00000
```

例 4-3　输入 x，y 的值，并将它们的值互换后输出。

编辑 M 文件的程序如下：

```
clear;   clc;
x=input('Input x please.');
y=input('Input y please.');
z=x;
x=y;
y=z;
disp(x);
disp(y);
```

4. 程序的暂停

暂停程序的执行可以使用 pause 函数。

函数：pause

功能：暂停程序的执行

语法：pause(延迟秒数)

注意：如果省略延迟时间，直接使用 pause，则将暂停程序，直到用户按任一键后程序继续执行。若要强行中止程序的运行可使用 Ctrl+C 命令。

4.2 程序控制结构

在 MATLAB 中，有 3 种程序控制结构，它们分别是顺序结构、分支结构与循环结构。在程序控制结构中所用关键字及其的功能如表 4-1 所示。

表 4-1 MATLAB 中程序控制结构语句关键字及功能

关键字	功能
if， else， elseif	根据逻辑条件执行一系列运算
switch， case， otherwise	根据条件值选择执行的项目
while	根据逻辑条件决定循环的执行次数
for	执行固定的循环次数

4.2.1 顺序结构

顺序结构是最简单的程序结构，用户在编写好程序之后，系统将按照程序的物理位置顺次执行。

例如：画出正弦函数的图像，下列 4 条语句是顺序执行的。

```
x=-pi:pi/20:pi;
y=sin(x);
plot(x, y);
title(' sin(x)  曲线图');
```

上述 MATLAB 语句执行的结果如图 4-2 所示。

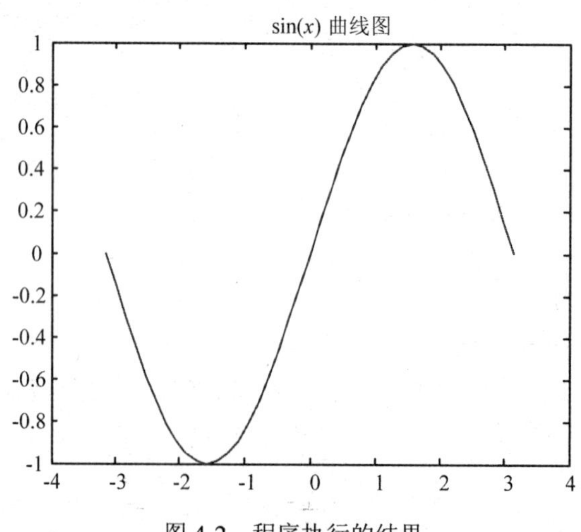

图 4-2 程序执行的结果

例 4-4　求一元二次方程 $ax^2+bx+c=0$ 的根。

编辑 m 文件的程序如下：

```
clear; clc;
a=input('请输入 a=');
b=input('请输入 b=');
c=input('请输入 c=');
d=b*b-4*a*c;
x=[(-b+sqrt(d))/(2*a), (-b-sqrt(d))/(2*a)];
disp(['x1=', num2str(x(1)), ', x2=', num2str(x(2))]);
```

程序运行时有：

```
请输入 a=6
请输入 b=7
请输入 c=2
x1=-0.5, x2=-0.66667
```

4.2.2　选择结构

在 MATLAB 中选择结构的语句有 if 语句和 switch 语句。

1. if 语句

格式一：

```
if 条件
  语句组
end
```

当逻辑表达式的值为真（1）时，则执行该结构中的执行语句内容，执行完后继续向下进行：若逻辑表达式的值为假（0）时，跳过结构中的执行语句继续向下进行，其流程如图 4-3 所示。

例如：

```
x=rand(1);
if x>0.5 && x<0.8
    disp('您有好运!')
end
您有好运!
```

格式二：

```
if  条件
     语句组 1
else
     语句组 2
end
```

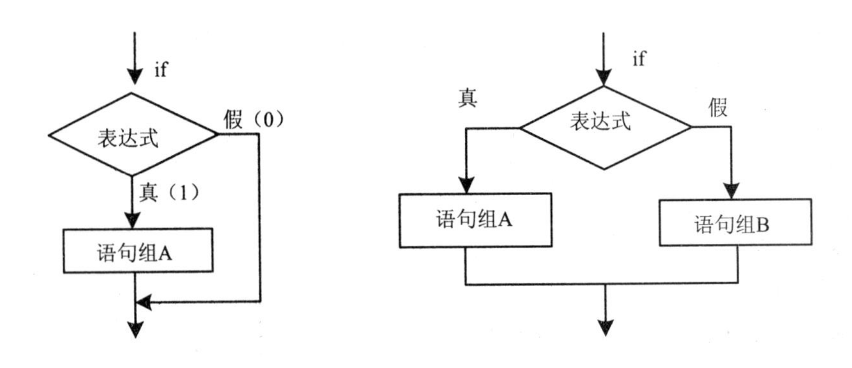

图 4-3　分支语句示意图一、分支语句示意图二

if—else 格式的执行方式为：如果逻辑表达式的值为真，则执行语句 1，然后跳过语句 2 向下执行；如果为假则执行语句 2，然后向下执行。

例如：

```
x=rand(1);
if x>0.5 && x<0.8
    disp('您有好运!')
else
    disp('您好运连连!')
end
您好运连连!
```

格式三：

```
if   条件 1
      语句组 1
elseif   条件 2
      语句组 2
      ……
elseif   条件 m
      语句组 m
else
        语句组 m+1
end
```

if—elseif 格式的执行方式为：如果逻辑表达式 1 的值为真，则执行语句 1；如果为假，则判断逻辑表达式 2 的值是否为真，如果为真，则执行语句 2，否则向下执行，如图 4-4 所示。

注意：elseif 之间无空格。

例 4-5　计算分段函数的值。

$$y=\begin{cases}\log(x+\dfrac{\sqrt{1+x^2}}{2}) & x>0\\ 1 & x=0\\ \dfrac{x+\sqrt{x+pi}}{e^2} & x<0\end{cases}$$

MATLAB 程序 ex4_5.m 代码设计如下：

```
clear;  clc;
x=input('请输入 x 的值:');
if x< 0
    y = (x+sqrt(x+pi))/exp(2);
elseif x==0
    y=1;
else
    y=log(x+sqrt(1+x*x)/2);
end
y
```

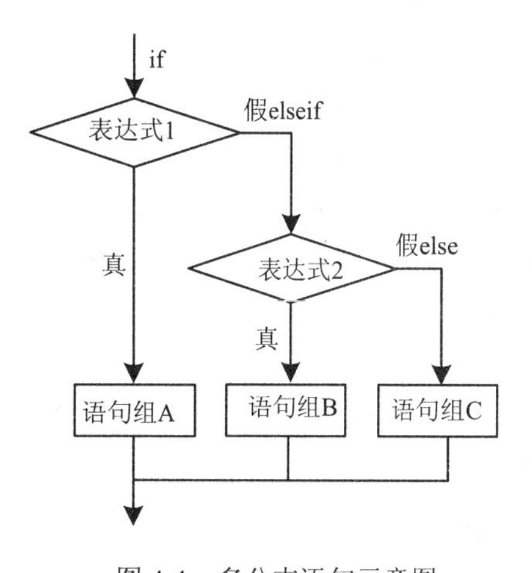

图 4-4　多分支语句示意图

程序执行结果如下：

```
>> ex4_5
请输入 x 的值: -5
y =
   -0.6767 + 0.1845i
>> ex4_5
请输入 x 的值: 4
y =
     1.8020
>> ex4_5
请输入 x 的值: 0
y =
     1
```

例 4-6　输入三角形的三条边，求三角形的面积。

编制程序 ex4_6.m 文件，此文件内容如下：

```
clear; clc;
A=input('请以向量形式输入三角形的三条边:');
if A(1)+A(2)>A（3）& A(1)+A(3)>A（2）& A(2)+A(3)>A(1)
    p=(A(1)+A(2)+A(3))/2;
    s=sqrt(p*(p-A(1))*(p-A(2))*(p-A(3)));
    disp(s);
else
```

```
    disp('不能构成一个三角形.')
end
>> ex4_1
请以向量形式输入三角形的三条边:[3 4 5]
     6
```

例 4-7　输入一个字符，若为大写字母，则输出其后继字符，若为小写字母，则输出其前导字符，若为其他字符则原样输出。

MATLAB 的 M 文件设计如下：

```
clear;  clc;
c=input('请输入一个字符', 's');
if c>='A' & c<='Z'
    disp(setstr(abs(c)+1));
elseif c>='a'& c<='z'
    disp(setstr(abs(c)-1));
else
    disp(c);
end
>> ex4_7
请输入一个字符 M
N
>> ex4_7
请输入一个字符 b
a
>> ex4_7
请输入一个字符*
*
```

2. switch 语句

switch 语句根据变量或表达式的取值不同，分别执行不同的语句。其格式为：

```
switch  表达式
case  值 1
    语句组 1
case  值 2
    语句组 2
……
case  值 m
    语句组 m
otherwise
    语句组 m+1
```

end

其执行方式为：表达式的值和哪种情况（case）的值相同，就执行哪种情况中的语句，如果都不同，则执行 otherwise 中的语句。Switch 语句中也可以不包括 otherwise，这时如果表达式的值和列出的每种情况都不同，则继续向下执行，如图 4-5 所示。

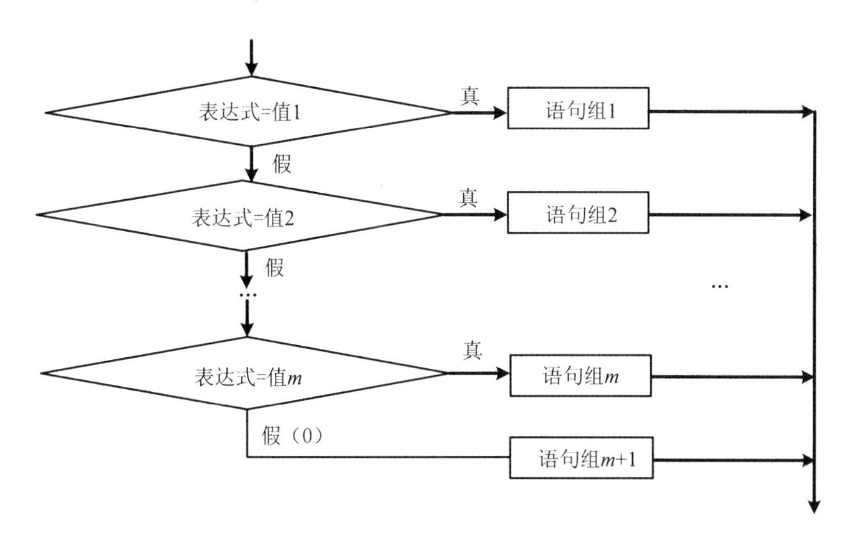

图 4-5　switch-case 语句

例 4-8　根据输入的考试分数，判断绩点数。

```
clear；clc；
num=input('请输入一个数')；
x=fix(num/10)
switch x
case {0，1，2，3，4，5}
    disp('绩点为　0.')；
case 6
    disp('绩点为　1.')；
case 7
    disp('绩点为　2.')；
case 8
    disp('绩点为　3.')；
case {9，10}
    disp('绩点为　4.')；
otherwise
    disp('您输入错误!.')；
end
```

注意：在 case 语句中，表示数的判断范围采用花括号。

例 4-9　某商场对顾客所购买的商品实行打折销售，标准如下（商品价格用 price 来表示）：

price<200	没有折扣
200≤price<500	3%折扣
500≤price<1000	5%折扣
1000≤price<2500	8%折扣
2500≤price<5000	10%折扣
5000≤price	14%折扣

输入所售商品的价格，求其实际销售价格。

MATLAB 程序设计如下：

```
clear;  clc;
price=input('请输入商品价格');
switch fix(price/100)
    case {0, 1}                %价格小于 200
        rate=0;
    case {2, 3, 4}             %价格大于等于 200 但小于 500
        rate=3/100;
    case num2cell(5:9)         %价格大于等于 500 但小于 1000
        rate=5/100;
    case num2cell(10:24)       %价格大于等于 1000 但小于 2500
        rate=8/100;
    case num2cell(25:49)       %价格大于等于 2500 但小于 5000
        rate=10/100;
    otherwise                  %价格大于等于 5000
        rate=14/100;
end
price=price*(1-rate)           %输出商品实际销售价格
```

3. try 语句

语句格式为：

```
try
    语句组 1
catch
    语句组 2
end
```

try 语句先试探性执行语句组 1，如果语句组 1 在执行过程中出现错误，则将错误信息赋给保留的 lasterr 变量，并转去执行语句组 2。

例 4-10　矩阵乘法运算要求两矩阵的维数相容，否则会出错。先求两矩阵的乘积，若出错，则自动转去求两矩阵的点乘。

程序代码如下：

```
A=[1, 2, 3; 4, 5, 6]
B=[7, 8, 9; 9, 8, 7]
try
    C=A*B;
catch
    C=A.*B;
end
C
lasterr                          %显示出错原因
>> ex4_10
A =
     1     2     3
     4     5     6
B =
     7     8     9
     9     8     7
C =
     7    16    27
    36    40    42
ans =
Error using ==> mtimes
Inner matrix dimensions must agree.
```

分析：程序在运行时，先试图计算 $C=A*B$，而矩阵相乘必须满足矩阵维数的要求，因而出错，转而执行语句 $C=A.*B$。

4.2.3 循环结构

在 MATLAB 中，实现循环结构的语句有：for 语句和 while 语句。

1. for 语句

for 循环的基本格式为：

for 循环变量＝起始值：步长：终止值

循环体

end

注意：MATLAB 的 for 循环是以 end 结尾的，这和 C 语言的结构不同。

步长的缺省值是 1。步长可以在正实数或负实数范围内任意指定，对于正数，循环变量的值大于终止值时，循环结束；对于负数，循环变量的值小于终止值时，循环结束。

例如：

```
clear;  clc;
n=0:1:1000;
t0=clock;
i=input('请输入 i(i<1000)');
for i=1:i
   y(i)=sin(n(i));
end
y
etime(clock, t0)
```

程序中语句 t0=clock；与 etime(clock，t0)是测试两条语句之间程序运行的时间间隔。

为了得到最大的速度，在 for 循环(while 循环)被执行之前，应预先分配数组。建议最好先使用 zeros 或 ones 等命令来预先配置所需的内存（即矩阵）大小。在循环中可以利用 break 命令跳出 for 循环。

例 4-11　一个三位整数各位数字的立方和等于该数本身则称该数为水仙花数。输出全部水仙花数。

MATLAB 程序 ex4_11.m 设计如下：

```
clear;  clc;
for m=100:999
   m1=fix(m/100);              %求 m 的百位数字
   m2=rem(fix(m/10), 10);      %求 m 的十位数字
   m3=rem(m, 10);              %求 m 的个位数字
   if m==m1*m1*m1+m2*m2*m2+m3*m3*m3
      disp(m)
   end
end
>> ex4_11
   153
   370
   371
   407
```

例 4-12　计算阶乘和 sum=1!+2!+3!+...n!

MATLAB 程序设计为：

```
clear;  clc;
n=input('请输入一个整数：')
sum=0;
S=1;
for i=1:n
      S=S*i;
```

```
        sum=sum+S;
    end
    sum
```

for 语句更一般的格式为：

```
for 循环变量=矩阵表达式
    循环体语句
end
```

执行过程是依次将矩阵的各列元素赋给循环变量，然后执行循环体语句，直至各列元素处理完毕。

例 4-13　阅读下列程序，写出程序 ex4_13.m 的执行结果。

```
clear;   clc;
s=0;
a=[12, 13, 14; 15, 16, 17; 18, 19, 20; 21, 22, 23];
for k=a
    s=s+k;
end
disp(s');
>> ex4_13
    39      48      57      66
```

分析：程序中是按行进行相加。

2. while 语句

while 语句的一般格式为：

```
while (条件)
        循环体语句
end
```

其执行过程为：若条件成立，则执行循环体语句，执行后再判断条件是否成立，如果不成立则跳出循环。

例如：

```
x = 0  ;
n=input('请输入一个整数：');
i = 1;
while i <= n
    x = x + 1/i;
    i = i+1;
end
x
```

例 4-14　从键盘输入若干个数，当输入 0 时结束输入，求这些数的平均值和它们之和。
MATLAB 程序设计如下：

```
clear; clc;
sum=0;
n=0;
val=input('Enter a number (end in 0):');
while (val~=0)
        sum=sum+val;
        n=n+1;
        val=input('Enter a number (end in 0):');
end
if (n > 0)
      sum
      mean=sum/n
end
```

3. break 语句和 continue 语句

与循环结构相关的语句还有 break 语句和 continue 语句。它们一般与 if 语句配合使用。

break 语句用于终止循环的执行。当在循环体内执行到该语句时，程序将跳出循环，继续执行循环语句的下一语句。

continue 语句控制跳过循环体中的某些语句。当在循环体内执行到该语句时，程序将跳过循环体中所有剩下的语句，继续下一次循环。

例 4-15　求[10000，20000]之间第一个能被 2014 整除的整数。

程序设计如下：

```
clear;  clc;
for n=10000:20000
if rem(n, 2014)~=0
         continue
end
break
end
n
```

4. 循环的嵌套

如果一个循环结构的循环体又包括一个循环结构，就称为循环的嵌套，或称为多重循环结构。多重循环的嵌套层数可以是任意的。可以按照嵌套层数，分别叫做二重循环、三重循环等。处于内部的循环叫作内循环，处于外部的循环叫作外循环。

例 4-16　求[100，200]以内的全部素数。

```
clear;  clc;
n=0;
for m=100:200
   flag=1;
```

```
    i=2;
    while i<=m/2
        if rem(m, i) == 0
            flag=0;
            break;
        end
        i=i+1;
    end
    if flag
        n=n+1;
        prime(n)=m;
    end
end
prime   %变量prime存放素数
```

例 4-17　若一个数等于它的各个真因子之和，则称该数为完数，如 6=1+2+3**，所以** 6 **是完数。求[1，500]之间的全部完数。**

MATLAB 程序设计如下：

```
clear; clc;
for m=1:500
    s=0;
    for k=1:m/2
        if rem(m, k)==0
            s=s+k;
        end
    end
    if m==s
        disp(m);
    end
end
```

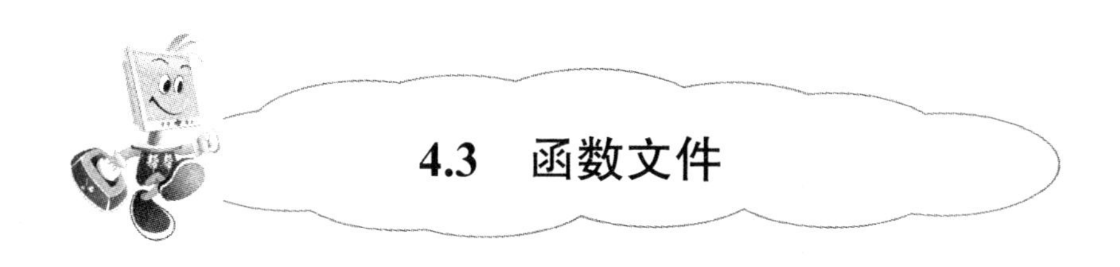

4.3　函数文件

MATLAB 拥有大量的库函数，也允许用户自己定义函数。与其他语言一样，MATLAB 中的函数具有通用性，给定参数就能输出函数值，或者执行一定的工作；

MATLAB 语言和 C 语言不同，在调用函数时 MATLAB 允许一次返回多个结果，这时等号左边用[ ]括起来的变量列表。

4.3.1 函数文件的基本结构

函数文件由 function 语句引导，其基本结构为：

function 输出形参表=函数名(输入形参表)

注释说明部分

函数体语句

注意：函数 M 文件的函数名和文件名必须相同

例如：Function [a，b，c…]=fun(d，e，f…)

其中以 function 开头的一行为引导行，表示该 M 文件是一个函数文件。函数名的命名规则与变量名相同。输入形参为函数的输入参数，输出形参为函数的输出参数。当输出形参多于一个时，则应该用方括号括起来。

这里的函数既可以是数学上的函数，也可以是程序块或子程序，内涵十分丰富。每个函数建立一个同名的 M 文件，如上述函数的文件名为 fun.m。这种文件简单、短小、高效，并且便于调试。

例 4-18 编写函数 ex4_18，使其能够输入参数控制曲线的绘制区间，然后使用 subplot 命令在一个图形窗口中绘制多条曲线。

函数 ex4_18 设计如下：

```
function ex4_18(a，b)
x=a:0.1:b；
y1=sin(x)；
y2=cos(x)；
y=y1-y2；
plot(x，y)
```

保存这个函数名为 ex4_18。在调用这个函数的时候可以利用 a，b 的值控制曲线的绘制区间。程序运行时在命令窗口输入 ex4_18(1，4*pi)等即可，程序执行结果如图 4-6 所示。

例如：

```
>> ex4_18(1，4*pi)
```

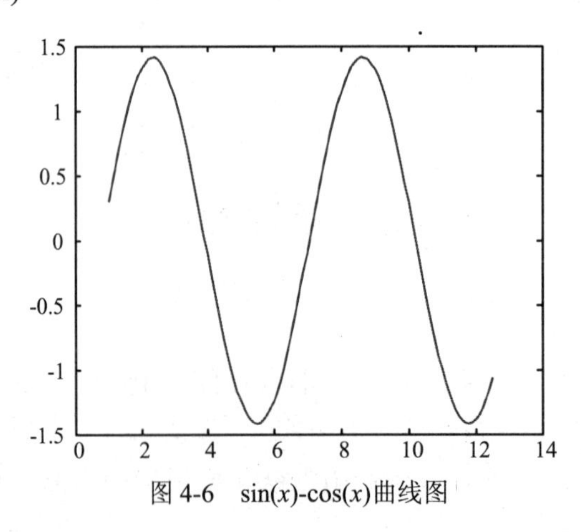

图 4-6 sin(*x*)-cos(*x*)曲线图

4.3.2 函数调用

函数调用的一般格式是：

[输出实参表]=函数名(输入实参表)

要注意的是，函数调用时各实参出现的顺序、个数，应与函数定义时形参的顺序、个数一致，否则会出错。函数调用时，先将实参传递给相应的形参，从而实现参数传递，然后再执行函数的功能。

例 4-19 编写函数文件求半径为 *r* 的圆的面积和周长。函数文件设计如下：

```
function [s，p]=ex4_19(r);
s=pi*r*r;
p=2*pi*r;
```

程序运行时，在命令窗口输入：

```
>> [s，p]=ex4_19(3)
s =
    28.2743
p =
    18.8496
```

例 4-20 利用函数文件，实现直角坐标(*x*，*y*)与极坐标(*ρ*，*θ*)之间的转换。函数文件 tran.m，命令文件为 ex4_20.m

函数文件 tran.m 代码如下：

```
function [rho，theta]=tran(x，y)
rho=sqrt(x*x+y*y);
theta=atan(y/x);
```

命令文件 ex4_20.m 设计如下：

```
clear; clc;
x=input('Please input x=:');
y=input('Please input y=:');
[rho，the]=tran(x，y)
>> ex4_20
Please input x=5
Please input y=6
rho =
    7.8102
the =
    0.8761
```

在 MATLAB 中，函数可以嵌套调用，即一个函数可以调用别的函数，甚至调用它自身。一个函数调用它自身称为函数的递归调用。

例 4-21 利用函数的递归调用，求 n！。显然，求 n!需要求(n-1)!，这时可采用递归调用。

递归调用函数文件 factor.m 如下：

```
function f=factor(n)
if n<=1
    f=1;
else
    f=factor(n-1)*n;        %递归调用求(n-1)!
end
```

4.3.3　函数参数

1. 永久变量 nargin 和 nargout

在调用函数时，MATLAB 用两个永久变量 nargin 和 nargout 分别记录调用该函数时的输入实参和输出实参的个数。只要在函数文件中包含这两个变量，就可以准确地知道该函数文件被调用时的输入输出参数个数，从而决定函数如何进行处理。

例 4-22　nargin **用法示例，函数文件** examp.m **的代码如下：**

```
function fout=examp(a, b, c)
if nargin==1
    fout=a;
elseif nargin==2
    fout=a+b;
elseif nargin==3
    fout=(a*b*c)/2;
end
```

命令文件 ex4_22.m 的代码设计如下：

```
clear;  clc;
x=[1:3];
y=[1; 2; 3];
examp(x)
examp(x, y')
examp(x, y, 3)
```

分析：在 examp(*x*)调用时，nargin 值为 1，因而调用语句 fout=*a*，输出结果为 1　2　3；当 examp(*x*，*y*')调用时，nargin 值为 2，因而调用语句 fout=*a*+*b*，输出结果为 2　4　6；当 examp(*x*，*y*，3)调用时，nargin 值为 3，因而调用语句 fout=(*a**b**c*)/2，输出结果为 21（(1*1+2*2+3*3)*3/2）。

2. 局部变量和全局变量

通常，每个函数体内都有自己定义的变量，不能从其他函数和 MATLAB 工作空间访问这些变量，这些变量即是局部变量。

如果要使某个变量在几个函数中和 MATLAB 函数空间都能使用，可以把它定义为全局变量。全局变量就是用关键字“global”声明的变量。全局变量名尽量大写，并能够反映它本身的含义。当然此时必须在每个函数中和MATLAB工作空间内都声明该变量为全局的。

全局变量需要在函数体的变量赋值语句之前说明，整个函数以及所有对函数的递归调用都可以利用全局变量。

注意：实际编程中，应尽量避免使用全局变量，因为全局变量的值一旦在一个地方被改变，那么在其他包括该变量的函数中都将改变，这样有可能会出现不可预见的情况。如果需要用全局变量，建议全局变量名要长，能反映它本身的含义，并且最好所有字母都大写，并有选择地以首次出现的M文件的名字开头。

例4-23 全局变量应用示例。

先建立函数文件wadd.m，该函数将输入的参数加权相加。

```
function f=wadd(x， y)
    global ALPHA BETA
    f=ALPHA*x+BETA*y;
```

在命令窗口中输入：

```
    global ALPHA BETA
    ALPHA=1;
    BETA=2;
    s=wadd(1， 2)
```

输出为：

```
    s =
       5
```

分析：由于ALPHA、BETA是全局变量，x、y为局部变量，因而s的值为5（1*1+2*2）。

4.4 MATLAB中的文件操作

4.4.1 变量的保存与调用

在程序设计中可以使用save命令来将MATLAB工作空间的变量保存到文件中，使用load命令将文件中的数据装载到工作空间的变量中，以便可以调用这些变量。一般格式为：

1. 把工作空间中的变量保存在文件中

save filename variables

2. 把文件中的数据调入在工作空间的变量中

load filename variables

这里的文件的扩展名为.mat

例如：

```
a=1:1:100;
t=2323;
whos
  Name        Size              Bytes  Class
  a           1x100               800  double array
  t           1x1                   8  double array
Grand total is 101 elements using 808 bytes
save ok a t
a=1;
t=2:0.1:3;
whos
  Name        Size              Bytes  Class
  a           1x1                   8  double array
  t           1x11                 88  double array
Grand total is 12 elements using 96 bytes
load ok a t
whos
  Name        Size              Bytes  Class
  a           1x100               800  double array
  t           1x1                   8  double array
Grand total is 101 elements using 808 bytes
```

4.4.2　文件的操作

1. 文件的概念

文件可分为文本文件与二进制文件，文本文件由字符和与字符的显示格式有关的控制符构成，常见的扩展名有 TXT、BAT、HTM 等，二进制文件为非文本文件，常见扩展名有 COM、EXE、BMP、WAV 等。在 MATLAB 中基本的低级文件 I/O 指令有：

（1）打开和关闭文件

fopen、fclose

（2）格式读写

fprintf、fscanf、fgetl、fgets

（3）非格式读写

fread、fwrite

（4）文件定位和状态

feof、fseek、ftell、ferror、frewind

2. 文件的打开与关闭

使用 fopen 和 fclose 可以对普通的文件打开，关闭及处理的功能。

函数：fopen

功能： 打开文件

语法： fid＝fopen(filename，permission)

[fid，message]=fopen(filename，permssion)

[filename，permission，machineformat]=fopen(fid)

说明： 参数 permssion 如表 **4-2** 所示。

表 4-2　参数 permssion 取值及含义

permission	说明
r	以只读方式打开文件，该文件必须已存在
r+	以读写方式打开文件，该文件必须已存在
w	以只写方式打开文件。该文件已存在则更新，不存在则创建新文件
w+	以读写方式打开文件。该文件已存在则更新；不存在则创建新文件
a	以只写文件方式打开，把写入的内容增加到文件的结尾，文件不存在则创建新文件
a+	以读写方式打开文件，把写入的内容增加到文件的结尾，若文件不存在则创建新的文件
W	不进行自动洗带的写入数据（针对于磁带机的特殊命令）
A	不进行自动洗带的添加数据（针对于磁带机的特殊命令）

例如：打开一个名为 my.txt 的数据文件并进行读操作，命令为：

```
fid＝fopen('my.txt'，'r')
fid =
3
```

如果 my.txt 磁盘文件不存在，fopen 返回-1。

函数：fclose

功能： 关闭磁盘文件

语法：

```
status=fclose(fid)
status=fclose('all')
```

例如：

```
st=fclose(fp)
st =
     0
```

如果成功关闭文件函数返回 0。

3. 文件的输入与输出

（1）非格式读取

函数：fread

功能： 磁盘文件读

语法： fread(fp)

fread(fp，size)

说明： 函数 a=fread(fp，size)表明从文件 fp 中读取数据保存到矩阵 a 中。

例如：

```
clear
fp=fopen('k.txt'，'r');
A=fread(fp);
whos
  Name          Size              Bytes  Class     Attributes
  A            11990x1            95920  double
  fp             1x1                  8  double
```

您可以查找内存变量 *A*。

（2）格式读取

函数：fprintf

功能： 格式磁盘文件写

语法： count=fprintf(fid，format ， *A* ...)

函数：fscanf

功能： 格式磁盘文件读

语法： count=fprintf(fid，format ， *A* ...)

[*A*， count]=fscanf(fid， format， size)

例如：

a=fscanf(fp，format，size)

从句柄 fp 所指定的文件中，按字符串 format 所指定的数据格式读取数据，把它们保存到矩阵 *a* 中。

例如：将字符串所指定的数据写入到由 fp 所指定的文件中。

```
t=0:0.001:1;
fp=fopen('k.txt'，'w');
fprintf(fp，'%d'，t);
length(t)
ans =
          1001
```

例 4-24　计算当 x=0:10 时 $f(x)=e^x$ 的值，并将结果写入到文件 k1.txt 中。

MATLAB 程序设计如下：

```
x=0:10;
y=[x；exp(x)];      %y 有两行数据
fid=fopen('k1.txt'，'w');
fprintf(fid，'%6.2f   %12.8f\n'，y);
fclose(fid);
```

例 4-25　从上例中生成的文件 k1.txt 中读取数据，并将结果输出到屏幕。

MATLAB 程序设计如下：

```
fid=fopen('k1.txt', 'r');
[a, count] = fscanf(fid, '%f %f', [2 inf]);    %注意[2 inf]表示每列 2 个元素，读出 fid 所指的全部元素
fprintf(1, '%f %f\n', a);    %1 表示输出终端，即屏幕
fclose(fid);
```

```
0.000000 1.000000
1.000000 2.718282
2.000000 7.389056
3.000000 20.085537
4.000000 54.598150
5.000000 148.413159
6.000000 403.428793
7.000000 1096.633158
8.000000 2980.957987
9.000000 8103.083928
10.000000 22026.465795
```

4. 按行读取 fgetl 函数与 fgets 函数

函数：fgetl

功能：按行从文件中读取数据，但不读取换行符

语法：line=fgetl(fid)

函数：fgets

功能：用于从文件中读取行、保留换行符并把行作为字符串返回

语法：line=fgets(fid, nchar)

例 4-26　编写一个程序，用于行读取文件中的数据。

MATLAB 程序设计如下：

```
fid=fopen('k1.txt', 'r');
while ~feof(fid) %在文件没有结束时按行读取数据
  s=fgets(fid);
  fprintf(1, '%s', s);
end
fclose(fid);
```

程序运行结果如下：

```
 0.00     1.00000000
 1.00     2.71828183
 2.00     7.38905610
 3.00    20.08553692
```

```
  4.00     54.59815003
  5.00    148.41315910
  6.00    403.42879349
  7.00   1096.63315843
  8.00   2980.95798704
  9.00   8103.08392758
 10.00  22026.46579481
```

5. 二进制数据文件的读写

函数：fwrite

功能：用于向一个文件写入二进制数据

语法：count=fwrite(fid，*A*，precision)。

函数：fread

功能：用于从文件中读二进制数据

语法：[*A*，count]=fread(fid，size，precision)

注意：使用函数 fread()和 fwrite()读写文件时，必须以二进制方式打开。

例 4-27　文件二进制文件读取示例。将 5 行 5 列“魔方阵”存入二进制文件 k1.dat 中，然后将此数据文件读入到工作区间。

```
clc；
close all；
fid=fopen('k1.dat'，'w')；
a=magic(5)；
fwrite(fid，a，'long')；
fclose(fid)；
fid=fopen('k1.dat'，'r')；
[A，count]=fread(fid， [5， inf]， 'long')；    %5 表示每列 5 个元素，inf 表示读出 fid 全部数据
fclose(fid)；
A
```

```
A =
    17    24     1     8    15
    23     5     7    14    16
     4     6    13    20    22
    10    12    19    21     3
    11    18    25     2     9
```

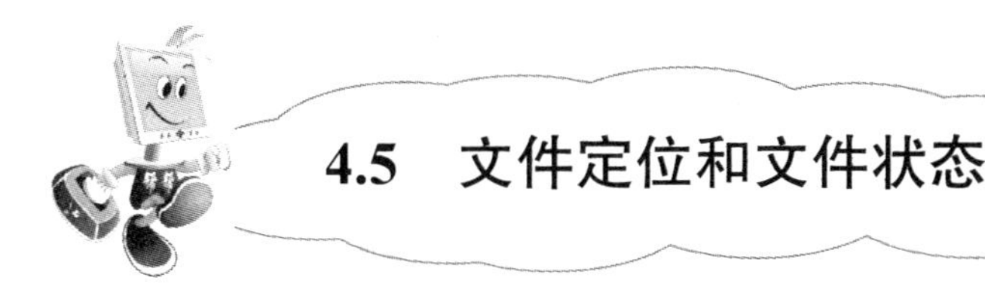

4.5 文件定位和文件状态

文件的位置控制如表 4-1 所示。

表 4-1 文件的位置控制函数

函数名称	说 明
fseek	设定指针在文件中的位置
ftell	获得指针在文件中的位置
frewind	重设指针到文件起始的位置
feof	判断指针是否在文件结束位置

函数：feof

功能：检测文件是否已经结束

语法：status=feof(fid)

函数：ferror

功能：用于查询文件的输入、输出错误信息

语法：msg=ferror(fid)

函数：frewind

功能：使位置指针重新返回文件的开头

语法：frewind(fid)

函数：fseek

功能：设置文件的位置指针

语法：status=fseek(fid，offset，origin)

函数：ftell

功能：用于查询当前文件指针的位置

语法：position=ftell(fid)；

例 4-28 以读的方式打开文本文件 k.txt，定位在文件尾，测试文件的大小并输出。然后使用函数 frewind 定位在文件头。

```
clc;
close all;
fid=fopen('k.txt', 'r');
fseek(fid, 0, 'eof');
x=ftell(fid)
fprintf(1, 'File Size=%d\n', x);
frewind(fid);
x=ftell(fid);
```

fprintf(1，'File Position =%d\n'，x)；
fclose(fid)；
程序运行结果为：
File Size=11990
File Position =0

4.6 图像、声音文件的操作

函数：imread
功能：从文件中读入图像
语法：A=imread(filename，fmt)
[A，map] = imread(filename，fmt)
函数：image 函数
功能：显示图像
语法：image(A)
函数：imwrite
功能：将图像写入文件
语法：imwrite(A，filename，fmt)
imwrite(A，map，filename，fmt)
例如：显示一幅真彩(RGB)图像，假设在 d 盘已有文件 a2.jpg。
[x，map]=imread('d:\a2.jpg')；
image(x)；
例 4-29　将图像文件 a2.jpg 写入文件存为.bmp 文件，假设在 d 盘已有文件 a2.jpg。
clc；
close all；
[x，map]=imread('d:\a2.jpg')；
imwrite(x，'my.bmp')；　　　%将图像保存为真彩色的 bmp
[x，map]=imread('my.bmp')；
image(x)；
函数：imfinfo 函数
功能：查询图像文件信息
语法：innfo＝imflnfo(filename)
函数：wavread
功能：用于读取扩展名为“.wav”的声音文件
语法：y=wavread(file)
[y，fs，nbits]=wavread(file)

函数：**wavwrite**

功能：用于将数据写入到扩展名为“wav”的声音文件中

语法：wavwrite(y，fs，nbits，wavefile)

函数：**wavplay**

功能：利用 windows 音频输出设备播放声音

语法：wavplay(y，fs)

例 4-30　读取一个音频数据文件，以不同频率播放，并显示声音波形。假设在 d 盘已有音频数据文件 myaudio.wav。

```
clc;
close all;
y=wavread('d:\myaudio.wav');
plot(y);
wavplay(y);
wavplay(y，11025);
wavplay(y，44100);
```

程序运行时，按不同的频率播放声音，文件波形图如图 4-7 所示。

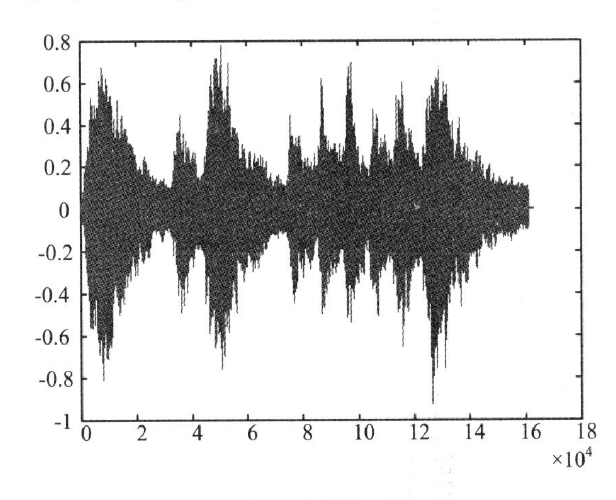

图 4-7　音乐文件波形图

实验四

一、实验目的和要求

掌握.m 顺序文件、分支程序、循环程序的设计，掌握.m 文件中的基本交互，掌握磁盘文件的读写规则，二进制文件的读写等。

二、实验内容和原理

1. 求解一元二次方程 $ax^2+bx+c=0$ 的解，其中 a、b、c 从键盘输入。
2. 计算分段函数。

$$y=\begin{cases}\log(x+10)+5\cos(x) & x>0\\ 1 & x=0\\ 1+|x|\sin(x) & x<0\end{cases}$$

3. 输入三角形的三条边，判断此三条边能否构成一个三角形，并判断是什么样的三角形。
4. 矩阵的相乘需要满足一定的条件，请应用以下语句段设计两个矩阵相乘的例子。

```
try
    C=A*B;
catch
    C=A.*B;
end
```

5. 程序中语句 $t0$=clock；与 etime(clock，$t0$)是测试两条语句之间程序运行的时间间隔，请设计两种不同的查找方法，比如顺序查找与二分查找所用的时间。
6. 输入 20 个数，求其中最大数和最小数。要求分别用循环结构和调用 MATLAB 的 max 函数、min 函数来实现。
7. 求 Fibonacci 数列

（1）大于 4000 的最小项。

（2）5000 之内的项数。

8. 编写完整下列程序，分析结果并调试。

```
s=0;
```

```
a=[12，13，14；15，16，17；18，19，20；21，22，23]；
for k=a
    for j=1:4
        if rem(k(j)，2)~=0
            s=s+k(j)；
        end
    end
end
s
```

9. 计算当 x=[0　1]时 $f(x)=e^x$ 的值，并将结果写入到文件 my.txt 中。

10. 读取一个音频数据文件，以不同频率播放，并显示声音波形。

提示：

```
y=wavread('d:\toilet.wav')
plot(y)；
wavplay(y)；
wavplay(y，11025)；
wavplay(y，44100)；
```

三、实验过程

四、实验结果与分析

五、实验心得

第 5 章 MATLAB 在图形设计上的应用

MATLAB 广泛应用于自动控制、数学计算、信号分析、计算机技术、图像信号处理、财务分析、航天工业、汽车工业、生物医学工程、语音处理和雷达工业等各行各业中的数值运算，也同样具有非常强大的二维和三维图形绘制功能，尤其擅长于将各种科学运算结果的可视化。计算的可视化可以将不直观的数据通过图形来表示，从而发现其中的内在关系。MATLAB 的图形命令格式简单，可以使用不同的线形，色彩、数据点标记和标注等来修饰。本章专门介绍 MATLAB 在二维、三维图形设计中的应用与图形用户界面（GUI）设计初步。

5.1 图形设计基本流程

图形设计大致按以下步骤进行：

1. 根据图形模型产生绘图数据；
2. 创建图形窗口并选择绘图区；
3. 调用绘图函数绘制图形；
4. 设置曲线（曲面）样式和标记属性；
5. 设置坐标范围和网格线属性；
6. 设置颜色表；
7. 设置光照效果；
8. 给图形添加标注。

例 5-1　根据图形设计基本流程，绘制如图 5-1 所示的三角函数 $y=\sin x+2\cos x,\ x\in[0, 2\pi]$ 的图像。

1. 产生绘图数据

```
x = 0 : 0.1*pi : 2*pi;
y = sin(x) + 2*cos(x);
```

2. 创建图形窗口并选择绘图区

```
figure;
set(gcf, 'Position', [232 , 246, 560, 420], 'Color', 'w ');
```

3. 调用绘图函数绘制图形

```
h = plot (x, y);
```

4. 设置曲线样式和标记属性

```
set(h, 'LineStyle', '-.');
set(h, 'Marker', '*');
set (h, 'color', 'r ');
```

5. 设置坐标范围和网格线属性

```
axis ([-pi, 3*pi, -3, 3])
grid on
```

6. 给图形添加标注

```
title ('the first figure ');
xlabel ('横坐标');
ylabel ('纵坐标');
legend ('y=cos(x)+2sin(x) ');
```

7. 保存图形

```
print(gcf, '-djpeg', 'd:\tmp\my first figure.jpeg')
```

打开在 D\tmp 盘下文件名为 my first figure.jpeg 的图形文件，显示图形如图 5-1 所示。

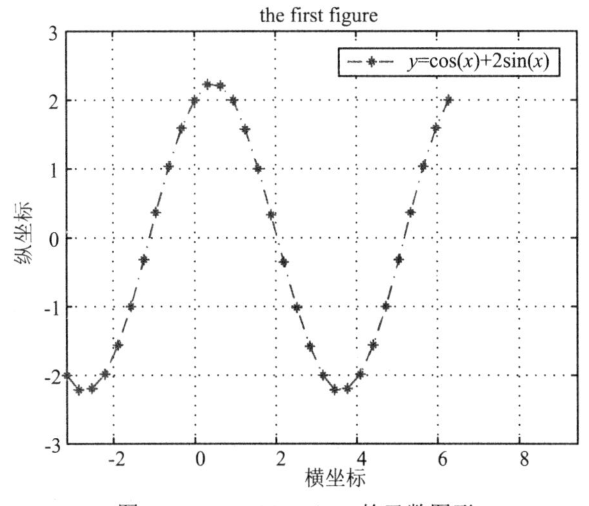

图 5-1 y=cos(x)+2sin(x)的函数图形

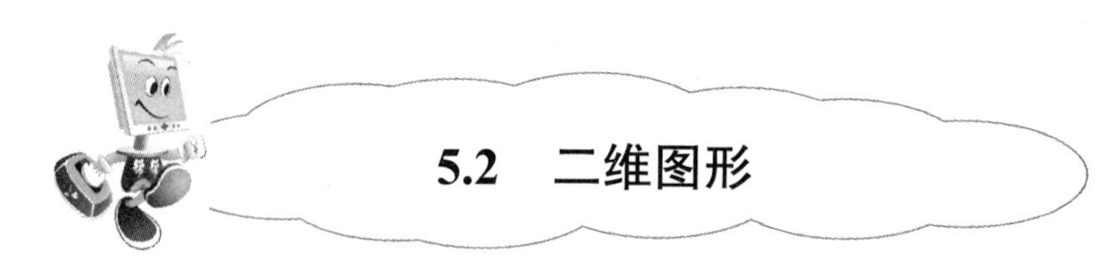

5.2 二维图形

5.2.1 基本二维图形绘图函数

在 MATLAB 中二维图形基本绘图函数如表 5-1 所示。对于表 5-1 中的一些基本绘图函数的应用，将在后面具体介绍。

表 5-1 二维基本绘图函数表

命 令	含 义
plot	建立向量或矩阵各队队向量的图形
line	画点或直线
loglog	*x*、*y* 轴都取对数标度建立图形
semilogx	*x* 轴用于对数标度，*y* 轴线性标度绘制图形
semilogy	*y* 轴用于对数标度，*x* 轴线性标度绘制图形
title	给图形加标题
xlabel	给 *x* 轴加标记
ylabel	给 *y* 轴加标记
text	在图形指定的位置上加文本字符串
gtext	在鼠标的位置上加文本字符串
grid	打开网格线

1. plot 函数

plot 命令是 MATLAB 中最简单最常用的绘图命令，主要用来绘制二维曲线。命令格式为 plot(*x*，*y*)：*x* 表示要绘制的数据点的横坐标，可省略。如果省略则以数据点的序号绘制横坐标。*y* 表示数据点的数值，以向量形式表示。

函数：plot

功能：以向量 *x*、*y* 为轴，绘制曲线

语法：plot(*x*，*y*)

plot(*Y*)

plot(*X*1，*Y*1，...)

plot(*X*1，*Y*1，LineSpec，...)

plot(...，'PropertyName'，PropertyValue，...)

plot(axes_handle，...)

h = plot(...)

说明：plot(*x*，*y*，...)如果 *X* 和 *Y* 都是数组，按列取坐标数据绘图，此时它们必须具有相同的尺寸；如果 *X* 和 *Y* 中一个是向量另一个为数组，*X* 和 *Y* 中尺寸相等的方向对应绘制

多条曲线；如果 X 和 Y 中一个是标量另一个为向量，那么将绘制垂直 X 或者 Y 轴离散的点。

例如：

```
x = -pi:pi/10:pi;
y = tan(sin(x)) - sin(tan(x));
plot(x, y, '--rs', 'LineWidth', 2, 'MarkerEdgeColor', 'k', 'MarkerFaceColor', 'g', ...
                    'MarkerSize', 10)
```

以上代码的运行结果如图 5-2 所示。

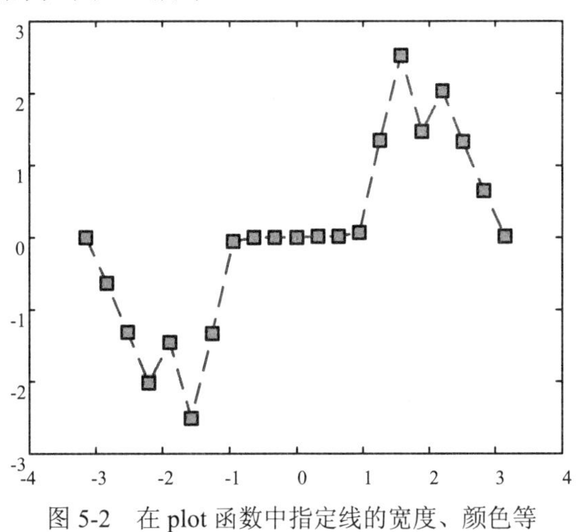

图 5-2 在 plot 函数中指定线的宽度、颜色等

（1）绘制一维向量

y 是一个一维向量，plot(y)表示一些点的连线，点的纵坐标为 y 的值，横坐标为 y 的序号。

例如：长度为 5 的向量 1，3，4，7，8，6，5，2，7 **的图形如图** 5-3 **所示。**

MATLAB 语句为： plot([1，3，4，7，8，6，5，2，7])

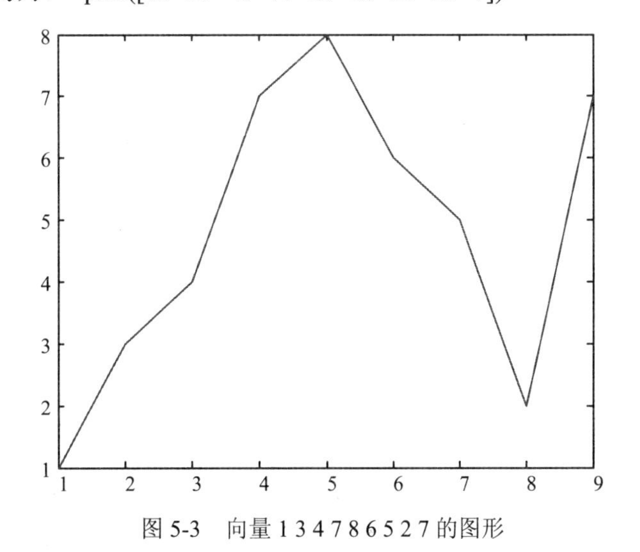

图 5-3 向量 1 3 4 7 8 6 5 2 7 的图形

（2）绘制向量 x，y 的曲线

大多数情况下，要控制曲线的横坐标，这时应该增加一个和 y 具有相同列数的向量 x。

例如：画出 $y=x^{-0.5}x*\sin(x/2)$的函数图形。

```
x=0:.1:8*pi;
y=x.^-0.5.*sin(x/2);
plot(x，y);
grid on      %x，y 的长度相等
```

上述语句运行结果如图 5-4 所示。

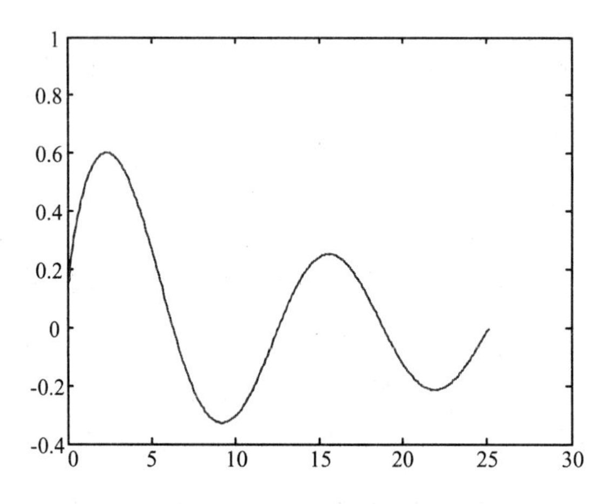

图 5-4 $y=5*\sin(x/2)$的函数图形

同一画面中绘制矩阵 y 的多条曲线

plot(y)中，y 可以是具有多个行的向量，即一个矩阵。绘出的图形是与 y 的行数相同数目曲线。

例如：

```
x=0:.01:2*pi;
y=[sin(x/2)；2*cos(x)；3*sin(2*x)];        %y 是一个三行的矩阵
plot(x，y，'LineWidth'，2);
grid on;
```

上述语句运行结果如图 5-5 所示。

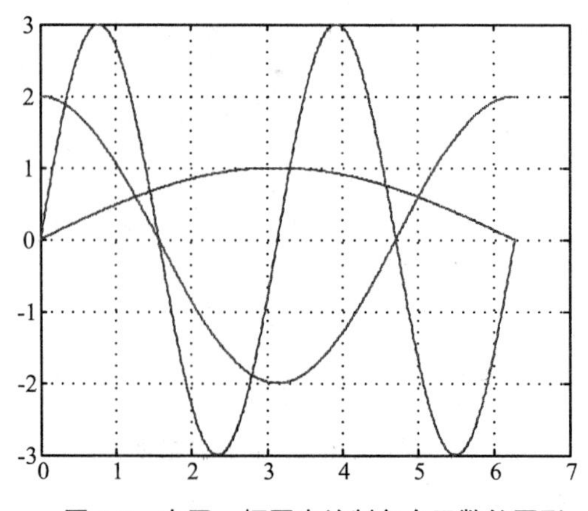

图 5-5 在同一幅图内绘制多个函数的图形

plot 函数还可以为 plot(x，y_1，x，y_2，x，y_3，…)形式，其功能是以公共向量 x 为 X 轴，分别以 y_1，y_2，y_3，…为 Y 轴，在同一幅图内绘制出多条曲线。

（3）在同一幅图形中绘制多条曲线

若在已存在图形窗口中用 plot 命令继续添加新的图形内容，可使用图形保持命令 hold。发出命令后，再执行 plot 命令，在保持原有图形或曲线的基础上，添加新绘制的图形。

例 5-2　应用命令 hold on 也可以在同一幅图形中绘制多条曲线的实例。

```
clc;
clear all;
close all;
x=0:.1:2*pi;
plot(x, sin(x), 'b', 'LineWidth', 2);
hold on
plot(x, cos(x), 'g');
hold on
plot(x, 4*exp(-x)-2, 'r');
axis ([0 2*pi -2 2]);
legend('sin', 'cos', '2*exp(-x)-x');
```

上述语句运行结果如图 5-6 所示。

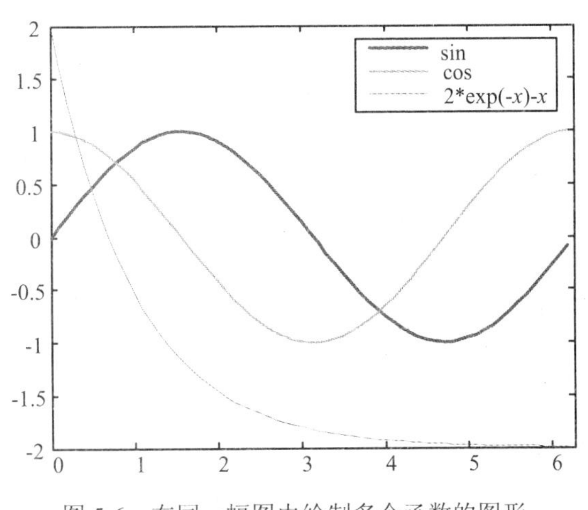

图 5-6　在同一幅图内绘制多个函数的图形

hold on/off 命令控制是保持原有图形还是刷新原有图形，不带参数的 hold 命令在两种状态之间进行切换。

例 5-3　采用图形保持，在同一坐标内绘制曲线 $y_1=0.8e^{-0.2x}\sin(4\pi x)$和 $y_2=2e^{-0.5x}\cos(\pi x)$。

MATLAB 程序设计如下：

```
clc;
clear all;
close all;
x=0:pi/100:2*pi;
y1=0.8*exp(-0.2*x).*sin(2*pi*x);
```

```
plot(x, y1, 'r')
hold on
y2=2*exp(-0.5*x).*cos(pi*x);
plot(x, y2, 'g');
hold off
```

上述语句运行结果如图 5-7 所示。

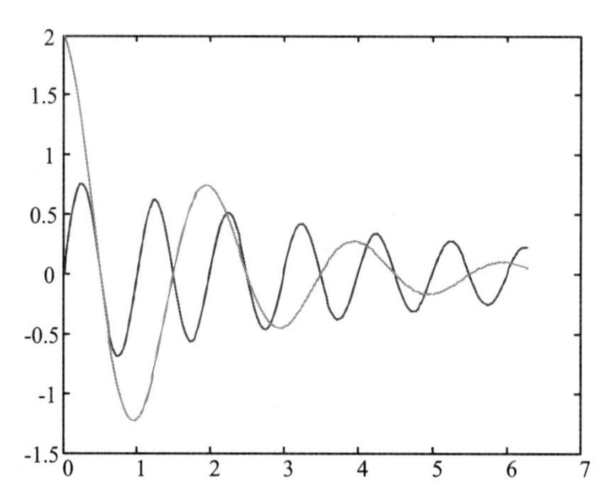

图 5-7 在同一幅图内绘制多个函数的图形

2. line 函数

line 命令也是 MATLAB 中最简单最常用的绘图命令，主要用来绘制二维曲线。

函数：line

功能：可绘制点或曲线

语法：line([*X*1 *X*2]，[*Y*1 *Y*2]，*S*)

说明：点 *A*(*X*1，*Y*1)和点 *B*(*X*2 *Y*2)之间画一条直线，*S* 为其他属性（颜色，线的粗细等）。plot(*x*，*y*)：*x* 表示要绘制的数据点的横坐标，可省略。如果省略则以数据点的序号绘制横坐标。*y* 表示数据点的数值，以向量形式表示。

5.2.2 图形的修饰

1. 设置曲线样式

曲线样式包括曲线的线型、线宽、颜色和标记点的类型、大小、边框及填充颜色。其中，线型、标记点类型和曲线颜色三种样式最为常用，用户可以通过在 plot 函数的每一个数据数组对后添加第三个参数对这三种属性进行设置。

plot(…，'PropertyName'，PropertyValue，…)

PropertyName：曲线样式属性，可以是线宽、标记点大小、标记点边框颜色或标记点填充颜色；

set(linehandle，'PropertyName'，Property)

MATLAB 提供了一些绘图选项，用于确定所绘曲线的线型、颜色和数据点标记符号，它们可以组合使用。

MATLAB 绘图中用到的直线属性包括：

（1）LineStyle：线形。

（2）LineWidth：线宽。

（3）Color：颜色。

（4）MarkerType：标记点的形状。

（5）MarkerSize：标记点的大小。

（6）MarkerFaceColor：标记点内部的填充颜色。

（7）MarkerEdgeColor：标记点边缘的颜色。

例如："b-." 表示蓝色点划线，"y:d" 表示黄色虚线并用菱形符标记数据点。当选项省略时，MATLAB 规定，线型一律用实线，颜色将根据曲线的先后顺序依次列出。

要设置曲线样式可以在 plot 函数中加绘图选项，其调用格式为：

plot(*x*1，*y*1，选项 1，*x*2，*y*2，选项 2，…，*xn*，*yn*，选项 *n*)

各选项的含义如表 5-2 所示。

表 5-2　样式的选项及含义

字元	颜色	字元	图线型态
y	黄色	.	点
k	黑色	o	圆
w	白色	x	x
b	蓝色	+	+
g	绿色	*	*
r	红色	-	实线
c	亮青色	:	点线
m	锰紫色	-.	点虚线
		--	虚线

例 5-4　在同一坐标内，分别用不同线型和颜色绘制曲线 $y_1=0.2e^{-0.5x}\cos(4\pi x)$ **和** $y_2=2e^{-0.5x}\cos(\pi x)$**，标记两曲线交叉点。**

MATLAB 程序设计如下：

```
clc;
clear all;
close all;
x=linspace(0，2*pi，1000);
y1=0.2*exp(-0.5*x).*cos(4*pi*x);
y2=2*exp(-0.5*x).*cos(pi*x);
k=find(abs(y1-y2)<1e-2);                %查找 y1 与 y2 相等点(近似相等)的下标
x1=x(k);                                %取 y1 与 y2 相等点的 x 坐标
y3=0.2*exp(-0.5*x1).*cos(4*pi*x1);      %求 y1 与 y2 值相等点的 y 坐标
plot(x，y1，x，y2，'k:'，x1，y3，'bp');
```

程序运行结果如图 5-8 所示。

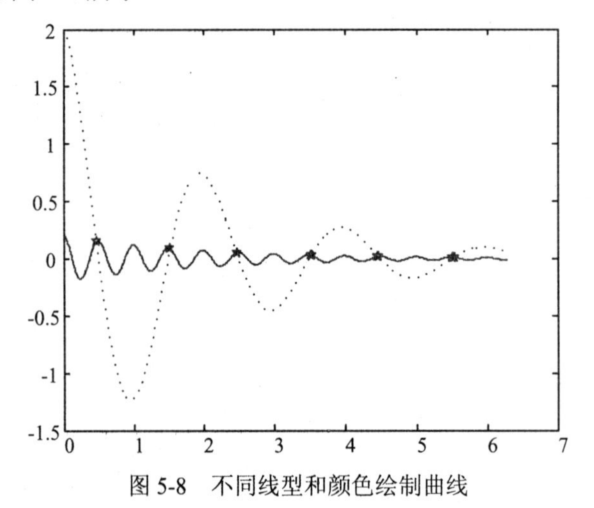

图 5-8　不同线型和颜色绘制曲线

例 5-5　用不同线型和颜色在同一坐标内绘制曲线 $y=2e^{-0.5x}\sin(2\pi x)$**及其包络线。**

程序如下：

```
clc;
clear all;
close all;
x=(0:pi/100:2*pi)';
y1=2*exp(-0.5*x)*[1, -1];
y2=2*exp(-0.5*x).*sin(2*pi*x);
x1=(0:12)/2;
y3=2*exp(-0.5*x1).*sin(2*pi*x1);
plot(x, y1, 'g:', x, y2, 'b--', x1, y3, 'rp');
```

程序运行结果如图 5-9 所示。

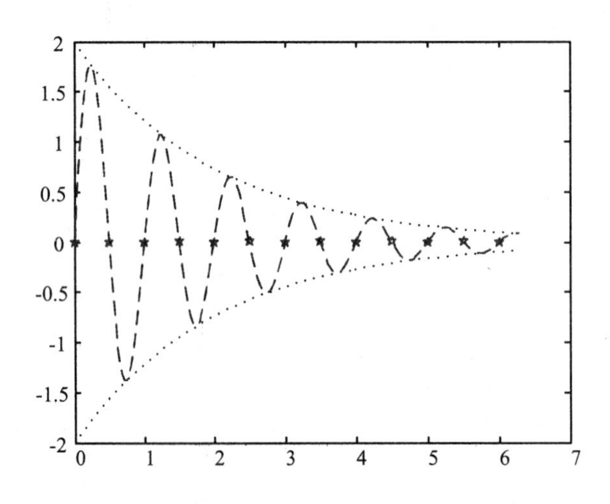

图 5-9　不同线型和颜色绘制曲线

2. 图形标注

在绘制图形的同时，可以对图形加上一些说明，如图形名称、图形某一部分的含义、坐标说明等，将这些操作称为添加图形标记。添加图名的语句是 title(*s*)；*s* 就是图名，是一个字符串，可以是中文的。有关图形标注函数的调用格式为：

title：为图形设置标题；

xlabel：为图形设置横坐标标签；

ylabel：为图形设置纵坐标标签；

legend：为图形设置图例；

text：　为图形添加说明；

colorbar：为图形设置颜色条；

annotation：为图形添加文本、线条、箭头、图框等标注元素。

例 5-6　图形标注实例。

```
clc；
clear all； close all；
x=(0:pi/20:2*pi)'；
y=2*sin(x)；
plot(x， y， 'rp')；
title('this is a function')；
xlabel('Input Value')；
ylabel('Function Value')；
title('this is a function')；
legend('y =2*sin(x)')
colorbar ；
annotation('textbox'，[0.2，0.15，0.2，0.1]，'String'，'test text')；
```

程序运行结果如图 5-10 所示，程序中应用函数 xlabel、ylabel 建立了图形横坐标、纵坐标标签；应用函数 legend 设置了'*y*=2*sin(*x*)图例及颜色条。

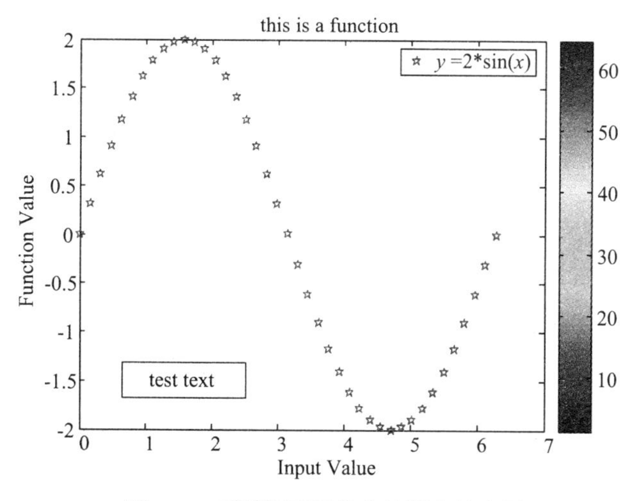

图 5-10　不同图形标注在绘图中的应用

注意：函数中的说明文字，除使用标准的ASCII字符外，还可使用LaTeX格式的控制字符，这样就可以在图形上添加希腊字母、数学符号及公式等内容。

例如：

text(0.3，0.5，'sin({\omega}t+{\beta})')将得到标注效果 $\sin(\omega t+\beta)$。

例 5-7　在 $0\le x\le 2$ 区间内，绘制曲线 $y_1=2e^{-0.5x}$ 和 $y_2=\cos(2\pi x)$，并给图形添加图形标注。

程序如下：

```
clc;
clear all; close all;
x=0:pi/40:2*pi;
y1=2*exp(-0.5*x);
y2=cos(2*pi*x);
plot(x, y1, x, y2)
title('x from 0 to 2{\pi}');                %加图形标题
xlabel('Variable X');                       %加 X 轴说明
ylabel('Variable Y');                       %加 Y 轴说明
text(0.8, 1.5, '曲线 y1=2e^{-0.5x}');        %在指定位置添加图形说明
text(2.5, 1.1, '曲线 y2=cos(2{\pi}x)');
legend('y1', 'y2')                          %加图例
xlabel(s), ylabel(s);                       %分别添加横纵坐标轴名称。
xlabel('加 X 轴标记');
ylabel('加 Y 轴标记');
```

程序运行结果如图 5-11 所示。

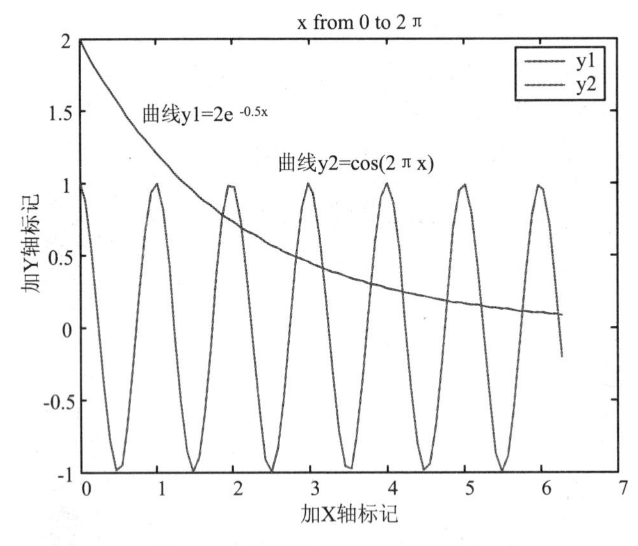

图 5-11　有图形标注的图形设计

例如：

给坐标加网格线用 grid 命令来控制。grid on/off 命令控制是画还是不画网格线，不带参数的 grid 命令在两种状态之间进行切换。

给坐标加边框用 box 命令来控制。box on/off 命令控制是加还是不加边框线，不带参数的 box 命令在两种状态之间进行切换。

3. 设定坐标轴

axis 函数的调用格式为：

axis([xmin xmax ymin ymax zmin zmax])

axis 函数功能丰富，常用的格式还有：

axis equal：纵、横坐标轴采用等长刻度。

axis square：产生正方形坐标系(缺省为矩形)。

axis auto：使用缺省设置。

axis off：取消坐标轴。

axis on：显示坐标轴。

例 5-8　在坐标范围 0≤X≤2π，−2≤Y≤2 内重新绘制正弦曲线，其 MATLAB 程序设计为：

```
x=linspace(0，2*pi，60);          %生成含有 60 个数据元素的向量 X
y=-1.5*sin(x);
plot(x，y);
axis ([0 2*pi -2 2]);       %设定坐标轴范围
axis equal                  %坐标轴采用等刻度
```

程序运行结果如图 5-12 所示。

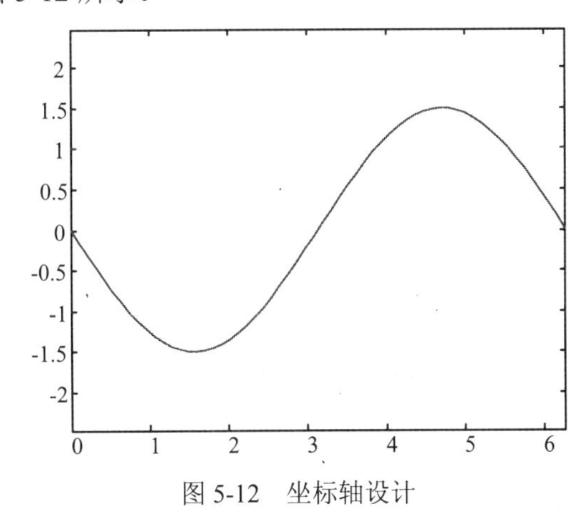

图 5-12　坐标轴设计

- 具有两个纵坐标标度的图形

在 MATLAB 中，如果需要绘制出具有不同纵坐标标度的两个图形，可以使用 plotyy 绘图函数。

函数：plotyy

功能：绘制出具有不同纵坐标标度的两个图形

语法：plotyy(*x*1，*y*1，*x*2，*y*2)

说明：其中 *x*1，*y*1 对应一条曲线，*x*2，*y*2 对应另一条曲线。横坐标的标度相同，纵坐标有两个，左纵坐标用于 *x*1，*y*1 数据对，右纵坐标用于 *x*2，*y*2 数据对。

例 5-9　用不同标度在同一坐标内绘制曲线：$y_1=0.2e^{-0.5x}\cos(4\pi x)$**和** $y_2=2e^{-0.5x}\cos(\pi x)$。

程序如下：

```
x=0:pi/100:2*pi;
y1=0.2*exp(-0.5*x).*cos(4*pi*x);
y2=2*exp(-0.5*x).*cos(pi*x);
plotyy(x, y1, x, y2);
```

程序运行结果如图 5-13 所示。

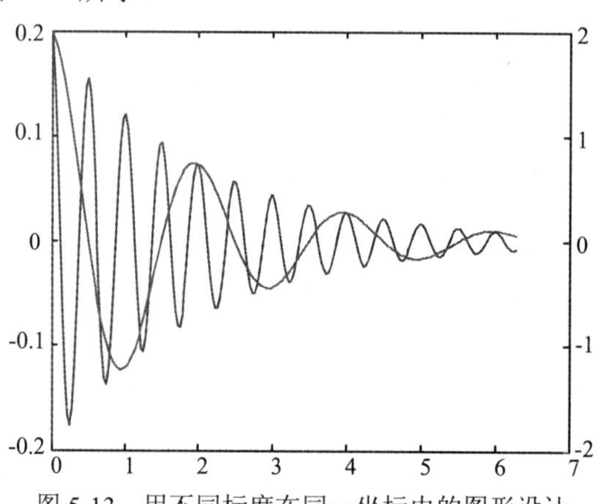

图 5-13　用不同标度在同一坐标内的图形设计

4. 增加图例 legend

给图形加图例命令为 legend。该命令把图例放置在图形空白处，用户还可以通过鼠标移动图例，将其放到希望的位置。

函数：legend

功能：给图形加图例

格式：legend(*s*，pos)

说明：函数 legend(*s*，pos)中 *s* 是字符串，pos 是位置，pos 取值如表 5-3 所示。

表 5-3　pos 取值对应的实际位置

pos	0	1	2	3	4	-1
位置	自动取最佳位置	右上角（默认）	左上角	左下角	右下角	图右侧

例 5-10　在图形窗口添加文字注释。

```
clc;
clear all; close all;
x=0:.1:2*pi;
plot(x, 2*sin(x));
hold on
plot(x, 3*cos(2*x), 'ro');
title('y1=2sin(x), y2=3cos(2*x)'); %添加标题
xlabel('x')%添加坐标名
```

legend('2sin(x)'，'3cos(2x)'，4)%在图的右下角添加注释
text(pi，2*sin(pi)，'x=\pi')；%在 pi，2sin(pi)处添加文字注释
程序运行结果如图 5-14 所示。

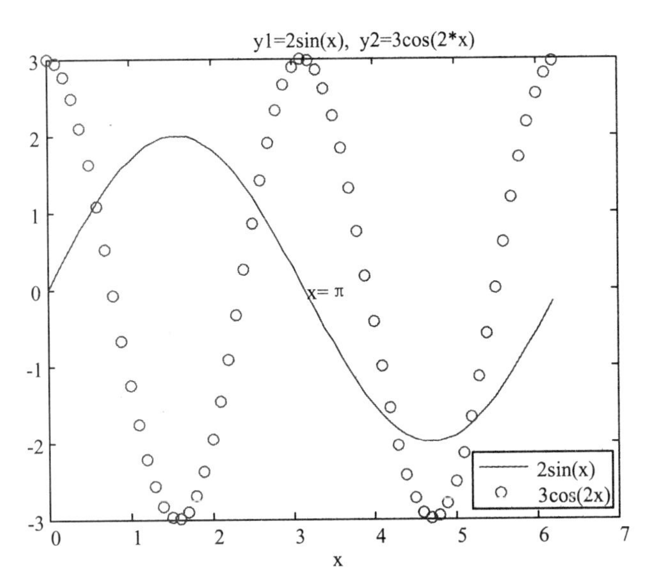

图 5-14　在图形窗口添加文字注释的图形设计

5. 窗口多图形显示 subplot

函数：subplot

功能：把当前图形窗口分成多个绘图区

语法：subplot(*m*，*n*，*p*)

说明：该函数将当前图形窗口分成 *m*×*n* 个绘图区，即每行 *n* 个，共 *m* 行，区号按行优先编号，且选定第 *p* 个区为当前活动区。在每一个绘图区允许以不同的坐标系单独绘制图形。

例 5-11　在一个图形窗口中同时绘制正弦、余弦、正切、余切曲线。

程序设计为：

```
clc;
clear all; close all;
x=linspace(0，2*pi，60);
y=sin(x);
z=cos(x);
t=sin(x)./(cos(x)+eps);
ct=cos(x)./(sin(x)+eps);
subplot(2，2，1);
plot(x，y);
title('sin(x)');
axis ([0 2*pi -1 1]);
subplot(2，2，2);
```

```
plot(x，z);
title('cos(x)');
axis ([0 2*pi -1 1]);
subplot(2，2，3);
plot(x，t);
title('sin(x)./(cos(x)+eps)');
axis ([0 2*pi -10 10]);
subplot(2，2，4);
plot(x，ct);
title('cos(x)./(sin(x)+eps)');
axis ([0 2*pi -10 10]);
```

程序运行结果如图 5-15 所示。

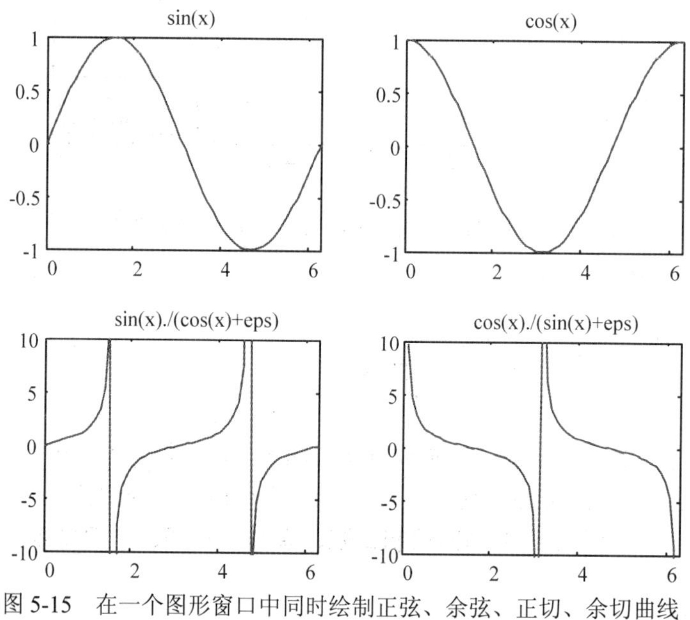

图 5-15　在一个图形窗口中同时绘制正弦、余弦、正切、余切曲线

例 5-12　使用函数 subplot(m，n，k)使 $m \times n$ 幅子图中的第 k 幅为当前图。

```
clc;
clear all; close all;
x=0:.1:2*pi;
subplot(2，2，1); %将绘图区分为 2×2 的区域，当前为第一幅
plot(x，sin(x));
subplot(4，4，3)%将绘图区分为 4×4 的区域，当前为第三幅
plot(x，sin(2*x))
subplot(4，4，4)%将绘图区分为 4×4 的区域，当前为第四幅
plot(x，sin(3*x))
subplot(4，4，7)%将绘图区分为 4×4 的区域，当前为第七幅
```

```
plot(x, sin(4*x))
subplot(4, 4, 8)%将绘图区分为4×4的区域，当前为第八幅
plot(x, sin(5*x))
subplot(2, 2, 3); %将绘图区分为2×2的区域，当前为第三幅
plot(x, cos(x), 'o');
subplot(2, 2, 4); %将绘图区分为2×2的区域，当前为第四幅
plot(x, cos(2*x), '.');
```

程序运行结果如图 5-16 所示。

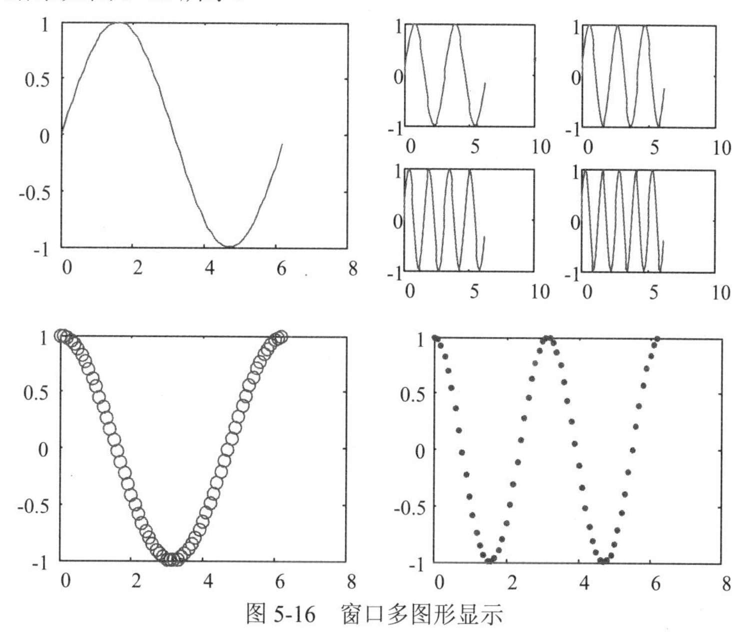

图 5-16　窗口多图形显示

6. 多图形窗口 figure

需要建立多个图形窗口，绘制并保持每一个窗口的图形，可以使用 figure 命令。

每执行一次 figure 命令，就创建一个新的图形窗口，该窗口自动为活动窗口，若需要还可以返回该窗口的识别号码，称该号码为句柄。句柄显示在图形窗口的标题栏中，即图形窗口标题。用户可通过句柄激活或关闭某图形窗口，而 axis、xlabel、title 等许多命令也只对活动窗口有效。

例 5-13　多图形窗口设计。

```
x1=0:.01:2*pi;
y1=sin(x);
y2=2*sin(x);
y3=3*sin(x);
figure, plot(x1, y1);
figure, plot(x1, y2);
figure, plot(x1, y3);
```

重新绘制上例 4 个图形，实现多窗口显示，程序改写为：

```
x=linspace(0，2*pi，60);
y=sin(x);
z=cos(x);
t=sin(x)./(cos(x)+eps);
ct=cos(x)./(sin(x)+eps);
H1=figure;    %创建新窗口并返回句柄到变量 H1
plot(x，y);    %绘制图形并设置有关属性
title('sin(x)');
axis ([0 2*pi -1 1]);
H2=figure;    %创建第二个窗口并返回句柄到变量 H2
plot(x，z);    %绘制图形并设置有关属性
title('cos(x)');
```

7. 自适应函数 fplot

函数：fplot

功能：可自适应地对函数进行采样，能更好地反应函数的变化规律

语法：fplot(fname，lims，tol)

说明：其中 fname 为函数名，以字符串形式出现，lims 为变量取值范围，tol 为相对允许误差，其其系统默认值为 2e-3。

例如：fplot('sin(x)'，[0　2*pi]，'-+')

fplot('[sin(x)，cos(x)]'，[0　2*pi]，1e-3，'·')　同时绘制正弦、余弦曲线

例如：为绘制 $f(x)=\cos(\tan(\pi x))$ 曲线，可先建立函数文件 fct.m，其内容为：

```
function  y=fct(x)
  y=cos(tan(pi*x));
```

用 fplot 函数调用 fct.m 函数，其命令为：

fplot('fct'，[0　1]，1e-4)

5.3　特殊坐标图形

1. 对数坐标图形

（1）双对数坐标 loglog

函数：loglog

功能：产生双对数坐标

语法：loglog(x，y)

例如：绘制 $y=|1000\sin(4x)|+1$ 的双对数坐标图。

x=[0:0.1:2*pi];

y=abs(1000*sin(4*x))+1；

loglog(x，y)； %双对数坐标绘图命令

上述语句执行结果如图 5-17 所示。

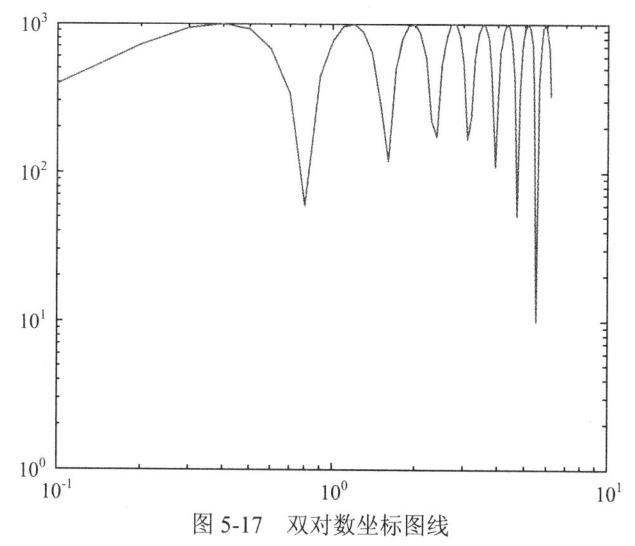

图 5-17 双对数坐标图线

（2）单对数坐标 semilogx

函数：semilogx

功能：产生单对数坐标

语法：semilogx(x，y)

例如：以 X 轴为对数重新绘制上述曲线，程序为：

x=[0:0.01:2*pi]

y=abs(1000*sin(4*x))+1

semilogx(x，y)；单对数 X 轴绘图命令

同样，可以以 Y 轴为对数重新绘制上述曲线，程序为：

x=[0:0.01:2*pi]

y=abs(1000*sin(4*x))+1

semilogy(x，y)； 单对数 Y 轴绘图命令

2. 极坐标图 polar

函数：polar

功能：用来绘制极坐标图

语法：polar(theta，rho)

说明：theta 为极坐标角度，rho 为极坐标半径

例如：绘制 sin(2*θ)*cos(2*θ)**的极坐标图，程序为：**

theta=[0:0.01:2*pi]；

rho=sin(2*theta).*cos(2*theta)；

polar(theta，rho)； 绘制极坐标图命令

title('polar plot')；

5.4 其他图形函数

除 plot 等基本绘图命令外，MATLAB 系统提供了许多其它特殊绘图函数，这里举一些代表性例子，更详细的信息用户可随时查阅 MATLAB 中的在线帮助。

在 MATLAB 中，二维统计分析图形很多，常见的有条形图、阶梯图、杆图和填充图等，所采用的函数分别是：

bar(*x*，*y*，选项)

stairs(*x*，*y*，选项)

stem(*x*，*y*，选项)

fill(*x*1，*y*1，选项 1，*x*2，*y*2，选项 2，…)

1. 阶梯图形 stairs

函数 **stairs(*x*，*y*)**可以绘制阶梯图形，如下列程序段：

```
x=[-2.5:0.25:2.5];
y=exp(-x.*x);
stairs(x，y);   绘制阶梯图形命令
title('stairs  plot');
```

2. 条形图形

函数 **bar(*x*，*y*)**可以绘制条形图形，如下列程序段将绘制条形图形

```
x=[-2.5:0.25:2.5];
y=exp(-x.*x);
bar(x，y);   绘制条形图命令
```

3. 填充图形 fill

函数 **fill(*x*，*y*，'c')**用来绘制并填充二维多边图形，*x* 和 *y* 为二维多边形顶点坐标向量。字符'c'规定填充颜色，其取值前已叙述。

下述程序段绘制一正方形并以黄色填充：

```
x=[0 1 1 0 0];   正方形顶点坐标向量
y=[0 0 1 1 0];
fill(x，y，'y')；绘制并以黄色填充正方形图
```

再如：

```
x=[0:0.025:2*pi];
y=sin(3*x);
fill(x，y，[0.5 0.3 0.4]);   颜色向量
```

MATLAB 系统可用向量表示颜色，通常称其为颜色向量。基本颜色向量用[*r g b*]表示，

即 RGB 颜色组合；以 RGB 为基本色，通过 r、g、b 在 0~1 范围内的不同取值可以组合出各种颜色。

4. 特殊二维绘图函数

为了不同的需要 MATLAB 提供了一些比较特殊的绘图函数，如表 5-4 所示。

表 5-4 特殊二维绘图函数

函数名	图形	函数名	图形
bar	长条图	stairs	阶梯图
comet	建立彗星流动图	stem	针状图
errorbar	图形加上误差范围	fill	实心图
fplot	较精确的函数图形	feather	羽毛图
polar	极座标图	compass	罗盘图
hist	累计图	quiver	向量场图
rose	极坐标累计图		

例 5-14 绘制各种特殊图形示例。

```
clc;
clear all; close all;
t=-10:0.01:10;
subplot(3, 3, 1);
bar(t, cos(t));              %长条图
subplot(3, 3, 2);
compass(t, cos(t));          %罗盘图
subplot(3, 3, 3);
rose(t, cos(t));             %极坐标累计图
subplot(3, 3, 4);
fill(t, cos(t), 'b');        %填充函数
x = [1; 2; 3; 4; 5];
y = [5 1 2; 8 3 7; 9 6 8; 5 5 5; 4 2 3];
subplot(3, 3, 5);
bar(x, y);                             % 绘制纵向组柱状图
title('纵向-组柱状图');
subplot(3, 3, 6);
bar(x, y, 'stack');                    % 绘制纵向层叠柱状图
title('纵向-层叠柱状图');
subplot(3, 3, 7);
barh(x, y, 'stack');                   %绘制横向层叠柱状图
title('横向-层叠柱状图');
```

```
subplot(3, 3, 8);
pie(x)                                %圆饼图
subplot(3, 3, 9);
y = randn(1000, 1);  % 随机生成一个 1000 维的向量
hist(y, 20)    % 绘制 Y 在 20 个 bins 中的分布直方图
```

程序执行结果如图 5-18 所示。

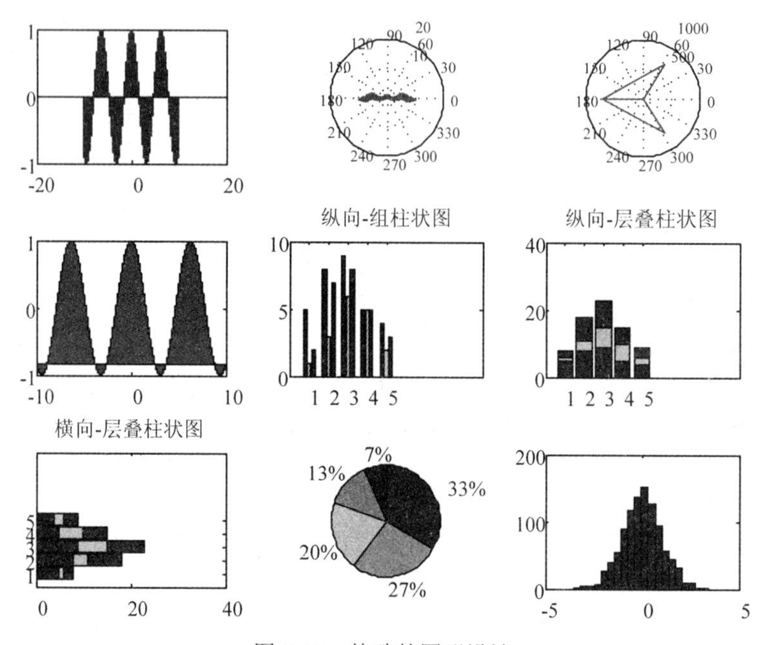

图 5-18　特殊的图形设计

5.5　三维图形

5.5.1　常用三维图形函数

三维曲线描述的是点在三维空间的变化情况，MATLAB 中三维曲线的绘制函数是 plot3。

1. plot3 函数

三维图形函数为 plot3，它是将二维函数 plot 的有关功能扩展到三维空间，用来绘制三维图形。

函数：plot3

功能：以向量 *x*，*y*，*z* 为坐标，绘制三维曲线。

语法：plot3(*x*1，*y*1，*z*1，选项 1，*x*2，*y*2，*z*2，选项 2，…，*xn*，*yn*，*zn*，选项 *n*)

说明：其中 $x1$，$y1$，$z1$…表示三维坐标向量，各选项表示线形或颜色。当 x，y，z 是同维向量时，则 x，y，z 对应元素构成一条三维曲线。当 x，y，z 是同维矩阵时，则以 x，y，z 对应列元素绘制三维曲线，曲线条数等于矩阵列数。

例 5-15　绘制三维螺旋曲线。

其程序为：

```
clc;
clear all; close all;
t=0:pi/50:10*pi;
y1=sin(t);
y2=cos(t);
plot3(y1, y2, t);
title('helix');
text(0, 0, 0, 'origin');
xlabel('sin(t)'), ylabel('cos(t)'), zlabel('t');
grid;
```

程序执行结果如图 5-19 所示。

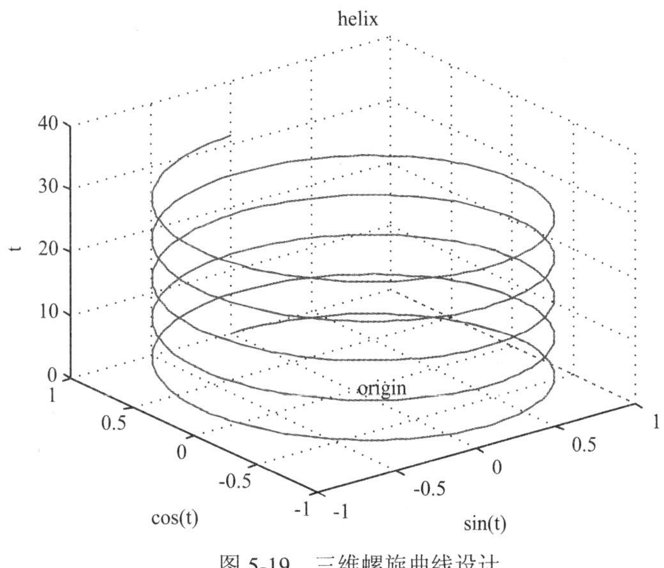

图 5-19　三维螺旋曲线设计

2. 绘制三维曲面

在 MATLAB 中，利用 meshgrid 函数产生平面区域内的网格坐标矩阵。

函数：meshgrid

功能：产生平面区域内的网格坐标矩阵

语法：

$x=a:d1:b$;　$y=c:d2:d$;

$[X, Y]$=meshgrid(x, y);

说明：语句执行后，矩阵 X 的每一行都是向量 x，行数等于向量 y 的元素的个数，矩阵 Y 的每一列都是向量 y，列数等于向量 x 的元素的个数。

例如：

```
[x， y]=meshgrid(1:5， 1:4)
x =
     1     2     3     4     5
     1     2     3     4     5
     1     2     3     4     5
     1     2     3     4     5
y =
     1     1     1     1     1
     2     2     2     2     2
     3     3     3     3     3
     4     4     4     4     4
```

因此函数产生的 x、y 矩阵的行由函数第 2 个参数确定，矩阵的列由第 1 个参数确定。

例如：绘制三维曲面图 $z=\sin(x+\sin(y))-x/10$。

```
[x， y]=meshgrid(0:0.25:4*pi);
z=sin(x+sin(y))-x/10;
mesh(x， y， z);
axis([0 4*pi 0 4*pi -2.5 1]);
```

上述语句执行结果如图 5-20 所示。

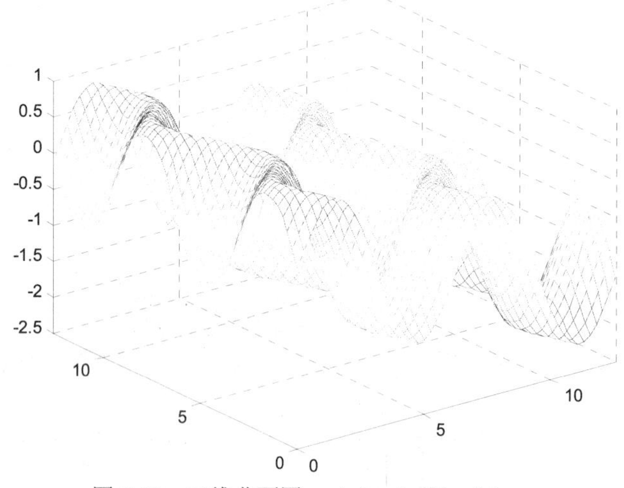

图 5-20　三维曲面图 $z=\sin(x+\sin(y))-x/10$

3. mesh 函数

mesh 函数用于绘制三维网格图。在不需要绘制特别精细的三维曲面结构图时，可以通过绘制三维网格图来表示三维曲面。三维曲面的网格图最突出的优点是：它较好地解决了实验数据在三维空间的可视化问题。

函数：mesh

功能：绘制三维网格图

语法：mesh(*x*，*y*，*z*，*c*)

说明：其中 *x*，*y* 控制 *X* 和 *Y* 轴坐标，矩阵 *z* 是由(*x*，*y*)求得 *Z* 轴坐标，（*x*，*y*，*z*）组成了三维空间的网格点；*c* 用于控制网格点颜色。

例 5-16　绘制三维网眼图示例。

```
clc;
clear all; close all;
x = -2:0.2:2;
y = x;
[X, Y] = meshgrid(x, y);
Z=-2*X + 7*Y + 3;
subplot(1, 2, 1);
mesh(X, Y, Z)
title('mesh 网眼图')
Z2 = X.^2 + Y.^2;
subplot(1, 2, 2);
meshc(X, Y, Z2)
title('meshc 网眼图')
```

程序执行结果如图 5-21 所示。

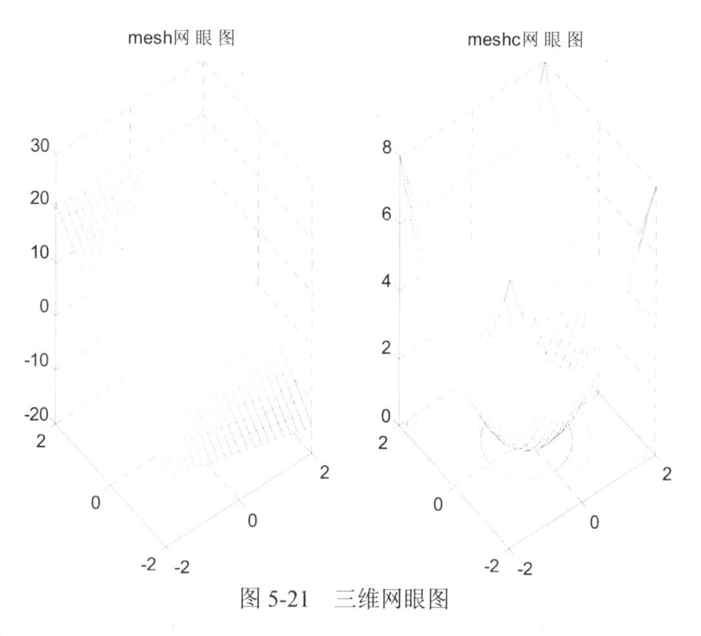

图 5-21　三维网眼图

4. surf 函数

在 MATLAB 中 surf 用于绘制三维曲面图，各线条之间的补面用颜色填充。surf 函数和 mesh 函数的调用格式一致。

函数：surf

功能： 绘制三维曲面图

格式： surf(*x*，*y*，*z*，*c*)

说明： 一般情况下，*x*，*y*，*z* 是维数相同的矩阵。*x*，*y* 是网格坐标矩阵，*z* 是网格点上的高度矩阵，*c* 用于指定在不同高度下的颜色范围。

例 5-17　函数 surf 与函数 mesh 的用法实例。

```
x=-2:0.1:2;
[x, y]=meshgrid(x, 2*x);
r=sqrt(x.^2+x.^2)+eps;
z=sinc(r);
surf(x, y, z);
```

程序执行结果如图 5-22 所示。

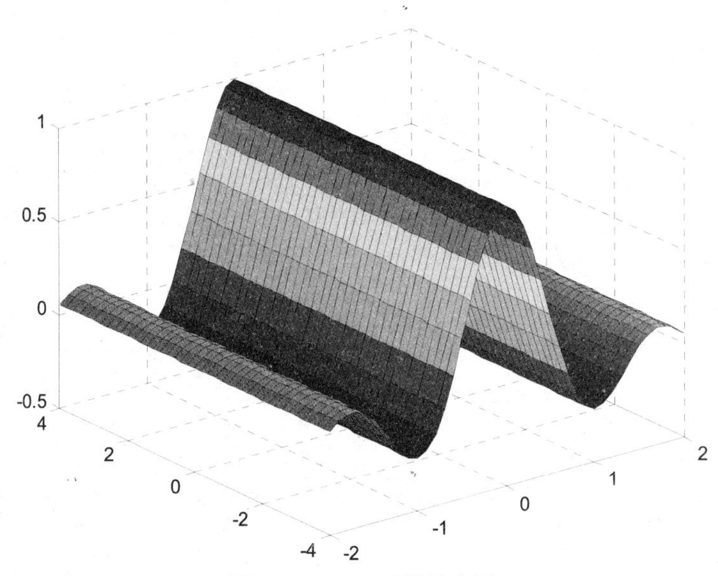

图 5-22　mesh 函数的应用

5. 标准三维曲面 sphere 与 cylinder

函数：sphere

功能： 产生三维曲面

语法：

[*x*，*y*，*z*]=sphere(n)

函数：cylinder

功能： 产生三维曲面

语法：

[*x*，*y*，*z*]= cylinder(*R*，*n*)

MATLAB 还有一个 peaks 函数，称为多峰函数，常用于三维曲面的演示。

此外，还有带等高线的三维网格曲面函数 meshc 和带底座的三维网格曲面函数 meshz。

其用法与 mesh 类似，不同的是 meshc 还在 xy 平面上绘制曲面在 z 轴方向的等高线，meshz 还在 xy 平面上绘制曲面的底座。

例 5-18　在 *xy* 平面内选择区域[-8，8]×[-8，8]，绘制 4 种三维曲面图。

程序设计如下：

```
clc;
clear all; close all;
[x, y]=meshgrid(-8:0.5:8);
z=sin(sqrt(x.^2+y.^2))./sqrt(x.^2+y.^2+eps);
subplot(2, 2, 1);
mesh(x, y, z);
title('mesh(x, y, z)')
subplot(2, 2, 2);
meshc(x, y, z);
title('meshc(x, y, z)')
subplot(2, 2, 3);
meshz(x, y, z)
title('meshz(x, y, z)')
subplot(2, 2, 4);
surf(x, y, z);
title('surf(x, y, z)')
```

程序执行结果如图 5-23 所示。

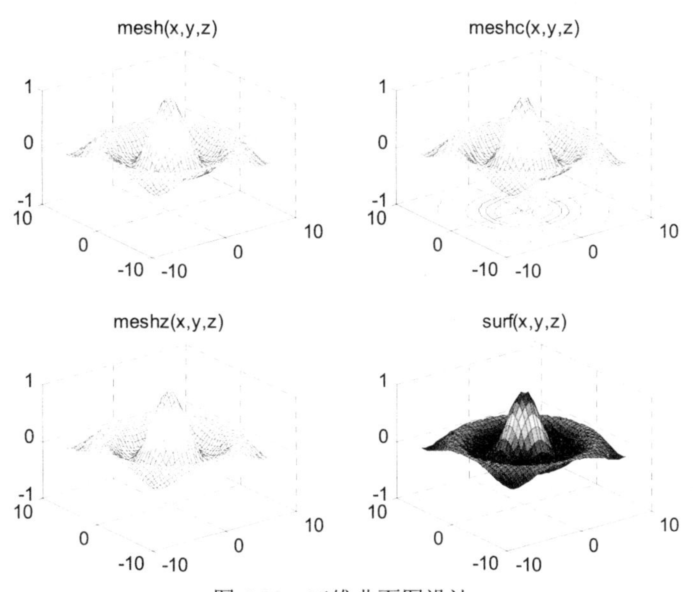

图 5-23　三维曲面图设计

为了方便测试立体绘图，MATLAB 提供了一个 peaks 函数，可产生一个凹凸有致的曲面，包含了三个局部极大点及三个局部极小点，要画出此函数的最快方法即是直接键入 peaks。

例 5-19　绘制标准三维曲面图形。

程序代码如下：

```
clc;
clear all; close all;
t=0:pi/20:2*pi;
[x, y, z]= cylinder(2+sin(t), 30);
subplot(2, 2, 1);
surf(x, y, z);
subplot(2, 2, 2);
[x, y, z]=sphere;
surf(x, y, z);
subplot(2, 1, 2);
[x, y, z]=peaks(30);
surf(x, y, z);
```

程序执行结果如图 5-24 所示。

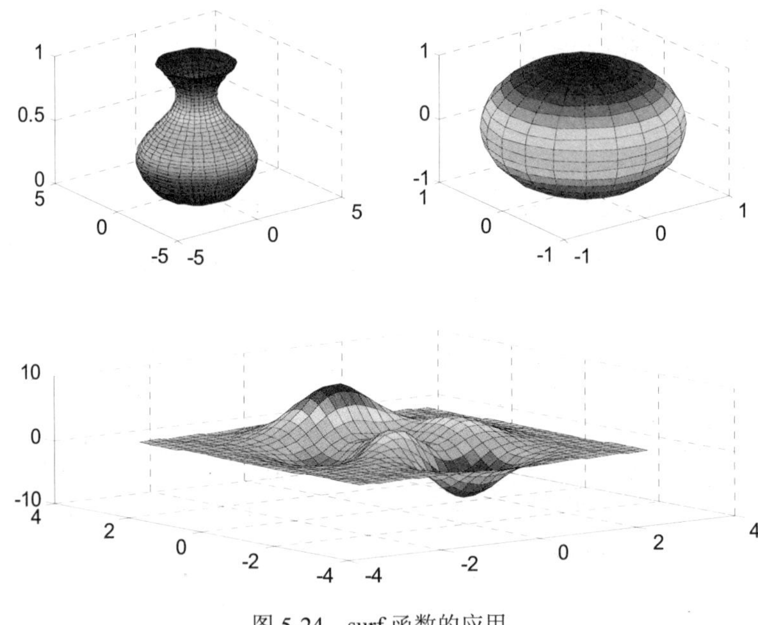

图 5-24　surf 函数的应用

例 5-20　三维曲面数的应用实例。

```
clc;
clear all; close all;
axis([-inf inf -inf inf -inf inf]);
subplot(3, 3, 1);
waterfall(x, y, z);      %在x方向产生水流效果
mesh(peaks);
```

```
[x, y, z] =peaks;
subplot(3, 3, 2);
meshz(x, y, z);  %曲面加上围裙
axis([-inf inf -inf inf -inf inf]);
subplot(3, 3, 3);
meshc(x, y, z);  %同时画出网状图与等高线
axis([-inf inf -inf inf -inf inf]);
subplot(3, 3, 4);
surfc(x, y, z);  %同时画出曲面图与等高线:
axis([-inf inf -inf inf -inf inf]);
subplot(3, 3, 5)
contour3(peaks, 50);  %画出曲面在三度空间中的等高线
axis([-inf inf -inf inf -inf inf]);
subplot(3, 3, 6)
contour(peaks,  50);  %画出曲面等高线在XY平面的投影
subplot(3, 3, 7)
t=linspace(0, 20*pi,  501);
plot3(t.*sin(t),  t.*cos(t),  t); % 画出三度空间中的曲线
subplot(3, 3, 8)
plot3(t.*sin(t),  t.*cos(t),  t,  t.*sin(t),  t.*cos(t),  -t);
% 同时画出两条三度空间中的曲线
[X0, Y0, Z0]=sphere(30);            %产生单位球面的三维坐标
subplot(3, 3, 9)
[X0, Y0, Z0]=sphere(30);            %产生单位球面的三维坐标
X=2*X0; Y=2*Y0; Z=2*Z0;            %产生半径为2的球面的三维坐标
%clf,
surf(X0, Y0, Z0);            %画单位球面
shading interp            %采用插补明暗处理
hold on, mesh(X, Y, Z), colormap(hot), hold off            %采用hot色图
hidden off            %产生透视效果
axis equal, axis off            %不显示坐标轴
```

程序执行结果如图5-25所示。

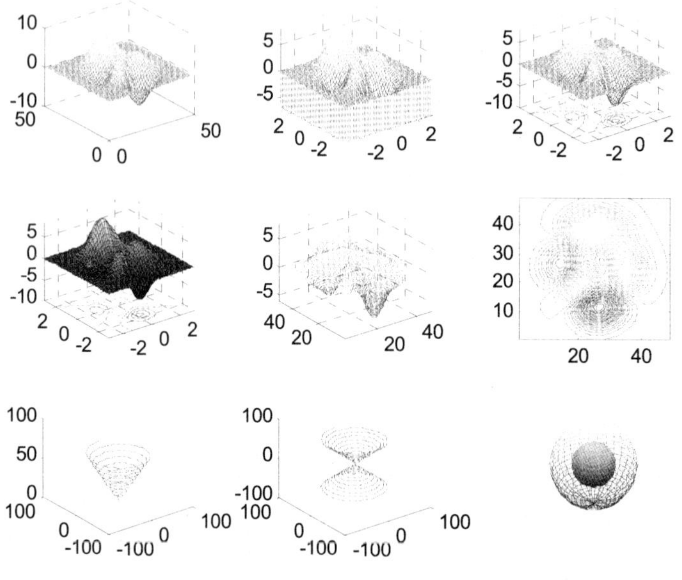

图 5-25　三维曲面数的应用

6. patch 函数

函数：patch

功能：使用 patch 函数绘制正方体网格图与表面图

语法：patch(*X*，*Y*，*C*)

说明：*X* 和 *Y* 中的元素指定了多边形的定点。如果 *X* 和 *Y* 是矩阵，MATLAB 将每一列生成一个多边形。*C* 决定了它们的颜色，每个表面一个颜色，或每个定点一个颜色。如果 *C* 是 1*3 的向量，它将被看成是 RGB 三元组，直接指定颜色。

例 5-21　patch 函数绘制正方体网格图与表面图实例。

```
clc;
clear all; close all;
vert=[1 1 1; 1 2 1; 2 2 1; 2 1 1; 1 1 2; 1 2 2; 2 2 2; 2 1 2];
fac=[1 2 3 4; 2 6 7 3; 4 3 7 8; 1 5 8 4; 1 2 6 5; 5 6 7 8];
subplot(1, 3, 1)
patch('faces', fac, 'vertices', vert, 'FaceColor', 'w');
view(3);
subplot(1, 3, 2)
patch('faces', fac, 'vertices', vert, 'FaceVertexCData', hsv(6), 'FaceColor', 'flat');
view(3);
subplot(1, 3, 3)
patch('faces', fac, 'vertices', vert, 'FaceVertexCData', hsv(8), 'FaceColor', 'interp');
view(3);
```

程序运行结果如图 5-26 所示。

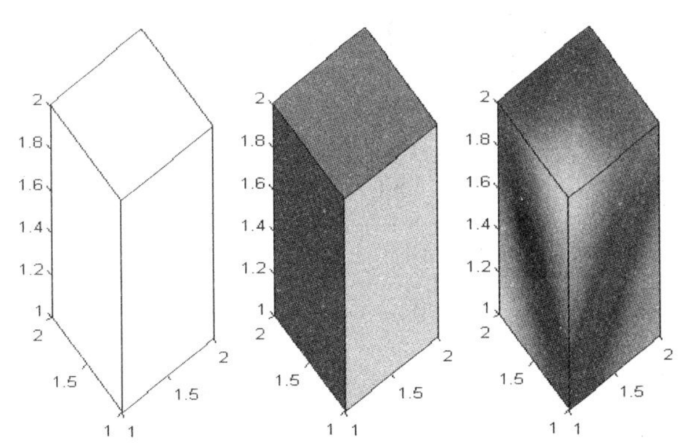

图 5-26　patch 函数绘制正方体网格图与表面图

5.5.2　其他三维图形函数

在介绍二维图形时，曾提到条形图、杆图、饼图和填充图等特殊图形，在 MATLAB 中相应也提供了三维柱状图、三维饼图和三维直方图等特殊样式三维图形的绘制函数。使用的函数分别是 bar3、stem3、pie3 和 fill3。

函数：bar3

功能：绘制三维柱状图

语法：

bar3(*y*)

bar3(*x*，*y*)

例 5-22　绘制三维图形：

（1）绘制魔方阵的三维条形图。

（2）以三维杆图形式绘制曲线 *y*=2sin(*x*)。

（3）已知 *x*=[2347，1827，2043，3025]，绘制饼图。

（4）用随机的顶点坐标值画出五个黄色三角形。

程序设计如下：

```
clc;
clear all; close all;
subplot(2, 2, 1);
bar3(magic(3))
subplot(2, 2, 2);
y=2*sin(0:pi/10:2*pi);
stem3(y);
subplot(2, 2, 3);
pie3([20, 10, 30, 40]);
subplot(2, 2, 4);
fill3(rand(1, 10), rand(1, 10), rand(1, 10), 'y' )
```

程序执行结果如图 5-27 所示。

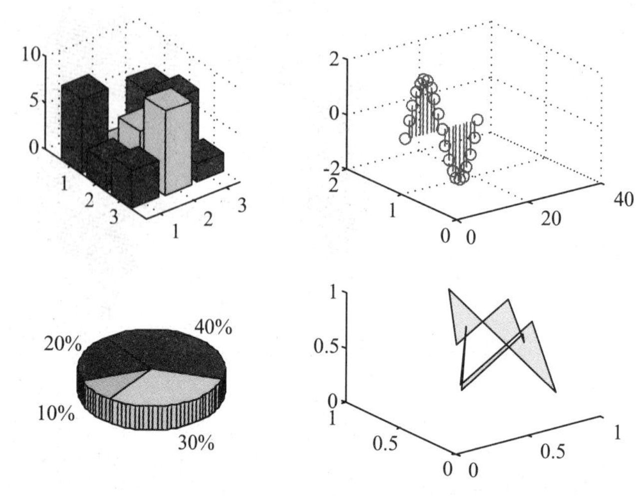

图 5-27　三维特殊图形

例 5-23　对一个离散方波的快速 Fourier 变换的幅频的可视化显示。

```
clc；
clear all；close all；
th = (0:127)/128*2*pi；                      %角度采样点
rho=ones(size(th))；                          %单位半径
x = cos(th)；y = sin(th)；
f = abs(fft(ones(10，1)，128))；              %对离散方波进行 FFT 变换，并取幅值
rho=ones(size(th))+f'；                       %取单位圆为绘制幅频谱的基准。
subplot(1，2，1)，polar(th，rho，'r')
title('极坐标图')
subplot(1，2，2)，stem3(x，y，f'，'d'，'fill')             %取菱形离散杆头，并填色。
title('三维离散杆图')
view([-65 30])
```

程序执行结果如图 5-28 所示。

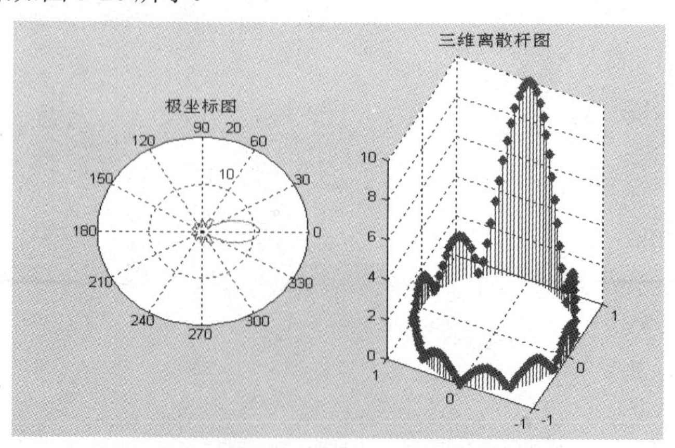

图 5-28　离散方波的快速 Fourier 变换的幅频

2. 视点函数

在绘制三维图形时，用户同样可以对图形属性进行设置。除了这些二维、三维共享的属性外，用户在绘制三维图形时，还可以改变显示的视角、控制摄像头，通过调节光照和颜色改变显示效果等。

所谓视角，是指观察物体时的方位角和仰角。方位角与 $z=0$ 平面相关，其大小为视线在（*x*，*y*）平面的投影与 *y* 轴的负半轴的夹角。仰角与 $z = 0$ 平面相关，其大小为视线在（*x*，*y*）平面的投影与视线的夹角。仰角又称视角为 *XY* 平面的上仰或下俯角，正值表示视点在 *XY* 平面上方，负值表示视点在 *XY* 平面下方。

MATLAB 提供了设置视点的函数 view。

函数：view

功能： 设置视点

语法： view(*az*，*el*)

说明： *az* 是方位角，*el* 是仰角。它们均以度数为单位。系统缺省的视点定义为方位角 −37.5°，仰角 30°。

当 *x* 轴平行观察者身体，*y* 轴垂直于观察者身体时，*az* − 0；以此点为起点，绕着 *z* 轴顺时针运动，此时 *az* 为正，逆时针转动时 *az* 为负。

el 为观察者眼睛与 *xy* 平面形成的角度。当观察者的眼睛在 *xy* 平面上时，*el* = 0；向上 *el* 为正，向下为负；

例如：

az = −37.5，el=30 是默认的三维视角。

az = 0，el=90 是 2 维视角，从图形正上方向下看，显示的是 xy 平面。

az = el=0 看到的是 xz 平面。

az=180，el=0　是从背面看到的 xz 平面。

view（2）设置默认的二维视角，az = 0，el = 90。

view（3）设置默认的三维视角，az = −37.5，el = 30。

view([X Y Z]) 设置 Cartesian 坐标系的视角，[X Y Z]向量的长度大小被忽略。

[az，el] = view 返回当前的方位角和仰角。

例 5-24　从不同视点绘制多峰函数曲面。

```
clc;
clear all; close all;
subplot(2, 2, 1); mesh(peaks);
view(-37.5, 30);      %指定子图 1 的视点
title('azimuth = -37.5, elevation = 30')
subplot(2, 2, 2); mesh(peaks);
view(0, 90); %指定子图 2 的视点
title('azimuth = 0, elevation = 90')
subplot(2, 2, 3); mesh(peaks);
view(90, 0);   %指定子图 3 的视点
```

```
title('azimuth = 90，elevation = 0')
subplot(2，2，4)；mesh(peaks)；
view(-7，-10)；%指定子图 4 的视点
title('azimuth = -7，elevation = -10')
```

程序执行结果如图 5-29 所示。

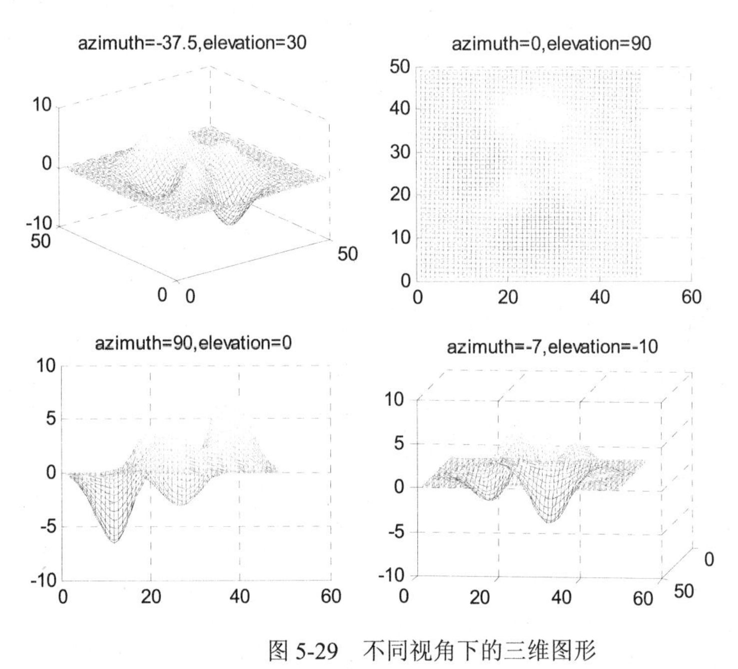

图 5-29　不同视角下的三维图形

例 5-25　旋转观察多峰函数曲面，曲面首先绕 Z 轴转动一周，然后翻转旋转一周。

```
clc；
clear all；close all；
mesh(peaks)； %绘制多峰函数
el=30；    %设置仰角为 30 度。
for az=0:0.1:360   %让方位角从 0 变到 360，绕 z 轴一周
   view(az，el)；
   drawnow；
end
az= 0；     %设置方位角为 0
for el=0:0.1:360    %仰角从 0 变到 360
   view(az，el)；
   drawnow；
end
```

程序运行后，如图 5-30 所示的曲面不断旋转。

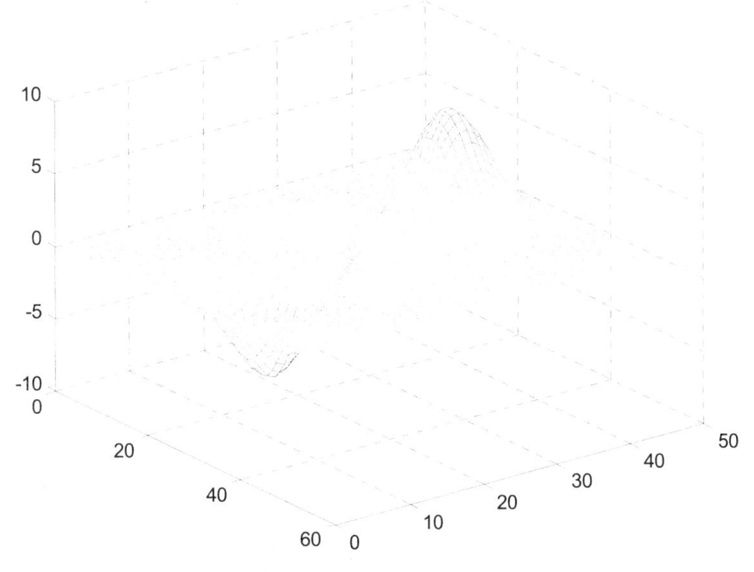

图 5-30 不断旋转的立体曲面

3. 等高线图

在 MATLAB 中等高线图可通过函数 **contour3** 绘制。

函数：contour3

功能：绘制等高线

语法：contour3(*z*)

说明：contour3(*z*)把矩阵 *z* 中的值作为一个二维函数的值，等高曲线是一个平面的曲线，平面的高度 *v* 是 MATLAB 自动取的。

contour3(*x*，*y*，*z*)中(*x*，*y*)是平面 $z=0$ 上点的坐标矩阵，*z* 为相应点的高度值矩阵。

contour3(*z*，*n*)、contour3(*x*，*y*，*z*，*n*)画出 *n* 条等高线；

contour3(*z*，*v*)、contour3(*x*，*y*，*z*，*v*)在指定的高度 *v* 上画出等高线。

例如：应用多峰函数 peaks 绘制的等高线图。

设计 MATLAB 程序如下：

```
[x，y，z]=peaks；
contour3(x，y，z，12，'k')；          %其中 12 代表高度的等级数
xlabel('x-axis')，ylabel('y-axis')，zlabel('z-axis')；
title('contour3 of peaks')；
```

程序执行结果如图 5-31 所示。

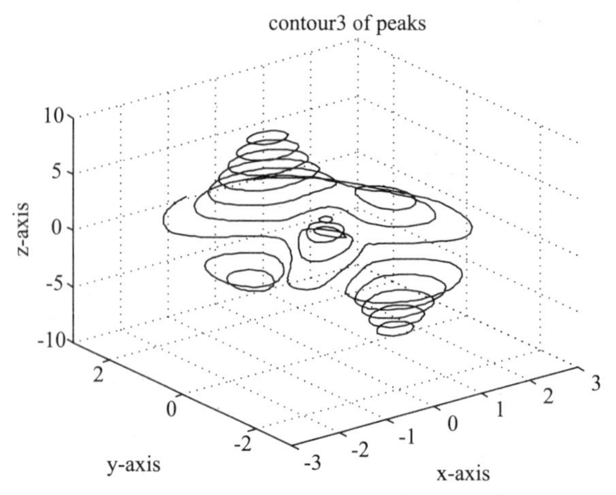

图 5-31 应用函数 contour3 绘制等高线

4. 色彩处理

在 MATLAB 中，为了表现图形的显示效果，提供了一些控制函数，有视角的控制、光度的控制、色彩的控制和透明度的控制等。

函数：shading

功能：处理图形色彩效果

语法：

shading 是用来处理色彩效果的，分以下三种：

no shading 一般的默认模式 即 shading faceted

shading flat 在 faceted 的基础上去掉图上的网格线

shading interp 在 flat 的基础上进行色彩的插值处理，使色彩平滑过渡

例 5-26　函数 shading **色彩处理演示。**

```
clc;
clear all; close all;
[x, y]=meshgrid(-4:0.5:4);
z=x.^2+2*sin(x*pi)+cos(y*pi);
subplot(2, 2, 1)
surf(x, y, z)
title('no shading');
subplot(2, 2, 2)
surf(x, y, z)
shading flat
title('shading flat')
subplot(2, 2, 3)
surf(x, y, z)
shading faceted
title('shading faceted')
```

```
subplot(2，2，4)
surf(x，y，z)
shading interp
title('shading interp')
```

程序执行结果如图 5-32 所示。

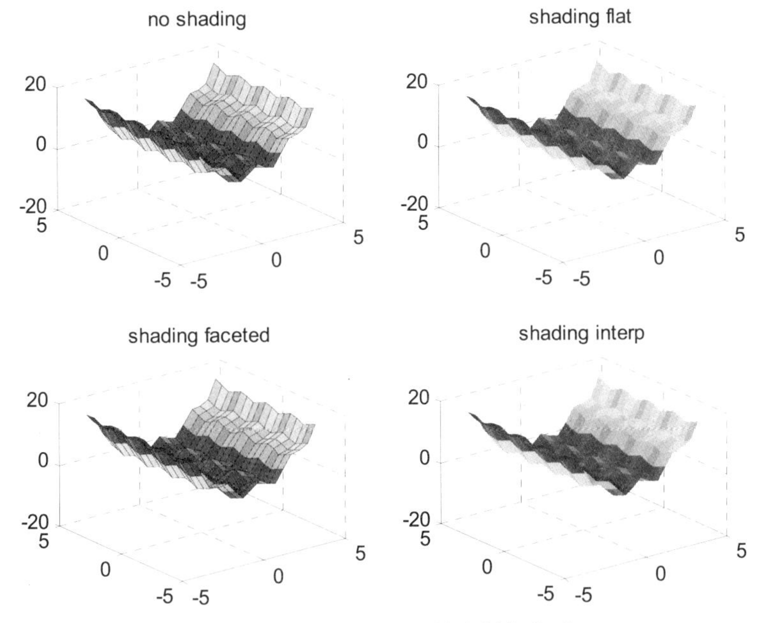

图 5-32 应用 shading 函数绘制的曲面

例 5-27 光照处理后的球面。

MATLAB 程序设计如下：

```
clc;
clear all; close all;
[x，y，z]=sphere(20);
subplot(1，2，1);
surf(x，y，z); axis equal;
light('Posi'，[0，1，1]);
shading interp;
hold on;
plot3(0，1，1，'p');
text(0，1，1，' light');
subplot(1，2，2);
surf(x，y，z);
axis equal;
light('Posi'，[1，0，1]);
shading interp;
```

```
hold on;
plot3(1, 0, 1, 'p'); text(1, 0, 1, ' light');
```

程序执行结果如图 5-33 所示。

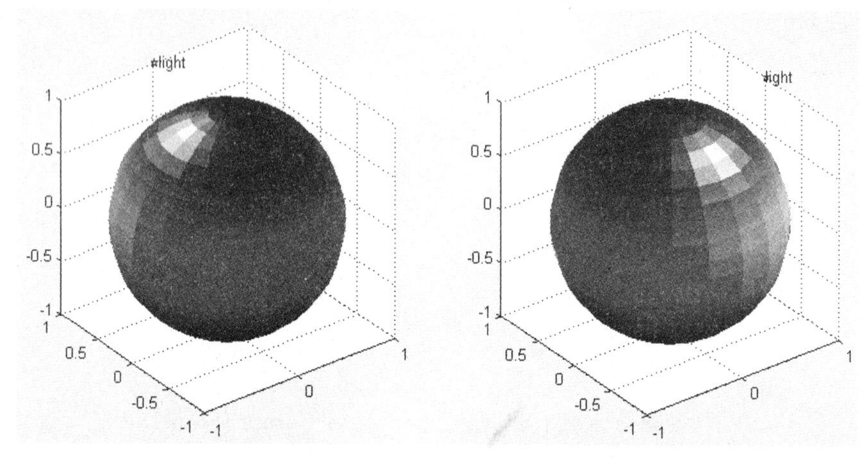

图 5-33 应用函数 light 实现不同方向的光照效果

例 5-28 绘制三维曲面图，并进行插值着色处理，裁掉图中 x 和 y 都小于 0 部分。

MATLAB 程序设计如下：

```
clc;
clear all; close all;
[x, y]=meshgrid(-5:0.1:5);
z=cos(x).*cos(y).*exp(-sqrt(x.^2+y.^2)/4);
surf(x, y, z);
shading interp;
pause                          %程序暂停
i=find(x<=0&y<=0);
z1=z; z1(i)=NaN;
surf(x, y, z1);
shading interp;
[x, y]=meshgrid(-5:0.1:5);
z=cos(x).*cos(y).*exp(-sqrt(x.^2+y.^2)/4);
surf(x, y, z);
shading interp;
pause                          %程序暂停
i=find(x<=0&y<=0);
z1=z; z1(i)=NaN;
surf(x, y, z1);
shading interp;
```

为了展示裁剪效果，第一个曲面绘制完成后暂停，然后显示裁剪后的曲面，如图 5-34 所示。

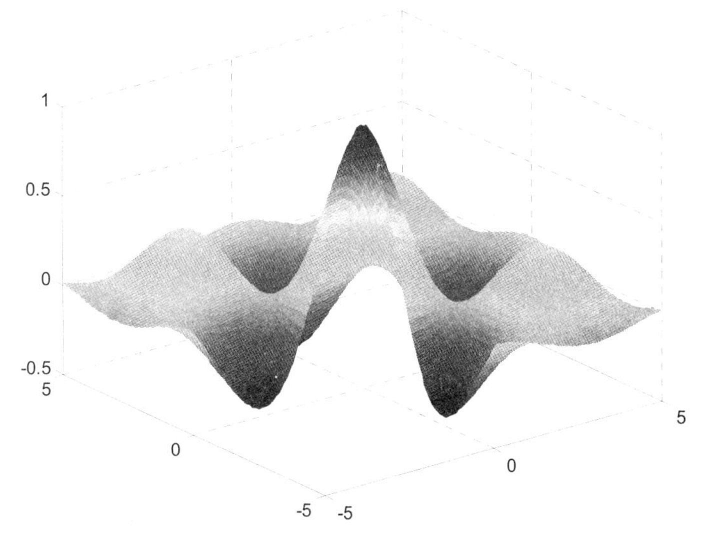

图 5-34 shading interp 的色彩插值处理

5.6 MATLAB 分形图形设计

分形是一种非线性数学。分形图形分为规则分形和无规分形，其中规则分形主要包括 cantor 集、koch 曲线、sierpinski 筛、sierpinski 地毯等。本节试图利用 MATLAB 来实现上述图形的生成。

例 5-29 cantor 集

取一线段 E0:第一步(n=1)去掉中间的三分之一得 E1，第二步(n=2)去掉 E1 中两段的中间的三分之一得 E2，如此下去直至无穷即得 cantor 集。

matlab 程序(存于 **cantor.m** 文件):

```
function  cantor(x1，x2，n)%x1:线段始端点；x2:线段终端点；n:迭代次数
line([x1，x2]，[n，n]);
y1=2*x1/3+x2/3;
y2=x1/3+2*x2/3;
  if n>0
    cantor(x1，y1，n-1);
    cantor(y2，x2，n-1);
  end
 end
```

在命令窗口执行函数调用： cantor(0，5，4)，得 cantor 集如图 5-35 所示。

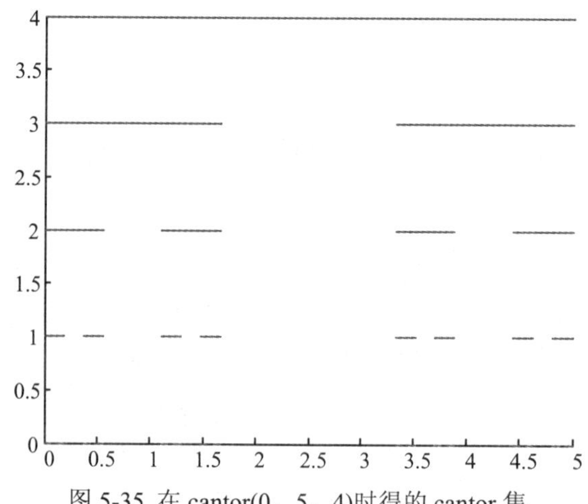

图 5-35 在 cantor(0，5，4)时得的 cantor 集

例 5-31 Koch 曲线

给定一条直线段 F0，将该直线段三等分，并将中间一段用以该线段为边的等边三角形的另外两边替代，得到折线 F2，然后再对折线 F2 中的每一小段重复上述操作，以至无穷，则最后得到的极限曲线即是 koch 曲线。

MATLAB 程序（存于 **koch.m**）：

```
function koch(x，y，n)
%x:初始端点横坐标向量；y:初始端点竖坐标向量
%n:迭代次数；
x1=x(1)；x2=x(2)；y1=y(1)；y2=y(2)；
if n>1
    koch([x1，(2*x1+x2)/3]，[y1，(2*y1+y2)/3]，n-1)；
    koch([(2*x1+x2)/3，(x1+x2)/2+(y1-y2)*sqrt(3)/6]，[(2*y1+y2)/3，(y1+y2)/2+...
        (x2-x1)*sqrt(3)/6]，n-1)；
    koch([(x1+x2)/2+(y1-y2)*sqrt(3)/6，(x1+2*x2)/3]，[(y1+y2)/2+...
        (x2-x1)*sqrt(3)/6，(y1+2*y2)/3]，n-1)；
    koch([(x1+2*x2)/3，x2]，[(y1+2*y2)/3，y2]，n-1)；
else
    a=[x1，(2*x1+x2)/3，(x1+x2)/2+(y1-y2)*sqrt(3)/6，(x1+2*x2)/3，x2]；
    b=[y1，(2*y1+y2)/3，(y1+y2)/2+(x2-x1)*sqrt(3)/6，(y1+2*y2)/3，y2]；
    line(a，b)；
end
```

在命令窗口带入参数 koch([0.5，1]，[sqrt(3)/2，0]，4)运行程序得 koch 曲线，程序运行结果如图 5-36 所示。您也可以按以下语句调用。

```
koch([0，0.5]，[0，sqrt(3)/2]，4)；
koch([1，0]，[0，0]，4)；
```

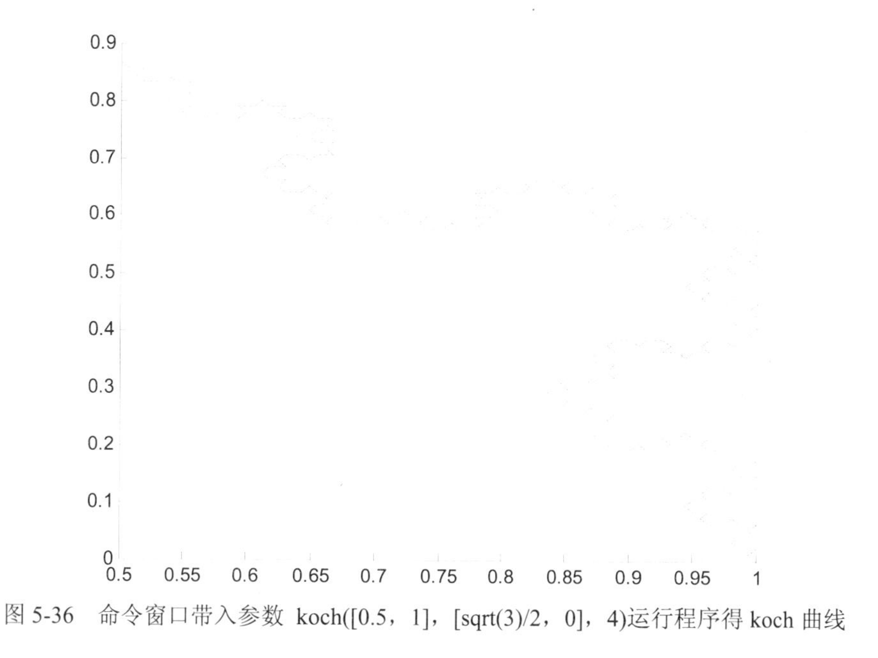

图 5-36　命令窗口带入参数 koch([0.5，1]，[sqrt(3)/2，0]，4)运行程序得 koch 曲线

例 5-32　Sierpinski 筛

Sierpinski 铺垫的构造方法如下：取一个三角形，将其四等分并舍去中间的一个小三角形；在对剩下的三个三角形分别重复上述过程，以至无穷，即得 sierpinski 筛；

MATLAB 程序(存于 **sierpinski.m**):

```
function sierpinski(x，y，n)
%x:初始三角形三顶点的横坐标向量；y:初始三角形三顶点的纵坐标
%n:迭代次数
fill(x，y，'r')
hold on
x1=x(1)；x2=x(2)；x3=x(3)；y1=y(1)；y2=y(2)；y3=y(3)；
a1=(x1+x2)/2；b1=(y1+y2)/2；
a2=(x2+x3)/2；b2=(y2+y3)/2；
a3=(x3+x1)/2；b3=(y3+y1)/2；
fill([a1，a2，a3]，[b1，b2，b3]，'w')
hold on
if n>1
    sierpinski([x1，a1，a3]，[y1，b1，b3]，n-1)；
    sierpinski([a1，x2，a2]，[b1，y2，b2]，n-1)；
    sierpinski([a3，a2，x3]，[b3，b2，y3]，n-1)；
end
```

以（0，0），（0，1），（1，0）为三角形三顶点，以 sierpinski([0，0，1]，[0，1，0]，6)方式调用 sierpinski 函数可得 sierpinski 图，如图 5-37 所示。

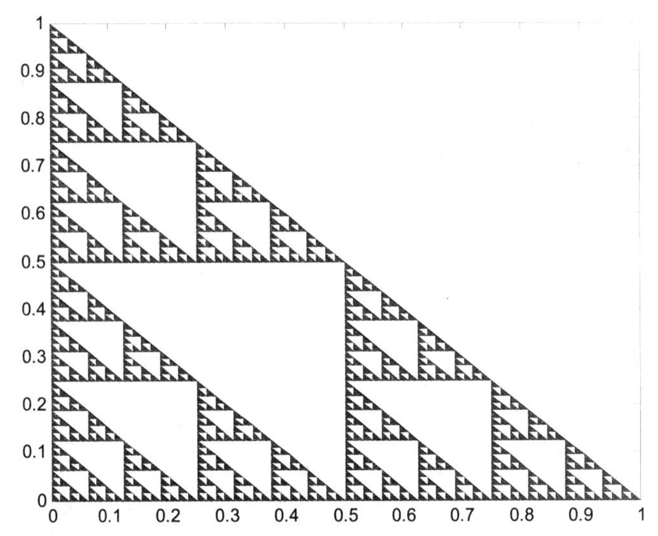

图 5-37　以 sierpinski([0，0，1]，[0，1，0]，6)方式调用 sierpinski 图

【思考】sierpinski 地毯与 sierpinski 筛类似，sierpinski 地毯初始图形是正四边形，请编写 matlab 程序，并以（0，0)，(0，1)，(1，1)，(1，0）为四边形顶点调用函数得 sierpinski 地毯。

5.7　图形用户界面设计

图形用户界面（Graphical User Interfaces，GUI）是由窗口、光标、按键、菜单、文字说明等对象（Objects）构成的一个用户界面。用户通过一定的方法（如鼠标或键盘）选择、激活这些图形对象，使计算机产生某种动作或变化，比如实现计算、绘图等。

5.7.1　图形属性

1. 句柄

在 MATLAB 系统中，绘图命令产生的每一个部分称为图形对象，系统在创建每一个对象时，都为该对象分配唯一的一个值，称其为句柄，因此句柄就是图形对象标识符。对象、句柄以及图形对象等概念其实质是统一的，系统将每一个对象按树型层次结构组织起来，这些对象包括根对象，通常为计算机屏幕、图形窗口、坐标系统、线条、曲面、文本串、用户界面控制等。利用句柄操作的有关函数，用户可以查找、访问图形对象，以达到定制对象属性，改变对象显示效果的目的。

根对象可包含一个或多个图形窗口对象，而一个图形窗口对象又可包含一组或多组坐标系子对象，线条、文本等其它对象都是坐标系的子对象。所有创建对象的函数当父对象

不存在时，都会自动创建它。

计算机屏幕作为根对象自动建立，其句柄值为 0。而 Hf_f=figure 命令则建立图形窗口对象，并返回它的句柄值给变量 Hf_f。图形窗口的句柄为一整数，并显示在该窗口的标题栏，其它图形对象的句柄为浮点数，MATLAB 提供了一系列与句柄操作有关的函数，如 gcf 、gca 等。为便于识别，用大写字母开头的变量表示句柄，如 Hf_f 等。

例如：

```
h = gcf          %获取当前图形窗口的句柄值；
h = gca          %获取当前图形窗口内当前坐标轴的句柄值；
h = gco          %获取当前图形窗口内当前对象的句柄值；
h = gco(fh)      %返回图形窗口 fh 中的当前对象的句柄值；
set(h1，'color'，'r')      %将句柄 h1 所属对象的颜色设置为红色；
delete(h1)              %删除句柄 h1 所属的图形对象；
```

2. 获得图形窗口 figure

当你在 MATLAB 命令窗口中输入命令 figure 时，就会获得缺省设置的标准菜单，如图 5-38 所示。

图 5-38 获得缺省设置的标准菜单

3. 图形对象属性的操作

所有图形对象都具有控制对象显示的属性。这些属性既包括对象的一般信息，如对象类型、对象的父对象及子对象等，也包括对象的一些特定信息，如坐标系对象的刻度等。用户可以获取、设置对象属性，以达到控制对象的目的。

当创建一个对象时，系统用一组默认属性值定制对象，用户通过 get 命令获取这些属性值，同时也可通过 set 命令重新设置对象属性。

函数：get

功能：获取已创建图形对象的各种属性

语法：V=get(*h*，'PropertyName')

例如：get(*h*1，'color') 返回句柄 *h*1 所属对象的颜色值。

函数：set

功能：设置图形对象的属性

语法：set(H，'name'，value，…)

说明：函数 set(h，'PropertyName'，PropertyValue)中将图形对象 *h* 的 PropertyName 属性设置为 PropertyValue，其中 *h* 为句柄，PropertyName 为属性名，PropertyValue 为 PropertyName 的属性值。

例如：设置图线的线型与宽度。

```
x=[0:0.1:4*pi];
H=plot(x，sin(x));   %返回正弦曲线句柄 H
set(H，'LineStyle'，'*'，'LineWidth'，0.1); %设置正弦曲线线型与线宽
```

例如：隐去标准菜单的方法

```
H1=figure
set(H1，'MenuBar'，'none');
```

在 set 函数中应用参数 none，隐去了系统给出的标准菜单。也可用下列语句重新恢复菜单，如图 5-39 所示。

```
set(gcf，'menubar'，'figure');
```

图 5-39(a) 隐去标准菜单

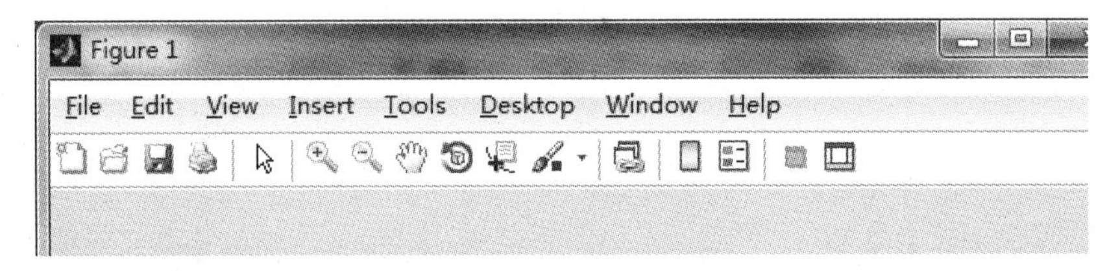

图 5-39(b) 显示标准菜单

例 5-33 产生多个图形对象，然后应用函数 get 读取所在图形句柄的颜色值。

```
h0=figure('toolbar'，'none'，'position'，[200 200 400 200]，'name'，'图形对象属性');
t=0:pi/20:4*pi;
hl1=plot(t，sin(t));
xlabel('t');     ylabel('sin(t)、sin(t)');
hl2=line(t，cos(t)，'Color'，'r');
ht1=title('正弦、余弦曲线');
haxes=gca;
h0_color=get(h0，'menubar'，'figure'，'Color')
ha_color=get(haxes，'Color')
hl1_color=get(hl1，'Color')
hl2_color=get(hl2，'Color')
```

```
h0_color =
      0.8000      0.8000      0.8000
ha_color =
      1      1      1
hl1_color =
      0      0      1
hl2_color =
      1      0      0
```

程序执行结果如图 5-40 所示。

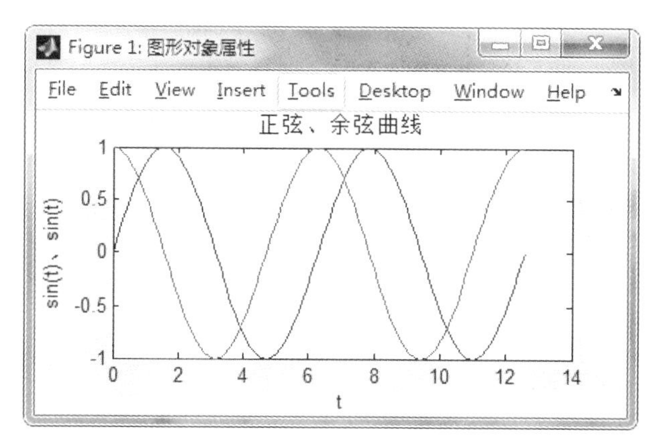

图 5-40 应用函数 get 读取图形句柄的颜色值

5.7.2 图形控件设计

在 MATLAB 中应用函数 figure 创建图形窗口，函数 uicontrol 通过不同的参数生成按钮、滑标、文本框及 弹出式菜单。

函数：uicontrol

功能：通过不同的参数生成按钮、滑标、文本框及弹出式菜单

语法：*H*=uicontrol(Hf_fig，'PropertyName'，PropertyValue，...)

说明：*H* 是由函数 uicontrol 生成 uicontrol 对象的句柄。通过设定 uicontrol 对象的属性值 PropertyName，PropertyValue 定义 uicontrol 的属性；Hf_fig 是父对象的句柄，其对象必须是图形。如果图形对象句柄省略，就用当前的图形。

MATLAB 共有八种不同类型的控制框。它们均用函数 uicontrol 建立。属性 Style 决定了所建控制框的类型。Callback 属性值是当控制框激活时，传给 eval 在命令窗口空间，执行其后的 MATLAB 字符串。

1. 命令按钮

命令按钮是小的长方形屏幕对象，常常在对象本身标有文本。用鼠标单击按钮时，执行由回调字符串所定义的动作。按钮的 Style 属性值是 pushbutton。

例 5-34　建立标志为 Close 的按钮键 uicontrol。当激活该按钮时，Close 关闭当前的图

形。以像素为单位的 Position 属性定义按钮键的大小和位置，这是缺省的 Units 属性值。属性 String 定义了按钮的标志。

h_fig=figure

Hc_close=uicontrol(h_fig，'Style'，'push'，'Position'，[10，10，100，25]，'String'，'Close'，'CallBack'，'close');

上述语句中控件类型是按钮，位置在[10，10，100，25]，按钮上的文字为 Close，点击按钮后执行的动作是 Close，因而语句运行结果如图 5-41 所示。

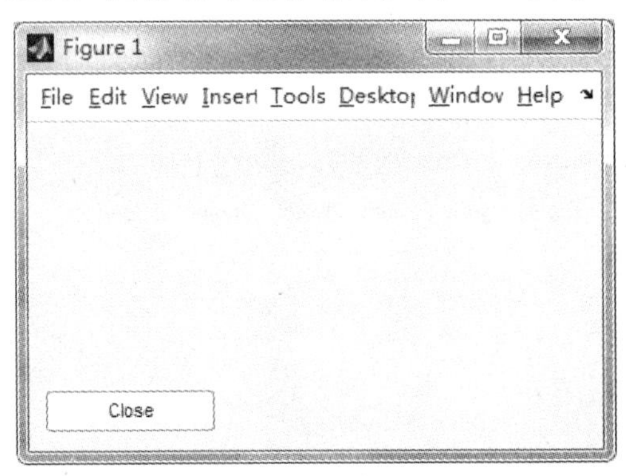

图 5-41 命令按钮

例 5-36 命令按钮的编程。

h_fig=figure

h_push1=uicontrol(h_fig，'style'，'push'，'unit'，'normalized'，'position'，[0.67，0.37，0.12，0.15]，'string'，'grid on'，'callback'，'grid on');

上述语句运行的结果如图 5-42 所示。

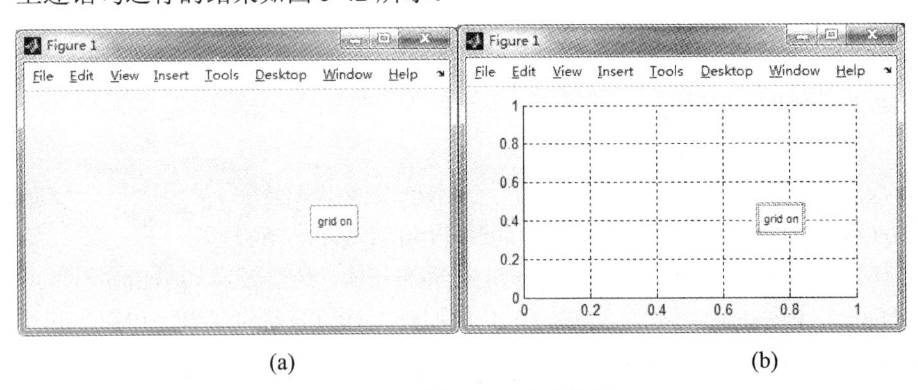

(a) (b)

图 5-42 命令按钮

在图 5-42 中，点击按钮 grid on，调用命令：grid on 后，如图（b）所示。

2. 单选按钮

单选按钮又称选择按钮或切换按钮。当选择时圆圈或菱形被填充，且 Value 属性值设为 1；若未被选择，指示符被清除，Value 属性值设为 0。单选按钮 style 的属性值是 radiobutton。

例 5-37 创建“单选”选择按键，按键的文字标识为“正体”

由于是单选按钮，把 style 选为 radio，单选按钮文字标识“正体”，因而 string 为'正体'，单选按钮定位在坐标（70，60），按钮长高分别为 50、20。语句写为：

hr1=uicontrol(gcf，'style'，'radio'，'string'，'正体'，'position'，[70，60，50，20])；

上述语句的运行结果如图5-43所示。

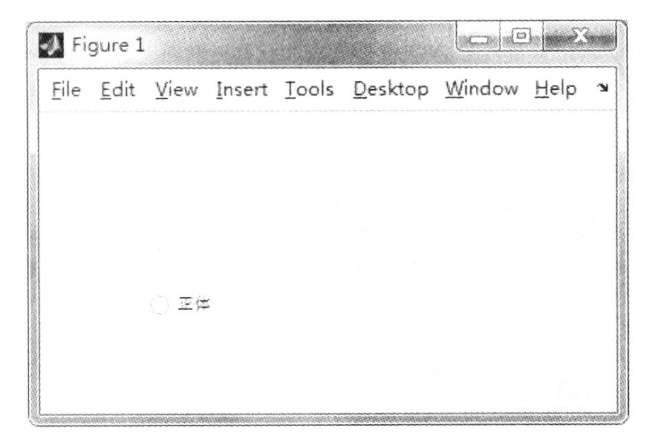

图 5-43 单选按钮

在图 5-43 中，对象的属性 style 为 radio 表示此控件为单选按钮，单选按钮的文字 string 为“体”单选按钮的位置 position 离左下角水平 *x*、*y* 值分别为 70、60，sqdn 构成单选按钮的的长方形长为 50，高为 20。

3. 检查框

检查框又称切换按钮，它由具有标志并在标志的左边的一个小方框所组成。激活时，uicontrol 在检查和清除状态之间切换。在检查状态时，根据平台的不同，方框被填充，或在框内含 *x*，Value 属性值设为 1。若为清除状态，则方框变空，Value 属性值设为 0。

Hc_mil=uicontrol('style'，'checkbox'，'Position'，[70，30，60，20]，'value'，1，'string'，'24-Hour')；

上述语句的运行结果如图5-44所示。

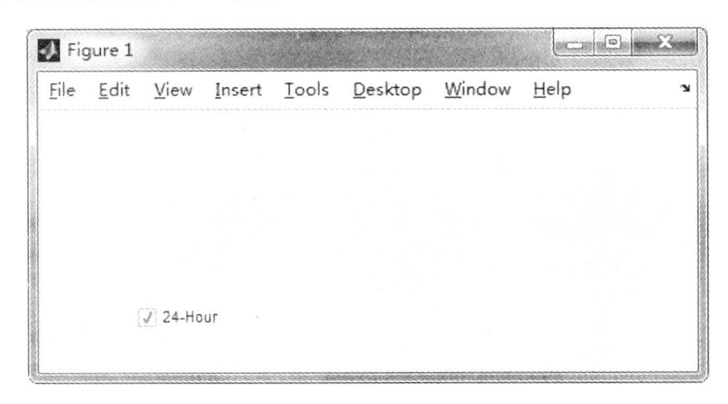

图 5-44 检查框

检查框典型地用于表明选项的状态或属性。通常检查框是独立的对象，如果需要，检查框可与无线按钮交换使用。

4. 静态文本框

静态文本框是仅仅显示一个文本字符串的uicontrol，该字符串是由string属性所确定的。静态文本框的Style属性值是text。静态文本框典型地用于显示标志、用户信息及当前值。

静态文本框之所以称之为静态，是因为用户不能动态地修改所显示的文本。文本只能通过改变String属性来更改。

Hc_time=uicontrol('style'，'text'，'position'，[50，20，500，250]);

上述语句的运行结果如图5-45所示。

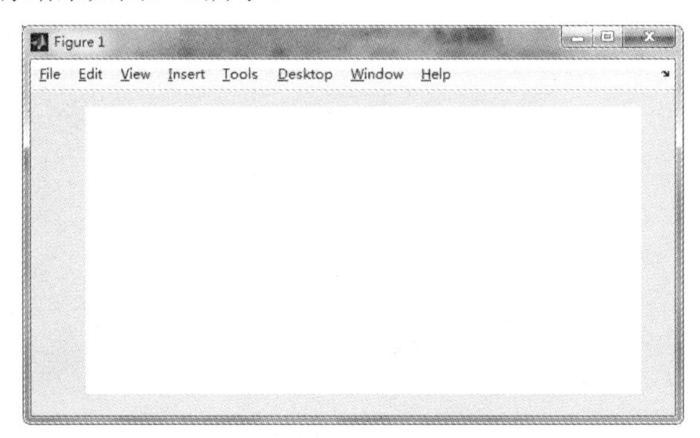

图 5-45 静态文本框

在 *X* Window 系统中，静态文本框可只含有一行文字；如文本框太短，不能容纳文本串，则只显示部分文字。

例如：

htext=uicontrol('Style'，'Text'，'String'，'画图区域'，'Units'，'normalized'，'FontSize'，12，'Position'，[0.3 0.85 0.2 0.1]，'BackgroundColor'，[1 1 0]);

haxes=axes('Position'，[0.1 0.1 0.6 0.7]，'Box'，'on');

t=0:0.01:6*pi;

hline=plot(t，sin(t));

上述语句的运行结果如图5-46所示。

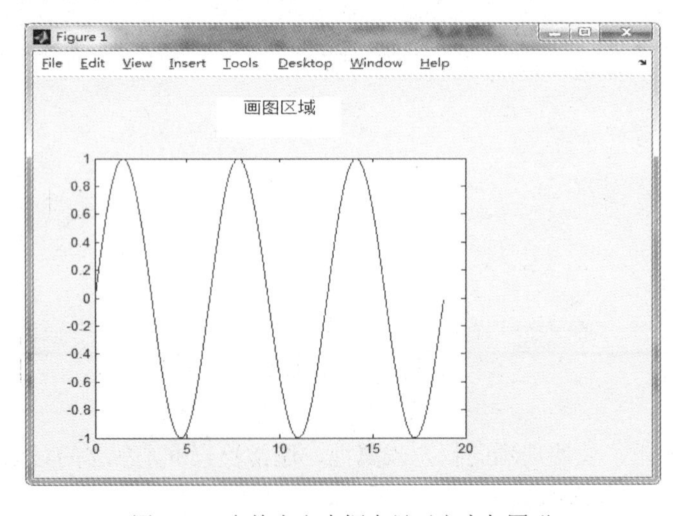

图 5-46 在静态文本框中显示文字与图形

5. 编辑文本框

编辑文本框，象静态文本框一样，在屏幕上显示字符。但与静态文本框不同，编辑文本框允许用户动态地编辑或重新显示文本串，就象使用文本编辑器或文字处理器一样。在String属性中有该信息。可编辑文本框uicontrol的Style属性值是edit。可编辑文本框典型地用在让用户输入文本串或特定值。

Hc_time=uicontrol('style'，'edit'，'position'，[50，20，500，250])；

上述语句的运行结果如图5-47所示。

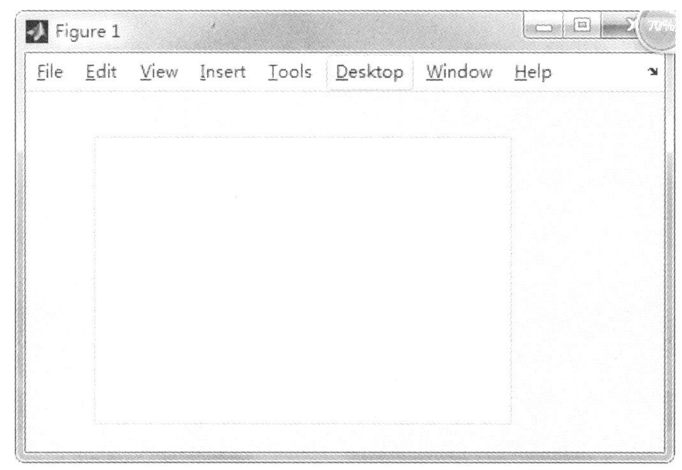

图 5-47 编辑文本框

可编辑文本框可包含一行或多行文本。单行可编辑文本框只接受一行输入，而多行可编辑文本框可接受行以上的输入。单行可编辑文本框的输入以 Return 键结尾。在 X window 和 MS-Window 系统中，多行文本输入以 Control-Return 键结尾，而在 Macintosh 中用 Command-Return 键。

6. 滚动条

滚动条包括三个独立的部分，分别是滚动槽、或长方条区域，代表有效对象值范围；滚动槽内的指示器，代表滑标当前值；以及在槽的两端的箭头。滑标uicontrol的Style属性值是slider。

滑标典型地用于从几个值域范围中选定一个。滑标值有三种方式设定。方法一：鼠标指针指向指示器，移动指示器。拖动鼠标时，要按住鼠标按钮，当指示器位于期望位置后松开鼠标。方法二：当指针处于槽中但在指示器的一侧时，单击鼠标按钮，指示器按该侧方向移动距离约等于整个值域范围的10%；方法三：在滑标不论哪端单击鼠标箭头；指示器沿着箭头的方向移动大约为滑标范围的1%。滑标通常与所用文本uicontrol对象一起显示标志、当前滑标值及值域范围。

h_fig=figure

Hc_rsli=uicontrol(h_fig，'style'，'slider'，'position'，[70，30，370，20]，'Min'，0，'Max'，100，'value'，1，'CallBack'，'mmsetc(0，"rgb2new")')；

上述语句的运行结果如图5-48所示。

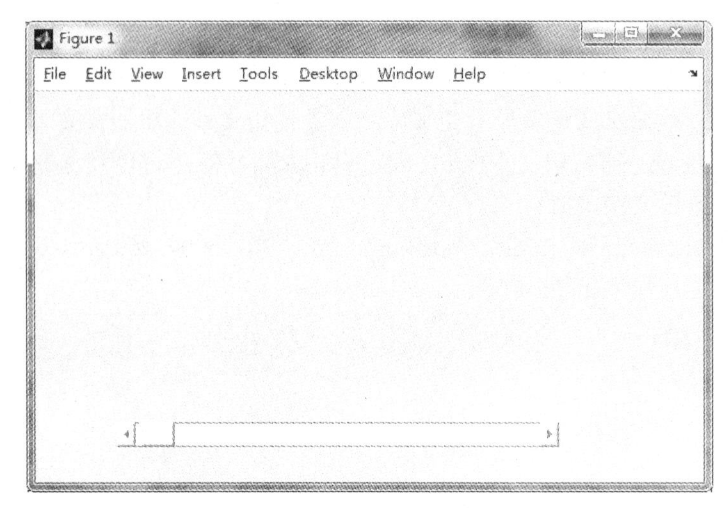

图 5-48 滚动条的设计

7. 框架

框架 uicontrol 对象仅是带色彩的矩形区域。框架提供了视觉的分隔性。在这点上，框架与 uimenu 的 Sepatator 属性相似。框架典型地用于组成无线按钮或其他 uicontrol 对象。在其它对象放入框架之前，框架应事先定义。否则，框架可能覆盖控制框使它们不可见。

Hc_time=uicontrol('style', 'frame', 'position', [70, 30, 170, 80]);

此语句产生的框架如图 5-49 所示。

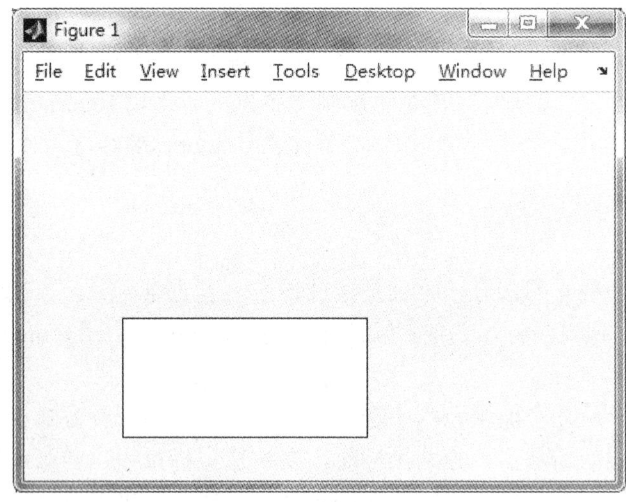

图 5-49 框架的设计

函数：msgbox

功能：显示消息框

语法：h = msgbox(Message)

h = msgbox(Message, Title)

h = msgbox(Message, Title, Icon)

h = msgbox(Message, Title, 'custom', IconData, IconCMap)

h = msgbox(...，CreateMode)

例 5-38　数值积分中对梯形求积分，求数值积分∫sin(x)dx，积分区域为(0，π)。利用消息框显示计算的结果。

```
function y=f(x)
y=sin(x);      %首先建立被积函数，以便于计算真实值。
主函数：
a=0;
b=pi;
n=100;
%a积分下限；b积分上限；n是迭代次数
h=(b-a)/n; %步长
for k=0:n
    x(k+1)=a+k*h;
    if x(k+1)==0
        x(k+1)=10^(-10);
    end
end
T_1=h/2*(f(x(1))+f(x(n+1))); %利用复化梯形公式求值
for i=2:n
   F(i)=h*f(x(i));
end
T_2=sum(F); %利用复化梯形公式求值
T_n=T_1+T_2; %利用梯形求积分
true=quad(@f, 0, pi); %积分的真实值
Message='sin(x)在区间[0，π]上的梯形积分值为：';
str = strcat(Message, num2str(T_n), '。其真实值为：', num2str(true));
msgbox(str, 'sin(x)梯形积分')
```

程序运行结果如图5-50所示。

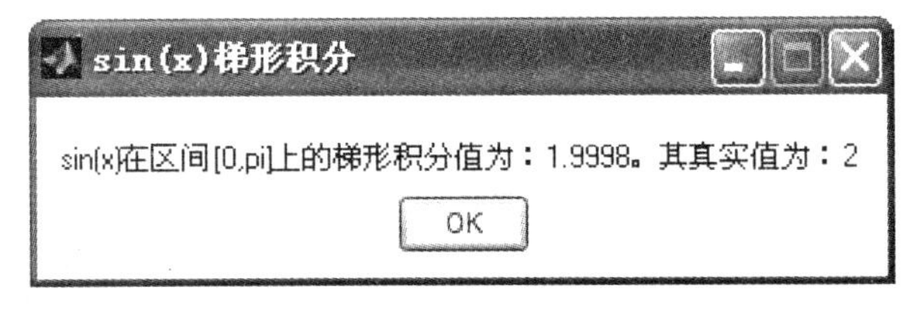

图 5-50　消息框的设计与应用

5.7.3　菜单设计

函数：uimenu

功能：用户自定义顶层菜单

语法：菜单句柄=uimenu(gcf，'label'，'菜单项')；

例如：

figure %创建一个图形窗

h_menu=uimenu(gcf，'label'，'Color')；　%制作用户顶层菜单项

此语句产生的框架如图 5-51 所示。

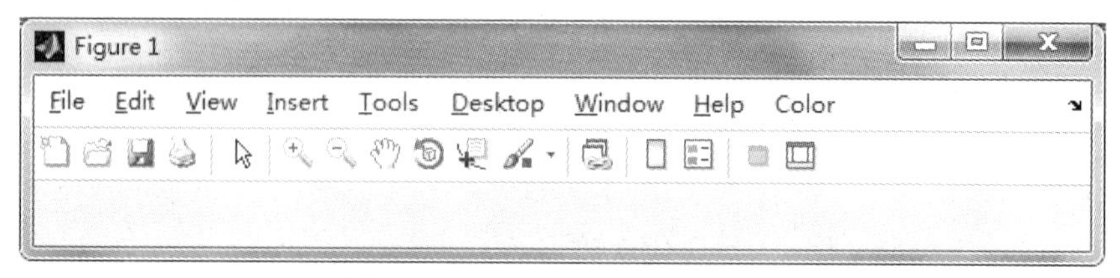

图 5-51(a) 用户顶层菜单项 Color

应用参数 Position 可以指定顶层菜单的排序序号。

例如：

h_menu=uimenu('label'，'Color'，'Position'，3)；

此语句产生的框架如图 5-51 所示，您会观察到菜单‘Color’在总菜单第 3 个位置。

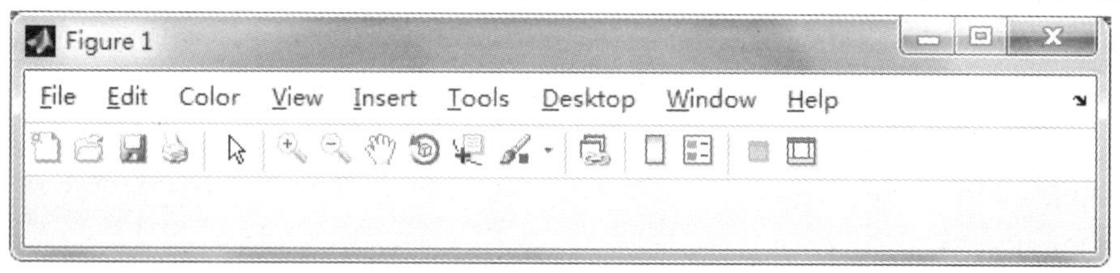

图 5-51(b) 用户指定排序的顶层菜单项 Color

例如：

下拉菜单的设计

语法：

菜单句柄=uimenu(上层菜单句柄，'label'，'菜单项'，'callback'，'函数或命令')；

点击下拉菜单中的‘菜单项’，系统将执行此命令或调用此‘函数’。

例如：

figure %创建一个图形窗

h_menu=uimenu(gcf，'label'，'Color')；

h_submenu1=uimenu(h_menu，'label'，'Blue'，'callback'，'set(gcf，"Color"，"blue")')；

h_submenu2=uimenu(h_menu，'label'，'Red'，'callback'，'set(gcf，"Color"，"red")')；

上述语句运行结果如图 5-52 所示。

图 5-52　顶层菜单项 Color 及下拉菜单项 Blue 与 Red 项

上述语句中应用 figure 创建一个图形窗，然后制作用户顶层菜单项 Color，在 Color 菜单下制作下拉菜单项 Blue 与 Red 项。

弹出式菜单设计

语法：

菜单句柄=uicontextmenu；

uimenu(菜单句柄，'label'，'菜单项'，'callback'，'命令或函数')

set(右击对象句柄，'uicontextmenu'，菜单句柄)

例 5-39　在图形窗口创建。

```
t=(-3*pi:pi/50:3*pi)+eps;
y=sin(t)./t;
hline=plot(t, y);  %绘制曲线
cm=uicontextmenu;  %创建弹出式菜单
%制作具体菜单项，定义相应的回调
uimenu(cm, 'label', 'Red', 'callback', 'set(hline, "color", "r"), ')
uimenu(cm, 'label', 'Blue', 'callback', 'set(hline, "color", "b"), ')
uimenu(cm, 'label', 'Green', 'callback', 'set(hline, "color", "g"), ')
set(hline, 'uicontextmenu', cm) %使 cm 现场菜单与 Sa 曲线相联系
```

程序运行结果如图 5-53 所示，当鼠标定位在曲线上按下鼠标右键时弹出菜单。

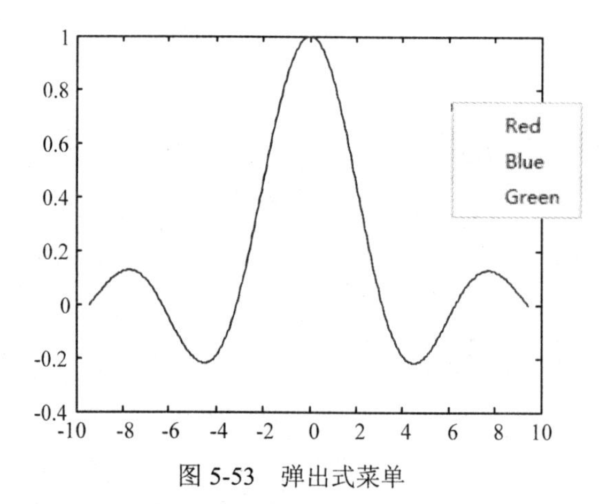

图 5-53 弹出式菜单

例 5-40 创建一个界面包含 4 种控件：静态文本、单选按钮、命令按钮、控件区域框。 如图 5-54 所示。

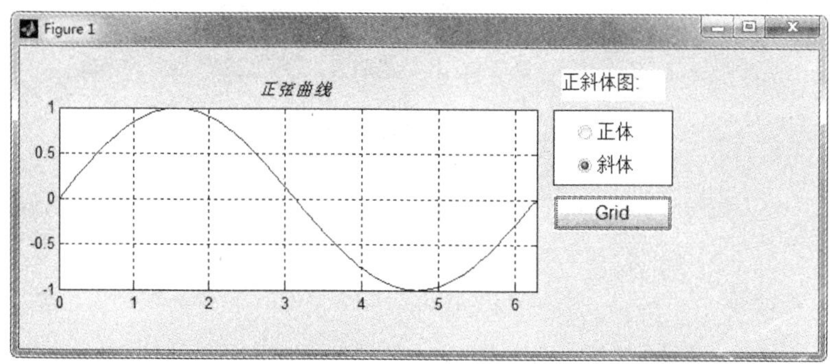

图 5-54 设计的界面控件

MATLAB 程序设计如下：

```
clf reset
set(gcf, 'menubar', 'none')
set(gcf, 'unit', 'normalized', 'position', [0.2, 0.2, 0.50, 0.32]);
set(gcf, 'defaultuicontrolunits', 'normalized') %设置用户缺省控件单位属性值
h_axes=axes('position', [0.05, 0.2, 0.6, 0.6]);
t=0:pi/50:2*pi; y=sin(t); plot(t, y);
set(h_axes, 'xlim', [0, 2*pi]);
set(gcf, 'defaultuicontrolhorizontal', 'left');
htitle=title('正弦曲线');
set(gcf, 'defaultuicontrolfontsize', 12);   %设置用户缺省控件字体属性值
uicontrol('style', 'frame', ... %创建用户控件区
'position', [0.67, 0.55, 0.15, 0.25]);
uicontrol('style', 'text', ... %创建静态文本框
'string', '正斜体图:', ...
'position', [0.68, 0.83, 0.13, 0.1], ...
'horizontal', 'left');
```

```
hr1=uicontrol(gcf, 'style', 'radio', ... %创建"单选"选择按键
'string', '正体', ... %按键功能的文字标识'正体'
'position', [0.7, 0.69, 0.11, 0.08]);   %按键位置
set(hr1, 'value', get(hr1, 'Max')); %因图名缺省使用正体，所以小圆圈应被点黑
set(hr1, 'callback', [... % <21>
'set(hr1, "value", get(hr1, "max")), ', ... %选中将小圆圈点黑
'set(hr2, "value", get(hr2, "min")), ', ... %将"互斥"选项点白
'set(htitle, "fontangle", "normal"), ', ... %使图名字体正体显示
]);
hr2=uicontrol(gcf, 'style', 'radio', ... %创建"单选"选择按键
'string', '斜体', ... %按键功能的文字标识'斜体'
'position', [0.7, 0.58, 0.11, 0.08], ... %按键位置
'callback', [...
'set(hr1, "value", get(hr1, "min")), ',
'set(hr2, "value", get(hr2, "max")), ',
'set(htitle, "fontangle", "italic")', ... %使图名字体斜体显示
]);
ht=uicontrol(gcf, 'style', 'toggle', ... %制作双位按键
'string', 'Grid', 'position', [0.67, 0.40, 0.15, 0.12], 'callback', 'grid');
```

例 5-41　在图形窗口上创建静态文本框用以输入字符，先统计其字符数，再将其中的英文字母进行大小写转换，并创建另一个文本框显示转换结果，如图 5-55 所示。

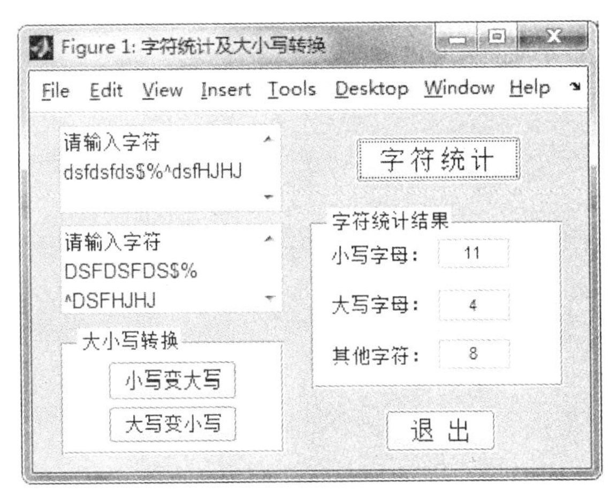

图 5-55　静态文本框的设计

程序设计主要分成两部分，第一部分界面设计与字符大小写间的转换，第二部分是字符的统计。

（1）第一部分：界面设计。

```
clc; clear all; close all;
h0=figure('toolbar', 'none', 'position', [450 280 370 230], ...
```

```
    'Color', [0.5 0.8 0.9], 'name', '字符统计及大小写转换');        %创建图形窗口
h_edit1=uicontrol('style', 'edit', 'Units', 'normalized', 'position', [0.05 0.72 0.4 0.25], ...
    'HorizontalAlignment', 'left', 'string', '请输入字符', ...
    'fontsize', 10, 'max', 5, 'min', 1);
h_edit2=uicontrol('style', 'edit', 'Units', 'normalized', 'position', [0.05 0.44 0.4 0.25], ...
    'HorizontalAlignment', 'left', 'string', '转换结果', ...
    'fontsize', 10, 'max', 5, 'min', 1);
h_button1=uicontrol('style', 'pushbutton', 'Units', 'normalized', 'position', [0.63 0.05 0.2
0.12], ...
    'string', '退   出', 'fontsize', 12, 'callback', 'close(h0); ');
h_button2=uicontrol('style', 'pushbutton', 'Units', 'normalized', 'position', [0.58 0.8 0.3
0.13], ...
h_button2=uicontrol('style', 'pushbutton', 'Units', 'normalized', 'position', [0.58 0.8 0.3
0.13], ...
    'string', '字 符 统 计', 'fontsize', 12, 'Callback', 'ex5_41b');
h_panel=uipanel('Units', 'normalized', 'position', [0.5 0.23 0.45 0.5], ...
    'title', '字符统计结果', 'fontsize', 10);
h_text1=uicontrol(h_panel, 'style', 'text', 'Units', 'normalized', 'position', [0.01 0.8 0.5
0.15], ...
    'string', '小写字母：', 'fontsize', 10);
h_edit3=uicontrol(h_panel, 'style', 'edit', 'Units', 'normalized', ...
    'position', [0.5 0.77 0.3 0.2]);
h_text2=uicontrol(h_panel, 'style', 'text', 'Units', 'normalized', 'position', [0.01 0.46 0.5
0.15], ...
    'string', '大写字母：', 'fontsize', 10);
h_edit4=uicontrol(h_panel, 'style', 'edit', 'Units', 'normalized', ...
    'position', [0.5 0.42 0.3 0.2]);
h_text3=uicontrol(h_panel, 'style', 'text', 'Units', 'normalized', 'position', [0.01 0.12 0.5
0.15], ...
    'string', '其他字符：', 'fontsize', 10);
h_edit5=uicontrol(h_panel, 'style', 'edit', 'Units', 'normalized', ...
    'position', [0.5 0.09 0.3 0.2]);
h_buttongroup=uibuttongroup('Units', 'normalized', 'position', [0.05 0.05 0.4 0.35], ...
    'title', '大小写转换', 'fontsize', 10);
h_button3=uicontrol(h_buttongroup, 'Units', 'normalized', 'position', [0.2 0.53 0.6 0.4], ...
    'string', '小写变大写', 'fontsize', 10, 'callback', ...
    ['s=get(h_edit1, "string"); ', ...
    'g=upper(s); ', ...
    'set(h_edit2, "string", g); ']);
```

```
h_button4=uicontrol(h_buttongroup，'Units'，'normalized'，'position'，[0.2 0.08 0.6 0.4]，...
    'string'，'大写变小写'，'fontsize'，10，'callback'，...
    ['s=get(h_edit1，"string")；'，...
    'g=lower(s)；'，...
    'set(h_edit2，"string"，g)；'])；
```

（2）第二部分：字符统计功能设计，设文件名为：ex5_41b.m

```
s=get(h_edit1，'string')；
L=length(s)；a=0；b=0；c=0；
for i=1:L
    if((abs(s(i))>96)&&(abs(s(i))<123))
        a=a+1；
    elseif ((abs(s(i))>64)&&(abs(s(i))<91))
        b=b+1；
    else
        c=c+1；
    end
end
set(h_edit3，'string'，num2str(a))；
set(h_edit4，'string'，num2str(b))；
set(h_edit5，'string'，num2str(c))；
```

例 5-42　静态文本框、滑动键、检录框示例。设计一个如图 5-54 所示的交互界面。界面的标题为“归一化二阶系统单位阶跃响应”，其阻尼比可在[0.02，2.02]中连续调节，标志当前阻尼比值；可标志峰值时间和大小；可标志（响应从 0 到 0.95 所需的）上升时间。本例涉及以下主要内容：（A）静态文本的创建和实时改写。（B）滑动键的创建；'Max' 和 'Min' 的设置；'Value' 的设置和获取。（C）检录框的创建；'Value' 的获取。（D）受多个控件影响的回调操作。

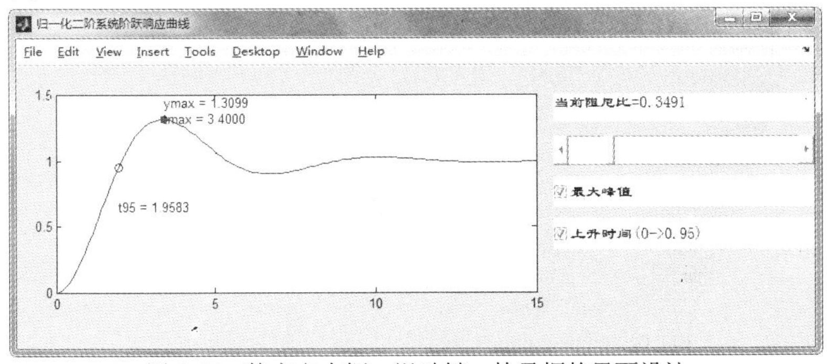

图 5-56　静态文本框、滑动键、检录框的界面设计

程序设计主要分成两部分，第一部分界面设计，第二部分是界面内容的更新。

（1）第一部分：界面设计。

```
clf reset
```

```
set(gcf, 'unit', 'normalized', 'position', [0.1, 0.2, 0.64, 0.35]);
set(gcf, 'defaultuicontrolunits', 'normalized');
set(gcf, 'defaultuicontrolfontsize', 12);
set(gcf, 'defaultuicontrolfontname', '隶书');
set(gcf, 'defaultuicontrolhorizontal', 'left');
str='归一化二阶系统阶跃响应曲线';
set(gcf, 'name', str, 'numbertitle', 'off');  %书写图形窗名
h_axes=axes('position', [0.05, 0.2, 0.6, 0.7]);  %定义轴位框位置
set(h_axes, 'xlim', [0, 15]);  %设置时间轴长度
str1='当前阻尼比=';
t=0:0.1:10; z=0.5; y=step(1, [1 2*z 1], t);
hline=plot(t, y);
htext=uicontrol(gcf, 'style', 'text', ... %制作静态说明文本框
'position', [0.67, 0.8, 0.33, 0.1], 'string', [str1, sprintf('%1.4g\', z)]);
hslider=uicontrol(gcf, 'style', 'slider', ... %创建滑动键
'position', [0.67, 0.65, 0.33, 0.1], ...
'max', 2.02, 'min', 0.02, ... %设最大阻尼比为 2，最小阻尼比为 0.02
'sliderstep', [0.01, 0.05], ...%箭头操纵滑动步长 1%，游标滑动步长 5%
'Value', 0.5);  %缺省取阻尼比等于 0.5
hcheck1=uicontrol(gcf, 'style', 'checkbox', ... %创建峰值检录框
'string', '最大峰值' , ...
'position', [0.67, 0.50, 0.33, 0.11]);
vchk1=get(hcheck1, 'value');  %获得峰值检录框的状态值
hcheck2=uicontrol(gcf, 'style', 'checkbox', ... %创建上升时间检录框
'string', '上升时间(0->0.95)', 'position', [0.67, 0.35, 0.33, 0.11]);
vchk2=get(hcheck2, 'value');  %获得上升时间检录框的状态值
set(hslider, 'callback', [... %操作滑动键，引起回调
'z=get(gcbo, ''value''); ', ... %获得滑动键状态值
'callcheck(htext, str1, z, vchk1, vchk2)']);  %被回调的函数文件
set(hcheck1, 'callback', [... %操作峰值检录框，引起回调
'vchk1=get(gcbo, ''value''); ', ... %获得峰值检录框状态值
'callcheck(htext, str1, z, vchk1, vchk2)']);  %被回调的函数文件
set(hcheck2, 'callback', [... %操作峰值检录框，引起回调
'vchk2=get(gcbo, ''value''); ', ... %获得峰值检录框状态值
'callcheck(htext, str1, z, vchk1, vchk2)']);  %被回调的函数文件
```

（2）第二部分：界面内容的更新，设函数名为 callcheck.m。

```
function callcheck(htext, str1, z, vchk1, vchk2)
cla, set(htext, 'string', [str1, sprintf('%1.4g\', z)]);  %更新静态文本框内容
dt=0.1; t=0:dt:15; N=length(t); y=step(1, [1 2*z 1], t); plot(t, y);
```

```
if vchk1 %假如峰值框被选中
[ym，km]=max(y)；
if km<(N-3) %假如在设定时间范围内能插值
k1=km-3；k2=km+3；k12=k1:k2；tt=t(k12)；
yy=spline(t(k12)，y(k12)，tt)；  %局部样条插值
[yym，kkm]=max(yy)；  %求更精确的峰值位置
line(tt(kkm)，yym，'marker'，'.'，... %画峰值点
'markeredgecolor'，'r'，'markersize'，20)；
ystr=['ymax = '，sprintf('%1.4g\'，yym)]；
tstr=['tmax = '，sprintf('%1.4g\'，tt(kkm))]；
text(tt(kkm)，1.05*yym，{ystr；tstr})
else %假如在设定时间范围内不能插值
text(10，0.4*y(end)，{'ymax -> 1'；'tmax -> inf'})
end
end
if vchk2 %假如上升时间框被选中
k95=min(find(y>0.95))；k952=[(k95-1)，k95]；
t95=interp1(y(k952)，t(k952)，0.95)；  %线性插值
line(t95，0.95，'marker'，'o'，'markeredgecolor'，'k'，'markersize'，6)；
tstr95=['t95 = '，sprintf('%1.4g\'，t95)]；
text(t95，0.65，tstr95)
end
```

例 5-43　编辑框、弹出框、列表框、按键设计示例。制作一个能绘制任意图形的交互界面，如图 5-57 所示。它包括：可编辑文本框、弹出框、列表框，编辑框允许输入多行指令。

图 5-57　设计的界面

程序设计分成两部分，第一部分主要是界面的设计，第二部分主要是运行从编辑文本框输入的命令及图形的一些修饰。

（1）第一部分：界面设计。

```
clf reset % <1>
set(gcf，'unit'，'normalized'，'position'，[0.1，0.4，0.85，0.35])；%设置图形窗大小
```

```
set(gcf，'defaultuicontrolunits'，'normalized');
set(gcf，'defaultuicontrolfontsize'，11);
set(gcf，'defaultuicontrolfontname'，'隶书');
set(gcf，'defaultuicontrolhorizontal'，'left');
set(gcf，'menubar'，'none')；  %删除图形窗工具条
str='通过多行指令绘图的交互界面';
set(gcf，'name'，str，'numbertitle'，'off')；  %书写图形窗名
h_axes=axes('position'，[0.05，0.15，0.45，0.70]，'visible'，'off')；%定义轴位框位置
uicontrol(gcf，'Style'，'text'，... %制作静态文本框
'position'，[0.52，0.87，0.26，0.1]，...
'String'，'绘图指令输入框');
hedit=uicontrol(gcf，'Style'，'edit'，... %制作可编辑文本框
'position'，[0.52，0.05，0.26，0.8]，...
'Max'，2)；  %取2，使Max-Min>1，而允许多行输入
hpop=uicontrol(gcf，'style'，'popup'，... %制作弹出菜单
'position'，[0.8，0.73，0.18，0.12]，...
'string'，'spring|summer|autumn|winter')；%设置弹出框中选项名
hlist=uicontrol(gcf，'Style'，'list'，... %制作列表框
'position'，[0.8，0.23，0.18，0.37]，...
'string'，'Grid on|Box on|Hidden off|Axis off'，...%设置列表框中选项名
'Max'，2)；  %取2，使Max-Min>1，而允许多项选择
hpush=uicontrol(gcf，'Style'，'push'，... %制作与列表框配用的按键
'position'，[0.8，0.05，0.18，0.15]，'string'，'Apply');
set(hedit，'callback'，'calledit(hedit，hpop，hlist)')；  %编辑框输入引起回调
set(hpop，'callback'，'calledit(hedit，hpop，hlist)')；  %弹出框选择引起回调
set(hpush，'callback'，'calledit(hedit，hpop，hlist)')；  %按键引起的回调
```

（2）第二部分：运行从编辑文本框输入的命令，设函数名为calledit.m。

```
function calledit(hedit，hpop，hlist)
ct=get(hedit，'string')；  %获得输入的字符串函数
vpop=get(hpop，'value')；  %获得选项的位置标识
vlist=get(hlist，'value')；  %获得选项位置向量
if ~isempty(ct) %可编辑框输入非空时
   eval(ct') %运行从编辑文本框送入的指令
   popstr={'spring'，'summer'，'autumn'，'winter'}；  %弹出框色图矩阵
   liststr={'grid on'，'box on'，'hidden off'，'axis off'}；%列表框选项内容
   invstr={'grid off'，'box off'，'hidden on'，'axis on'}；%列表框的逆指令
   colormap(eval(popstr{vpop})) %采用弹出框所选色图
   vv=zeros(1，4)；vv(vlist)=1；
   for k=1:4
```

```
    if vv(k); eval(liststr{k});
    else eval(invstr{k});
    end %按列表选项影响图形
  end
end
```

程序运行时当在绘图指令输入框中输入下列指令：

```
    ezsurf('x^2*exp(-x^2-y^2)');
    shading interp;
    light;
    lighting gouraud
```

程序运行结果如图 5-58 所示。

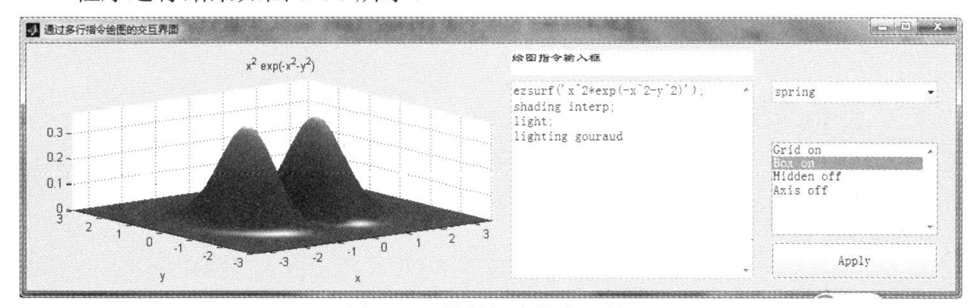

图 5-58　执行指令的交互界面

实验五

一、实验目的和要求

掌握二维、三维图形的设计，图形设计中的各种修饰。初步了解动画形成的方法；初步掌握界面各个元素的设计方法。

二、实验内容和原理

1. 调试下列语句：

```
x=0:.1:8*pi；
y=5*sin(x/2)；
plot(x，y)；
grid on
```

请为此图形设置标题；添加图形横坐标与纵坐标标签；为图形设置图例及为图形添加说明。

2. 调试下列语句：

```
x=0:pi/100:2*pi；
y1=0.8*exp(-0.2*x).*sin(2*pi*x)；
plot(x，y1，'r')
hold on
y2=2*exp(-0.5*x).*cos(pi*x)；
plot(x，y2，'g')；
hold off
```

请改变图形线型、颜色、线宽，重画此两条图线。

3. 窗口多图形显示。设计程序完成下列图形框架的图形设计，要求在每个数据处都有一个图形设计。

<table>
<tr><td colspan="3">11</td></tr>
<tr><td rowspan="2">21</td><td colspan="2">221</td></tr>
<tr><td>223</td><td>224</td></tr>
</table>

4. 调试以下程序：在 xy 平面内选择区域[−8，8]×[−8，8]，绘制 4 种三维曲面图。

```
[x，y]=meshgrid(-8:0.5:8);
z=sin(sqrt(x.^2+y.^2))./sqrt(x.^2+y.^2+eps);
subplot(2，2，1);
mesh(x，y，z);
title('mesh(x，y，z)')
subplot(2，2，2);
meshc(x，y，z);
title('meshc(x，y，z)')
subplot(2，2，3);
meshz(x，y，z)
title('meshz(x，y，z)')
subplot(2，2，4);
surf(x，y，z);
title('surf(x，y，z)')
```

要求对第 4 幅图形设计成动画。

5. 调试下列程序：光照处理后的球面。程序如下：

```
[x，y，z]=sphere(20);
subplot(1，2，1);
surf(x，y，z); axis equal;
light('Posi'，[0，1，1]);
shading interp;
hold on;
plot3(0，1，1，'p');
text(0，1，1，' light');
subplot(1，2，2);
surf(x，y，z);
axis equal;
light('Posi'，[1，0，1]);
shading interp;
hold on;
plot3(1，0，1，'p'); text(1，0，1，'light');
```

改变程序，使光点作圆形移动一周。

6. 调试课本中 koch.m 程序。

7. 设计一个图形用户界面，界面包含窗口、光标、按键、菜单、文字说明等对象(Objects)构成的一个用户界面。

8. 设计一个菜单程序，含二级菜单。菜单命令可显示图形、图像、文字等。

三、实验过程

四、实验结果与分析

五、实验心得

第6章 MATLAB在计算数学中的应用

计算数学是一门颇具实用价值的学科，MATLAB 在计算数学中的强大功能使得这门系统又复杂的学科变得易于操作与处理，对解决实际问题提供了极大的便利。本章主要讨论 MATLAB 在计算数学中的一些初步应用，对数学基本问题做出简要的举例和分析，期望能够加深对 MATLAB 数学工具的认识。本章主要内容包括符号运算、符号微分与积分、曲线与曲面的插值与拟合、线性与非线性方程的解法等。

6.1 符号运算基础

在数学运算中，运算的结果如果为一个数值，可以称这类运算为数值运算，如果运算结果为表达式，在 MATLAB 中称为符号运算。对于符号运算，先把运算的各对象定义为符号变量。

6.1.1 符号对象

1. 建立符号变量和符号常数

建立符号变量的方法有两种，应用 sym 与 syms 函数，通常应用 sym 建立符号表达式，应用 syms 同时定义多个符号变量。

函数：sym

功能：用来建立单个符号量

语法：sym（'表达式或变量'）

例如：

a=sym('a');

表示建立符号变量 a，此后，用户可以在表达式中使用变量 a 进行各种运算。

例 6-1　考察符号变量和数值变量的差别。在 MATLAB 命令窗口，

输入命令：

```
a=sym('a');
b=sym('b');
c=sym('c');
d=sym('d');        %定义 4 个符号变量
w=10;
x=5;
y=-8;
z=11;
A=[a，b；c，d]                %建立符号矩阵 A
B=[w，x；y，z]                %建立数值矩阵 B
C=det(A)                 %计算符号矩阵 A 的行列式
D=det(B)                 %计算数值矩阵 B 的行列式
A =
[ a，  b]
[ c，  d]
B =
    10      5
    -8     11
C =
a*d - b*c
D =
   150
```

注意：在符号运算中是以表达式形式呈现结果的，而在数值运算中是以数值表示结果的。

函数：**syms**

功能：定义多个符号变量

语法：syms　var1 var2 … varn

说明：函数定义符号变量 var1，var2，…，varn 等。用这种格式定义符号变量时不要在变量名上加字符分界符(')，变量间用空格而不要用逗号分隔。

例 6-2　应用函数 syms 定义符号变量。

```
clear；clc；
syms x y
A=[sin(x)，  sin(y)；  cos(x)，  cos(y)]
```

```
A =
[ sin(x),    sin(y)]
[ cos(x),    cos(y)]
```

应用函数 syms 可以同时定义多个符号变量。

例 6-3　应用 sym、syms 建立符号表达式。

在 MATLAB 窗口，输入下列命令，分析程序运行结果。

```
U=sym('3*x^2+5*y+2*x*y+6');        %定义符号表达式U
syms x y;                          %建立符号变量x、y
V=3*x^2+5*y+2*x*y+6                %定义符号表达式V
W=2*U-V+6                          %求符号表达式的值
V =
3*x^2 + 2*y*x + 5*y + 6
W =
3*x^2 + 2*y*x + 5*y + 12
```

在本例中，应用函数 sym 定义表达式，用 syms 同时定义多个符号变量。

6.1.2　基本的符号运算

1. 基本符号运算函数

在 MATLAB 中，有很多应用于符号运算的函数，常用的一些函数见表 6-1 所示。

表 6-1　常用的应用于符号运算的函数

函数名	功能	用法举例
sym	字符串或数值到符号的转换	sym('a+b')
expand	展开	syms x ; s=(-7*x^2-8*y^2)*(-x^2+3*y^2); expand(s) collect(s，x)　%对s按变量x合并同类项 factor(ans)　% 对ans分解因式 g=simple(ans)　%调用simple对结果化简
collect	合并同类项	
factor	因式分解	
simplify simple	化简	
sym2poly(S)	转换S为多项式系数向量	syms x;　f='2*x^2+3*x-5'; n=sym2poly(f) poly2sym(n)
poly2sym(c)	转换多项式系数向量c为符号多项式	

2. 符号表达式运算

（1）符号表达式的四则运算

例如：符号表达式的四则运算示例。在 MATLAB 命令窗口，输入命令：

```
syms x y z;
f=2*x+x^2*x-5*x+x^3        %符号表达式的结果为最简形式
f=2*x/(5*x)                %符号表达式的结果为最简形式
```

```
f=(x+y)*(x-y)
f =
2*x^3 - 3*x
f =
2/5

f =
(x + y)*(x - y)
```

（2）因式分解与多项式展开

函数：factor

功能：分解因式

语法：factor(*S*)

说明：S 是符号表达式或符号矩阵。

函数：expand

功能：多项式展开

语法：expand(*S*)

说明：*S* 是符号表达式或符号矩阵

函数：collect

功能：合并同类项

语法：collect(*S*)

collect(*S*，*v*)

说明：对 *S* 按变量 *v* 合并同类项，*S* 是符号表达式或符号矩阵

例如：对表达式 $\dfrac{2(x+1)}{(x^2+2x-3)}$ 因式分解。

```
clear
f=sym('2*(x+1)/(x^2+2*x-3)')
F=factor(f)
f =
(2*x + 2)/(x^2 + 2*x - 3)
F =
(2*(x + 1))/((x + 3)*(x - 1))
```

例 6-4　对符号矩阵 A=[$2a^2b^3x^2-4ab^4x^3+10ab^6x^4$，$3xy-5x^2$；4，$a^3-b^3$]**的每个元素分解因式，命令如下：**

```
syms a b x y;
A=[2*a^2*b^3*x^2-4*a*b^4*x^3+10*a*b^6*x^4, 3*x*y-5*x^2; 4, a^3-b^3];
factor(A)                    %对 A 的每个元素分解因式
ans =
[ 2*a*b^3*x^2*(5*b^3*x^2 - 2*b*x + a),              -x*(5*x - 3*y)]
[                                2^2,      (a - b)*(a^2 + a*b + b^2)]
```

例 6-5 对表达式 $s=(-7x^2-8y^2)(-x^2+3y^2)$展开、合并同类项及分解因式。命令如下：

```
syms x y;
s=(-7*x^2-8*y^2)*(-x^2+3*y^2);
A=expand(s)          %对 s 展开
B=collect(s, x)      %对 s 按变量 x 合并同类项(无同类项)
C=factor(ans)        % 对 ans 分解因式
A =
7*x^4 - 13*x^2*y^2 - 24*y^4

B =
7*x^4 - 13*x^2*y^2 - 24*y^4

C =
(7*x^2 + 8*y^2)*(x^2 - 3*y^2)
```

（3）表达式化简

MATLAB 提供的对符号表达式化简的函数为 simplify。

函数：simplify

功能：对表达式进行化简

语法：simple(*S*)

说明：S 为函数或表达式进行化简

例 6-6 对表达式 $s=(x^2+y^2)+(x^2-y^2)$化简。

```
syms x y;
s=(x^2+y^2)^2+(x^2-y^2)^2;
y=simple(s)
S=sym('2*sin(x)*cos(x)')      %把字符表达式转换为符号变量
Y=simple(S)
y =
2*x^4 + 2*y^4

S =
2*cos(x)*sin(x)

Y =
sin(2*x)
```

6.2 符号极限、导数及级数求和

极限、导数及级数的常用函数如表 6-2 所示。

表 6-2 极限、导数及级数的常用函数

函数名	功能	用法举例
limit	符号命令求 limit 极限	*P*=sym('sin(*x*)/*x*'); limit(P)
diff	数值差分或符号求导	*P*=sym('sin(*x*)/*x*'); diff(*P*)
symsum(*S*)	默认变量，从 0 开始	
symsum(*S*，*v*)	*v* 为变量，从 0 变到 *v*-1	
symsum(*S*，*a*，*b*)	默认变量，从 *a* 变到 *b*	
symsum(*S*，*v*，*a*，*b*)	指定 *v* 为变量，*v* 从 *a* 变到 *b*	

1. 函数的极限

函数：limit

功能：函数的极限

语法：

limit(*f*)

limit(*f*，*x*，*a*)

limit(*f*，*x*，*a*，'right')

limit(*f*，*x*，*a*，'left')

说明：limit(*f*)指表达式 *f* 中自变量趋于零时的极限；limit(*f*，*x*，*a*)指表达式 *f* 中自变量 *x* 趋于 *a* 时的极限；limit(*f*，*x*，*a*，'right')指表达式 *f* 中自变量 *x* 趋于 *a* 时的右极限；limit(*f*，*x*，*a*，'left')指表达式 *f* 中自变量 *x* 趋于 *a* 时的左极限。

例如：求表达式 sin(*x*)/*x* **当** *x* **趋于 0 时的极限值。**

```
P=sym('sin(x)/x');
limit(P) %表示表达式中 x 趋于 0 时的极限。
ans =
1
```

例如：

```
P=sym('1/x');
limit(P，x，0，'right')   %表示表达式 P 中自变量 x 趋于 0 时的右极限。
```

```
ans =
Inf
```

例如：

```
v=sym('[(1+a/x)^x，exp(-x)]');
limit(v，x，inf，'left')
ans =
[ exp(a)，  0]
```

例 6-7　分别求 $f(x)=x^{1/m}-\frac{a^{1/m}}{x-a}$ **当** x **趋于** a**，函数** $f(x)=\frac{\sin(a+x)-\sin(a-x)}{x}$ **当** x **趋于 0 或** $x\to\infty$**时的极限，函数** $f(x)=\frac{\sqrt{x}-\sqrt{a}-\sqrt{x-a}}{\sqrt{x^2-a^2}}$ $x\to\infty$**时的极限。**

在 MATLAB 命令窗口，输入命令：

```
syms a m x;
f=(x^(1/m)-a^(1/m))/(x-a);
A=limit(f，x，a)                   %求 f 函数在 x→a 时的极限
f=(sin(a+x)-sin(a-x))/x;
B=limit(f)                         %求 f 函数在 x→0 时的极限
C=limit(f，inf)                    %求 f 函数在 x→∞(包括+∞和-∞)处的极限
D=limit(f，x，inf，'left')          %求极限(3)
f=(sqrt(x)-sqrt(a)-sqrt(x-a))/sqrt(x*x-a*a);
E=limit(f，x，a，'right')           %求极限(4)
A =
a^(1/m - 1)/m

B =
2*cos(a)

C =
0

D =
0

E =
-1/(2*a)^(1/2)
```

2. 级数的符号求和

函数：symsum

功能： 级数符号求

语法： symsum(*s*)

symsum(*s*，*v*)

symsum(*s*，*a*，*b*)

说明： 函数 symsum(s)中 s 为符号表达式，*s* 相对于符号变量 *k* 的和，*k* 取值从 0 到 *k*-1。函数 symsum(*s*，*v*)中指定 *s* 相对于变量 *v* 的和，*v* 从 0 变到 *v*-1。函数 symsum(*s*，*a*，*b*)和 symsum(*s*，*v*，*a*，*b*)：指定符号表达式从 *v*=*a* 累加到 *v*=*b*。

例如：

```
k=sym('k');
symsum(k)
ans =
k^2/2 - k/2
```

例如：

```
k=sym('k');
symsum(k^2，0，10)

ans =
385
```

例如：

```
k=sym('k');
symsum('x'^k/sym('k!')，k，0，inf)
ans =
exp(x)
```

例 6-8　分别求级数 $\sum_{n=1}^{\infty}\frac{1}{n^2},\sum_{n=1}^{+\infty}\frac{(-1)^{n+1}}{n},\sum_{n=1}^{10}n^2$ **的和。**

MATLAB 的程序代码为：

```
syms x k n
n=sym('n');
s1=symsum(1/n^2，n，1，inf)
s2=symsum((-1)^(n+1)/n，1，inf)
s3=symsum(n^2，1，10)
s1 =
pi^2/6

s2 =
log(2)

s3 =
```

385

3. 多项式求导

函数：polyder

功能：对多项式或有理多项式求导

语法：polyder(*A*)

说明：*A* 为多项式矩阵

例如：对多项式 $x^4+2x^3+3x^2+1$ 求导。

MATLAB 的程序代码为：

```
A=[1  2  3  0  1]
p=polyder(A)
A =
      1     2     3     0     1
p =
      4     6     6     0
```

函数：fminsearch

功能：从某一初始值开始，找到一个标量函数的最小值

语法：*x*=fminsearch(fun，*x*0)

说明：从 *x*0 开始，找到函数 fun 中的局部最小值

例如：函数 $y=x^2+4$，求 x 取值为多大时，y 有局部最小值。

MATLAB 的程序代码为：

```
x0 = -2 ；
a=fminsearch(@(x)(x^2+4)，x0)
a =
    1.7764e-15
```

这表明 x 接近于 0 时，y 具有最小值。

6.3 多项式运算

1. 多项式求根

在 MATLAB 中多项式的根用函数 roots 求解。

函数：roots

功能：一元高次方程求解

语法：r = roots(c)

说明：返回一个列向量，其元素为多项式 c 的解。

程序设计思路：

例如：求方程 x^3-8x^2+6x-30=0 的解。

分析：求一元高次方程解构成的多项式 c=[1 -8 6 -30]，因此源程序为：

```
c=[1 -8   6 -30];
r=roots(c)
```

运行结果：

```
r =
    7.7260
    0.1370 + 1.9658i
    0.1370 - 1.9658i
```

2. 由多项式根求多项式

在 MATLAB 中，poly 和 roots 互为逆函数，应用函数 poly 由多项式的根求此多项式。

函数：poly

功能：返回多项式的系数

语法：p=poly(r)

例如：已知多项式的根 r=[7.7260； 0.1370+1.9658i； 0.1370 - 1.9658i]；求此多项式。

```
r=[7.7260 ;   0.1370 + 1.9658i ;   0.1370 - 1.9658i];
p=poly(r)
p =
     1.0000    -8.0000     6.0001   -30.0011
```

例如：

```
A =[1 2 3; 4 5 6; 7 8 0]
p=poly(A)
r=roots(p)
pp=poly(r)
A =
       1     2     3
       4     5     6
       7     8     0
p =
     1.0000    -6.0000   -72.0000   -27.0000
r =
    12.1229
    -5.7345
    -0.3884
pp =
     1.0000    -6.0000   -72.0000   -27.0000
```

A 是一个3行3列的矩阵，通过poly求得的 p 是一个长为4的行向量，其元素为 A 的特征多项式的系数；应用函数roots求得的是一个列向量，是以 p 为行向量的多项式的根，而 pp 的元素是以 r 的元素为根的多项式的系数。

3. 多项式求值

在MATLAB中多项式在某个参数下的值由函数完成。

函数：polyval

功能：求多项式在某个参数下的值

语法：y = polyval(p，x)

说明：返回 p 代表的多项式在 x 的每一个元素处的值，x 可以是一个向量或矩阵。

例6-9　求方程 $y=-0.0602x^2+1.7020x+0.3096$ **在** x **等于**0、0.1、0.2、0.3、...0.9、1**时的函数值。**

MATLAB的程序代码为：

```
p =[ -0.0602      1.7020      0.3096 ];
xi=linspace(0，  1，  11);
z=polyval(p，   xi)
z =
     0.3096      0.4792      0.6476      0.8148      0.9808      1.1456      1.3091
1.4715      1.6327      1.7926      1.9514
```

4. 求多项式的导数

函数：ployder

功能：求多项式的导数

语法：ployder(A)

说明：A 为多项式系数构成的矩阵

例如：多项式 $x^4+2x^3+3x^2+1$ **求导**

```
A=[1   2   3   0   1]
p=polyder(A)
```

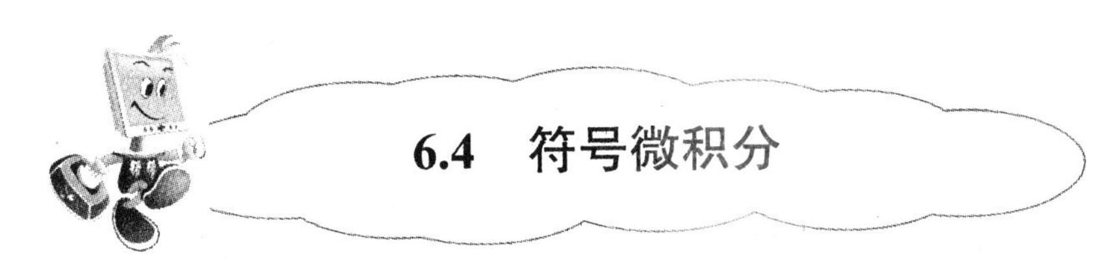

6.4 符号微积分

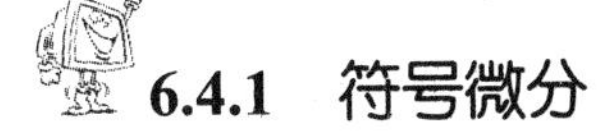

6.4.1 符号微分

1. 常用微分函数

MATLAB中的求导的函数

- diff(*f*)　　求表达式 *f* 对默认自变量的一次微分值；
- diff(*f*，*t*)　求表达式 *f* 对自变量 *t* 的一次微分值；
- diff(*f*，*n*)　求表达式 *f* 对默认自变量的 *n* 次微分值；
- diff(*f*，*t*，*n*)　　求表达式 *f* 对自变量 *t* 的 *n* 次微分值。

例如：求矩阵：

```
[1/(1+a) ,          (b+x)/cos(x)
  1 ,               exp(x^2)    ]
```

对 x 的微分，可以键入以下命令：

```
A=sym('[1/(1+a)，(b+x)/cos(x)；1，exp(x^2)]');
B=diff(A，'x')
B =
[ 0，   1/cos(x) + (sin(x)*(b + x))/cos(x)^2]
[ 0，                          2*x*exp(x^2)]
```

例如：求

```
A =
  [    x*sin(y),           x^n+y]
  [        1/x/y,    exp(i*x*y)]
```

的先对 *x* 再对 *y* 的混合偏导数。

可键入命令：

```
S=sym('[x*sin(y)，x^n+y；1/x/y，exp(i*x*y)]');
dsdxdy=diff(diff(S，'x')，'y')
dsdxdy =
[          cos(y),                          0]
[ 1/(x^2*y^2),   exp(x*y*i)*i - x*y*exp(x*y*i)]
```

例如：求 $y=(\ln x)^x$ 的导数，可键入命令：

```
p='(log(x))^x';
p1=diff(p，'x')
```

得

```
p1 =

log(x)^(x - 1) + log(log(x))*log(x)^x
```

例如：求 $y=xf(x^2)$的导数，可键入命令：

```
p='x*f(x^2)';
p1=diff(p，'x')
p1 =
f(x^2) + 2*x^2*D(f)(x^2)
```

例如：求 $xy=e^{x+y}$ 的导数

可键入命令：

```
p='x*y(x)-exp(x+y(x))';
```

```
p1=diff(p，'x')
p1 =
y(x) + x*diff(y(x)，  x) - exp(x + y(x))*(diff(y(x)，  x) + 1)
```

例如：分别对 f=x*cos(x)对 x 的二阶、三阶导数。

MATLAB 的程序代码为：

```
syms x;
f=x*cos(x);
diff(f，x，2)              %求(2)。求 f 对 x 的二阶导数
diff(f，x，3)              %求(2)。求 f 对 x 的三阶导数
ans =
- 2*sin(x) - x*cos(x)

ans =
x*sin(x) - 3*cos(x)
```

例如：参数方程的导数。

MATLAB 的程序代码为：

```
syms a b t;
f1=a*cos(t);
f2=b*sin(t);
A=diff(f2)/diff(f1)                %按参数方程求导公式求 y 对 x 的导数
B=(diff(f1)*diff(f2，2)-diff(f1，2)*diff(f2))/(diff(f1))^3      %求 y 对 x 的二阶导数
A =
-(b*cos(t))/(a*sin(t))

B =
-(a*b*cos(t)^2 + a*b*sin(t)^2)/(a^3*sin(t)^3)
```

例如：求 $f(x,y)=\dfrac{x\exp(y)}{y^2}$ 偏导数。

MATLAB 的程序代码为：

```
syms  x y;
f=x*exp(y)/y^2;
diff(f，x)              %求 z 对 x 的偏导数
diff(f，y)              %求 z 对 y 的偏导数
ans =
exp(y)/y^2

ans =
(x*exp(y))/y^2 - (2*x*exp(y))/y^3
```

例如：求函数 $f(x, y, z)=x^2+y^2+z^2-a^2$ 的偏导数 $\frac{\partial z}{\partial x}, \frac{\partial z}{\partial y}$

```
syms   x y z;
f=x^2+y^2+z^2-a^2;
zx=-diff(f, x)/diff(f, z)        %按隐函数求导公式求z对x的偏导数
zy=-diff(f, y)/diff(f, z)        %按隐函数求导公式求z对y的偏导数
zx =
-x/z

zy =
-y/z
```

例 6-10　在曲线 $y=x^3+3x-2$ 上哪一点的切线与直线 $y=4x-1$ 平行。

切线与直线 y=4x−1 平行，表示这两条曲线的斜率相等，也就是说曲线 y 的斜率为 4，MATLAB 程序设计如下。

```
x=sym('x');
y=x^3+3*x-2;               %定义曲线函数
f=diff(y);                 %对曲线求导数
g=f-4;
solve(g)                   %求方程f-4=0的根，即求曲线何处的导数为4
```

6.4.2　符号积分

1. 符号函数的不定积分

函数：int

功能： 求不定积分可应用在求定积分

语法： 求不定积分

int(*f*)

int(*f*，*t*)

int(*f*，*a*，*b*)

int(*f*，*t*，*a*，*b*)

说明： 函数 int(*f*)是求表达式 *f* 对默认自变量的积分值；函数 int(*f*，*t*)是求表达式 *f* 对自变量 *t* 的不定积分值；函数 int(*f*，*a*，*b*)是求表达式 *f* 对默认自变量的定积分值，积分区间为[*a*，*b*]；函数 int(*f*，*t*，*a*，*b*)是求表达式 *f* 对自变量 *t* 的定积分值，积分区间为[*a*，*b*]。

例 6-11　分别求函数 $f(x)=(3-x^2)^3$、$f(x)=\sqrt{x^3+x^4}$ 不定积分。

命令如下：

```
x=sym('x');
f=(3-x^2)^3;
```

```
A=int(f)                      %求不定积分
f=sqrt(x^3+x^4);
B=int(f)                      %求不定积分
A =
- x^7/7 + (9*x^5)/5 - 9*x^3 + 27*x

B =
(2*x*(x^4 + x^3)^(1/2)*hypergeom([-1/2, 5/2], [7/2], -x))/(5*(x + 1)^(1/2))
```

2. 符号函数的定积分

定积分在实际工作中有广泛的应用。在 MATLAB 中，定积分的计算使用函数：

int(f，x，a，b)

例 6-12　分别求 $\int_1^2 |(1-x)|\,dx$、$\int_{-\infty}^{+\infty}\frac{1}{1+x^2}dx$、$\int_2^{\sin(t)} 4tx\,dx$、$\int_2^3 \frac{x^3}{(x-1)^{100}}dx$ **定积分。**

MATLAB 程序代码如下：

```
x=sym('x'); t=sym('t');
a=int(abs(1-x), 1, 2)              %求定积分(1)
f=1/(1+x^2);
b=int(f, -inf, inf)                %求定积分(2)
c=int(4*t*x, x, 2, sin(t))         %求定积分(3)
f=x^3/(x-1)^100;
I=int(f, 2, 3);                    %用符号积分的方法求定积分(4)
d=double(I)                        %将上述符号结果转换为数值
a =
1/2

b =
pi

c =
- 6*t - 2*t*cos(t)^2
d =
    0.0821
```

例 6-13　求椭球的体积。

命令如下：

```
syms a b c z;
f=pi*a*b*(c^2-z^2)/c^2;
v=int(f, z, -c, c)
```

程序结果为：

```
v =
(4*pi*a*b*c)/3
```

例 6-14　设轴的长度为 10 米，若该轴的线性密度计算公式是 $f(x)=6+0.3x$ 千克/米(其中 x 为距轴的端点距离)，求轴的质量。

根据题意，这是对函数 $f(x)=6+0.3*x$ 的积分，在 MATLAB 命令窗口，输入命令：

```
syms x;
f=6+0.3*x;
m=int(f, 0, 10)
m =
75
```

6.5　数值微积分

6.5.1　数值微分

在 MATLAB 中，没有直接提供求数值导数的函数，只有计算向前差分的函数 diff。

函数：diff

功能：数值微分

语法：DX=diff(*X*)

DX=diff(*X*，*n*)

DX=diff(*A*，*n*，dim)

说明：函数 diff(*X*)计算向量 *X* 的向前差分，即 DX(*i*)=*X*(*i*+1)-*X*(*i*)，*i*=1，2，…，*n*-1。函数 diff(*X*，*n*)是计算 *X* 的 *n* 阶向前差分。例如，diff(*X*，2)=diff(diff(*X*))。函数 diff(*A*，*n*，dim)计算矩阵 *A* 的 *n* 阶差分，当 dim=1 或缺省状态时，按行计算差分；dim=2，按列计算差分。

例如：设 x 由[0，2π]间均匀分布的 10 个点组成，求 sinx 的 1 到 3 阶差分。

MATLAB 的命令编写如下：

```
x=linspace(0, 2*pi, 10);
y=sin(x);
Dy=diff(y);               %计算 y 的一阶差分
D2y=diff(y, 2);           %计算 y 的二阶差分
D3y=diff(y, 3);           %计算 y 的三阶差分
plot(y);
hold on
plot(Dy);
```

```
plot(D2y);
plot(D3y);
```

程序执行结果如图 6-1 所示，图线横坐标长从长到短分别表示差分前的图线与一次差分、二次差分、三次差分的图线。

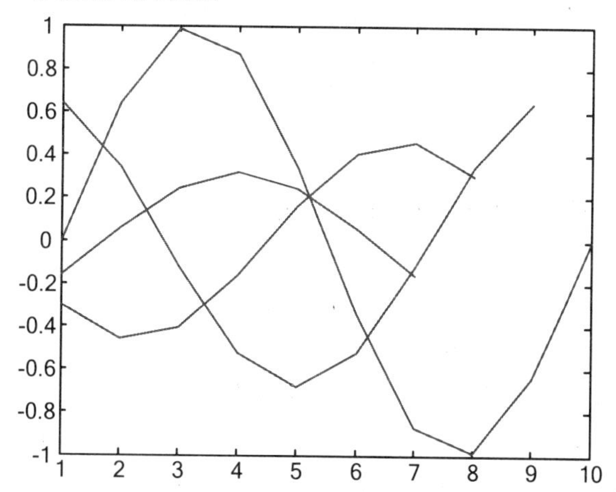

图 6-1　从长到短分别表示原图线、一次、二次、三次差分的图线

例如：求函数 $f(x)=\dfrac{x^2\cos(x)}{3x+2}$ **的数值微分，并画函数图作比较。**

MATLAB 程序设计为：

```
x=0:0.01:2;
f=x.^2.*cos(x)./(3*x+2);
Df=diff(f);
plot(x, f, '.-r');
hold on
y=x(1:200);
plot(y, Df, 'b');
legend('函数图', '微分图')
```

程序执行的图线如图 6-2 所示。

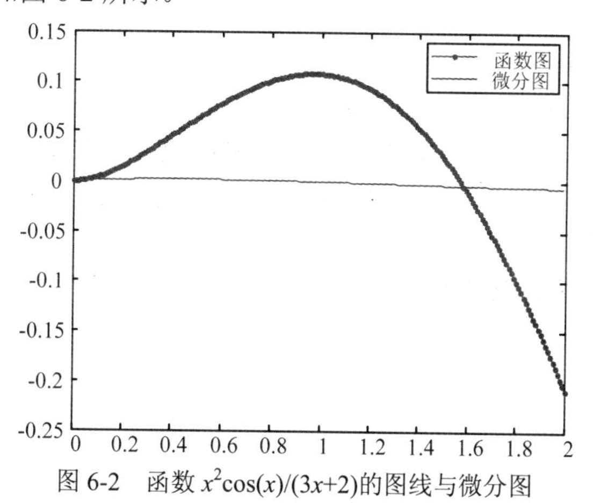

图 6-2　函数 $x^2\cos(x)/(3x+2)$的图线与微分图

6.5.2 数值积分

求解定积分的数值方法多种多样，如简单的梯形法、辛普生(Simpson) 法、牛顿一柯特斯(Newton-Cotes)法等都是经常采用的方法。它们的基本思想都是将整个积分区间[a，b]分成 n 个子区间[x_i，x_{i+1}]，i=1，2，…，n，其中 $x_1=a$，$x_{n+1}=b$。这样求定积分问题就分解为求和问题。

1. 变步长辛普生法

基于变步长辛普生法，MATLAB 给出了 quad 函数来求定积分。该函数的调用格式为：

函数：quad

功能：基于变步长辛普生法的数值定积分

语法：[I，n]=quad('fname'，a，b，tol，trace)

说明：fname 是被积函数名。a 和 b 分别是定积分的下限和上限。tol 用来控制积分精度，缺省时取 tol=10^{-6}。trace 控制是否展现积分过程，若取非 0 则展现积分过程，取 0 则不展现，缺省时取 trace=0。返回参数 I 即定积分值，n 为被积函数的调用次数。

例如：用变步长辛普生法计算函数 $f(x)=e^{-0.2x}\sin(x+\pi/3)$ 在区间[0，3π]的定积分。

（1）建立被积函数文件 fesin.m。

```
function f=fesin(x)
f=exp(-0.2*x).*sin(x+pi/3);
```

（2）调用数值积分函数 quad 求定积分。

```
[S，n]=quad('fesin'，0，3*pi)
S =
        0.7456
n =
        73
```

2. 牛顿—柯特斯法

在 MATLAB 牛顿一柯特斯法给出了 quadl 函数来求定积分。

函数：quadl

功能：基于牛顿一柯特斯法的数值定积分

语法：[I，n]=quadl('fname'，a，b，tol，trace)

说明：参数的含义和 quad 函数相似，只是 tol 的缺省值取 10^{-6}。该函数可以更精确地求出定积分的值，且一般情况下函数调用的步数明显小于 quad 函数，从而保证能以更高的效率求出所需的定积分值。

例如：用牛顿一柯特斯法计算函数 $f(x)=e^{-0.2x}\sin(x+\pi/3)$ 在区间[0，3π]的定积分。

（1）建立被积函数文件 fesin.m。

```
function f=fesin(x)
f=exp(-0.2*x).*sin(x+pi/3);
```

（2）调用数值积分函数 quadl 求定积分。

```
[S, n]=quadl('fesin', 0, 3*pi)
S =
    0.7456
n =
    48
```

从运行结果分析变步长辛普生法与牛顿—柯特斯法运算精度相同的情况下，变步长辛普生法执行步数较多。

在 MATLAB 中还有梯形法积分的函数 trapz、矩形区域的二重积分的函数 dblquad、高精度数值积分的函数 quad8。

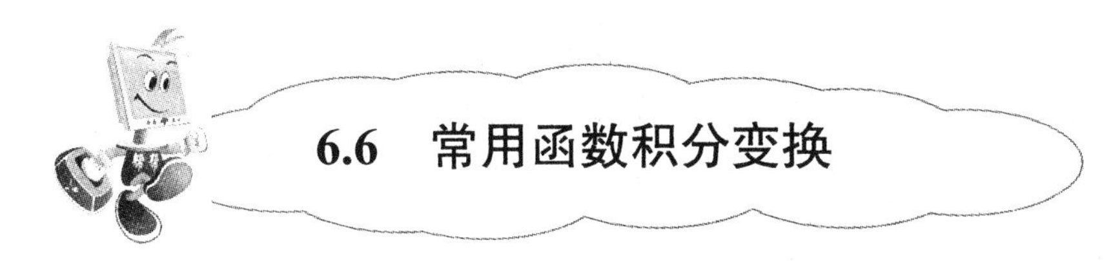

6.6 常用函数积分变换

在 MATLAB 中，有很多应用于时域与频域的函数变换，在本节中将学习傅立叶变换、拉普拉斯变换、Z 变换及它们的逆变换，如表 6-3 所示。

表 6-3 傅立叶变换、拉普拉斯变换、Z 变换

<table>
<tr><th>函数名</th><th>名称</th><th>用法举例</th></tr>
<tr><td>fourier</td><td>傅立叶变换</td><td rowspan="6">syms x t;
y=abs(x);
ft=fourier(y, x, t)
fx=ifourier(ft, t, x)
ftl=laplace(y, x, t)
fxl=ilaplace(ftl, t, x)
ftz=ztrans(y, x, t)
ftz=iztrans(ftz, t, x)</td></tr>
<tr><td>ifourier</td><td>傅立叶逆变换</td></tr>
<tr><td>laplace</td><td>拉普拉斯变换</td></tr>
<tr><td>ilaplace</td><td>拉普拉斯逆变换</td></tr>
<tr><td>ztrans</td><td>Z 变换</td></tr>
<tr><td>iztrans</td><td>Z 逆变换</td></tr>
</table>

1. 傅立叶(Fourier)变换

在 MATLAB 中，进行傅立叶变换的函数是 fourier。

函数：fourier

功能：对函数进行傅立叶变换

语法：FT=fourier(fx, x, t)

说明：fx 为变换函数名

函数：ifourier

功能：求傅立叶像函数的原函数

语法： *fx*=ifourier(*FT*, *t*, *x*)

说明： *FT* 为傅立叶像函数

例如：求函数 *y*=abs(*x*)**的傅立叶变换及其逆变换。**

命令如下：

```
syms x t;
y=abs(x);
Ft=fourier(y, x, t)        %求y的傅立叶变换
fx=ifourier(Ft, t, x)      %求Ft的傅立叶逆变换
Ft =
-2/t^2

fx =
x*(2*heaviside(x) - 1)
```

2. 拉普拉斯(Laplace)变换

在 MATLAB 中，进行拉普拉斯变换的函数是 laplace。

函数：laplace

功能： 求函数的拉普拉斯像函数

语法： *FT*=laplace(*fx*, *x*, *t*)

说明： *fx* 的变换函数名

函数：ilaplace

功能： 求拉普拉斯像函数的原函数

语法： *fx*=ilaplace(*FT*, *t*, *x*)

说明： *FT* 为拉普拉斯像函数

例如：计算 $y=x^2$ **的拉普拉斯变换及其逆变换。**

命令如下：

```
x=sym('x'); y=x^2;
Ft=laplace(y, x, t)             %对函数y进行拉普拉斯变换
fx=ilaplace(Ft, t, x)           %对函数Ft进行拉普拉斯逆变换
```

3. Z 变换

对数列 *f*(*n*)进行 *z* 变换的 MATLAB 函数是：

ztrans(*fn*, *n*, *z*)　求 *fn* 的 *Z* 变换像函数 *F*(*z*)

iztrans(*Fz*, *z*, *n*)　求 Fz 的 z 变换原函数 *f*(*n*)

例如：求数列 $f_n=e^{-n}$ **的 Z 变换及其逆变换。**

命令如下：

```
syms n z
fn=exp(-n);
Fz=ztrans(fn, n, z)             %求fn的Z变换
f=iztrans(Fz, z, n)             %求Fz的逆Z变换
```

6.7 级数展开

1. 泰勒级数展开

MATLAB 中提供了将函数展开为幂级数的函数为 taylor。

函数：**taylor**

功能：将函数展开为幂级数

语法：taylor(*f*，*n*)

taylor(*f*，*v*，*a*)

说明：函数 taylor(*f*，*n*)返回 *f* 的 *n* 次幂的多项式近似，其中 *f* 表示函数；函数 taylor(*f*，*v*，*a*)返回 *f* 关于 *v* 以点 *a* 为中心进行展开。

例 6-15　求函数 $f(x)=\dfrac{1+x+x^2}{1-x+x^2}$, $f2(x)=\sqrt{1-2x+x^3}-(1-3x+x^2)^{1/3}$ **在指定点的泰勒展开式，要求** f_1 **在以** x**=5 点展开，**f_2 **展开到** x **的 5 次幂。**

命令如下：

```
x=sym('x');
f1=(1+x+x^2)/(1-x+x^2);
f2=sqrt(1-2*x+x^3)-(1-3*x+x^2)^(1/3);
taylor(f1, x, 5)
taylor(f2, 6)
ans =
(74*(x - 5)^2)/3087 - (16*x)/147 - (110*(x - 5)^3)/21609 + (472*(x - 5)^4)/453789 - (646*(x - 5)^5)/3176523 + 99/49
ans =
(239*x^5)/72 + (119*x^4)/72 + x^3 + x^2/6
```

例如：将多项式表示成 x**+1 的幂的多项式。**

命令如下：

```
x=sym('x');
p=1+3*x+5*x^2-2*x^3;
f=taylor(p, x, -1, 4)
f =
11*(x + 1)^2 - 13*x - 2*(x + 1)^3 - 8
```

例如：求 $\sin(x)e^{-x}$ **的 7 阶 Maclaurin 展开。可键入**

```
f=sym('sin(x)*exp(-x)');
F=taylor(f, 8)
```

```
F =
- x^7/630 + x^6/90 - x^5/30 + x^3/3 - x^2 + x
```

如果要求 $\sin(x)e^{-x}$ 在 x=1 处的 7 阶 Taylor 展开。可键入

```
f=sym('sin(x)*exp(-x)');
F=taylor(f, 8, x, 1)
F =
exp(-1)*sin(1) + ((cos(1)*exp(-1))/3 + (exp(-1)*sin(1))/3)*(x - 1)^3 - ((cos(1)*exp(-1))/30 - (exp(-1)*sin(1))/30)*(x - 1)^5 - ((cos(1)*exp(-1))/630 + (exp(-1)*sin(1))/630)*(x - 1)^7 + (cos(1)*exp(-1) - exp(-1)*sin(1))*(x - 1) - cos(1)*exp(-1)*(x - 1)^2+(cos(1)*exp(-1)*(x - 1)^6)/90 - (exp(-1)*sin(1)*(x - 1)^4)/6
```

2. 多元函数的 taylor 展开

在 MATLAB 中也可以对多元函数的 taylor 展开。其格式为：

函数：mtaylor

功能：对多元函数的 taylor 展开

格式：mtaylor(*f*，*v*，*p*，'Order'，*n*)

说明：*f* 为欲展开的函数式，*v* 为变量矢量，*p* 为展开点的矢量，*n* 为展开的幂次数。例如多元函数的变量有 *x*、*y*、*z*，则 *v* 写成向量的形式：[*x*，*y*，*z*]；分别在 *x*=0，*y*=1，*z*=5 处展开，则 *p* 写成向量的形式为：[0，1，2]，如果不指定幂次数，'Order'可以省略。

例如：在(x_0，y_0，z_0)处将函数 *f*(*x*，*y*，*z*)=*ysin(*x*)+*x**cos(*z*)进行 6 阶 taylor 展开。键入**

```
syms  x y z x0 x1 x2
f=y*sin(x)+x*cos(z)
taylor(f, [x, y, z], [x0, x1, x2], 'Order', 6)
f =
x*cos(z) + y*sin(x)
ans =
x0*cos(x2) + x1*sin(x0) - sin(x0)*(x1 - y) + (x - x0)*(cos(x2) + x1*cos(x0)) + (sin(x0)*(x - x0)^2*(x1 - y))/2 - (sin(x0)*(x - x0)^4*(x1 - y))/24 - (sin(x2)*(x - x0)*(x2 - z)^3)/6 + x0*sin(x2)*(x2 - z) - cos(x0)*(x - x0)*(x1 - y) + sin(x2)*(x - x0)*(x2 - z) - (x1*cos(x0)*(x - x0)^3)/6 + (x1*cos(x0)*(x - x0)^5)/120 - (x0*cos(x2)*(x2 - z)^2)/2 + (x0*cos(x2)*(x2 - z)^4)/24 - (x1*sin(x0)*(x - x0)^2)/2 + (x1*sin(x0)*(x - x0)^4)/24 - (x0*sin(x2)*(x2 - z)^3)/6 + (x0*sin(x2)*(x2 - z)^5)/120 + (cos(x0)*(x - x0)^3*(x1 - y))/6 - (cos(x2)*(x - x0)*(x2 - z)^2)/2 + (cos(x2)*(x - x0)*(x2 - z)^4)/24
```

例如：坐标 x1、x2、x3、x4 **在**(1，2，3，4)**展开函数** x2*exp(x1-1)-x1*log(x2)+exp(x3)+cos(x4) **为泰勒级数。**

```
syms x1 x2 x3 x4
f= x2*exp(x1-1)-x1*log(x2)+exp(x3)+cos(x4);
taylor(f, [x1, x2, x3, x4], [1, 2, 3, 4])
```

```
ans =
x2/2 + cos(4) + exp（3）- log（2）- (log（2）- 2)*(x1 - 1) + (sin(4)*(x4 - 4)^3)/6 - (sin(4)*(x4 - 4)^5)/120 + ((x1 - 1)*(x2 - 2))/2 + (x1 - 1)^2 + (x1 - 1)^3/3 + (x1 - 1)^4/12 + (x2 - 2)^2/8 + (x1 - 1)^5/60 - (x2 - 2)^3/24 + (x2 - 2)^4/64 - (x2 - 2)^5/160 + ((x1 - 1)^2*(x2 - 2))/2 + ((x1 - 1)*(x2 - 2)^2)/8 + ((x1 - 1)^3*(x2 - 2))/6 - ((x1 - 1)*(x2 - 2)^3)/24 + ((x1 - 1)^4*(x2 - 2))/24 + ((x1 - 1)*(x2 - 2)^4)/64 + exp(3)*(x3 - 3) - sin(4)*(x4 - 4) - (cos(4)*(x4 - 4)^2)/2 + (cos(4)*(x4 - 4)^4)/24 + (exp(3)*(x3 - 3)^2)/2 + (exp(3)*(x3 - 3)^3)/6 + (exp(3)*(x3 - 3)^4)/24 + (exp(3)*(x3 - 3)^5)/120 + 1
```

3. 傅立叶级数

将一个函数$f(x)$展开为傅立叶级数：

$$f(x) = a_0 / 2 + \sum_{k=1}^{\infty}(a_k \cos kx + b_x \sin kx)$$

其中：

$$a_0 = \frac{1}{\pi}\int_{-\pi}^{\pi} f(x)\mathrm{d}x \quad a_n - \frac{1}{\pi}\int_{-\pi}^{\pi} f(x)\cos nx\mathrm{d}x \quad b_n = \frac{1}{\pi}\int_{-\pi}^{\pi} f(x)\sin nx\mathrm{d}x$$

例如：求函数$f(x)=x^2$在区间[-π，π]上的傅立叶级数。

```
clear;
syms x n;
f=x^2
a0=int(f，x，-pi，pi)/pi
an=int(f*cos(n*x)，x，-pi，pi)/pi
bn=int(f*sin(n*x)，x，-pi，pi)/pi
f =
x^2

a0 =
(2*pi^2)/3

an =
(2*(pi^2*n^2*sin(pi*n) - 2*sin(pi*n) + 2*pi*n*cos(pi*n)))/(pi*n^3)

bn =
0
```

以编制一个函数，专门用来计算函数的傅立叶系数。

例如：自定义函数 mfourier 求任意函数的傅立叶级数的函数文件。

```
function mfourier=mfourier(f，n)
syms x a b c;
mfourier=int(f，-pi，pi)/2;          %计算a0
```

```
for i=1:n
 a(i)=int(f*cos(i*x), -pi, pi);
 b(i)=int(f*sin(i*x), -pi, pi);
 mfourier=mfourier+a(i)*cos(i*x)+b(i)*sin(i*x);
end
return
```

调用该函数时，需给出被展开的符号函数 f 和展开项数 n 不可缺省。调用方式如下：

```
x=sym('x'); a=sym('a');
f=x^2;
mfourier(f, 5)    %求f(x)=x*x 的傅立叶级数的前 5 项
ans =
pi^3/3 - 4*pi*cos(x) + pi*cos(2*x) - (4*pi*cos(3*x))/9 + (pi*cos(4*x))/4 - (4*pi*cos(5*x))/25
```

6.8 方程求解

6.8.1 线性方程组的求解

在自然科学和工程技术中，很多问题可归结为求解线性方程组。采用 MATLAB，不仅可以利用其提供的相关函数直接解决一些简单的线性方程组，也可以通过简单的编程来解决一些复杂的线性方程组。

1. 直接法

在 MATLAB 中用直接法求解线性方程组 $Ax=B$，可以用“左除”符号“\”实现，即：

$x=A\backslash B$

例如：求解方程组：

$2x_1+x_2-6x_3=8$

$x_1-3x_2+x_4=13$

$3x_1+2x_2+x_3-x_4=-2$

$6x_2-x_3-x_4=0$

程序代码为：

```
A=[2 1 -6 0; 1 -3 0 1; 3 2 1 -1; 0 6 -1 -4];
B=[8 13 -2 0]';
x=A\B
```

```
x =
      1.4296
     -7.3662
     -2.0845
    -10.5282
```

2. 矩阵求逆法

MATLAB 中用于求逆矩阵的函数是 inv。求解线性方程组 $Ax=B$，可以用 x=inv(A)*B

函数：inv

功能：对矩阵求逆

语法：inv(A)

例如：下面的代码用矩阵求逆法求解上面的方程组有：

```
A=[2 1 -6 0; 1 -3 0 1; 3 2 1 -1; 0 6 -1 -4];
B=[8 13 -2 0]';
x=inv(A)*B
x =
      1.4296
     -7.3662
     -2.0845
    -10.5282
```

例 6-16　质量为 m_1 的物体 A 在质量为 m_2 的物体 B 上靠重力下滑，如图 6-3 所示。设斜面和地面没有摩擦力，求物体 A 沿物体 B 下滑的相对加速度 a_1 和物体 B 的加速度 a_2 及斜面对物体 A 的支持力 N_1，地面对物体 B 的支持力 N_2。

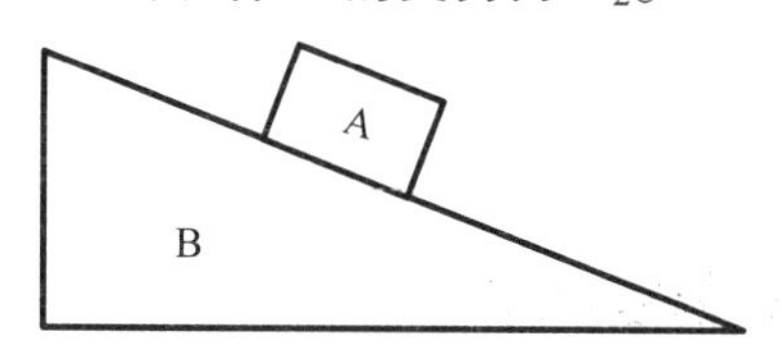

图 6-3　放在斜面上的物体

根据题意，本题的动力学方程设计为：

$m_1(a_1\cos\theta-a_2)=N_1\sin\theta$

$m_1a_1\sin\theta=m_1g-N_1\cos\theta$

$m_2a_2=N_1\sin\theta$

$N_2-N_1\cos\theta-m_2g=0$

$$\begin{bmatrix} m_1\cos\theta & -m_1 & -\sin\theta & 0 \\ m_1\sin\theta & 0 & \cos\theta & 0 \\ 0 & m_2 & -\sin\theta & 0 \\ 0 & 0 & \cos\theta & 1 \end{bmatrix}\begin{Bmatrix} a_1 \\ a_2 \\ N_1 \\ N_2 \end{Bmatrix}=\begin{Bmatrix} 0 \\ m_1g \\ 0 \\ m_2g \end{Bmatrix}$$

MATLAB 程序代码设计为：

```
function [a1, a2, N1, N2] = fun(m1, m2, theta)
A(1, :)=[m1*cos(theta), -m1, -sin(theta), 0];
A(2, :)=[m1*sin(theta), 0, cos(theta), 0];
A(3, :)=[0, m2, -sin(theta), 0];
A(4, :)=[0, 0, -cos(theta), 1];
B=[0; 9.8*m1; 0; 9.8*m2];
X=A\B;
a1=X(1);
a2=X(2);
N1=X(3);
N2=X(4);
```

程序运行如下：

```
clear; clc;
m1=2; m2=4; theta=pi/6;
[a1, a2, N1, N2] = fun(m1, m2, theta)
```

程序运行结果为：

```
a1 =
    6.5333
a2 =
    1.8860
N1 =
   15.0881
N2 =
   52.2667
```

6.8.2 非线性方程组的符号求解

在 MATLAB 中求解非线性方程组的函数是 solve。

函数：solve

功能：非线性方程组的的求解

语法：solve(f)　　　　求解符号方程式 f

solve('eqn1', 'eqn2', …, 'eqnN', 'var1, var2, …, varN') 求解由 f_1, …, f_n 组成的代数方程组

例如：求方程的 $\frac{1}{x+2}+\frac{4x}{x^2-4}=1+\frac{2}{x-2}$ **解。**

MATLAB 程序编写如下：

```
syms x;
x=solve('1/(x+2)+4*x/(x^2-4)=1+2/(x-2)', 'x')
```

```
x =
1
```

例 6-17　分别求下列方程组的解。

方程组 1　$\begin{cases} \dfrac{1}{x^3}+\dfrac{1}{y^3}=28 \\ \dfrac{1}{x}+\dfrac{1}{y}=4 \end{cases}$

方程组 2　$\begin{cases} u^3+v^3-98=0 \\ u+v-2=0 \end{cases}$

方程组 3　$\begin{cases} z^2+p^2-5=0 \\ 2z^2-3zp-2p^2=0 \end{cases}$

命令如下：

```
[x y]=solve('1/x^3+1/y^3=28'，'1/x+1/y=4'，'x，y')
[u，v]=solve('u^3+v^3-98=0'，'u+v-2=0'，'u，v')
[z，p]=solve('z^2+p^2-5=0'，'2*z^2-3*z*p-2*p^2=0')

x =
    1
  1/3

y =
  1/3
    1

u =
   -3
    5

v =
    5
   -3

z =
    1
    2
   -2
```

```
 -1

p =
   2
  -1
   1
  -2
```

6.8.3 常微分方程

MATLAB 的符号运算工具箱中提供了功能强大的求解常微分方程的函数 dsolve。在本小节中微分方程的求解分为一阶微分方程、二级微分方程及微分方程组的求解。

1. 求解微分方程时调用格式为

dsolve('eqn1'，'condition'，'var')

该函数求解微分方程 eqn1 在初值条件 condition 下的特解。参数 var 描述方程中的自变量符号，省略时按缺省原则处理，若没有给出初值条件 condition，则求方程的通解。

例如：求解一阶方程 $dy/dx=1+y^2$ **的通解。**

```
dsolve('Dy=1+y^2')    %    find the general solution
ans=
      -tan(-x+C1)
```

其中，C1 是积分常数。

例如：分别求微分方程(1):$dx/dy*x^2+2xy-e^x=0$，(2):$dy/dx-x/y/sqrt(1-x^2)=0$ **的通解。**

```
y=dsolve('Dy*x^2+2*x*y-exp(x)'，'x')
y =
-(C14 - exp(x))/x^2
y=dsolve('Dy-x/y/sqrt(1-x^2)'，'x')
y =
   2^(1/2)*(C11 - (1 - x^2)^(1/2))^(1/2)
  -2^(1/2)*(C11 - (1 - x^2)^(1/2))^(1/2)
```

例如：求解一阶方程 $dy/dx=1+y^2$ **在初值** $y(0)=1$ **的解。**

```
dsolve('Dy=1+y^2'，'y(0)=1')    %    add an initial condition
y=
tan(x+1/4*pi)
```

例如：对指定变量的一阶微分方程求解可用如下形式：

```
dsolve('Dy=1+y^2'，'y(0)=1'，'x')
ans =
tan(pi/4 + x)
```

例如：求微分方程 $dy/dx-x^2/(1+y^2)=0$ **在** $y(1)=2$ **时的** x **的特解。**

命令如下：

```
y=dsolve('Dy-x^2/(1+y^2)', 'y(2)=1', 'x')
y =
(((x^3/2 - 2)^2 + 1)^(1/2) + x^3/2 - 2)^(1/3) - 1/(((x^3/2 - 2)^2 + 1)^(1/2) + x^3/2 - 2)^(1/3)
```

2. 二阶微分方程求解

让我们举一个二阶微分方程的例子，该方程有两个初始条件：

y''=cos(2x)-y　y'(0)=0　y(0)=1

```
y=dsolve('D2y=cos(2*x)-y', 'Dy(0)=0', 'y(0)=1')
y =
cos(2*x) - cos(t)*(cos(2*x) - 1)
```

例如：求解的微分方程 $y''-2y'-3y=0$ **的通解。**

```
y=dsolve('D2y-2*Dy-3*y=0')
y =
C24*exp(-t) + C23*exp(3*t)
```

例如：求解的微分方程 $y''-2y'-3y=0$ **在初始条件：**$y(0)=0$ 和 $y(1)=1$ **的特解。**

```
y=dsolve('D2y-2*Dy-3*y=0', 'y(0)=0, y(1)=1')
y =
(exp(1)*exp(3*t))/(exp(4) - 1) - (exp(1)*exp(-t))/(exp(4) - 1)
```

6.8.4　常微分方程组求解

求解微分方程组时调用语法：

dsolve('eqn1', 'eqn2', …, 'eqnN', 'condition1', …, 'conditionN', 'var1', …, 'varN')

函数求解微分方程组 eqn1、…、eqnN 在初值条件 conditoion1、…、conditionN 下的解，若不给出初值条件，则求方程组的通解，var1、…、varN 给出求解变量。

例 6-18　求微分方程组 $\begin{cases} dx/dt = 4x - 2y \\ dv/dt = x + y \end{cases}$ **的解。**

命令如下：

```
[x, y]=dsolve('Dx=4*x-2*y', 'Dy=x+y', 't')
x =
C30*exp(2*t) + 2*C31*exp(3*t)

y =
C30*exp(2*t) + C31*exp(3*t)
```

6.9 插值和拟合

插值和拟合都是数据优化的一种方法，当实验数据不够多时经常需要用到这种方法来画图。在 MATLAB 中都有特定的函数来完成这些功能。这两种方法的确别在于：

当测量值是准确的，要求没有误差时，一般用插值的方法解决问题。

当测量值与真实值有误差时，一般用数据拟合的方法解决问题。

在插值法里，数据假定是正确的，要求以某种方法描述数据点之间所发生的情况。曲线拟合或回归是人们设法找出某条光滑曲线，它最佳地拟合数据，但不必要经过任何数据点。

1. 插值

对于一维曲线的插值，在 MATLAB 中应用函数 *yi*=interp1(*X*，*Y*，*xi*，method)，其中 method 包括 nearst、linear、spline、cubic。

对于二维曲面的插值来说，一般应用函数 *zi*=interp2(*X*，*Y*，*Z*，*xi*，*yi*，method)，其中 method 也和上面一样，常用的是 cubic。

拟合：对于一维曲线的拟合，在 MATLAB 中应用函数 *p*=polyfit(*x*，*y*，*n*)和 *yi*=polyval(*p*，*xi*)，这个是最常用的最小二乘法的拟合方法。

2. 曲线拟合

当曲线拟合所构造的拟合函数是多项式形式的函数时，即为多项式曲线拟合。MATLAB 中用于多项式曲线拟合的函数是 polyfit，常用的语法形式为：

p = polyfit(*x*，*y*，*n*)

p 是长为 *n*+1 的行向量，代表如下所示的 *n* 阶多项式 *p*(*x*)，*p*(*x*(*i*))能在最小均方意义上拟合 *y*(*i*)。

$$p(x) = p_1x^n + p_2x^{n-1} + \cdots + p_nx + p_{n+1}$$

根据拟合方法的不同，有参数拟合和非参数拟合之分。参数拟合，曲线不通过所有点，采用最小二乘法；非参数拟合，曲线通过所有点，采用插值法。由于曲线拟合是数据分析最常见的任务之一，MATLAB 提供了多种函数和工具来进行曲线拟合，另外还有曲线拟合工具箱。

最小二乘法通过最小化残差的平方和来获得待定系数的估计。数据点的残差定义为测量响应值和拟合响应值之间的差值。常见的最小二乘法包括线性最小二乘，加权线性最小二乘，稳健最小二乘和非线性最小二乘等。

6.9.1 拟合

1. 多项式曲线拟合

函数：polyfit

功能：计算拟合数据集的多项式在最小二乘意义上的系数。

语法：p=polyfit(x，y，n)

说明：其中 x 和 y 是包含要拟合的 x 和 y 数据的矢量，n 是多项式的阶次。

例 6-19 有两列数据 x、y，请拟合适合表达此数据的多项式并作图。

```
x=[0 1 2 3 4 5 6 7 8 9 10 11];
y=[-0.447   1.978   3.28   6.16   7.08   7.34   7.66   9.56   9.48   9.30   11.2   13];
```

为了应用 polyfit，希望最佳拟合数据的多项式的阶次或度。如果选择 n=1 作为阶次，得到最简单的线性近似。通常称为线性回归。如果选择 n=2 作为阶次，得到一个 2 阶多项式。

```
n=2;
p=polyfit(x，  y，  n)
p =
   -0.0602      1.7020      0.3096
```

polyfit 的输出是一个多项式系数的行向量。其解是 $y=-0.0602x^2+1.7020x+0.3096$。为了将曲线拟合解与数据点比较，把二者都绘成图。

```
xi=linspace(0，  1，  100);
z=polyval(p，  xi);
```

为了计算在 xi 数据点的多项式值，调用 MATLAB 的函数 polyval。

```
plot(x，  y，  'o'，  x，  y，  xi，  z，  ':')
```

画出了原始数据 x 和 y，用'o'标出该数据点，在数据点之间，再用直线重画原始数据，并用点':'线，画出多项式数据 xi 和 z。

```
x=[0 1 2 3 4 5 6 7 8 9 10 11];
y=[-0.447   1.978   3.28   6.16   7.08   7.34   7.66   9.56   9.48   9.30   11.2   13];
p=polyfit(x，  y，  2)
xi=linspace(0，  12，  100);
z=polyval(p，  xi);
plot(x，y，'o'，x，y，xi，z，':')
xlabel('x')，  ylabel(' y=f(x) ')，  title('二次曲线拟合')
x=10.5
z=polyval(p，x)
```

程序执行结果如图 6-4 所示。

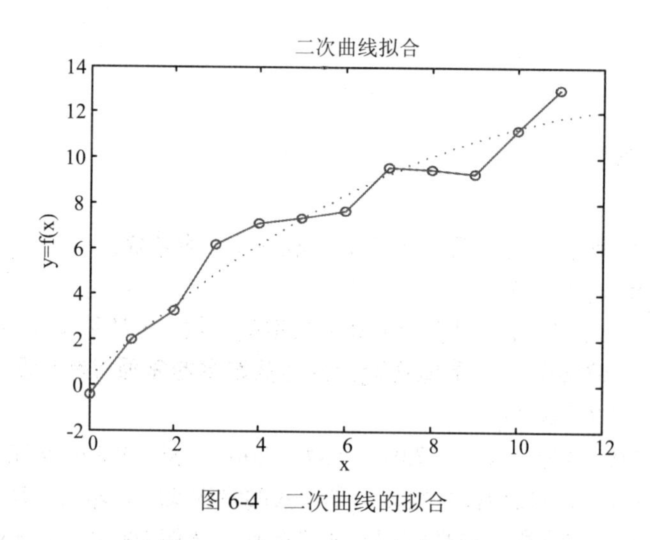

图 6-4　二次曲线的拟合

多项式阶次的选择是有点任意的。两点决定一直线或一阶多项式。三点决定一个平方或 2 阶多项式。按此进行，n+1 数据点唯一地确定 n 阶多项式。于是，在上面的情况下，有 12 个数据点，可选一个高达 10 阶的多项式。此外，随着多项式阶次的提高，近似变得不够光滑，因为较高阶次多项式在变零前，可多次求导。

例 6-20　分别用二次多项式和三次多项式拟合函数 y=sin(x)。

```
clear; clc;
x = linspace(0,  pi/2,  6);
y = sin(x);
a = polyfit(x, y, 2);
x1 = linspace(0,  pi/2,  72);
y1 = a(1)*x1.^2+a(2)*x1+a(3);
b = polyfit(x, y, 3);
x2 = x1;
y2 = b(1)*x1.^3+b(2)*x1.^2+b(3)*x1+b(4);
plot(x, y, 'r*')
hold on
plot(x1, y1, 'b-')
plot(x2, y2, 'k--')
legend('插值点', '二次多项式', '三次多项式')
```

程序执行结果如图 6-5 所示。

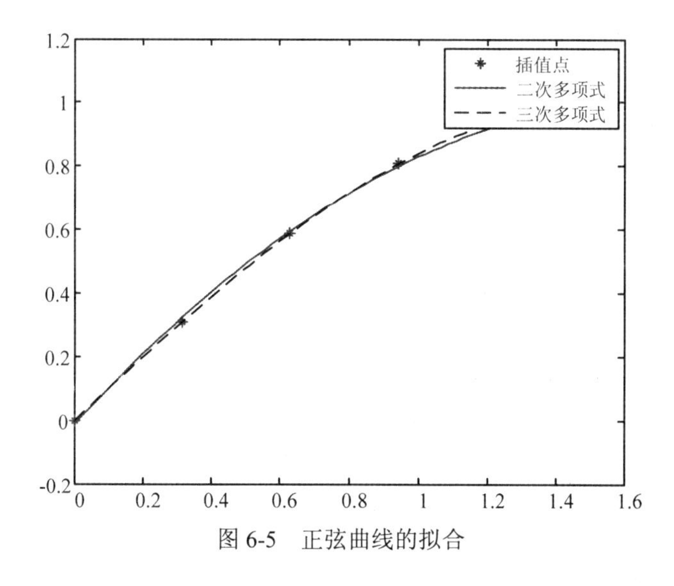

图 6-5　正弦曲线的拟合

例 6-21　**表 6-4 所示是美国人口统计数据，根据这份资料预测 2020 年美国人口总数。**

表 6-4　**美国人口统计数据**

年	1790	1800	1810	1820	1830	1840	1850	1860	1870	1880	1890	1900	1910
人口(百万)	3.9	5.3	7.2	9.6	12.9	17.1	23.2	31.4	38.6	50.2	62.9	76.0	92.0
年	1920	1930	1940	1950	1960	1970	1980	1990	2000	2010			
人口（百万）	106.5	123.2	131.7	150.7	179.3	204.0	226.5	251.4	281.4	308			

```
clear all
clc
x=[1790 1800 1810 1820 1830 1840 1850 1860 1870 1880 1890 1900 1910 ...
    1920 1930 1940 1950 1960  1970  1980 1990 2000 2010];
x=(x-1790)/10; %将坐标轴成倍缩小
y=[3.9 5.3 7.2 9.6 12.9 17.1 23.2 31.4 38.6 50.2 62.9 76.0 92.0 ...
   106.5 123.2 131.7 150.7 179.3  204.0 226.5 251.4 281.4 308];
a=polyfit(x, y, 2); %改变参数可实现不同次多项式的拟合
x1=0:0.01:max(x);
y1=polyval(a, x1);
plot(x, y, 'b*', x1, y1, 'r', 'linewidth', 3, 'markersize', 12) %作二维图形曲线图和点图。
text(2, 48, '原始点\rightarrow', 'FontSize', 12)
text(15, 148, '\leftarrow拟合曲线', 'FontSize', 12)  %显示图例
grid on
set(gca, 'XTickLabel', {'1790', '1840', '1890', '1940', '1990', '2040'})
xlabel('年份')
ylabel('人口（百万）')
```

```
title('美国人口多项式拟合、预测效果图')
%求解第2020年人口数
x = (2020-1790)/10;
y = a(1).*x^2+a(2).*x+a(3);
hold on
plot(x, y, 's', 'LineWidth', 2, ...
                    'MarkerEdgeColor', 'k', ...
                    'MarkerFaceColor', 'g', ...
                    'MarkerSize', 20)
text(0.7*x, y, '预测点\rightarrow', 'FontSize', 12)   %显示图例
str = strcat('2020年美国总人口数为', num2str(y), '百万。');
text(0.5, 0.8*y, str, 'FontSize', 10)   %显示图例
```

程序运行结果如图6-6所示。

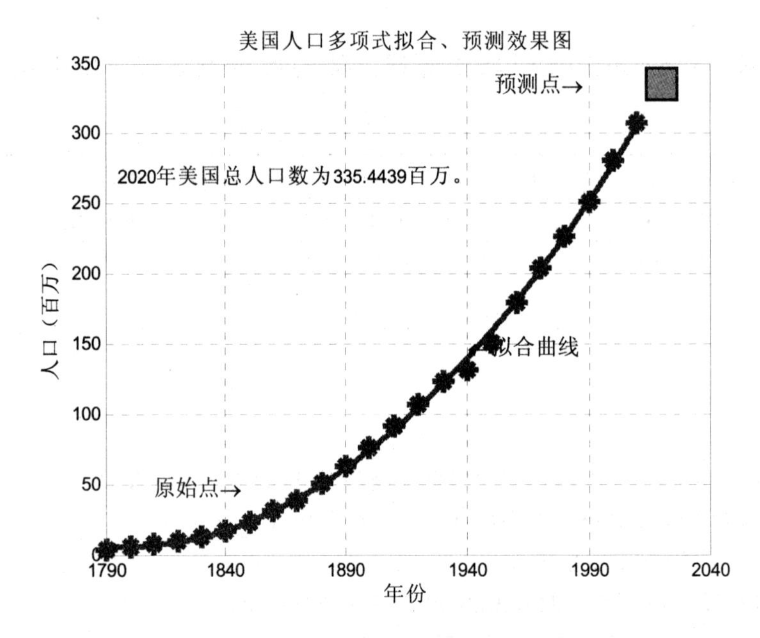

图 6-6　美国人口数据统计与预测

2. 函数拟合

根据某种适合的函数进行拟合的方法。

例 6-22　已知实验数据如表，用指数函数 $y=a\exp(bx)$模拟，求 a、b。

x	0	1	2	3	4	5
y	0.2097	0.3523	0.4339	0.5236	0.7590	0.8998

```
clear; clc;
x=[0 1 2 3 4 5];
y=[0.2097    0.3523    0.4339    0.5236    0.7590    0.8998];
```

```
Ly=log(y);
p=polyfit(x,  Ly,  1);
b=p(1)
La=p(2);
a=exp(La)
x1=linspace(0, 5, 30);
y1=a*exp(b*x1);
plot(x, y, 'r*')
hold on
plot(x1, y1)
legend('实验数据', '拟合曲线')
```

程序运行结果为：

```
b =
    0.2792
a =
    0.2363
```

程序执行结果如图 6-7 所示。

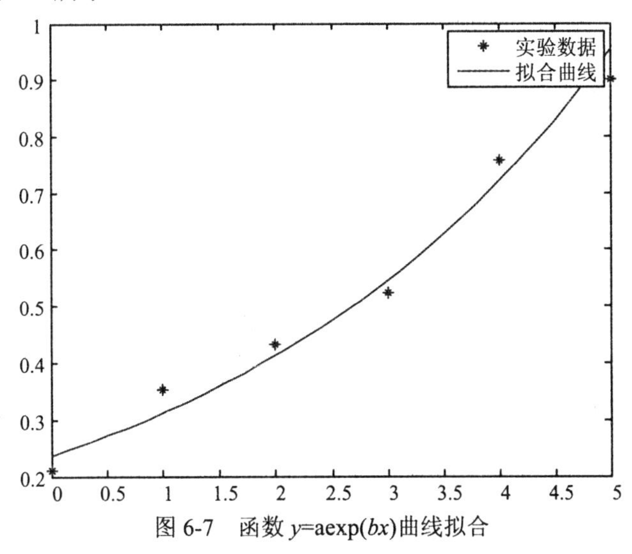

图 6-7 函数 y=aexp(bx)曲线拟合

例 6-23 已知实验数据如表，用二次曲线 $y=1/(ax^2+bx+c)$**模拟实验数据，求** a、b、c。

x	0.5	1	2	3	4	5
y	0.3553	0.1857	0.1049	0.0755	0.0316	0.0396

```
clear; clc;
x=[0.5 1 2 3 4 5];
y=[0.3553   0.1857  0.1049  0.0755  0.0316  0.0396];
Dy=1./y;
```

```
p=polyfit(x, Dy, 2);
a=p(1)
b=p(2)
c=p(3)
x1=linspace(0.5, 5, 30);
y1=1./(a*x1.^2+b*x1+c);
plot(x, y, 'r*')
hold on
plot(x1, y1)
legend('实验数据', '拟合曲线')
a =
    -0.1443
b =
     6.7936
c =
    -1.5750
```

程序执行结果如图 6-8 所示。

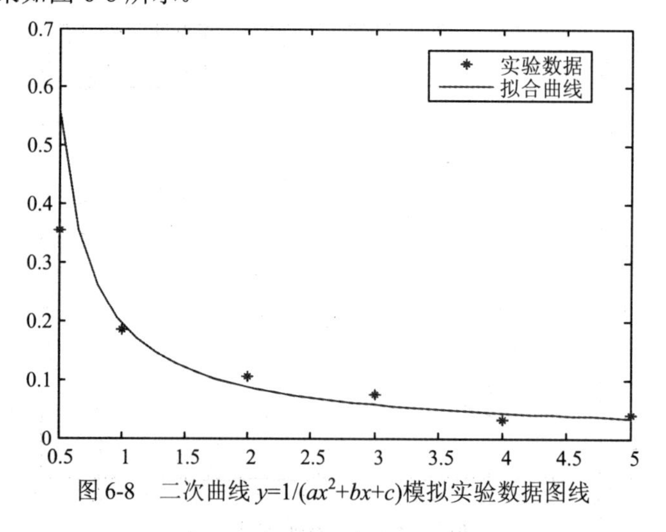

图 6-8　二次曲线 $y=1/(ax^2+bx+c)$模拟实验数据图线

4. 曲面拟合

所谓曲线拟合，就是根据实际试验测验数据，求出函数 $f(x, y)$与变量 x 及 y 之间的解析式，使其所确定的曲面通过或近似通过的实验测试点。也就是说使所有实验数据点能近似地分布在函数 $f(x, y)$所表示的空间曲面上。

例 6-24　测得一组离散数据点三维空间试验数据如下：

X	0.5	1.5	1.5	0.5	1.1	1.0
Y	0.5	0.5	1.5	1.5	1.2	0.8
Z	0.4	0.7	0.8	0.3	2.1	0.5

请在 $0<x<2$，$0<y<2$ 的范围内画出一覆盖上述空间点的光滑的三维空间曲面，并在图上标出这些数据点的空间位置。

```
x=[0.5，1.5，1.5，0.5，1.1，1.0];
y=[0.5，0.5，1.5，1.5，1.2，0.8];
z=[0.4，0.7，0.8，0.3，2.1，0.5];
stps=0:0.05:2;
[X，Y]=meshgrid(stps);  %将 X 与 Y 数列转换成 3D 图形
Z=griddata(x，y，z，X，Y，'cubic')
mesh(X，Y，Z);
hold on;
plot3(x，y，z，'*r');
```

程序执行结果如图 6-9 所示。

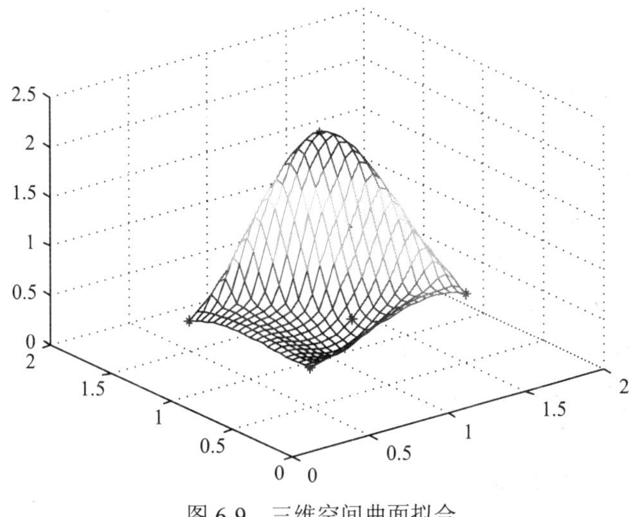

图 6-9 三维空间曲面拟合

例 6-25 三维空间曲面拟合。

```
clf; clear;
clc;
p=rand(30，3);
x=p(:，1);
y=p(:，2);
z=p(:，3); %30 组坐标
[xi，yi]=meshgrid(linspace(min(x)，max(x)，100));
zi=griddata(x，y，z，xi，yi，'v4');
surf(xi，yi，zi);
```

程序执行结果如图 6-10 所示。

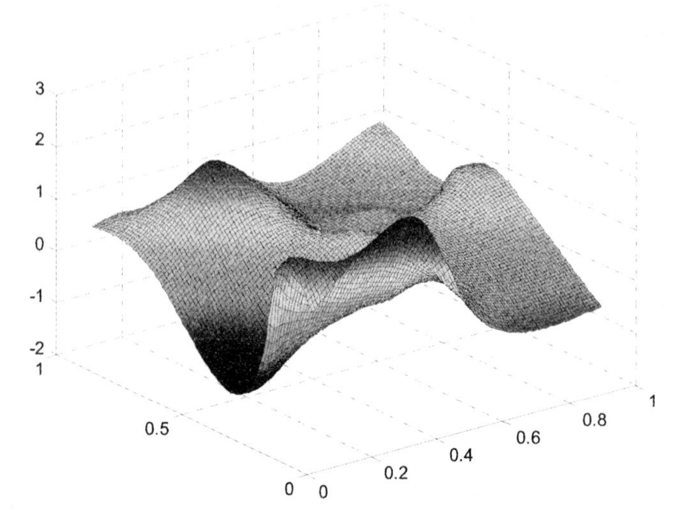

图 6-10　三维空间曲面拟合

例 6-26　三维空间曲面拟合

```
x = rand(100，1)*16 - 8；
y = rand(100，1)*16 - 8；
r = sqrt(x.^2 + y.^2) + eps；
z = sin(r)./r；
xlin = linspace(min(x)，max(x)，33)；
ylin = linspace(min(y)，max(y)，33)；
[X，Y] = meshgrid(xlin，ylin)；
Z = griddata(x，y，z，X，Y，'cubic')；
mesh(X，Y，Z) %interpolated
axis tight；  hold on
plot3(x，y，z，'.'，'MarkerSize'，15)
```

程序执行结果如图 6-11 所示。

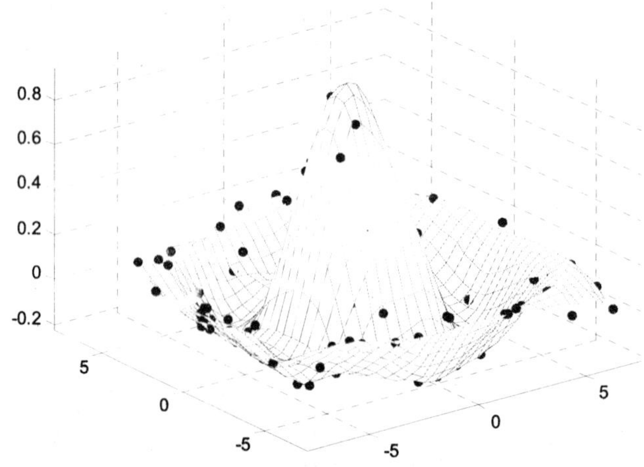

图 6-11　三维空间曲面拟合

6.9.2 插值

1. 一维插值

MATLAB 中有两种一维插值，即多项式插值和基于 FFT 的插值。一维插值是进行数据分析和曲线拟合的重要手段。在 MATLAB 中函数 interp1 使用多项式技术，用多项式函数拟合所提供的数据，并计算目标插值点上的插值函数值。

函数：interp1

功能：一维插值

语法：yi=interp1(x，y，xi，method)

说明：x 和 y 为给定数据的矢量，长度相同。xi 为包含要插值的点的矢量，method 是一个可选的字符串，指定一种插值方法。“线性插值”（linear）、“三次样条插值”（spline）、“三次多项式插值”（cubic）。

例 6-27　应用 interp1、spline **函数对实验数据模拟插值的实例。**

MATLAB 源程序设计如下：

```
clear;
x=linspace(0，2*pi*300，19);
y=[502.8 525.0 514.3 451.0 326.5 188.6 92.2 59.6 62.2 102.7 147.1 191.6 236.0 280.5 324.9
369.4 413.8 458.3 502.8];
plot(x，y，'*');
hold on
xi=0:2*pi*300;
yi=interp1(x，y，xi);
plot(xi，yi);
yi=spline(x，y，xi);
hold on
plot(xi，yi，'r-.');
legend('实验数据'，'linear 插值'，'spline 插值');
```

程序运行结果如图 6-12 所示。

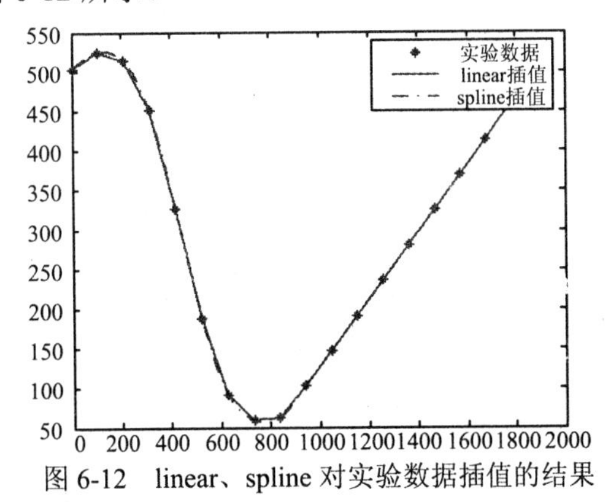

图 6-12　linear、spline 对实验数据插值的结果

从插值结果可以得出，分段线性插值不光滑，样条插值具有光滑性。

例 6-28　分别用线性插值函数和三次多项式插值函数模拟一元函数 $y(x)=1-\cos(x)\exp(-x)$。

```
clear; clc;
x=0:5;
y=1-cos(x).*exp(-x);
plot(x, y, '*')
X1=linspace(0, 5, 30);
X2=X1;
Y1=interp1(x, y, X1, 'linear');
Y2=interp1(x, y, X2, 'cubic');
X=X1;
Y=1-cos(X).*exp(-X);
hold on
plot(X1, Y1, 'b-')
plot(X2, Y2, 'm-.')
plot(X, Y, 'k')
legend('插值点', '线性插值', '三次插值', '解析解')
```

程序执行结果如图 6-13 所示。

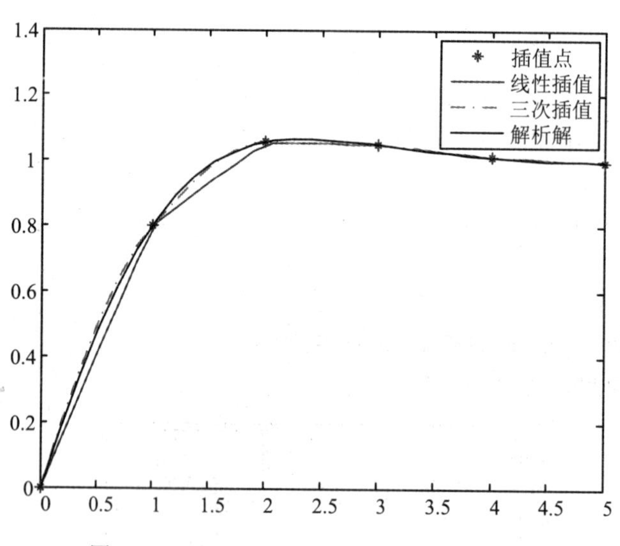

图 6-13　不同插值方法与解析解的图线比较

例 6-29　应用函数 interp1，分别采用 linear、nearest、spline 和 cubic 参数，对正弦函数进行一维插值。

```
clc; clear all;
close all;
t=0:10;
```

```
y=sin(t)；
tt=0:.25:10；
y1=interp1(t，y，tt)；
y2=interp1(t，y，tt，'nearest')；
y3=interp1(t，y，tt，'spline')；
y4=interp1(t，y，tt，'cubic')；
plot(t，y，'o'，tt，y1，'-'，tt，y2，'--'，tt，y3，':'，tt，y4，'-.')；
xlabel('t')；  ylabel('sin(t)')；
title('对正弦信号进行一维插值')；
axis([-0.5 10.5 -1.2 1.2])；
legend('original data'，'linear'，'nearest'，'spline'，'cubic')；
```

程序执行结果如图 6-14 所示。

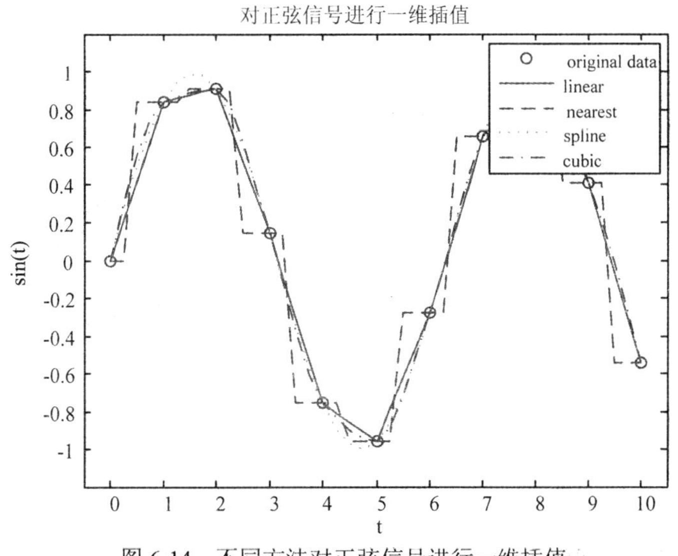

图 6-14 不同方法对正弦信号进行一维插值

2. 二维插值

如果已知点集是三维空间中的点，则相应的插值问题即是二维数据插值。MATLAB 中用于二维数据插值的函数是 interp2，二维插值在图像处理和数据可视化方面有着很重要的作用。MATLAB 用函数 interp2 进行二维插值。

函数：interp2

功能：二维插值函数

语法：*ZI*=interp2(*X*，*Y*，*Z*，*XI*，*YI*，method)

说明：*Z* 是一个矩形数组，包含二维函数的值，*X* 和 *Y* 为大小相同的数组，包含相对于 *Z* 的给定值。*XI* 和 *YI* 为包含插值点数据的矩阵，method 表示插值方法，为可选参数。

例 6-30 用二维三次插值函数模拟函数 $z(x，y)=\sin(x)+\cos(x)$

```
clear；clc；
x = linspace(0，2*pi，6)；
```

```
y = linspace(0, 2*pi, 6);
[X, Y] = meshgrid(x, y);
Z=cos(X)+sin(Y);
subplot(1, 2, 1)
surf(X, Y, Z)
x1= linspace(0, 2*pi, 36);
y1= linspace(0, 2*pi, 36);
[X1, Y1] = meshgrid(x1, y1);
Z1 = interp2(X, Y, Z, X1, Y1, 'cubic');
subplot(1, 2, 2)
surf(X1, Y1, Z1)
```

程序执行结果如图 6-15 所示。

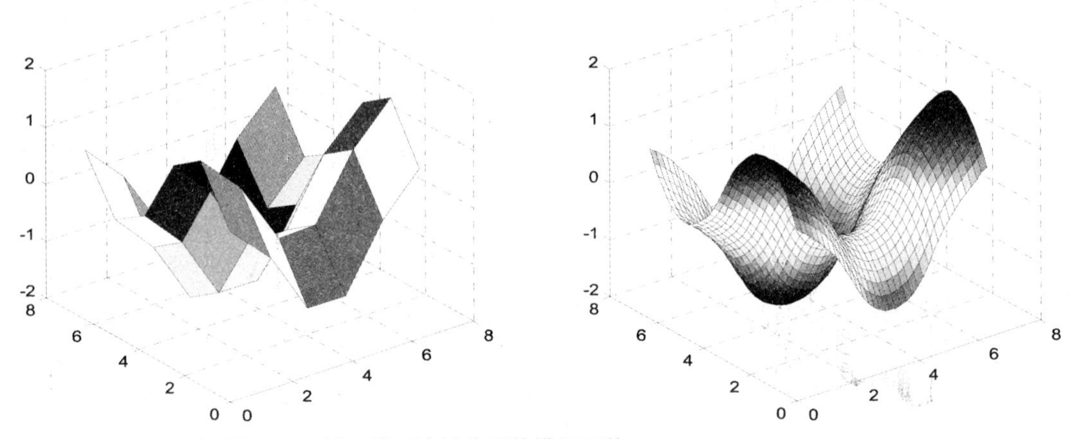

图 6-15 用二维三次插值函数模拟函数 $z(x, y)$=sin(x)+cos(x)

例 6-31 应用二维插值函数 interp2 对 peaks 函数进行二维插值。

```
clc; clear all;
close all;
[X, Y]=meshgrid(-3:.25:3);
Z=peaks(X, Y);
[XI, YI]=meshgrid(-3:.125:3);
ZI=interp2(X, Y, Z, XI, YI);
mesh(X, Y, Z);
hold on;
mesh(XI, YI, ZI+25);
hold off;
axis([-3 3 -3 3 -5 35]);
```

程序执行结果如图 6-16 所示。

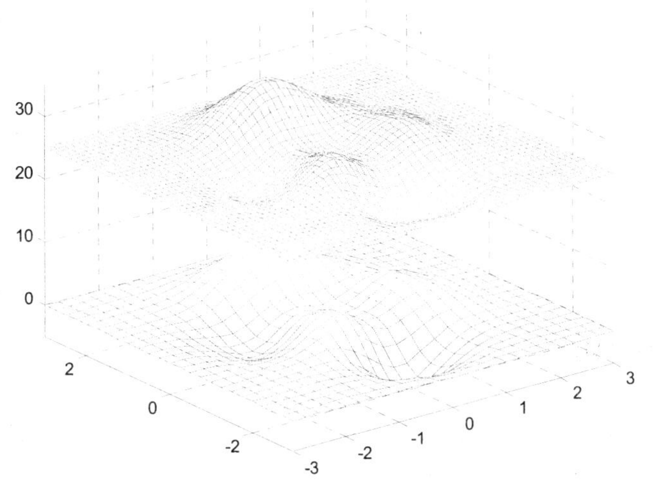

图 6-16　应用二维插值函数 interp2 对 peaks 函数进行二维插值

计算数学是一门颇具实用价值的学科，MATLAB 在计算数学中的强大功能使得这门系统又复杂的学科变得易于操作处理，对解决实际问题提供了极大的便利。本章主要论述了 MATLAB 在计算数学中的一些初步应用，主要内容包括：线性（非线性）方程的数值解法、插值、曲线拟合、数值微分、数值积分、常微分方程的数值解等。

实验六

一、实验目的和要求

掌握符号运算的基本规则，包含因式分解、化简、多项式的运算等，掌握极限、级数等的求解，掌握高次方程的求解，线性方程组求解，尤其是曲线、曲面的拟合与插值运算。

二、实验内容和原理

1. 对表达式$\dfrac{2x^2(x+1)(x^4-1)}{(x^2+2x-3)}$因式分解。
2. 求表达式 sin(*x*−*a*)/(*x*−*a*)当 *x* 趋于 *a* 时的极限值
3. 求表达式：exp(−*n*)∗sin(*n*)级数的和。
4. 求高次方程的根：

   $x^6-8x^4+3x^3-2x^2+6x-30=0$
5. 分别对函数$f(x)=x^2e^{-x}\cos(x)$对 *x* 的二阶、三阶导数。
6. 在曲线$x^2/16+y^2/9=1$在哪一点上的切线与直线$y=5x+2$平行。
7. 求函数$y=4x^2-12$与直线$y=-3x+14$、*x* 轴围成的面积。
8. 设轴的长度为 10 米，该轴的半径（到 *x* 轴的垂直距离）为$r^2=1+0.8\sin(x/2)$，若该轴的线性密度计算公式是$f(x)=2+0.4x$千克/米(其中 *x* 为距轴的端点距离)，求轴的质量。
9. 求函数 *y*=sins(*x*)的傅立叶变换及其逆变换。
10. 函数$y^2*\exp(x-2)+\cos(y)$在点展开(1，2)为泰勒级数。
11. 求解方程的$\dfrac{x^2}{x+2}+\dfrac{4x+1}{x^2-4}=1+\dfrac{2}{x-2}$解。
12. 求解方程组的解。$\begin{cases}z^2+p^2-5=0\\2z^2-3zp-2p^2=0\end{cases}$
13. 分别用二次多项式和三次多项式拟合函数$y=5e^{-x}\sin(x)$
14. 测得一组离散数据点三维空间某次雨量测试数据如下表，试求区域内的雨量分布图。

X	0.5	1.5	1.5	0.5	1.1	1.0
Y	0.5	0.5	1.5	1.5	1.2	1.4
Z	0.4	0.7	0.8	1.3	2.1	0.5

15. 应用函数 interp1，分别采用 linear、nearest、spline 和 cubic 参数，对函数 $6-\cos(x)\exp(-x)$函数进行一维插值。

三、实验过程

四、实验结果与分析

五、实验心得

第 7 章 MATLAB 在信号分析与处理中的应用

信号的传输与处理是信息工程中最重要的问题，MATLAB 在信号处理方面具有强大的功能，它有专门的工具包（如 signal processing toolbox， DSP Toolbox 等）解决信号处理中的各种计算和仿真问题。本章涉及连续信号及离散信号、快速傅立叶变换，滤波器设计及功率谱分析，一些基本的调制与解调的实现.最后尝试分析了 MATLAB 在模拟滤波器设计中的简单应用。

7.1 信号及其运算的 MATLAB 表示

7.1.1 连续信号的 MATLAB 表示

MATLAB 提供了大量用以生成基本信号的函数，比如最常用的指数信号、正弦信号等就是 MATLAB 的内部函数，即不需要安装任何工具箱就可以调用的函数。

1. 指数信号

指数信号 Ae^{at} 在 MATLAB 种可以用 exp 函数表示，其调用形式为：

```
y=A*exp(a*t)
```

例 7-1　设计一个如图 7-1 所示指数衰减信号。

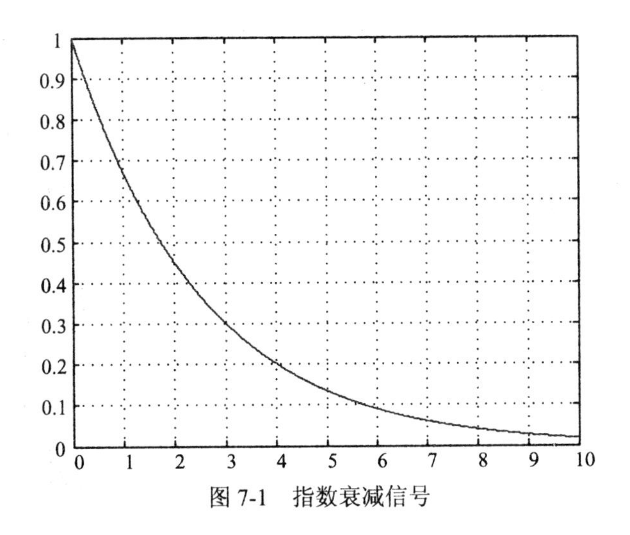

图 7-1 指数衰减信号

MATLAB 源程序设计如下：

```
A=1; a=-0.4;
t=0:0.01:10;
ft=A*exp(a*t);
plot(t, ft); grid on;
```

2. 正弦、余弦信号

正弦信号 $A\cos(w_0t+\Phi)$和 $A\sin(w_0t+\Phi)$分别用 MATLAB 的内部函数 cos 和 sin 表示，其调用形式为：

```
A*cos(w0*t+phi)
A*sin(w0*t+phi)
```

例 7-2 产生如图 7-2 所示正弦信号，振幅 A 为 1，角速度为 0.8π，初相位为 π/3，MATLAB 源程序设计如下:

```
A=1;
w0=0.8*pi;
phi=pi/3;
t=0:0.01:8;
ft=A*sin(w0*t+phi);
plot(t, ft); grid on;
```

程序运行代码如图 7-2 所示。

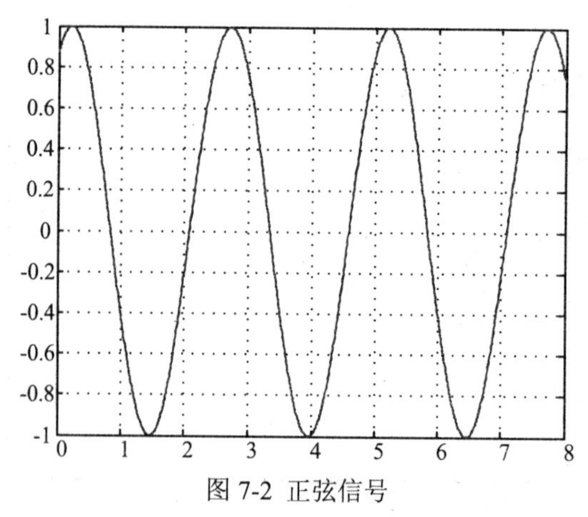

图 7-2 正弦信号

除了内部函数外，在信号处理工具箱中还提供了诸如抽样函数、矩形波、三角波，周期性矩形波和周期性三角波等在信号处理中常用的信号。

3. 抽样函数产生信号

抽样函数 Sa(t)在 MATLAB 中用 sinc 函数表示。

函数：sinc

功能：产生抽样信号

语法：y=sinc(t)

说明：sinc 函数定义为 sinc(t)=sin(πt)/(πt)

例 7-3　产生如图 7-3 所示辛格函数曲线，MATLAB 源程序设计如下：

```
t=-3*pi:pi/100:3*pi;
ft=sinc(t);
plot(t, ft); grid on;
```

程序运行代码如图 7-3 所示。

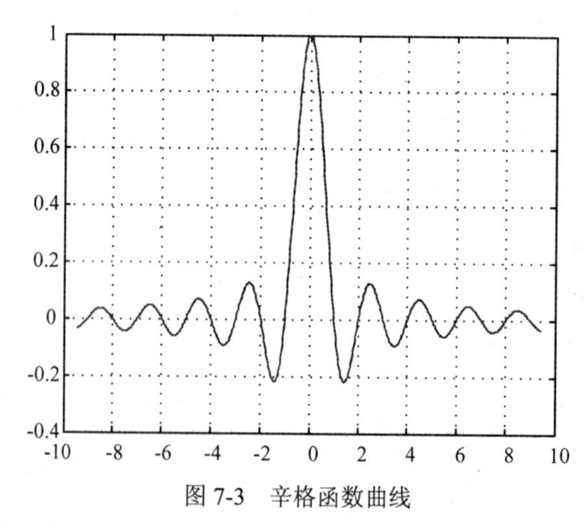

图 7-3　辛格函数曲线

4. 矩形脉冲信号

矩形脉冲信号在 MATLAB 中用 rectpuls 函数来表示。

函数：rectpuls

功能：产生矩形脉冲信号

语法：Y=rectpuls(t，width)

说明：用以生成一个幅值为 1，宽度为 width，相对于 t=0 点左右对称的矩形波信号。

例 7-4　产生一个幅度为 1，周期宽度为 2s，在 t=2 点左右对称的矩形波信号，MATLAB 源程序设计如下：

```
t=0:0.001:4;
T=1;
ft=rectpuls(t-2*T，2*T);
plot(t，ft);
grid on；axis([0 4 -0.5 1.5]);
```

程序运行代码如图 7-4 所示。

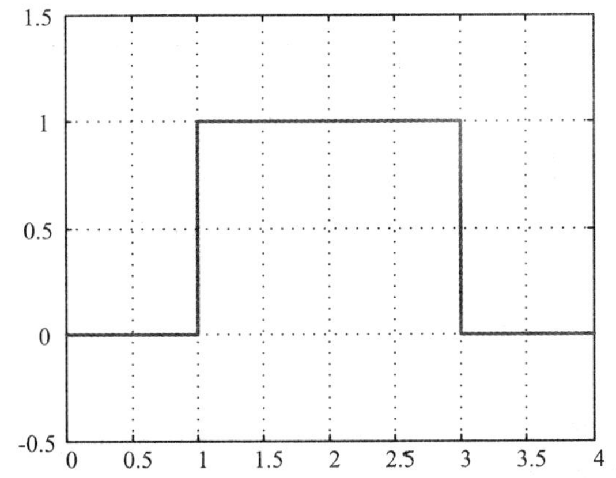

图 7-4　幅度为 1、宽度为 2、在 t=2 点左右对称的矩形波信号

5. *方波脉冲信号 square*

在 MATLAB 中，产生方波脉冲信号的函数为 square。

函数：square

功能：产生方波脉冲信号

语法：

x = square(t)

x = square(t，duty)

说明：square(t)产生周期为 2π，幅值为±1 的方波。square(t，duty)产生指定周期的方波，duty

为正半周期的比例。

例 7-5　产生频率为 20Hz，占空比为 60%的周期方波信号，MATLAB 程序设计如下：

```
t=-0.06:.0001:.06;
y=square(2*pi*20*t，60);
plot(t，y);
axis([-0.06   0.06   -1.5   1.5]);
```

```
title('方波信号')
grid on;
```

程序运行结果如图 7-5 所示。

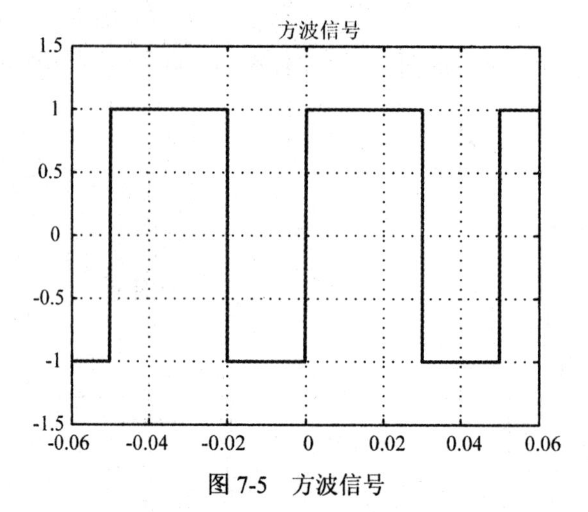

图 7-5　方波信号

6. 非周期的三角波信号

在 MATLAB 中，产生非周期的三角波的函数为 tripuls。

函数：tripuls

功能： 产生非周期的三角波

语法： y = tripuls(t)

y = tripuls(t，w)

y = tripuls(t，w，s)

说明： y = tripuls(t) 返回单位高度的三角波 y，t 为时间轴。

y = tripuls(t，w)返回指定宽度为 w 的三角波。

y = tripuls(t，w，s)返回指定斜率为 s（$-1<s<1$）的三角波。

注意： y=tripuls(t，w，s)制定三角波的宽度为 w，斜率为 s（$-1<s<1$）。s 其实代表了最大值在 w 区间内出现的最大值，比如 s=0，则最大值出现在对称点上，s=0.5，最大值出现在右半区间的中点处，s=1，则出现在右半区间的右边界点处，也即最大值为出现在距离对称点 $w/2*s$ 处，请读者注意理解。

例 7-6　产生宽度为 4，斜率分别为 0.5 与 1 的三角波。

```
t=-3:0.001:3;
ft=tripuls(t，4，0.5);
subplot(1，2，1);
plot(t，ft)
ft=tripuls(t，4，1);
subplot(1，2，2);
plot(t，ft)
```

程序运行结果如图 7-6 所示。

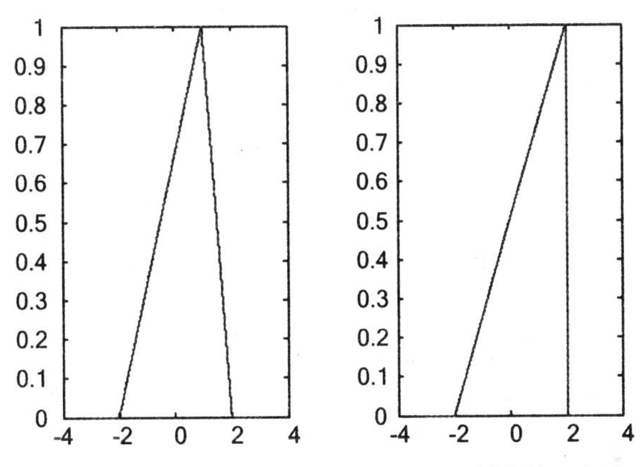

图 7-6 由函数 tripuls(t，w，s)产生不同斜率的三角波

7. 周期正三角波

在 MATLAB 中，产生周期正三角波的函数为 sawtooth。

函数：sawtooth

功能： 产生锯齿波或三角波

语法：

x=sawtooth(*t*)

x=sawtooth(*t*，width)

说明： sawtooth(t)类似于 sin(t)，产生周期为 2π，幅值从−1 到+1 的锯齿波。在 2π 的整数倍处，值为−1，从−1 到+1 这一段波形的斜率为 1/π。sawtooth(t，width)产生三角波。

例 7-7 产生一个周期为 2S、幅值为±1 的周期正三角波。

```
x=[0:0.01:5];
y=sawtooth(pi*x);
plot(x，y);
axis([0，5，-2，2]);
title('sawtooth');
xlabel('x')，ylabel('y');
```

程序运行结果如图 7-7 所示。

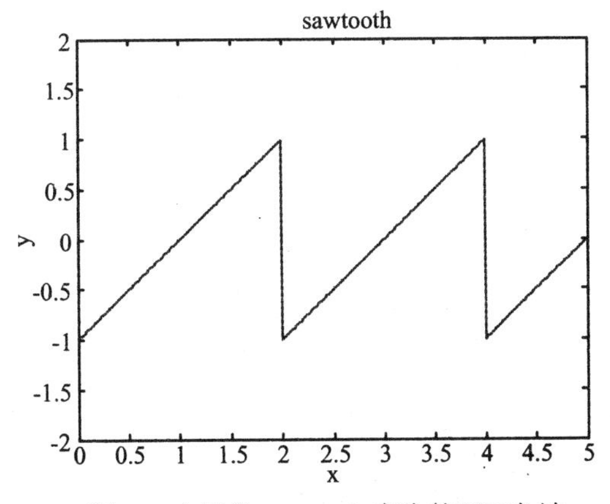

图 7-7 由函数 sawtooth 产生的正三角波

8. 重复冲激串信号

在 MATLAB 中，产生重复冲激串信号的函数为 pulstran。

函数：pulstran

功能：产生重复冲激串信号

语法：y = pulstran(t，d，'func')

y = pulstran(t，d，p，Fs)

y = pulstran(t，d，p)

说明：y = pulstran(t，d，'func')产生由连续函数 func 指定形状的冲激串。t 为时间轴，d 为采样间隔。参数 func 的可选值为：

·gauspuls，高斯调制正弦信号；

·rectpuls，　非周期的矩形波；

·tripuls，　非周期的三角波。

y=pulstran(t，d，p，Fs)由冲激函数原型向量 p 通过采样与延迟组合成冲激串 y，d 为采样间隔，Fs 为采样频率，缺省值为 1Hz。

例 7-8　产生 10 千赫产生周期性的高斯脉冲信号，带宽为 50%，脉冲重复频率 1 kHz，采样率为 50 kHz，和脉冲长度为 10 毫秒，重复的幅度每次减弱为 0.8。

```
t = 0 : 1/50E3 : 10e-3;
d = [0 : 1/1E3 : 10e-3  ;   0.8.^(0:10)]';
y = pulstran(t, d, 'gauspuls', 10e3, 0.5);
plot(t, y)
```

程序运行结果如图 7-8 所示。

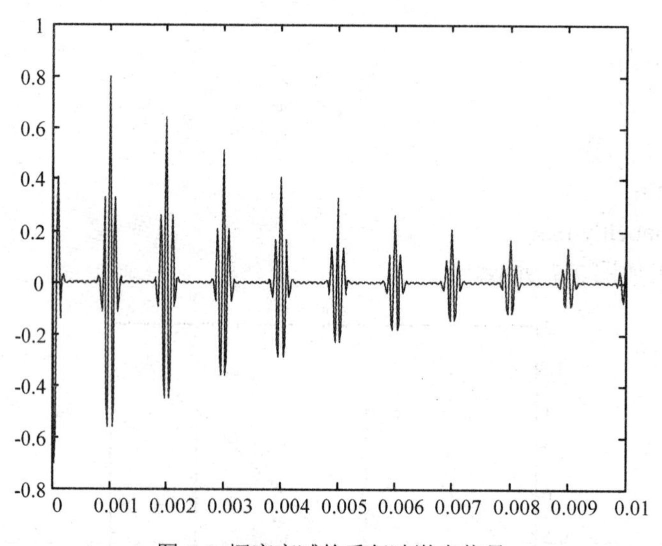

图 7-8 幅度衰减的重复冲激串信号

7.1.2　离散信号的 MATLAB 表示

离散信号是在连续信号上通过采样得到的信号。与连续信号的自变量是连续的不同，离散信号是一个序列，即其自变量是“离散”的。这个序列的每一个值都可以被看作是连续信号的一个采样。以时间为自变量的离散信号为离散时间信号。

离散信号并不等同于数字信号。数字信号不仅是离散的，而且是经过量化的，即不仅其自变量是离散的，其值也是离散的。因此离散信号的精度可以是无限的，而数字信号的精度是有限的。而有着无限精度，亦即在值上连续的离散信号又叫抽样信号。所以离散信号包括了数字信号和抽样信号。实际的离散信号都是从连续信号采样而来，在 MATLAB 中通过函数 stem 进行。

函数：stem

功能：绘制火柴梗图

语法：stem(*Y*)

stem(*X*，*Y*)

stem(...，'fill')

stem(...，LineSpec)

说明：使用 stem 函数绘制针状图，作图时只需要将需要绘制的数据存放在一个数组中，然后将这个数组作为参数传递给 stem 函数就可以得到输出图形。

1. 离散信号的产生

例 7-9　离散指数信号 $y=a^k$ 的产生。

MATLAB 的源程序设计如下：

```
k=0:10;
A=1;
a=-0.6;
fk=A*a.^k;
stem(k，fk);
grid on;
```

程序执行结果如图 7-9 所示。

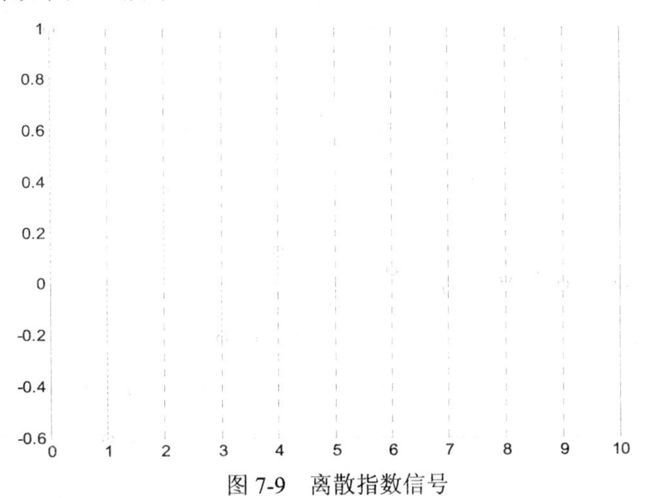

图 7-9　离散指数信号

例 7-10　正弦离散信号的产生。离散正弦序列与连续信号表示类似，应用 stem 函数产生离散序列波形。

MATLAB 源程序设计如下：

```
k=0:6*pi;
fk=sin(k*pi/6);
stem(k，fk，'LineWidth'，2);
grid on;
```

程序运行结果如图 7-10 所示。

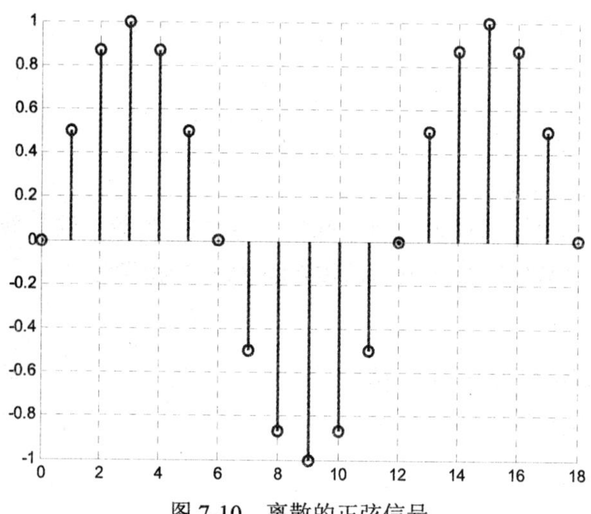

图 7-10　离散的正弦信号

2. 单位冲激信号

单位冲激函数定义为：

$$\delta[k]=\begin{cases}1 & (k=0)\\0 & (k\neq 0)\end{cases}$$

可以借助 MATLAB 中的全零矩阵函数 zeros，产生一个由 N 个零组成的行向量，对于有限区间的单位冲激函数 $\delta[k]$，在 MATLAB 中通过下列代码实现。

```
k=-50:50;
delta=[zeros(1，50)，1，zeros(1，50)];
stem(k，delta，'r'，'LineWidth'，2);
```

产生的波形如图 7-11 所示。

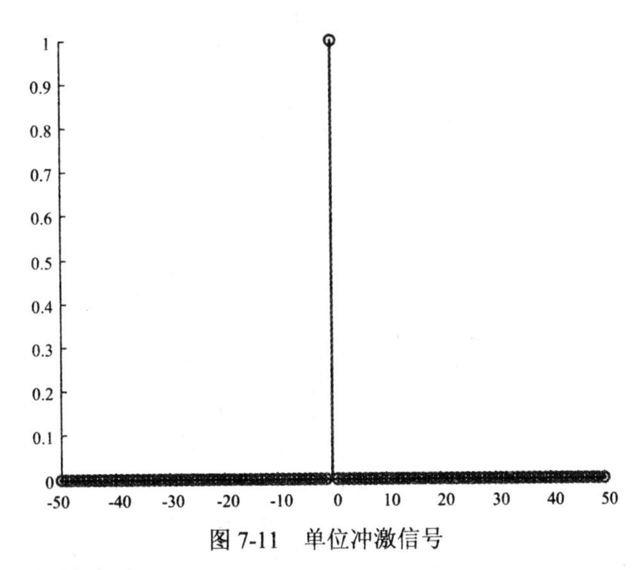

图 7-11 单位冲激信号

例7-11 冲击函数的产生。

```
n=1:50;
x=zeros(1, 50);
x(20)=1;
stem(x);
```

代码运行结果如图 7-12 所示。

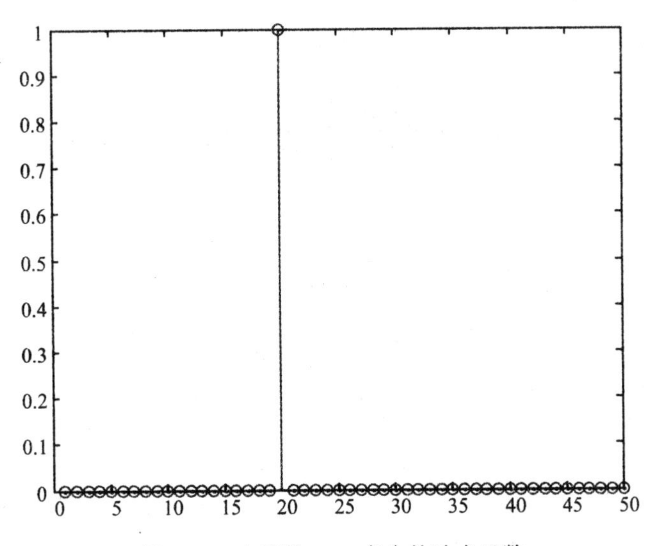

图 7-12 由函数 stem 产生的冲击函数

3. 单位阶跃信号

单位阶跃信号定义为：

$$u[k]=\begin{cases}1(k\geq 0)\\0(k<0)\end{cases}$$

借助单位矩阵函数 ones 来表示，单位矩阵 ones(1，*N*)产生一个由 *N* 个 1 组成的向量，对于有限区间的 *u*[*k*]可以表示为：

```
k= -50:50;
uk=[zeros(1, 50), ones(1, 51)];
stem(k, uk);
```

产生的波形如图 7-13 所示。

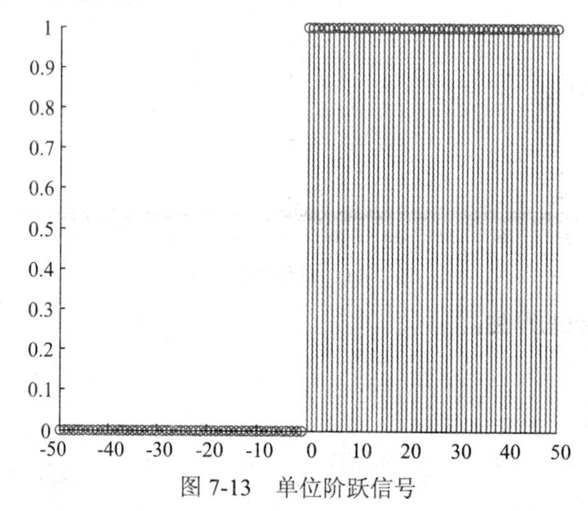

图 7-13　单位阶跃信号

7.2　信号运算的 MATLAB 实现

7.2.1　信号的尺度变换、翻转、平移

信号的尺度变换，翻转，平移运算，实际上是函数自变量的运算。在信号尺度上的变换 f(at)和 f[Mk]中，函数的自变量乘以一个常数，在 MATLAB 中可用算术运算符×来实现。在信号翻转 f(-t)和 f[-k]运算中，函数自变量乘以一个负号，在 MATLAB 中可以直接用负号－写出。

在信号平移中函数自变量加减一个常数，在 MATLAB 中用算术运算符“+”或“−”来实现。

例 7-12　对三角波 $f(t)$，利用 MATLAB 画出 $f(2t)$和 $f(2-2t)$的波形的程序如下：

```
t= -3:0.001:3;
ft=tripuls(t, 4, 0.5);            % 4 为宽度，0.5 表示斜率
subplot(3, 1, 1);                 %斜率指出现的峰值距离对称点 t=(4/2)*0.5 的位置
plot(t, ft);
title('f(t)');
grid on;
```

```
ft1=tripuls(2*t，4，0.5);      %中心点在原点（2t=0），波形幅度2(2t=4)
subplot(3，1，2);
plot(t，ft1);
title('f(2t)'); grid on;
ft2=tripuls((2-2*t)，4，0.5);      %中心点向右移1（2−2t=0），波形幅度−2(−2t=4)
subplot(3，1，3);
plot(t，ft2);
title('f(2-2t)'); grid on;
```

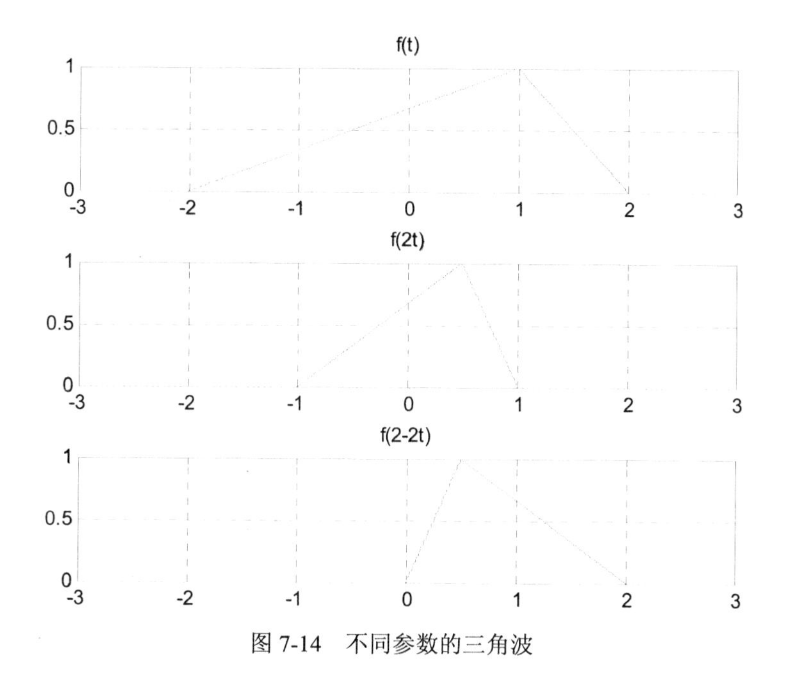

图 7-14　不同参数的三角波

在函数$f(t)$中，三角波的脉冲宽度为4，对称点在t=0处，峰值在距离对称点为1的位置。波形$f(2t)$的脉冲宽度为2（2t=4），对称点在t=0处，峰值在距离对称点为1(2/2*0.5)的位置。函数$f(2-2t)$对称点在t=1处，脉冲宽度为−2（−2t=4），峰值在距离对称点为−0.5（−2/2*0.5）的位置。

例 7-13　不同参数下的三角波信号。

```
t=−10:0.01:10;
ft1=tripuls(2*t，4，0.6);
subplot(4，1，1);
plot(t，ft1);
ft2=tripuls(2*t+2，4，0.6);
subplot(4，1，2);
plot(t，ft2);
ft3=tripuls(-2*t，4，0.6);
subplot(4，1，3);
```

```
plot(t, ft3);
ft4=tripuls(-2*t+2, 4, 0.6);
subplot(4, 1, 4);
plot(t, ft4);
```

程序运行结果如图 7-15 所示。在第 1 个图中波形宽度 2，中心点在 t=0 处，峰值在距中心点右 0.6；在第 2 个图中波形宽度 2，中心点在 t=−1 处，峰值在距中心点右 0.6；在第 3 个图中波形宽度−2，中心点在 t=0 处，峰值在距中心点左 0.6；在第 4 个图中波形宽度−2，中心点在 t=1 处，峰值在距中心点左 0.6。

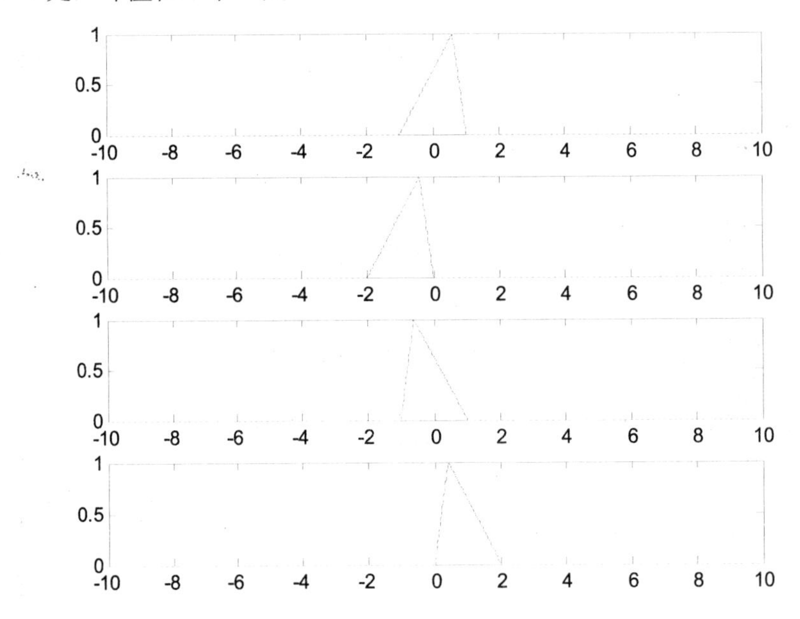

图 7-15　不同参数下的三角波

1. 信号相加减

两个信号应用符号+表示相加，应用符号 - 表示相减。

例 7-14　生成 5*sin(2*pi*50*t)+3*cos(2*pi*100*t)**信号，并且在信号中加入** randn(size(t)) **噪声干扰。分别画出噪声信号和加入噪声后的源信号。** MATLAB 程序设计如下：

```
clear
t = (0:0.001:1)';                %生成 0 到 1 间隔为 0.001 的序列，并转置运算
y =5*sin(2*pi*50*t)+3*cos(2*pi*100*t);           %pi 即为圆周率 π
z = randn(size(t));
ym = y + z
plot(t(1:100), z(1:100))         %绘出变量前 100 个点的图像
plot(t(1:100), ym(1:100))        %绘出变量前 100 个点的图像
```

程序运行结果如图 7-16 所示。

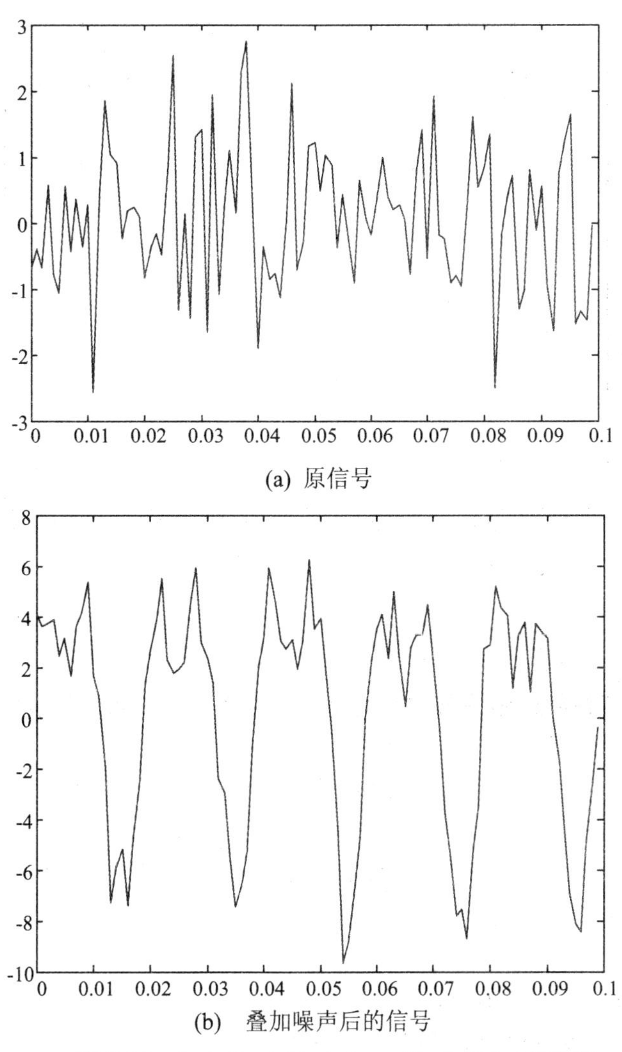

(a) 原信号

(b) 叠加噪声后的信号

图 7-16　5*sin(2*pi*50*t)+3*cos(2*pi*100*t)信号图

例 7-15　计算正弦信号 0.5*sin(2*pi*2*t)**与信号** 2*sin(2*pi*2*t)**相叠加的例子。** MATLAB 程序设计如下：

```
clear                              %清除内存中保存的变量
t=(-1:0.02:1);
x=0.5*sin(2*pi*2*t);
y=2*sin(2*pi*2*t);
z=x+y;
plot(t，x，'+'，t，y，'*'，t，z)；%绘制 x(t)、y(t)和 z(t)的图像，线型分别为'+'、'*'和直线
axis([-0.5，0.5，-3，3])；          %设置横坐标和纵坐标的区间为[-0.5，0.5]和[-3，3]
legend('x=0.5*sin(2*pi*20*t)'，'y=2*sin(2*pi*2*t)'，'z=x+y')；        %设置说明框内容
```

程序运行结果如图 7-17 所示。

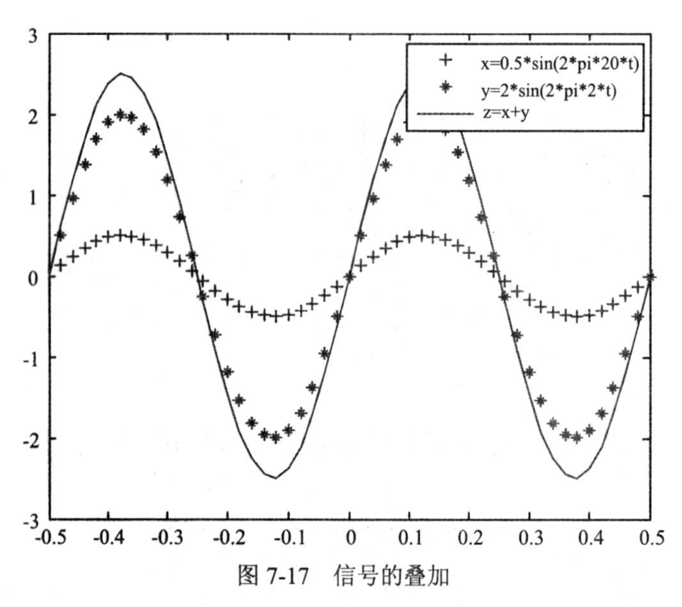

图 7-17　信号的叠加

2. 信号相乘

两个信号相乘，应用符号.*

例 7-16　指数函数和正弦信号相乘的例子，即生成一个生成幅度按指数衰减的正弦信号。MATLAB 程序设计为：

```
clear                               %清除内存内保存的变量
t=(-1:0.01:1);                      %生成-1~1 的序列，间隔为 0.01
x=exp(t);                           %对 t 求底数为 e 的指数运算
y=sin(2*pi*5*t);
z=x.*y;
plot(t, x, '.', t, y, '+', t, z);
legend('x=exp(t)', 'y=sin(2*pi*5*t', 'z=a.*b')
```

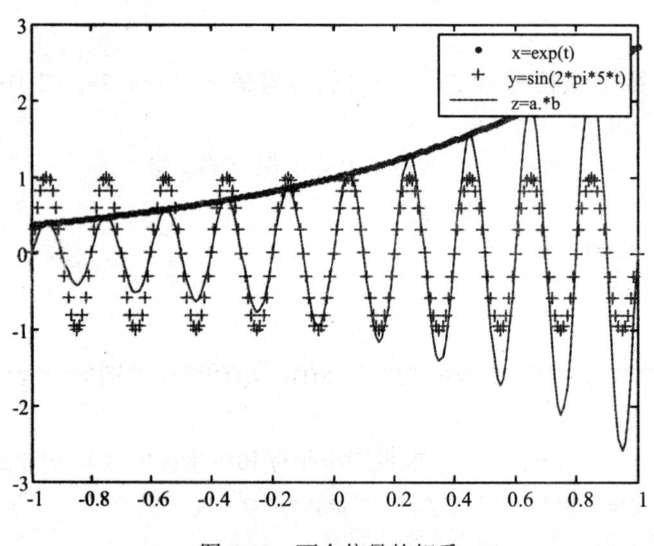

图 7-18　两个信号的相乘

3. 离散信号的差分与求和

离散序列的差分∇ f[k]=f[k]-f[k-1]，在 MATLAB 中用 diff 函数实现。

函数：diff

功能：离散序列的差分求解

语法：Y＝diff(f)

离散序列的求和 $\sum_{k=k1}^{k2} f[k]$ 与信号相加运算不同，求和是把 k_1 和 k_2 之间得所有样本加起来，在 MATLAB 中可用 sum 函数实现。

函数：sum

功能：离散序列的求和

语法：Y=sum(f(k1，k2))

例 7-17　用 MATLAB 计算指数信号 $f(k)=-0.8^k$ 的能量。

离散信号得能量定义为：

$$\lim_{N\to\infty}\sum_{k=-N}^{N}|f[k]|^2$$

因而 MATLAB 代码编写为：

```
k=0:100;
A=1;
a= -0.8;
fk=A*a.^k;
W=sum(abs(fk).^2);
```

程序运行结果为：

```
W =
    2.7778
```

4. 连续信号的微分与积分

连续信号的微分也可以用上述的 diff 函数来近似计算。

例如：$y=(\sin(x^2))'=2x\cos(x^2)$可由下列 MATLAB 语句来实现：

```
h=.001; x=0:h:pi;
y=diff(sin(x.^2))/h;
```

连续信号的定积分可由 MATLAB 中的 quad 函数来实现。

函数：quad

功能：求定积分

语法：quad('function_name'，a，b)

说明：其中 function_name 为被积分函数名（.M 文件名），a 和 b 为指定的积分区间。

例 7-18　**对于三角波要求用 MATLAB 画出 $\frac{df(t)}{dt}$ 和 $\int_{-\infty}^{t} f(t)dt$ 的波形。假设三角波幅度为 1，宽度为 5，中心点在 t=0 处，峰值在中心点偏右为 1。**

在函数 tripuls 中参数确定为 tripuls(t，4，0.5)，因为 4/2∗s=1，即 s=0.5

为了便于利用 quad 函数来计算信号的积分，将三角波写成 $f(t)$写成 MATLAB 函数，函数名为 functri，MATLAB 程序设计如下：

```
function yt=functri(t);
yt=tripuls(t，4，0.5);
```

然后利用 diff 函数和 quad 函数，并调用自定义函数 functri 实现三角波信号 $f(t)$的微分和积分，MATLAB 源程序设计如下：

```
t= -3:0.001:3;
y1=diff(functri(t))*1/0.001;
figure(1);
plot(t(1:length(t)-1)，y1);
title('df(t)/dt');  grid on
t= -3:0.1:3;
for x=1:length(t)
    y2(x)=quad('functri'，-3，t(x));
end
figure(2);
plot(t，y2);
axis([-3 3 -0.5 2.5]); title('Integral of f(t)');
grid on;
```

程序运行结果的三角波微分图形如图 7-19(a)所示，三角波积分图形如图 7-19(b)所示。

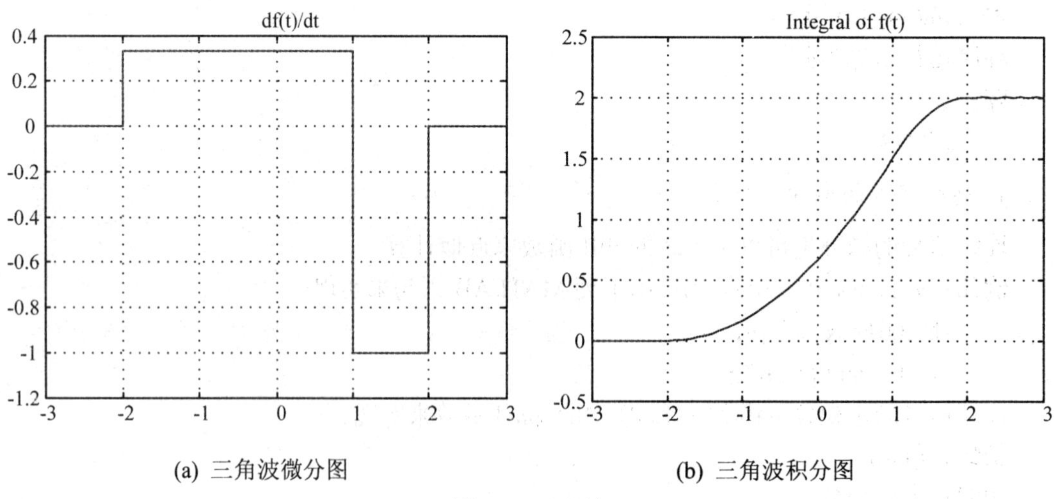

(a) 三角波微分图　　(b) 三角波积分图

图 7-19 三角波

7.3 频域分析的 MATLAB 实现

7.3.1 离散傅立叶变换和其逆变换

傅立叶变换可以将时域信号转换成频域信号，以便分析信号的频域特性，其逆变换则把频域信号转换成时域信号。傅立叶变换的原理是把一个时域信号分解成用不同频率的三角函数或者复函数的叠加组成形式，这样时域信号所包含的频率成分就一目了然了。傅立叶变换的主要目的把不容易处理的时域信号通过 fft 函数转化为容易处理的频域信号，把已处理的频域信号通过 ifft 傅立叶逆变换转化为时域信号。

函数：fft

功能：把一个时域信号变换成频域信号

语法：Y=fft(x，n)

说明：x 为要变换的离散信号，n 为变换的数据量

函数：ifft

功能：把一个频域信号变换成时域信号

语法：z=fft(Y，n)

说明：Y 为要变换的频域信号，n 为变换的数据量

例 7-19　对信号 y=sin100πt+sin240πt 进行离散傅立叶变换，并画出它们的图像。

程序设计：

```
clear                               %清除内存内保存的变量
t=0:0.001:0.6;
x=sin(2*pi*50*t)+sin(2*pi*120*t);
plot(x(1:50));                      %画出时域信号的前 50 个点的图像
y=fft(x，512);                      %对 x 的前 512 个点进行快速傅立叶变换
Y=real(y);                          %取 y 的实部
figure，plot(Y(1:512))
Pyy=y.*conj(y)/512;                 %计算功率密度
f=1000*(0:155)/512;                 %计算频率坐标
figure，plot(f，Pyy(1:156))
%end                                %程序结束
```

程序运行结果如图 7-20 所示。

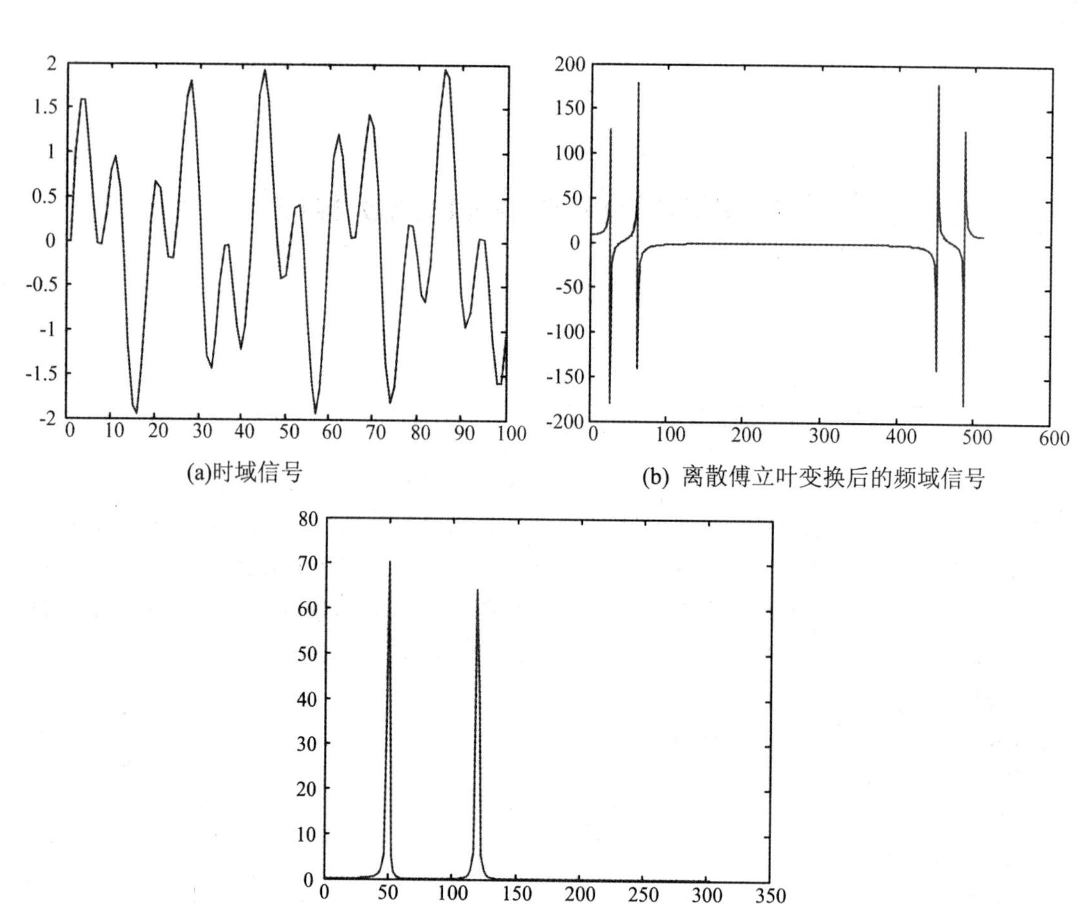

(a)时域信号

(b) 离散傅立叶变换后的频域信号

(c) 信号的功率密度

图 7-20

例 7-20　信号 y=3∗sin100πt+2∗sin240πt **信号加入随机成分后进行傅立叶变换，然后对变换后的序列进行傅立叶逆变换，并画出它们的图像。**

程序设计：

```
clear                                    %清除内存内保存的变量
t=0:0.001:0.6;                           %生成 0 到 0.6 的序列，间隔为 0.001
y=3*sin(2*pi*50*t)+2*sin(2*pi*120*t);
y=y+randn(1, length(t));                 %加入随机成分
subplot(2, 2, 1)
plot(y(1:100));                          %绘制序列 y 的前 100 个点的图像
xlabel('变换前信号')
Y=fft(y, 512);                           %对 y 的前 512 个点进行 FFT 运算
subplot(2, 2, 2)
Y=real(Y);                               %取 Y 的实部
plot(Y(1:512))
xlabel('变换后频域信号')
Pyy=Y.*conj(Y)/512;                      %计算功率密度
```

```
f=1000*(0:255)/512;                    %计算频率序列（频率轴）
subplot(2, 2, 3)
plot(Pyy(1:256));                      %绘制功率密度谱图像
xlabel('信号功率密度')
z=ifft(Y, 512);                        %对 Y 进行逆傅立叶运算
Z=real(z)                              %取 Z 的实部
subplot(2, 2, 4)
plot(Z(1:100))                         %绘制 Z 的前 100 个点的图像
xlabel('逆变换后信号')
```

程序运行结果如图 7-21 所示。

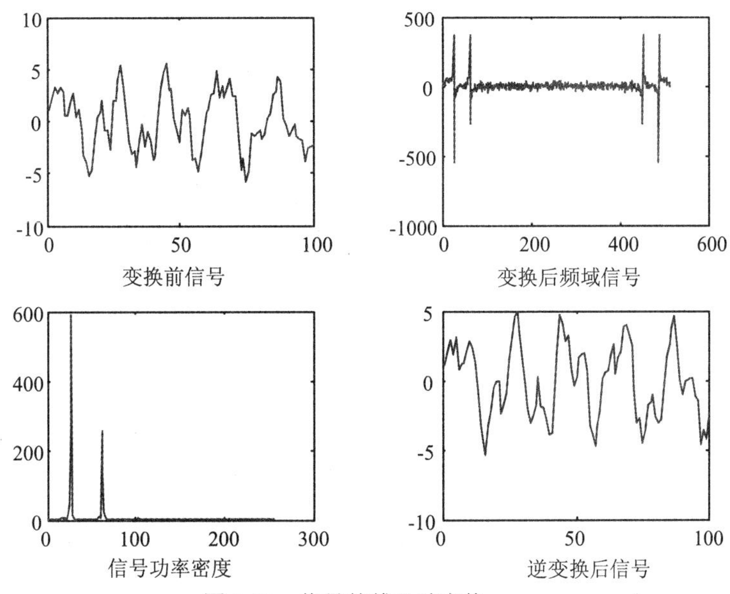

图 7-21　信号的傅里叶变换

例 7-21　画出信号 $y=\sin(100\pi t)+\sin(240\pi t)$ 与带噪声的信号 $y=\sin(100\pi t)+\sin(240\pi t)+$ randn(1，length(t)) 通过傅立叶变换的频域信号。

```
fs=1000;
N=1024;
n=0:N-1;
t=n/fs;
x=sin(2*pi*50*t)+sin(2*pi*120*t);
x=x+2*randn(1, length(t));
y=fft(x, N);
mag=abs(y);
f=(0:length(y)-1)'*fs/length(y);
subplot(2, 1, 1);
plot(f(1:N/2), mag(1:N/2));
xlabel('有噪声的信号通过 fft 变换后频谱分布')
```

```
grid;
x=sin(2*pi*50*t)+sin(2*pi*120*t);
y=fft(x, N);
mag=abs(y);
f=(0:length(y)-1)'*fs/length(y);
subplot(2, 1, 2);
plot(f(1:N/2), mag(1:N/2));
xlabel('无噪声的信号通过 fft 变换后频谱分布')
grid
```

程序运行结果如图 7-22 所示。

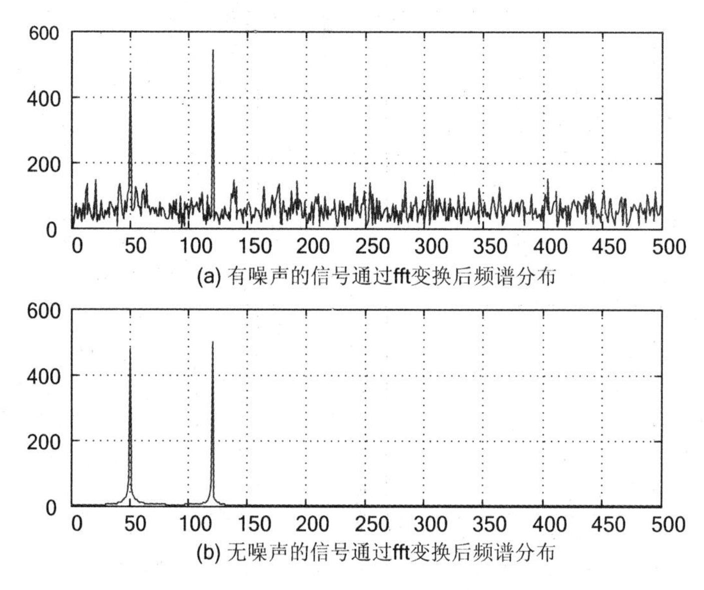

(a) 有噪声的信号通过fft变换后频谱分布

(b) 无噪声的信号通过fft变换后频谱分布

图 7-22 频谱分布图

 7.3.2 信号的功率密度谱

1. 信号的功率密度谱

信号的功率密度谱是信号的能量在频域范围内的分布，具体表现上就是不同频段上波形幅值的变化。

函数：psd

功能：信号的功率密度谱

格式：[Pxx, *f*]=psd(*Xn*, nfft, *Fs*, window, noverlap, *p*)

说明：Pxx 为输入信号 X_n 的功率密度谱数值序列，而 *f* 则为与 Pxx 对应的频率序列，nfft 为 fft 的采样点数，*Fs* 为采样频率，window 声明窗函数的类型，noverlap 是处理 X_n 时混叠的点数，p 为置信区，缺省值为 100%。

例 7-22 时域信号 *x*=sin(120*pit*)+2*sin(320*pi**t*)+randn(size(*t*))的功率密度谱图像。**

```
clear
```

```
t=0:0.001:1;
x=sin(120*pi*t)+2*sin(320*pi*t)+randn(size(t));
nfft=256;
Fs=1000;
window=hanning(256);
noverlap=128;
[Pxx, f]=psd(x, nfft, Fs, window, noverlap);
plot(t(1:200), x(1:200));
title('时域信号');
figure, plot(f, Pxx);
title('功率密度谱')
```

程序运行结果如图 7-23 所示。

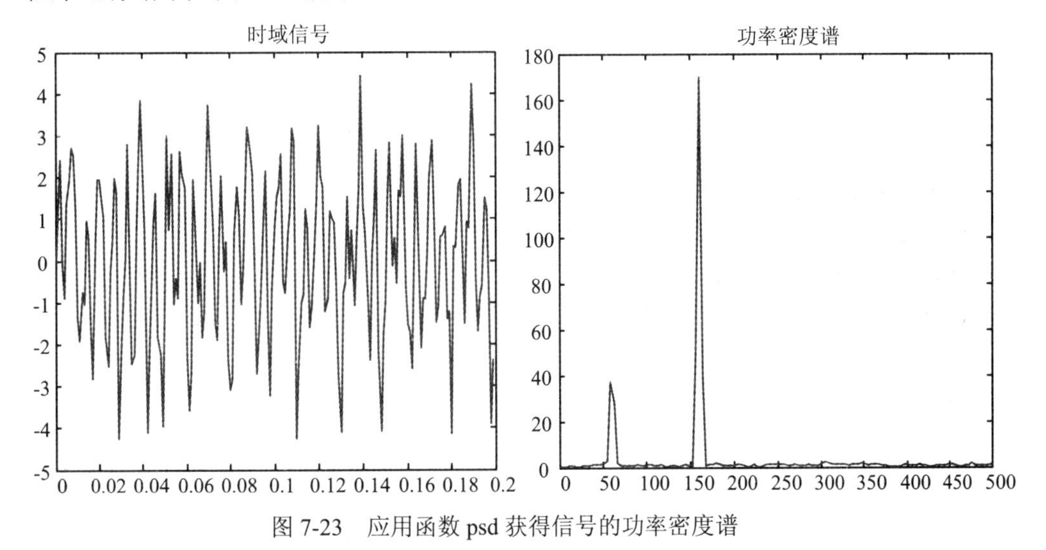

图 7-23 应用函数 psd 获得信号的功率密度谱

在图 7-23 中的时域信号的图像中，很难获得信号的有用信息。而在信号的功率密度谱中，可以清楚地看到输入信号是有两个频率分别为 60Hz，160Hz 的正弦信号和一个随机信号组成。而且 160Hz 正弦波的幅值是 60Hz 正弦波幅值的两倍。

另外 MATLAB 中还有 csd、cohere、tfe、etfe、spa 等类似函数可以处理如互相关功率密度谱等。

2. 信号的相关功率密度谱

信号的相关分为自相关和互相关两种类型，分别说明一个信号自己或者这个信号和另一个信号之间在频域上的相似性的。信号的互相关功率密度谱（如果两个信号完全相同则为自相关密度谱）在故障诊断和状态预测等方面有着广泛的应用，例如看看振动信号里是否有周期成分，寻找零部件裂缝的位置及孔洞的大小等。在 MATLAB 中应用函数 csd 求信号的自相关功率密度。

函数：csd

功能：求信号自相关功率密度

语法：[Pxx[，*f*]]=psd(x[，Nfft，Fs，window，Noverlap，'dflag'])

说明：*x* 为信号序列；Nfft 为采用的 FFT 长度。这一值决定了功率谱估计速度，当 Nfft 采用 2 的幂时，程序采用快速算法；Fs 为采样频率；Window 定义窗函数和 *x* 分段序列的长度。窗函数长度必须小于或等于 Nfft，否则会给出错误信息；Noverlap 为分段序列重叠的采样点数（长度），它应小于 Nfft；dflag 为去除信号趋势分量的选择项：'linear'去除线性趋势分量，'mean'去除均值分量，'none'不做去除趋势处理。Pxx 为信号 *x* 的自功率谱密度估计。*f* 为返回的频率向量，它和 Pxx 对应，并且有相同长度。

在 psd 函数调用格式中，缺省值为：Nfft=min(256，length(x))，Fs=2Hz，window=hanning(Nfft)，noverlap=0。若 *x* 是实序列，函数 psd 仅计算频率为正的功率。

例 7-23　分析一个含有频率为 100Hz 正弦波的随机噪音信号的自相关功率密度谱图像。

MATLAB 程序设计为：

```
clear        %清除内存中保存的变量
t=0:0.001:1；
x=sin(2*pi*100*t)+randn(size(t))；
nfft=256；  %计算 FFT 的单位宽度
Fs=1000；  %采样频率
Window=hanning(256)；      %密度为 256 的汉字窗
Noverlap=128；             %混叠宽度为 128
[Pxx，f]=csd(x，x，nfft，Fs，window，Noverlap)；      %自相关功率密度计算
plot(f，Pxx)             %绘制自相关功率密度谱
%end
```

程序运行结果如图 7-24 所示。

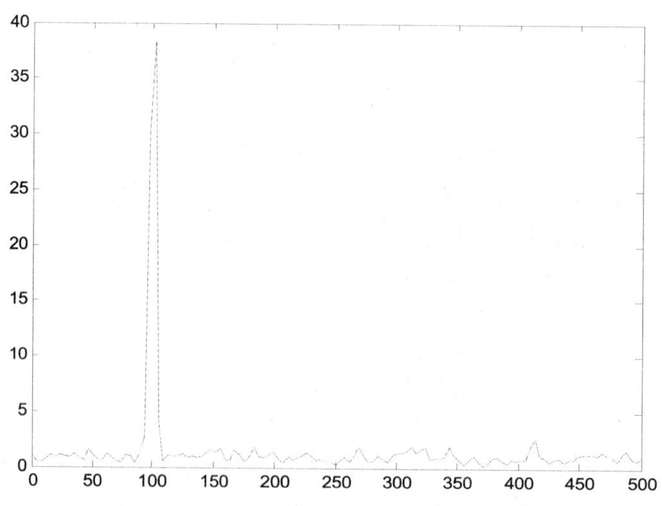

图 7-24　信号 sin(2*pi*100*t)+randn(size(t))的自相关功率密度谱

例 7-24　分析两个时域信号 *x* 与 *y* 的互相关功率密度，其中：

x=sin(2*pi*300*t)+sin(2*pi*160*t)+randn(size(t))

y=sin(2*pi*100*t)+2*sin(2*pi*180*t)+randn(size(t))；

并画出互相关功率密度图像。

MATLAB 的程序设计为：

```
clear                          %清除内存中保存的变量
t=0:0.001:1                    %生成一个从 0 到 1 的序列，间隔为 0.001
x=sin(2*pi*300*t)+sin(2*pi*160*t)+randn(size(t));
y=sin(2*pi*100*t)+2*sin(2*pi*180*t)+randn(size(t));
nfft=256;                      %设置计算 FFT 的单位宽度为 256
Fs=1000;                       %采样频率为 1000Hz
Window=hanning(256);           %窗函数为汉宁窗，窗宽 256
noverlap=128;                  %混叠宽度为 128
[Pxy，f]=csd(x，y，nfft，Fs，window，noverlap); %计算互功率谱
subplot(2，2，1)
plot(t(1:128)，x(1:128))       %绘制第一输入信号的时域图像
xlabel('信号 1 的时域图线')
subplot(2，2，2)
plot(t(1:128)，y(1:128))   %绘制第二输入信号的时域图像
xlabel('信号 2 的时域图线')
subplot(2，1，2)
plot(f，Pxy)                   %绘制两个信号的互功率谱
xlabel('两个信号的互功率谱')
%end
```

程序运行结果如图 7-25 所示。

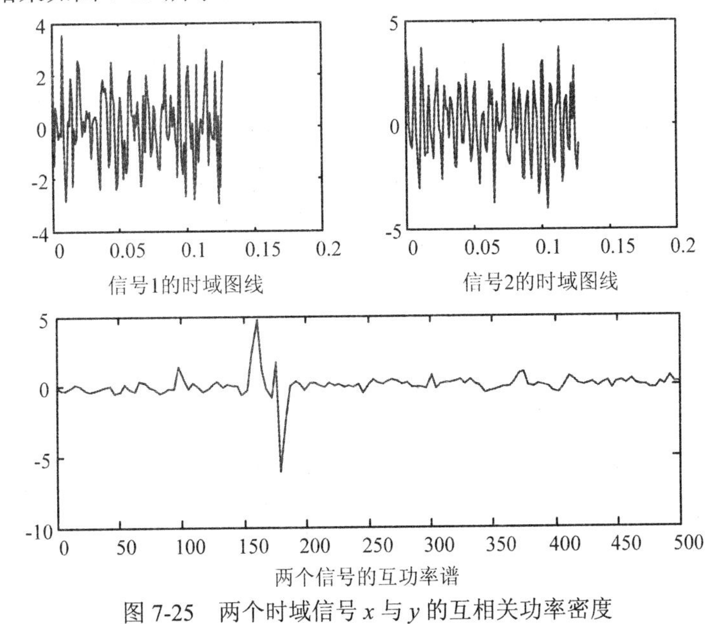

图 7-25　两个时域信号 x 与 y 的互相关功率密度

7.4 滤波器的设计

在 MATLAB 命令窗口，输入命令：

window

即呈现如图 7-26 所示的窗口。

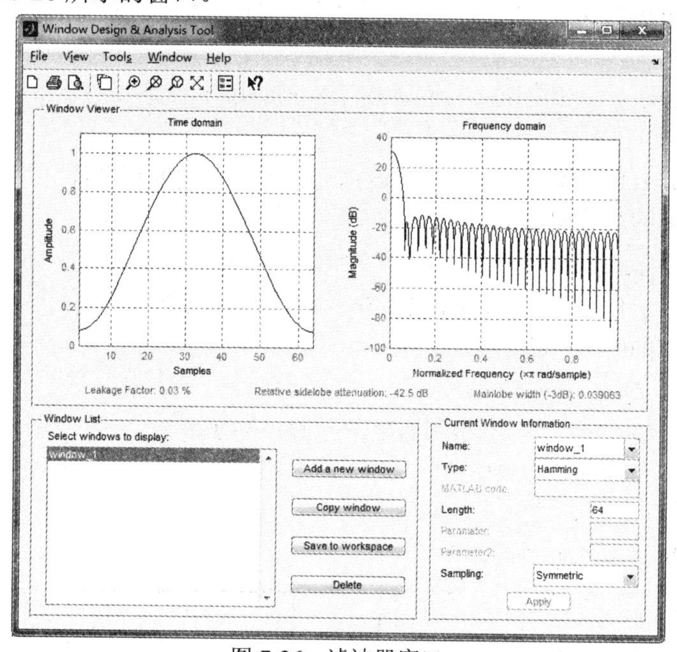

图 7-26　滤波器窗口

在图 7-26 所示的窗口中，可以通过窗口中 Type 列表中选择不同滤波类型及参数 Length 设置不同的值来自定义滤波器。下面主要介绍通过函数 filter 来设计不同的滤波器。

在 MATLAB 中用 filter 这个函数进行滤波运算：*y*=filter(*b*，*a*，*x*)；其中（*b*，*a*）就是滤波器系数，需要根据实际需求进行设计，MATLAB 里有许多不同的滤波器类型。

函数：butter

功能：滤波器设计

语法：

[*b*，*a*]=butter(*n*，*Wn*)

[*b*，*a*]=butter(*n*，*Wn*，'ftype')

[*b*，*a*]=butter(*n*，*Wn*，'*s*')

[*b*，*a*]=butter(*n*，*Wn*，'ftype'，'*s*')

说明：

1. butter 设计一个低通、高通、带通和带阻 butterworth 数字滤波器。

2. [*b*，*a*]=butter(*n*，*Wn*)设计一个 *n* 阶的低通数字 Butterworth 滤波器，其截止频率为

Wn。它返回的滤波器系数是长度为 n+1 的行向量 *a* 和 *b*，标准化截止频率 *Wn* 必须是一个介于 0 和 1 之间的值。

3. 如果 *Wn* 是一个 2 元素的向量，*Wn*=[*w*1 *w*2]，butter 将返回一个阶次为 2∗*n* 的数字带通滤波器，通频带为 $w_1<\psi<w_2$

4. [*b*, *a*]=butter(*n*, *Wn*, 'ftype')设计一个高通或者带通滤波器。这里字符'ftype'要么是'high'(设计一个截止频率为 *Wn* 的高通数字滤波器) 要么是'stop' (设计一个 2∗n 阶的带阻数字滤波器，如果 *Wn* 是一个两个元素的向量，*Wn*=[*w*1 *w*2]，则阻频带为 w1<ψ<w2)。其缺省情况为低通或带通（带通根据 *Wn* 来确定）。

5. [*b*，*a*]=butter(*n*，*Wn*，'*s*')设计模拟滤波器。

例 7-25 正弦信号 $x=\sin 50\pi t$ 加入了随机噪音，采样频率为 1000Hz，滤除掉其中 30Hz 以上的噪音。

MATLAB 滤波程序设计为：

```
clear                                  %清除内存中保存的变量
t=(0:0.001:0.5);
x=sin(50*pi*t)+randn(size(t));         %生成输入序列
[b，a]=butter(10，30/500);
y=filter(b，a，x);                     %进行滤波计算
plot(t，x);                            %绘制滤波前信号的图像
xlabel('滤波前含噪声的信号')
figure，plot(t，y);                    %绘制滤波后信号的图像
xlabel('滤波后无噪声的信号')
%end
```

程序运行结果如图 7-27 所示。程序中语句中[b，a]=butter(10，30/500)，10 为滤波器的阶次，此滤波器滤除掉其中 30Hz 以上的噪音。

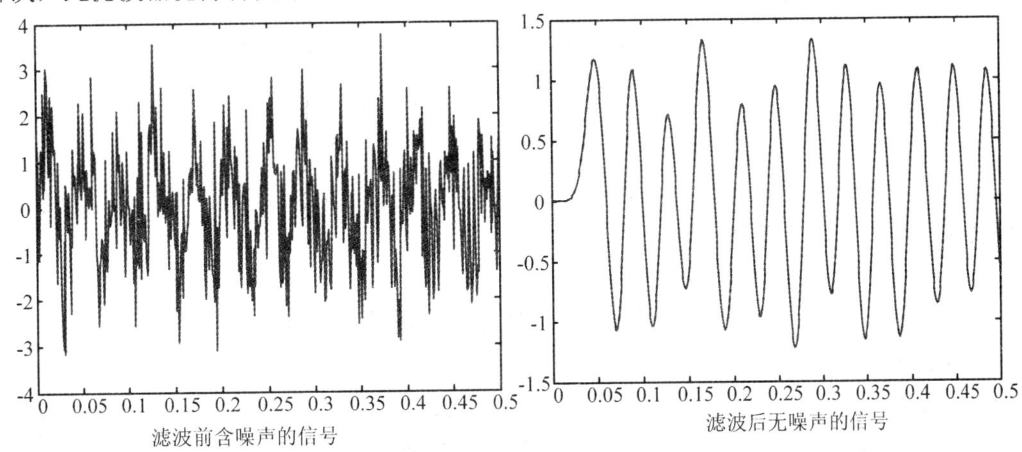

图 7-27 滤波前后的信号

例 7-26 设计一个低通滤波器，从混合信号 *x*(*t*)=sin(2∗pi∗10∗*t*)+cos(2∗pi∗100∗*t*)+0.2∗randn(size(*t*))中获取 10Hz 的信号。

MATLAB 程序设计如下：

```
clear;
ws=1000;
t=0:1/ws:0.4;
x=3*sin(2*pi*10*t)+2*cos(2*pi*100*t)+0.8*randn(size(t));
wn=ws/2;
[B, A]=butter(10, 30/wn);
y=filter(B, A, x);
plot(t, x, 'b-')
hold on
plot(t, y, 'r.', 'MarkerSize', 10)
legend('Input', 'Output')
```

程序运行结果如图 7-28 所示。从图中很容易看出 10 阶 Butterworth 滤波器已经能比较好地从受噪声干扰的多频率混合信号中提取出低频信号。

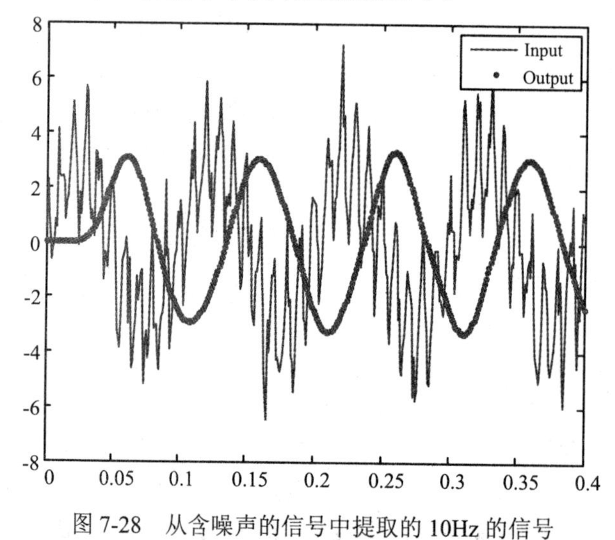

图 7-28　从含噪声的信号中提取的 10Hz 的信号

例 7-27　设计一个高斯窗函数和随机信号相乘（窗函数采样）的实例，并画出高斯窗函数的图像与两信号相乘的图像。

MATLAB 程序设计如下：

```
clear;                          %清除内存内保存的变量
t=linspace(0, 100);             %生成序列
x=randn(size(t));               %随机函数
w=gausswin(100, 5);             %高斯窗函数
s=w';                           %对信号传置
y=x.*s;                         %两信号相乘
subplot(1, 2, 1);
plot(t, w);                     %绘出高斯窗函数的图像
```

```
xlabel('高斯窗函数图像')
subplot(1, 2, 2);
plot(t, y);                          %绘出两信号相乘的图像
xlabel('两信号相乘后的图像');
%end                                  %结束程序
```

程序运行结果如图 7-29 所示。从图中很容易看出，在高斯窗幅度为 0 时，噪声信号被全部过滤；在高斯窗峰值达到 1 时，噪声信号原样输出。

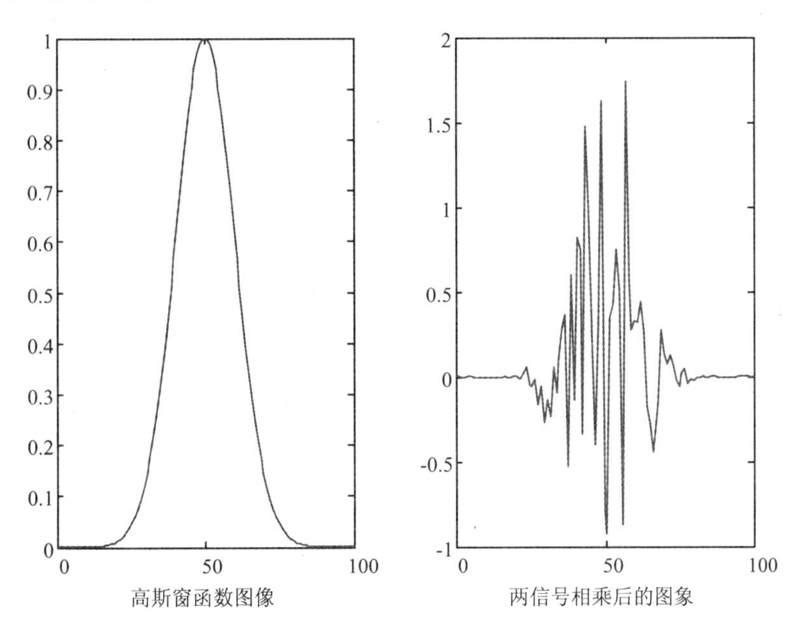

图 7-29 通过高斯窗过滤后的信号

函数:buttord

功能： 计算满足某一系列滤波要求的 Butterworth 滤波器的最小阶次

语法： [*n*，*Wn*]=buttord(*Wp*，*Ws*，*Rp*，*Rs*)

[*n*，*Wn*]=buttord(*Wp*，*Ws*，*Rp*，*Rs*，'*s*')

说明：

1. buttord 加上字符's'表示计算模拟滤波器的最小阶次。

2. [*n*，*Wn*]=buttord（*Wp*，*Ws*，*Rp*，*Rs*）返回数字 Butterworth 滤波器的最低的阶次 n。要求在通频带内的损失不超过 *Rp* 分贝，在阻频带内衰减至少为 *Rp* 分贝。同时也返回作为相应的截止频率的标量（或者矢量）*Wn*。

3. *Rp* 为通频带的波动，单位 dB，是最大的带通允许损失。*Rp* 为阻频带衰减，单位 dB，是从通频带降到阻频带的分贝数。*Wp* 和 *Ws* 都是转折频率。

例 7-28 设计一个带通滤波器，通频带是从 100Hz 到 200Hz，通频带内的波动不超过 3dB，阻频带内衰减最小为 60dB，过滤频率范围为通频带两边各 50Hz，采样频率是 100Hz，并画出频率响应图。

MATLAB 程序设计为：

```
clear                                  %清除内存中保存的变量
```

```
Wp=[100/500，200/500];                    %通频带
Ws=[50/500，250/500];                     %阻频带
Rp=3;                                     %通频波动
Rs=40;                                    %阻频抑制
[n，Wn]=buttord(Wp，Ws，Rp，Rs)            %计算滤波器的阶次和截止频率
[b，a]=butter(n，Wn)                       %滤波器系数计算
freqz(b，a，128，1000)                     %滤波器频率响应计算
title('Bandpass Filter')                  %图像的标题
%end                                      结束程序
```

程序运行如图 7-30 所示。

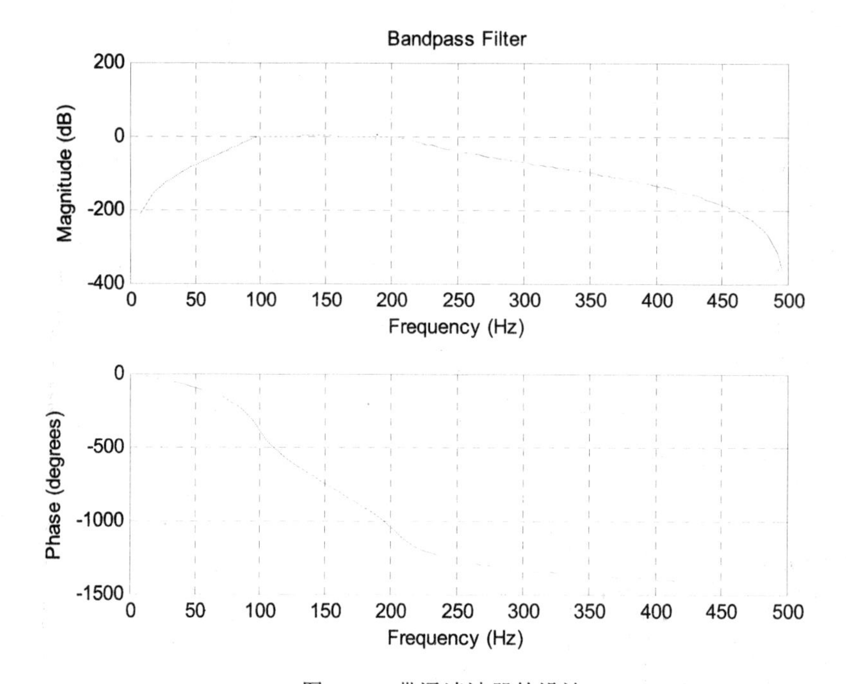

图 7-30　带通滤波器的设计

例 7-29　设计一个高通滤波器。采样频率是 100Hz，0 到 300Hz 为阻频带，其最小衰减为 60dB，400HZ 到 500Hz（耐魁斯特频率）为通宽带，其波动不超过 3dB，画出滤波器的频率响应图。

程序设计如下：

```
clear
Wp=400/500;                               %通频带
Ws=300/500;                               %过度带
[n，wn]=buttord(Wp，Ws，3，60)              %计算滤波器阶次和截止频率
[b，a]=butter(n，Wn，'high');               %高通滤波器计算
Freqz(b，a，128，1000)                      %滤波器频率响应
%end
```

程序运行结果如图 7-31 所示。

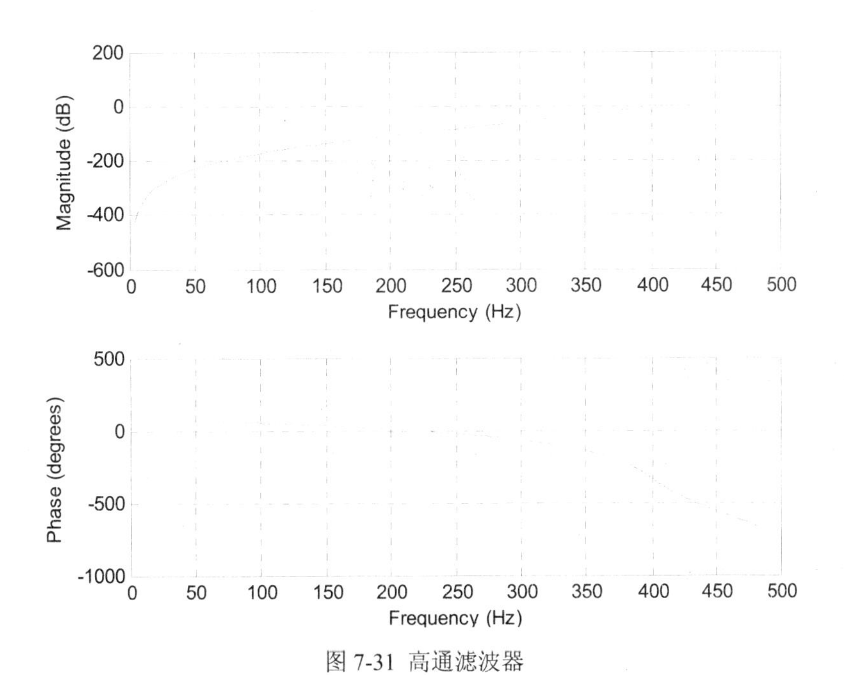

图 7-31 高通滤波器

例 7-30 设计一个 48 **阶带通滤波器，通带为** $0.35 \leqq \omega \leqq 0.65$。

```
b=fir1(48, [0.35 0.65]);
fvtool(b, 1)
```

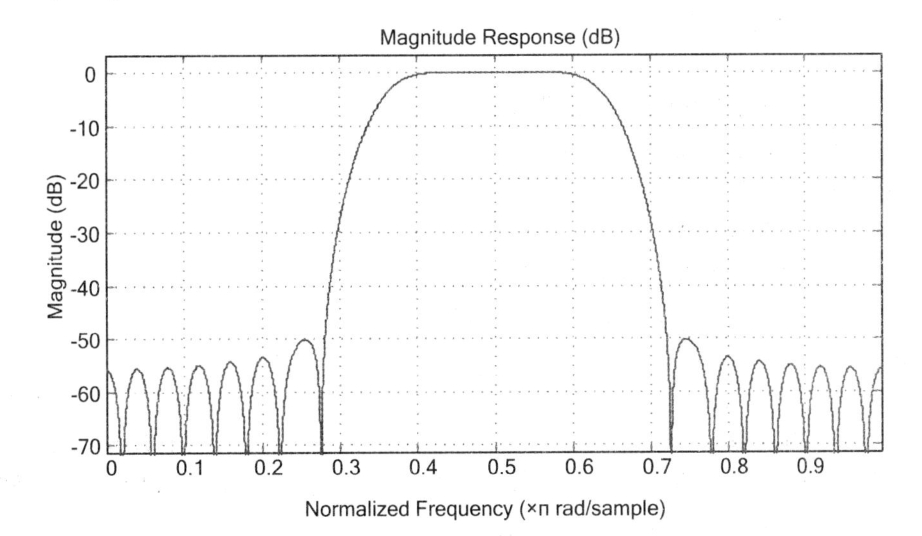

实验七

一、实验目的和要求

掌握基本信号的产生方法，掌握信号的傅立叶变换，功率、自相关功率密度谱图像，基本滤波器的设计。

二、实验内容和原理

1. 产生并画出以下信号：

（1）单位冲激函数

（2）单位阶跃函数

（3）正弦波

（4）周期三角波和锯齿波

（5）周期方波

（6）产生频率为 40Hz，占空比为 40%的周期方波信号。

（7）产生宽度为 6，斜率分别为−0.5 与 0.8 的三角波。

2. 调试下列语句：

```
t = 0 : 1/50E3 : 10e-3;
d = [0 : 1/1E3 : 10e-3;   0.8.^(0:10)]';
y = pulstran(t, d, 'gauspuls', 10e3, 0.5);
plot(t, y)
```

此语句表示产生 10 千赫产生周期性的高斯脉冲信号，带宽为 50%，脉冲重复频率 1 kHz，采样率为 50 kHz，和脉冲长度为 10 毫秒，重复的幅度每次减弱为 0.8。请根据上述语句，设计一个 5 千赫产生周期性的高斯脉冲信号，带宽为 60%，脉冲重复频率 500Hz，采样率为 5 kHz，脉冲长度为 10 毫秒，重复的幅度每次减弱为 0.9 的信号。

3. 在 t=10 处产生一个单位阶跃信号。

4. 对于三角波要求用 MATLAB 画出 $\frac{\mathrm{d}f(t)}{\mathrm{d}t}$ 和 $\int_{-\infty}^{t} f(t)\mathrm{d}t$ 的波形。假设三角波幅度为 1，宽度为 4，中心点在 t=0 处，峰值在中心点偏右为 1。

5. 信号 y=3*sin100πt+2*sin240πt 信号加入随机成分后进行傅立叶变换，然后对变换后的序列进行傅立叶逆变换，画出图像及加入随机成分前后的功率密度谱图像。

6. 分析一个含有频率为 120Hz 正弦波的随机噪音信号的自相关功率密度谱图像。

7. 信号 $x=5\sin 50\pi t+2\cos 20\pi t$ 加入了随机噪音，设采样频率为 1000Hz，请设计一个滤除器，过滤掉 30Hz 以上的噪音，并分析信号、有噪声时的信号、过滤掉 30Hz 以上噪音的信号的功率密度谱图像。

8. 设计一个高斯窗函数和随机信号相乘（窗函数采样）的实例，并画出高斯窗函数的图像与两信号相乘的图像。

9. 设计一个带通滤波器，通频带是从 50Hz 到 100Hz，通频带内的波动不超过 2dB，阻频带内衰减最小为 80dB，过滤频率范围为通频带两边各 20Hz，采样频率是 100Hz，并画出频率响应图。

三、实验过程

四、实验结果与分析

五、实验心得

第 8 章 MATLAB 在概率论与数理统计中的应用

概率论与数理统计是研究随机现象数量规律的一门学科，随机现象在几乎所有的学科门类和行业部门中都广泛存在。概率论的方法和理论也被广泛应用于自然科学、社会科学、工业、农业、医学、军事、经济、金融、管理等领域。本章论述了 MATLAB 在概率论与数理统计中的应用，具体包括：平均值与中数、数据排序、数学期望值、平均差、方差、参数估计等、假设检验、方差分析、线性回归分析等方面。

8.1 随机变量的数字特征

1. 平均值

函数：mean

功能： 函数求算术平均值

语法： mean(X)

mean(X，dim)

说明： 如 X 为向量，结果返回 X 中各元素的算术平均值，算术平均值的数学含义是 $\overline{X}=\frac{1}{n}\sum_{i=1}^{n}x_i$，即样本均值。如 X 为矩阵，返回 A 中各列元素的平均值构成的向量；函数 mean(X，dim)中当 dim 为 1 时，该函数等同于 mean(X)；当 dim 为 2 时，返回一个列向量，其第 i 个元素是 A 的第 i 行的算术平均值。

例如：计算向量[1 2 3 4 5 6 7 8 9 10]的平均值。

```
X=[1 2 3 4 5 6 7 8 9 10];
a=mean(X)
a =
    5.5000
```

例如：有一个 3 行 4 列的矩阵 A=[1 3 4 5；2 3 4 6；1 3 1 5]，**请计算** mean(A)**及** mean(A，2)。

```
A=[1 3 4 5；2 3 4 6；1 3 1 5]
B=mean(A)
C=mean(A，2)
```

运行结果：

```
A =
     1     3     4     5
     2     3     4     6
     1     3     1     5
B =
    1.3333    3.0000    3.0000    5.3333
C =
    3.2500
    3.7500
    2.5000
```

例如：随机抽取 6 个滚珠测得直径如下：（直径：mm）

14.70　15.21　14.90　14.91　15.32　15.32

试求样本平均值

```
X=[14.70  15.21  14.90  14.91  15.32  15.32];
mean(X)   %计算样本均值
```

MATLAB 语句执行结果如下：

```
ans =
   15.0600
```

函数：nanmean

功能：计算向量或矩阵中除 NaN 外元素的算术平均值。

语法：nanmean(*X*)

说明：当 *X* 为向量时，返回 *X* 中除 NaN 外元素的算术平均值；当 *X* 为矩阵时，返回 *A* 中各列除 NaN 外元素的算术平均值向量。

例如：

```
A=[1 2 3；nan 5 2；3 7 nan]
nanmean(A)
```

运行结果：

```
A =
     1     2     3
   NaN     5     2
     3     7   NaN
ans =
    2.0000    4.6667    2.5000
```

对矩阵而言，除 NaN 外按列求平均，计算平均时 NaN 的个数也不考虑在内。

2. 平均数

函数：geomean

功能：计算几何平均数 $\sqrt[n]{a_1a_2...a_n}$

语法：M=geomean(X)

说明：当 X 为向量时，返回 X 中各元素的几何平均数；当 X 为矩阵时，返回 A 中各列元素的几何平均数构成的向量。

例如：

```
B=[1 3 4 5];
M=geomean(B)
A=[1 3 4 5; 2 3 4 6; 1 3 1 5];
M=geomean(A)
M =
    2.7832
M =
    1.2599    3.0000    2.5198    5.3133
```

函数：harmmean

功能：求调和平均值 $n/(1/X1+1/X2+...+1/Xn)$

语法：M=harmmean(X)

说明：当 X 为向量时，返回 X 中各元素的调和平均值；当 X 为矩阵时，返回 A 中各列元素的调和平均值构成的向量。

例如：

```
B=[1 3 4 5]
M=harmmean(B)
A=[1 3 4 5; 2 3 4 6; 1 3 1 5]
M=harmmean(A)
B =
     1     3     4     5
M =
    2.2430
```

```
A =
     1     3     4     5
     2     3     4     6
     1     3     1     5
M =
    1.2000    3.0000    2.0000    5.2941
```

分析：第3列的数据：4　4　1，调和平均值的计算表达式为3*(1/4+1/4+1/1)，即2。

3. 中位数

函数：**median**

功能：计算中值，即向量排序后的中位数

语法：median(*X*)

median(*X*，dim)

说明：当*X*为向量时，返回*X*中各元素的中位数；当*X*为矩阵时，返回*X*中各列元素的中位数构成的向量；在median(*X*，dim)函数中，当dim为1时，等同于median(*X*)；当dim为2时，返回一个列向量，其第*i*个元素是*X*的第*i*行的中值。

注意：如果矩阵总共元素是奇数个，比如3*3，这样中位数就是从大到小排列的中间一个，这样就能找出中位数；如果是偶数的话，中位数是最中间两个数的平均值，由于是计算出来，所以在矩阵中没有这个数的位置。

例8-1　分别计算向量[1 -2 3 4 -5 6 7 -8 9 10]、[1 -2 3 4 -5 6 7 -8 9]**的中位数**。

```
a=[1 -2 3 4 -5 6 7 -8 9 10];
b=[1 -2 3 4 -5 6 7 -8 9 ];
am=median(a)
bm=median(b)
am =
    3.5000
bm =
     3
```

注意：3.5在a向量中并不存在，向量a按顺序排列为：-8 -5 -2 1 3 4 6 7 9 10，中位数是由（3+4）/2；而向量b按顺序排列为：-8 -5 -2 1 3 4 6 7 9，因而中位数为3。

例如：求矩阵A=[1 3 4 5；2 3 4 6；1 3 1 5]的中位数。

```
A=[1 3 4 5；2 3 4 6；1 3 1 5]
am=median(A)
A =
     1     3     4     5
     2     3     4     6
     1     3     1     5
am =
     1     3     4     5
```

函数：nanmedian

功能：忽略 NaN 计算向量或矩阵中位数

语法：nanmedian(*X*)

说明：当 *X* 为向量时，返回 *X* 中除 NaN 外元素的中位数；当 *X* 为矩阵时，返回 *A* 中各列除 NaN 外元素的中位数向量。

例如：

```
A=[1 2 3; nan 5 2; 3 7 nan]
nanmedian(A)
```

运行结果：

```
A =
     1     2     3
   NaN     5     2
     3     7   NaN
ans =
    2.0000    5.0000    2.5000
```

4. 数据排序

在 MATLAB 中应用函数 sort(*X*)对向量或矩阵进行排序。

函数：sort

功能：对向量或矩阵进行排序

语法：*Y*=sort(*X*)

[*Y*，*I*]=sort(*A*)

[*Y*，*I*]=sort(*A*，dim)

说明：当 *X* 为向量时，返回 *X* 按由小到大排序后的向量；当 *X* 为矩阵时，返回 *X* 的各列按由小到大排序后的矩阵；函数[*Y*，*I*]=sort(*A*)中，*Y* 为排序的结果，*I* 是返回的排序后 *Y* 的每个元素在原先数组 A 中的位置；函数[*Y*，*I*]=sort(*A*，dim)中，dim 指明对 *A* 的列还是行进行排序。若 dim=1，则按列排；若 dim=2，则按行排。*Y* 是排序后的矩阵，而 *I* 记录 *Y* 中的元素在 *A* 中位置。

注意：若 X 为复数，则通过|X|排序。

例如：

```
x=[8 3 4 1 5 9 6 7 2];
[X, i]=sort(x)
X =
     1     2     3     4     5     6     7     8     9
i =
     4     9     2     3     5     7     8     1     6
```

它表示元素 1 排列在第 4 个位置，等等。

例如：

```
A=[1 3 4 5; 2 8 0 6; 9 7 1 5]
```

```
[X, i]=sort(A)
[Y, j]=sort(A, 2)
A =
     1     3     4     5
     2     8     0     6
     9     7     1     5
X =
     1     3     0     5
     2     7     1     5
     9     8     4     6
i =
     1     1     2     1
     2     3     3     3
     3     2     1     2
Y =
     1     3     4     5
     0     2     6     8
     1     5     7     9
j =
     1     2     3     4
     3     1     4     2
     3     4     2     1
```

5. 求最大值与最小值之差

在 MATLAB 中应用函数 range 求最大值与最小值之差。

函数：range

功能：求最大值与最小值之差

格式: Y=range(X)

说明：当 X 为向量时，返回 X 中的最大值与最小值之差；当 X 为矩阵时，返回 X 中各列元素的最大值与最小值之差。

例如：

```
A=[1 2 3; 4 5 2; 3 7 0]
Y=range(A)
A =
     1     2     3
     4     5     2
     3     7     0
Y =
     3     5     3
```

6. 包含缺失数据的样本统计量

函数：nanmax

功能：计算样本中有效数据的最大值

语法：m = nanmax(a)

[m，ndx] = nanmax(a)

m = nanmax(a，b)

说明：m = nanmax(a) 返回有效数据的最大值。NaNs 表示缺失值。对于向量，nanmax(a)表示 a 的元素中最大的有效数据。对于矩阵 nanmax(A)表示包含每一列中有效数据的行向量。

[m，ndx] = nanmax(a)也返回向量 ndx 中最大值的系数。

m = nanmax(a，b)返回 a 和 b 中的大者，a 和 b 必须具有相同的大小。

例如：

```
m=magic(3);
m([1 6 8]) = [NaN NaN NaN]
[nmax，maxidx] = nanmax(m)
m =
   NaN     1     6
     3     5   NaN
     4   NaN     2
nmax =
     4     5     6
maxidx =
     3     2     1
```

7. 相关系数

在 MATLAB 中 corrcoef 是计算相关系数矩阵的，也就是概率论中的 ρ(rou)，即无量刚的协方差 $R(i,j)=\dfrac{C(i,j)}{\sqrt{C(i,i)*C(j,j)}}$。

函数：corrcoef

功能：计算相关系数

语法：R=corrcoef(X)

R=corrcoef(X，Y)

说明：R=corrcoef(X)返回矩阵 X 的列向量的相关系数矩阵，函数 corrcoef(X，Y)返回列向量 X，Y 的相关系数，等同于 corrcoef([X　Y])。

例如：

```
a=[0.6557，0.0357，0.8491，0.9340，0.6787];
b=[0.7315，0.1100，0.8884，0.9995，0.6959];
corrcoef(a，b)
```

```
ans =
    1.0000    0.9976
    0.9976    1.0000
```

其中左上角的 1 是向量 a 本身的相关性（主对角线上），右上角的 0.9976 表示向量 a 与 b 的相关性，左下角的 0.9976 表示向量 b 与 a 的相关性，右下角 1 表示 b 向量本身的相关性。

例如：

```
A=[1 2 3； 4 0 -1； 1 3 9]
C1=corrcoef(A)        %求矩阵 A 的相关系数矩阵
C1=corrcoef(A(:， 2)，A(:， 3))      %求 A 的第 2 列与第 3 列列向量的相关系数矩阵
```

运行结果：

```
A =
     1     2     3
     4     0    -1
     1     3     9
C1 =
    1.0000   -0.9449   -0.8030
   -0.9449    1.0000    0.9538
   -0.8030    0.9538    1.0000
C1 =
    1.0000    0.9538
    0.9538    1.0000
```

请读者仔细分析以上运行结果。

8. 协方差矩阵

函数：cov

功能：计算协方差矩阵 var(A)=diag(cov(A))

语法：C = cov(X)

C = cov(x，y)

说明：求矩阵 A 的协方差矩阵，该协方差矩阵的对角线元素是 A 的各列的方差。cov(x，y)的作用与 cov([x，y])的相同，其中，x，y 为长度相等的列向量。

例 8-2　求矩阵 A 的协方差。

```
A=[1 2 3； 4 0 -1； 1 7 3]
C1=cov(A)              %求矩阵 A 的协方差矩阵
C2=var(A(:， 1))        %求 A 的第 1 列向量的方差
C3=var(A(:， 2))        %求 A 的第 2 列向量的方差
C4=var(A(:， 3))
X=[0 -1 1]';
Y=[1 2 2]';
```

```
a1=cov(X)              %X 的协方差
a2=cov(X, Y)           %向量 X、Y 的协方差矩阵
A =
     1     2     3
     4     0    -1
     1     7     3
C1 =
    3.0000   -4.5000   -4.0000
   -4.5000   13.0000    6.0000
   -4.0000    6.0000    5.3333
C2 =
     3
C3 =
    13
C4 =
    5.3333
a1 =
     1
a2 =
    1.0000         0
         0    0.3333
```

9. 样本的偏斜度

函数：skewness

功能：计算样本偏斜度

语法：y = skewness(*X*)

y = skewness(*X*，flag)

说明：skewness(*X*)返回 *X* 的样本偏度。对于向量，skewness(*x*)为 *X* 的元素的偏度。对于矩阵，skewness(*X*)为包含每一列中样本偏度的行向量。偏度用于衡量样本均值的对称性，若偏度为负，则数据均值左侧的离散性比右侧的强；若偏度为正，则数据均值右侧的离散性比左侧的强。在函数 skewness(*X*，flag)中，flag=0 表示偏斜纠正，flag=1（默认）表示偏斜不纠正。正态分布（或任何严格对称分布）的偏度为零。

注意：偏斜度样本数据关于均值不对称的一个测度，如果偏斜度为负，说明均值左边的数据比均值右边的数据更散；如果偏斜度为正，说明均值右边的数据比均值左边的数据更散，因而正态分布的偏斜度为 0

例如：

```
X = randn([5 6])
y = skewness(X)
```

```
X =
   -0.7770    1.3007    0.4909   -0.0932   -1.6877   -1.4564
   -0.3209    1.2162   -1.6816    0.1676   -0.5178   -1.7749
   -1.3135   -1.0468   -0.1715   -0.6380    0.0865    0.2959
   -0.1085    0.1240    0.7231   -0.1040    2.2000    1.0188
   -1.0176   -1.1065   -0.7772    0.6320    0.7609   -0.6440
y =
    0.0464   -0.0179   -0.4097    0.0389    0.1722    0.218
```

10. 频数表

函数：tabulate

功能：绘制频数表

语法：

table = tabulate(*x*)

tabulate(*x*)

说明：table = tabulate(*x*)根据正整数向量 *x* 返回 table 矩阵。table 的第一列包含 *x* 的值。第二列包含该值的实例个数。最后一列包含每个值的百分比。不带输出参数的 tabulate 函数在命令窗口中显示一个格式化的表格。

例如：求向量 1 2 4 4 3 4 的频数表

```
tabulate([1 2 4 4 3 4])
  Value    Count    Percent
      1        1     16.67%
      2        1     16.67%
      3        1     16.67%
      4        3     50.00%
```

11. 均值绝对差

函数：mad

功能：均值绝对差

语法：*y*=mad(*X*)

说明：若 *X* 为矢量，则 *y* 用 mead(abs(*X*-mean(*X*)))计算；若 *X* 为矩阵，则 *y* 为包含 *X* 中每列数据均值绝对差的行矢量；mad(*X*，0)与 mad(*X*)相同，使用均值；mad(*X*，1)基于中值计算 *y*，即：median(abs(*X*-median(*X*)))。

例如：

```
X=[1 2 3 4 5];
y=mad(X)
y =
    1.2000
```

在此例子中均值绝对差表达式为：(｜1-3｜+｜2-3｜+｜3-3｜+｜4-3｜+｜5-3｜)/5，即1.2。

12. 极差

函数：range
功能：返回 X 中数据的最小值与最大值之间的差值
语法：y=range(X)
例如：

```
X=[1 2 3 4 5];
range(X)
ans =
      4
```

4 为最大值 5 与最小值 1 之间的差值。

13. 平均差

平均差的计算：$A.D=(\sum_{i=1}^{n}|X_i-\overline{X}|)/n$，应用 MATLAB 程序设计为：

```
clc;
clear;
N=30;
a=randn(1，N);
mean_a=mean(a);
summ=sum(abs(a-mean_a));
AD=summ/N
```

8.2 方差分析

研究不同因素及因素的不同水平对事件发生的影响程度，通过方差分析，便可以研究不同因素以及因素的不同水平对事件发生的影响程度。根据自变量个数的不同，方差分析可以分为单因子方差分析和多因子方差分析。

1. 标准差(S)

在数学上标准差定义为：$s=\sqrt{\dfrac{\sum X^2}{N}-\left(\dfrac{\sum X}{N}\right)^2}$

MATLAB 程序代码为 ：

```
clc;
```

```
clear;
N=30;
a=randn(1, N)*10;
S2=sum(a.^2)/N-(sum(a)/N)^2
S=sqrt(S2)
S2 =
   188.5656
S =
    13.7319
```

2. 样本方差

在数学上标准差定义为：$s^2=\frac{1}{n-1}\sum_{i=1}^{n}(x_i-X)^2$，在MATLAB中通过函数var实现。

函数：var
功能：样本方差
语法：D=var(X)
D=var(X，1)
D=var(X，w)

说明：在函数var(X)中若X为向量，则返回向量的样本方差，若X为矩阵，则返回为X的列向量的样本方差构成的行向量。在函数var(X，1)返回向量（矩阵）X的简单方差，而在函数var(X，w)返回向量（矩阵）X的以w为权重的方差。

3. 样本标准差

在数学上标准差定义为：$std=\sqrt{\frac{1}{n-1}\sum_{i=1}^{n}x_i-\overline{X}}$，在MATLAB中通过函数std实现。

函数：std
功能：样本标准差
语法：
std(X)
std(X，1)
std(X，flag，dim)

说明：std(X)：返回向量（矩阵）X的样本标准差，置前因子为1/(n-1)
std(X，1)：返回向量（矩阵）X的标准差，置前因子为1/n
std(X，0)：与std (X)相同

std(X，flag，dim)：返回向量（矩阵）中维数为dim的标准差值，其中flag=0时，置前因子为1/(n-1)；否则置前因子为1/n。

例8-3　如求下列样本的样本方差和样本标准差、方差和标准差。

15.21　14.90　15.32　15.32

MATLAB 源程序设计为：

```
X=[14.7 15.21 14.9 14.91 15.32 15.32];
DX=var(X，1)          %方差
sigma=std(X，1)       %标准差
DX1=var(X)            %样本方差
sigma1=std(X)         %样本标准差
```

运行结果：

```
DX =
    0.0559
sigma =
    0.2364
DX1 =
    0.0671
sigma1 =
    0.2590
```

8.2.1 单因子方差分析

一项试验有多个影响因素，如果只有一个因素在发生变化，则称为单因子分析。进行单因子方差分析时，有组间平方和(也称条件误差 SSA)和组内平方和(也称试验误差 SSE)。

函数：anova1

功能： 进行单因子方差分析

语法： p = anova1(X)

p = anova1(x，group)

p = anova1(X，group，'displayopt')

[p，table] = anova1(...)

[p，table，stats] = anova1(...)

说明： anova1(X) 进行平衡单因子方差分析，比较样本 $m \times n$ 的矩阵 X 中两列或多列数据的均值。每一列包含一个具有 m 个相互独立观测值的样本，它返回 X 中所有样本取自同一群体（或取自均值相等的不同群体）的零假设成立的概率 p。若 p 值接近 0，则认为零假设可疑并认为列均值存在差异。通常，当 p 值小于 0.05 或 0.01 时，认为结果是存在显著差异的。anova1 函数还生成两个图形。第一个图为标准方差分析表，它将 X 中数据的误差分成两部分：

- 由于列均值的差异导致的误差（组间差）；
- 由于每一列数据与该列数据均值的差异导致的误差（组内差）。

方差分析表中有六列：

- 第一列显示误差的来源；
- 第二列显示每一个误差来源的平方和（SS）；
- 第三列显示与每一个误差来源相关的自由度(df)；

➢ 第四列显示均值平方和（MS），它是误差来源平方和与自由度的比值，即 SS/df;
➢ 第五列显示 *F* 统计量，它是均值平方和的比值；
➢ 第六列显示 *p* 值，*p* 值是 *F* 的函数（fcdf），当 *F* 增加时 *p* 值减小。

第二个图显示 X 的每一列的箱形图。箱形图中心线上较大的差异对应于较大的 *F* 值和较小的 *p* 值。变量 group 中的每一行包含 *X* 中对应列中的数据的标签，所以 group 变量的长度必须等于 *X* 的列数。

p=anova1(, group, 'displayopt')当 displayopt 参数设置为 on(缺省设置)时，激活 ANOVA 表和箱形图的显示；displayopt'参数设置为 off 时，不予显示。

方差分析要求 X 中的数据满足下面的假设条件：

- 所有样本数据满足正态分布条件；
- 所有样本数据具有相等的方差；
- 所有观测值相互独立。

在基本满足前两个假设条件的情况下，一般认为 ANOVA 检验是稳健的。

例如：

```
x=[73 44 18 31; 45 62 49 60; 35 65 40 17; 14 54 46 62; 56 24 61 24; 66 35 17 58]
group = {'a1', 'a2', 'a3', 'a4'}
p=anova1(x, group)
x =
    73    44    18    31
    45    62    49    60
    35    65    40    17
    14    54    46    62
    56    24    61    24
    66    35    17    58
group =
    'a1'    'a2'    'a3'    'a4'
p =
    0.7918
```

p 值为 0.7918 表明各列数据之间无显著差异。

ANOVA Table

Source	SS	df	MS	F	Prob>F
Columns	376.33	3	125.444	0.35	0.7918
Error	7233.67	20	361.683		
Total	7610	23			

图 8-1 标准方差分析表

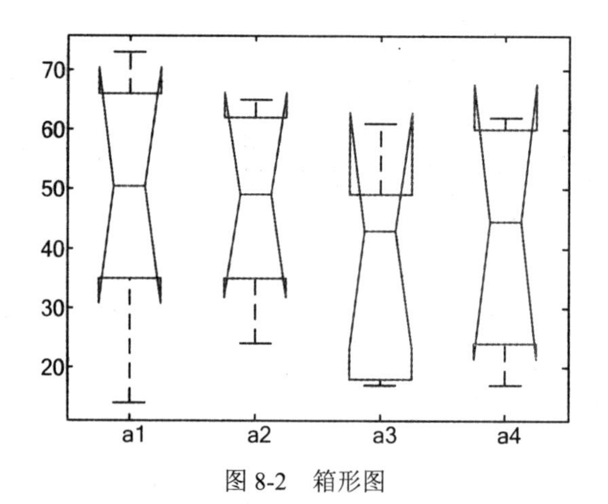

图 8-2　箱形图

例 8-4　一位教师想要检查三种不同的教学方法的效果，为此随机地选取了水平相当的15 位学生。把他们分为三组，每组五人，每一组用一种方法教学，一段时间以后，这位教师给这 15 位学生进行统考，统考成绩（单位：分）如下：

学生统考成绩表

方法	成绩				
甲	75	62	71	58	73
乙	81	85	68	92	90
丙	73	79	60	75	81

要求检验这三种教学方法的效果有没有显著差异（假设这三种教学方法的效果没有显著差异）。

```
score=[75 62 71 58 73; 81 85 68 92 90; 73 79 60 75 81]';
p=anova1(score)
p =
    0.0401
```

程序运行结果如图 8-3 所示，由于 p 值小于 0.05，拒绝零假设，认为三种教学方法的效果存在显著差异。

ANOVA Table

Source	SS	df	MS	F	Prob>F
Columns	604.93	2	302.467	4.26	0.0401
Error	852.8	12	71.067		
Total	1457.73	14			

(a) 方差分析表

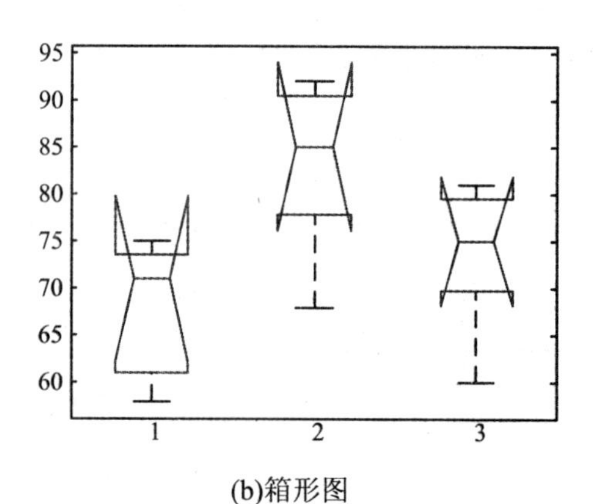

(b)箱形图

图 8-3

图 8-3 中为本问题的方差分析表，从表中可以看出，F0.05(2，12)大于 F 比 4.26 的概率为 0.0401，小于 0.05，可以认为 F0.05(2，12)<4.26，所以，在 0.05 的水平上可以认为三种教学方法的效果有显著差异。图 8-3(b)为本问题的箱形图，可见三种教学方法的效果还是存在显著差异。

8.2.2 双因子方差分析

当有多个因素同时影响试验结果时，采用多因子方差分析。因素水平的改变所造成的试验结果的改变，称为主效应。当某一因素的效应随另一因素的水平不同而不同，则称这两个因素之间存在交互作用，由于交互作用引起的试验结果的改变称为交互效应。

函数：anova2

功能：进行双因子方差分析

语法：

p = anova2(*X*，reps)

p = anova2(*X*，reps，'displayopt')

[*p*，table] = anova2(...)

[*p*，table，stats] = anova2(...)

说明：比较样本 X 中两列或两列以上和两行或两行以上的均值，不同列中的数据代表一个因子 *A* 的变化。不同行中的数据代表因子 *B* 的变化，变量 reps 表示每个单元中观测值的个数。

当 reps=1 时(缺省值)，anova2 函数返回两个 *p* 值到 *p* 向量中。

- 零假设 H0A 的 *p* 值。零假设为源于因子 *A* 的所有样本（如 X 中的所有列样本）取自相同的总体。
- 零假设 H0B 的 *p* 值。零假设为源于因子 *B* 的所有样本（如 X 中的所有行样本）取自相同的总体。
- 当 reps>1 时，anova2 在 *p* 向量中返回第三个值：
- 零假设 H0AB 的 *p* 值。零假设为因子 *A* 和因子 *B* 之间没有交互效应。

如果任意一个 *p* 值接近于 0，则认为相关的零假设不成立。对于零假设 H0A，一个足够小的 *p* 值表示至少有一个列样本均值明显与其它列样本均值不同，即因子 *A* 存在主效应。对于零假设 H0B，一个足够小的 *p* 值表示至少有一个行样本均值明显与其它行样本均值不同，即因子 B 存在主效应。通常，当 *p* 值小于 0.05 或 0.01 时，认为结果是显著的。

anova2 函数还显示一个含标准方差分析表的图形，它将 X 中数据的误差根据 reps 的值分为三部分或四部分：

- 由于列均值差异引起的误差；
- 由于行均值差异引起的误差；
- 由于行列交互作用引起的误差（如果 reps 大于它的缺省值 1）；
- 剩下的误差为不能被任何系统因素解释的误差。

该方差分析表中包含六列：

- 第一行显示误差来源；

- 第二行显示源于每一个误差来源的平方和（SS）；
- 第三行为与每一个误差来源相关的自由度（df）；
- 第四行为均值平方(MS)，它是误差平方和与自由度的比值，即 SS/df;
- 第五行为 F 统计量，它是均值平方和的比值;
- 第六行为 p 值，它是 F 的函数(fcdf)。当 F 增加时 p 值减小。

p = anova2(X，group，'displayopt') 当 displayopt 参数设置为 on(缺省设置)时，激活 ANOVA 表和箱形图的显示；displayopt 参数设置为 off 时，不予显示。

例 8-5　对三种人群进行四种不同任务的反应时进行测试，测试数据如表 8-10 所示。要研究这四项任务和这三种人群对任务的反应时是否有显著影响。

	分组 1	分组 2	分组 3
任务 1	108.2	106.5	115.5
任务 2	84.9	104.2	101.5
任务 3	120.6	130.7	73.9
任务 4	135.7	105.8	88.3

```
disp=[108.2 106.5 115.5; 84.9 104.2 101.5; 120.6 130.7 73.9; 135.7 105.8 88.3]';
p=anova2(disp, 1)
p =
    0.8278    0.4302
```

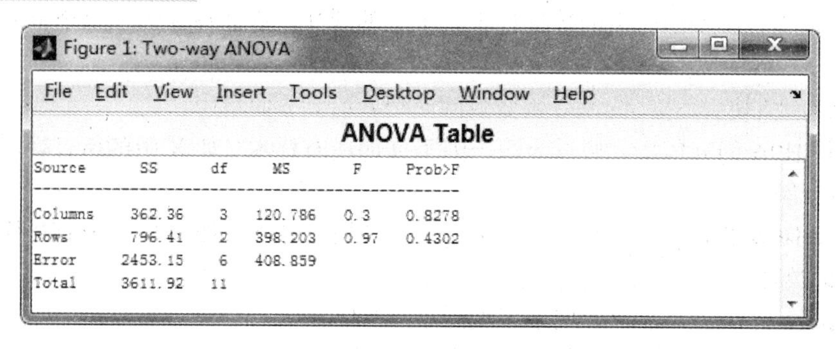

Source	SS	df	MS	F	Prob>F
Columns	362.36	3	120.786	0.3	0.8278
Rows	796.41	2	398.203	0.97	0.4302
Error	2453.15	6	408.859		
Total	3611.92	11			

图 8-4　方差分析表

从图 8-4 的方差分析表可以看出，任务和实验分组所对应的 p 值均大于 0.05，所以可以认为任务和实验分组对反应时没有显著影响。

例 8-6　有 4 项任务分别对多动症儿童与正常儿童进行测试，测试分成三个年龄段对照组。其中测试反应时如下表所示：

	对照组 1		对照组 2		对照组 3	
	多动症儿童	正常儿童	多动症儿童	正常儿童	多动症儿童	正常儿童
任务 1	58	52	56	40	65	60
任务 2	50	42	54	50	42	48
任务 3	61	55	68	70	51	41
任务 4	72	68	59	51	50	42

要求检验各自变量和自变量的交互效应是否对任务反应时有显著影响。

```
a=[58 56 65；52 40 60；50 54 42；42 50 48；61 68 51；55 70 41；72 59 50；68 51 42]
anova2(a，2)
a =
    58    56    65
    52    40    60
    50    54    42
    42    50    48
    61    68    51
    55    70    41
    72    59    50
    68    51    42
ans =
    0.0421    0.0293    0.0034
```

Figure 1: Two-way ANOVA

File Edit View Insert Tools Desktop Window Help

ANOVA Table

Source	SS	df	MS	F	Prob>F
Columns	249.25	2	124.625	4.17	0.0421
Rows	380.13	3	126.708	4.24	0.0293
Interaction	1135.75	6	189.292	6.34	0.0034
Error	358.5	12	29.875		
Total	2123.63	23			

图 8-5　方差分析表

由 ans 向量可知，燃料、推进器和二者交互效应对应的 p 值分别为 0.0421、0.0293、0.0034，三者均小于 0.05，所以拒绝三个零假设。p 值 0.0421 表示至少有一个列样本均值明显与其它列样本均值不同，p 值 0.0293 表示至少有一个行样本均值明显与其它行样本均值不同，p 值 0.0034 表示存在交互效应，因而认为任务、分组和二者的交互效应对于反应时间都是有显著影响的。

8.3　随机变量的概率密度

利用 MATLAB 统计工具箱，可以进行基本概论和数理统计分析，以及进行比较复杂的多元统计分析。

1. 数学期望值

数学期望值是指向量 X 的可能值与其概率 P 之积的累加。设离散型随机变量 X 的分布概率 P，则数学期望值为 $E=X*P'$。

例如：一批产品中有一、二、三等品、等外品及废品 5 种，相应的概率分别为 0.7、0.1、0.1、0.06 及 0.04，若其产值分别为 6 元、5.4 元、5 元、4 元及 0 元.求产值平均值的期望值。

```
X=[6        5.4       5       4        0  ];
P=[0.7      0.1       0.1     0.06     0.04 ];
E=X*P'
E =
    5.4800
```

即产品产值的平均值为 5.48.

例 8-7　设随机变量 X 的分布律为：

X	-2	-1	0	1	2
P	0.3	0.1	0.2	0.1	0.3

求： E (X)、$E(X^2-1)$

在 MATLAB 编辑器中建立 M 文件如下：

```
X=[-2 -1 0 1 2];
p=[0.3 0.1 0.2 0.1 0.3];
EX=sum(X.*p)
Y=X.^2-1
EY=sum(Y.*p)
EX =
     0
Y =
     3     0    -1     0     3
EY =
    1.6000
```

2. 概率密度

函数：pdf

功能： 通用函数计算概率密度函数值

语法： *Y*=pdf(name，*K*，*A*)

Y=pdf(name，*K*，*A*，*B*)

Y=pdf(name，*K*，*A*，*B*，*C*)

说明： 返回在 *X*=*K* 处参数为 *A*、*B*、*C* 的概率密度值，对于不同的分布，参数个数是不同；name 为分布函数名。

例如：计算正态分布 N（0，1）**的随机变量** X **在点** 0.6578 **的密度函数值。**

```
pdf('norm'，0.6578，0，1)
```

运行结果：

```
ans =
    0.3213
```

分析：0.3213是随机变量X在点0.6578的密度函数值

函数：normpdf

功能：计算其概率密度函数，返回$F(x)=\int_{-\infty}^{x}P(t)dt$的值

语法：Y = normpdf(X，mu，sigma)

Y = normpdf(X)

Y = normpdf(X，mu)

说明：计算数据X中各值处参数为mu（平均值）和sigma（标准差）的正态概率密度函数的值，其中参数SIGMA必须为正。如果知道X的分布函数，就可以知道落在任一区间(x_1，x_2)上的概率。

例如：求标准正态分布的一个观察量落在区间[-1 1]中的值。

```
p=normcdf([-1，1])；
p(2)-p(1)
ans =
    0.6827
```

例如：某随机变量x的均值为10，标准差为2.5的正态分布，求x在区间[3 ，6]内的概率。

```
p3=normpdf(3，10，2.5)；
p6=normpdf(6，10，2.5)；
p6-p3
ans =
    0.0412
```

即在x在区间[3，6]内的概率为0.0412。

例8-8　计算平均值分别为0.1～2.9（间隔取为0.1），标准差为2的正态分布概率密度函数在1.5处的值。

```
mu=[0.1:0.2:2.9]；
z=normpdf(1.5，mu，1)；
[y i]=max(z)
plot(z)
x=mu(i)
```

程序代码运行结果为：

```
y =
    0.3989
i =
    8
x =
    1.5000
```

概率密度最大处为 0.3989，处于最大处的坐标为 x=1.5000，概率密度分布图如图 8-6 所示。

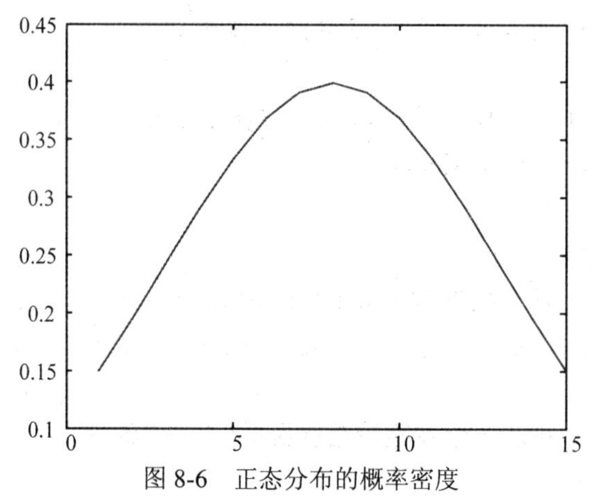

图 8-6　正态分布的概率密度

3. 正态分布的随机数据的产生

函数：normrnd

功能： 正态分布的随机数据的产生

语法： *R* = normrnd(mu，sigma)

R = normrnd(mu，sigma，*m*)

R = normrnd(mu，sigma，*m*，*n*)

说明： 在函数 normrnd(mu，sigma)中，返回均值为 mu，标准差为 sigma 的正态分布的随机数据，*R* 可以是向量或矩阵；在函数 normrnd mu，sigma，*m*)中，*m* 指定随机数的个数，与 *R* 同维数；在函数 normrnd(mu，sigma，m，n)中，*m*，*n* 分别表示 *R* 的行数和列数

例如：

n1 = normrnd(0，1，1，8)

```
n1 =
    0.5377    1.8339   -2.2588    0.8622    0.3188   -1.3077   -0.4336    0.3426
```

分析： 生成一行八列的随机数据，该数据的均值为 0，方差为 1。

例如：应用函数 normrnd(mu，sigma，[m，n])**产生正态分布的随机数据，返回均值** MU **为** 10**，**sigma **为** 0.5 **的** 2 **行** 3 **列个正态随机数。**

在 MATLAB 中，应用：R=normrnd(mu，sigma，[m，n])，R 是向量或矩阵，m、n 分别表示 R 的行数和列数，因而把 MATLAB 语句写成：R=normrnd(10，0.5，[2，3])

运行结果:

```
R =
    9.7837   10.0627    9.4268
    9.1672   10.1438   10.5955
```

4. 二项分布的随机数据的产生

函数：binornd

功能： 二项分布的随机数据的产生

语法：R = binornd(N，P)

R = binornd(N，P，m)

R = binornd(N，P，m，n)

说明：在函数 binornd(N，P)中，N、P 为二项分布的两个参数，返回服从参数为 N、P 的二项分布的随机数，N、P 大小相同。在函数 binornd(N，P，m)中，m 为指定随机数的个数，与 R 同维数。在函数 binornd(N，P，m，n)中，m、n 分别表示 R 的行数和列数

例如：

```
R=binornd(10，0.5，[1，10])
```

运行结果：5　5　2　4　7　3　6　6　6　3

分析：生成一行十列的随机数据，它们服从参数为 10 和 0.5 的二项分布

例 8-9　一大楼装有 5 个同类型的供水设备，调查表明在任一时刻每个设备被使用的概率为 0.1，问在同一时刻

（1）恰有 2 个设备被使用的概率是多少？

（2）至少有 3 个设备被使用的概率是多少？

本题可归结为二项分布问题，故可调用 binopdf 命令求解

（1）MATLAB 程序语句为：

```
binopdf(2，5，0.1)
ans =0．0729
```

（2）MATLAB 程序语句为：

```
k=[3:5]；
x=binopdf(k，5，0.1)；
sum(x)
ans=0.086
```

5. 泊松分布的概率值

函数：**poisspdf**

功能：泊松分布的概率值

语法：poisspdf(k，Lambda)

例如：

```
x=0:80；
y=poisspdf(x，20)；    %20 为峰值所在的位置
plot(x，y)
```

上述语句的运行结果如图 8-7 所示。

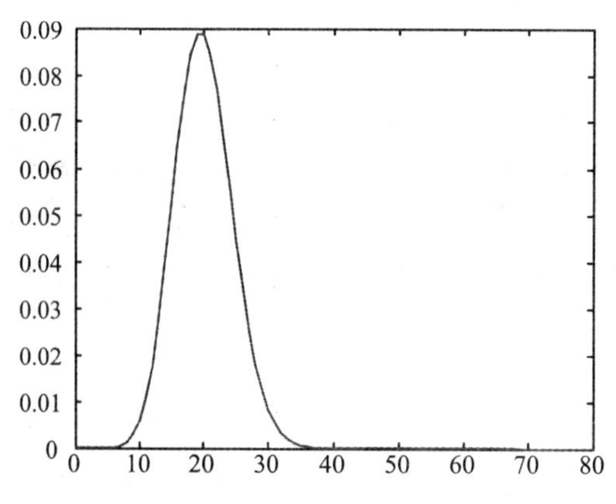

图 8-7 泊松分布概率图

6. 计算累积概率值

函数：cdf

功能：用来计算随机变量 $X \leq K$ 的概率之和（累积概率值）

语法：cdf('name'，*K*，*A*)

cdf('name'，*K*，*A*，*B*)

cdf('name'，*K*，*A*，*B*，*C*)

说明：返回以 name 为分布、随机变量 $X \leq K$ 的概率之和的累积概率值，name 的取值见常见分布函数表

例如：求标准正态分布随机变量 *X* 落在区间(-∞，0.4)内的概率。

cdf('norm'，0.4，0，1)

```
ans =
     0.6554
```

分析：0.6554 就是标准正态分布随机变量 *X* 落在区间（−∞，0.4）内的概率

函数：binocdf

功能：二项分布的累积概率值

语法：binocdf (*k*，*n*，*p*)

说明：*n* 为试验总次数，*p* 为每次试验事件 *A* 发生的概率，*k* 为 *n* 次试验中事件 *A* 发生的次数，该命令返回 *n* 次试验中事件 *A* 恰好发生 *k* 次的概率。

例如：

binocdf (5，10，0.5)

```
ans =
     0.6230
```

7. 随机变量的逆累积分布

函数：icdf

功能：计算逆累积分布函数

语法：icdf('name'，*P*，*a*1，*a*2，*a*3)

说明：返回分布为 name，参数为 $a1$，$a2$，$a3$，累积概率值为 P 的临界值，这里 name 与前面表相同。如果 P=cdf('name'，x，$a1$，$a2$，$a3$)，则 x= icdf('name'，P，$a1$，$a2$，$a3$)

例如：在标准正态分布表中，若已知 φ(x)=0.975，求 x

```
x=icdf('norm'，0.975，0，1)
x =
   1.9600
```

例如：在假设检验中，求临界值问题：

已知 α=0.05，查自由度为 10 的双边界检验 t 分布临界值

```
lambda=icdf('t'，0.025，10)
lambda =
   -2.2281
```

8. 专用函数-inv 计算逆累积分布函数

函数：**norminv**

功能：正态分布逆累积分布函数

语法：X=norminv(p，mu，sigma)

说明：p 为累积概率值，mu 为均值，sigma 为标准差，X 为临界值，满足：$p=P\{X\le x\}$。

例如：设 $X \sim N(3，2^2)$，确定 c 使得 $P\{X>c\}=P\{X\le x\}$。

由 $P\{X>c\}=P\{X\le x\}$ 得，$P\{X>c\}=P\{X\le x\}=0.5$，所以有：

```
X=norminv(0.5，  3，  2)
X=
   3
```

例 8-10　公共汽车门的高度是按成年男子与车门顶碰头的机会不超过 1%设计的。设男子身高 X（单位：cm）服从正态分布 N（175，6），求车门的最低高度。

设 h 为车门高度，X 为身高

求满足条件 $P\{X>h\}\le 0.01$ 的 h，即 $P\{X<h\}\ge 0.99$，所以

```
h=norminv(0.99，  175，  6)
h =
   188.9581
```

函数：**nanstd**

功能：忽略 NaN 的标准差

语法：y = nanstd(X)

说明：若 X 为含有元素 NaN 的向量，则返回除 NaN 外的元素的标准差，若 X 为含元素 NaN 的矩阵，则返回各列除 NaN 外的标准差构成的向量。

例 8-11　忽略 NaN 的标准差计算举例。

```
M=magic(3)
M([2 6 7])=[NaN NaN NaN]
y=nanstd(M)     %求忽略 NaN 的各列向量的标准差
X=[1 5];        %忽略 NaN 的第 2 列元素进行验证
```

```
y2=std(X)
M =
     8     1     6
     3     5     7
     4     9     2
M =
     8     1   NaN
   NaN     5     7
     4   NaN     2
y =
    2.8284    2.8284    3.5355
y2 =
    2.8284
```

8.4 数据相关与参数估计

8.4.1 数据相关

1. 积差相关

积差相关对数据的要求是要求成对的数据，即若干个体中每个个体都有两种不同的观测值。或两列变量各自总体的分布都是正态的，即正态双变量，至少两个变量服从的分布应该是近似正态的单峰分布，两个相关的变量都是连续变量，两列变量之间的关系是直线性的。在数学上表示为：

$$r=\frac{\sum xy}{NS_xS_y}=\frac{\sum xy}{\sqrt{\sum x^2*\sum y^2}}$$

例 8-12　积差相关 MATLAB 程序的设计。

```
clear;
clc;
x=[170 173 160 155 173 188 178 183 180 165];
y=[50 45 47 44 50 53 50 49 52 45] ;
r=dot(x, y)/sqrt(sum(x.^2)*sum(y.^2));
plot(x, y, '*');
b=polyfit(x, y, 1);
```

```
syms x
c=[x, 1];
y=char(dot(b, c));
hold on
lims=[150, 190];
fplot(y, lims);
```

程序运行结果如图 8-8 所示。

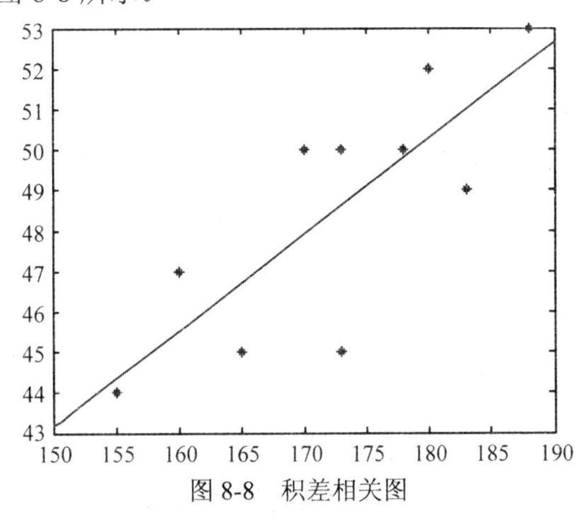

图 8-8 积差相关图

2. 斯皮儿曼等级相关(r_s)

适用于两列变量，而且是属于等级变量性质的据有线性关系的资料，主要用于解决称名数据和顺序数据（如赛马名次）的相关问题。在数学上表示为：

$r_s=1-6\sum D^2/N/(N^2-1)$，$D$ 指的是二列成对变量的等级差。

例 8-13 斯皮儿曼等级相关的 MATLAB 程序设计。

```
x=[7, 2, 5, 8, 1, 9, 10, 6, 4, 3];
y=[5, 2, 1, 8, 6, 10, 9, 7, 4, 3];
d2=(x-y).^2;
r=1-6*sum(d2)/10*(100-1);
plot(x, y, 'r.');
b=polyfit(x, y, 1);
syms x
c=[x, 1];
y=char(dot(b, c));
hold on;
lims=[0, 10];
fplot(y, lims);
```

程序运行结果如图 8-9 所示。

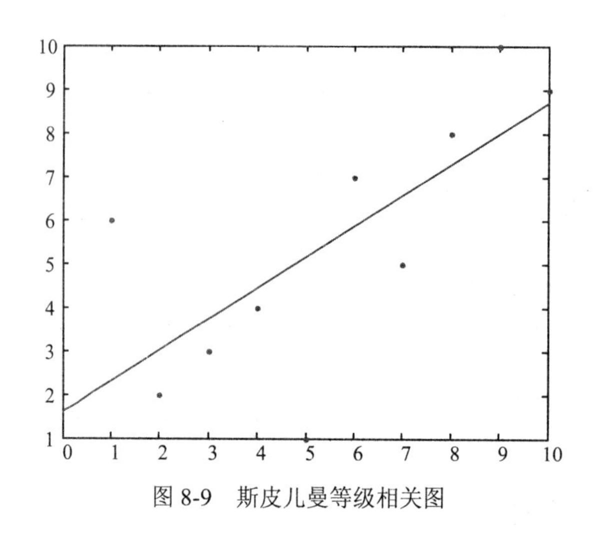

图 8-9　斯皮儿曼等级相关图

8.4.2　参数估计

1. 中心矩法

用总体的样本矩来估计总体的同阶矩。

例 8-14　随机取 8 个活塞环，测得它们的直径为(以 mm 计):74.001 74.005 74.003 74.001 74.000 73.998 74.006 74.002，设环直径的测量值服从正态分布，估计总体的方差。

因为样本的 2 阶中心矩是总体方差的矩估计量，所以可以用 moment 函数进行估计。

```
X=[74.001 74.005 74.003 74.001 74.000 73.998 74.006 74.002];
moment(X，2)
ans =
    6.0000e-06
```

2. 极大似然估计法

函数：mle

功能：使用 data 矢量中的样本数据，返回 dist 指定的分布的极大似然估计

语法：p=mle('dist'，data)

[phat，pci]=mle('dist'，data)

[phat，pci]=mle('dist'，data，alpha)

[phat，pci]=mle('dist'，data，alpha，p1)

说明：data 为样本数据，dist 指定的数据分布，p 为极大似然估计值；[phat，pci]=mle('dist'，data):返回最大似然估计和 95%置信区间；[phat，pci]=mle('dist'，data，alpha):返回指定分布的最大似然估计值和 100(1-alpha)置信区间。

[phat，pci]=mle('dist'，data，alpha，p1):该形式仅用于二项分布，其中 p1 为试验次数。

例 8-15　随机取 8 个活塞环，测得它们的直径为(以 mm 计):74.001 74.005 74.003 74.001 74.000 73.998 74.006 74.002，设环直径的测量值服从正态分布，用最大似然估计法估计总体的方差。

```
X=[74.001 74.005 74.003 74.001 74.000 73.998 74.006 74.002];
p=mle('norm', X)
k=p(2)*p(2)
p =
    74.0020     0.0024
k =
    6.0000e-06
```

例 8-16　从一批灯泡中随机地取 5 只作寿命试验，测得寿命(以小时计)为:1050 1100 1120 1250 1280，设灯泡寿命服从正态分布，求灯泡寿命平均值的 95%置信区间.

```
X=[1050 1100 1120 1250 1280];
[p, ci]=mle('norm', X, 0.05)
p =
    1.0e+03 *
      1.1600     0.0892
ci =
    1.0e+03 *
      1.0361     0.0598
1.2839     0.2866
```

3. 正态分布的参数估计

MATLAB 统计工具箱还提供了具体函数的参数估计函数。如用 normfit 函数对正态分布总体进行参数估计。

函数：normfit

功能：对正态分布总体进行参数估计

语法：[muhat，sigmahat，muci，sigmaci]=normfit(*X*，alpha)

说明:进行参数估计并计算 100(1-alpha)置信区间。

例 8-16　从一批灯泡中随机地取 5 只作寿命试验，测得寿命(以小时计)为:1050 1100 1120 1250 1280，设灯泡寿命服从正态分布，求灯泡寿命平均值的 95%置信区间。

```
X=[1050 1100 1120 1250 1280];
[muhat, sigmahat, muci, sigmaci]=normfit(X, 0.05)
muhat =
          1160
sigmahat =
    99.7497
muci =
    1.0e+03 *
      1.0361
      1.2839
```

```
sigmaci =
   59.7633
  286.6363
```

例 8-17　有一大批糖果．现从中随机地取 16 袋，称得重量(以克计)如下：

506 508 499 503 504 510 497 512

514 505 493 496 506 502 509 496

设袋装糖果的重量近似地服从正态分布，试求总体均值及总体方差的 0.95 的置信区间。MATLAB 代码如下：

```
X=[506 508 499 503 504 510 497 512 514 505 493 496 506 502 509 496]
[ mu，sigma，muci，sigmacil]= normfit(X，0.05)      %1-0.95
X =
   506   508   499   503   504   510   497   512   514   505   493   496   506   502
509   496
mu =
  503.7500
sigma =
    6.2022
muci =
  500.4451
  507.0549
sigmacil =
    4.5816
    9.5990
```

从运行结果分析可知，置信度为 95%的均值置信区间为[500.4451，507.0549]，置信度 95%的标准差置信区间为[4.5816，9.5990]。

8.4.3　假设检验

假设检验是指检验关于分布或参数未知的总体的假设是否合理。

1. 单个正态总体均值的假设检验

函数：ttest

功能：在均方差未知时，用 t 统计量检验样本均值的显著性

语法：ttest(x，m)

h=ttest(x，m，alpha)

[h，sig，ci]=ttest(x，m，alpha，tail)

说明：在函数 ttest(x，m)在 0.05 的显著水平上检验矢量样本 x 的均值为 m 的假设（零假设)，返回结果为 0 表示接受零假设，返回结果为 1 则拒绝零假设；函数 ttest(x，m，alpha)自定义显著水平 alpha，其余同上；函数调用[h，sig，ci]=ttest(x，m，alpha，tail)中，tail

取 0、1、−1 分别表示备择假设为均值不等于、大于、小于 *m*。sig 为与 *t* 统计量有关的 *p* 值，ci 为均值真值的 1-alpha 置信区间。返回结果 *h* 为 0，接受零假设；*h* 为 1，则拒绝零假设。

例 8-18　某电子元件寿命 *x*（以小时计）服从正态分布，μ 和 σ^2 均未知。现测得 16 只元件的寿命如下：159，280，101，212，224，379，179，264，222，362，168，250，149，260，485，170。问是否有理由认为元件的平均寿命大于 225（小时）？

```
x=[159 280 101 212 224 379 179 264 222 362 168 250 149 260 485 170];
[h，p，ci]=ttest(x，225，0.05，1)
    h =
          0
    p =
        0.2570
    ci =
      198.2321         Inf
```

在 0.05 的显著性水平上接受 μ≤ 225 的零假设不能认为元件的平均寿命大于 225 小时

2. 两个正态总体均值差的检验

函数：ttest2

功能：对两个独立同方差（方差未知）正态总体的样本均值差异进行 *t* 检验

语法：

h=ttest2(*x*，*y*)

[*h*，significance，ci]=ttest2(*x*，*y*，alpha)

ttest2(x，y，alpha，tail)

说明：tail 取 0，1，−1 分别表示备择假设为 μx≠ μy，μx> μy，μx<μy。

例 8-19　在平炉上进行一项试验以确定改变操作方法的建议是否会增加钢的得率，试验是在同一个平炉上进行的。每炼一炉钢，除操作方法外其它条件都尽可能做到相同。先用标准方法炼一炉，然后用建议的新方法炼一炉，以后交替进行，各炼 10 炉，其钢的得率分别为：

标准方法　78.1 72.4 76.2 74.3 77.4 78.4 76.0 75.5 76.7 77.3

新方法　　79.1 81.0 77.3 79.1 80.0 79.1 79.1 77.3 80.2 82.1

设这两个样本相互独立，且分别来自正态总体，均值和方差都未知。问建议的新操作方法是否能提高钢的得率？

```
x=[78.1 72.4 76.2 74.3 77.4 78.4 76.0 75.5 76.7 77.3];
y=[79.1 81.0 77.3 79.1 80.0 79.1 79.1 77.3 80.2 82.1];
[h，sig，ci]=ttest2(x，y，0.05，1)
h=ttest2(x，y，0.05，0)
h =
      0
sig =
```

```
    0.9998
ci =
   -4.4917         Inf
h =
      1
```

综合以上得 μx<μy，新方法得钢率比标准方法高。

例 8-20　某车间用一台包装机包装葡萄糖. 包得的袋装糖重是一个随机变量，它服从正态分布 $N(0.5, 0.015)$某日开工后为检验包装机是否正常，随机地抽取它所包装的糖 9 袋，称得净重为(公斤)：

0.497 0.506 0.518 0.524 0.498 0.511 0.520 0.515 0.512

试在 a=0.05 的显著性水平下检验该机器工作是否正常?

MATLAB 程序设计如下：

```
x=[0.497 0.506 0.518 0.524 0.498 0.511 0.520 0.515 0.512];
h=ztest(x，0.5，0.015)
h =
      1
```

结果解释布尔变量 ***h*** 的返回值 1，拒绝零假设，即认为工作不正常。

实验八

一、实验目的和要求

掌握在 MATLAB 中的统计变量的数学特征，例如数学平均值、中值、数学期望值、样本方差、样本标准差、方差和标准差、单因素与多因素的方差分析等，概率密度及参数估计中的正态分布、区间估计等的应用。

二、实验内容和原理

1. 设某教练员有甲、乙两名射击运动员，现需要选拔其中的一名参加运动会，根据过去的记录显示，两人的技术水平如下：

击中环数	8	9	10
选手 1 概率	0.3	0.5	0.2
选手 2 概率	0.2	0.7	0.1

试问哪个射手技术较好？

2. 随机测量 10 个零件的直径如下：（直径：mm）

   14.85 15.37 15.09 14.98 15.02 15.28 15.21 14.90 14.91 15.32

   试求这批零件的样本平均差。

3. 随机产生两列数据，每列数据有 100 个元素，求这两列数据的相关系数。

4. 求下列样本的样本方差和样本标准差、方差和标准差。

   14.85 15.37 15.09 14.98 15.02 15.28 15.21 14.90 14.91 15.32

5. 有三个平行班，某次举行 MATLAB 可视化程序设计考试，考试成绩如下：

   $S1$=[85 62 45 89 98 95 72 88 91 68 74 88 86 89 92 94]

   $S2$=[80 76 82 55 79 88 70 72 88 90 68 70 58 82 89 92]

   $S3$=[75 86 77 84 95 93 87 80 90 82 77 85 89 90 62 84]

   要求检验这三个平行班的成绩有没有显著差异。

6. 对于某次评优选拔主要考虑 4 种能力及两次测试（卷面与面试），得以下数据：

	甲		乙		丙	
能力 1	78.2	72.6	76.2	71.2	75.3	70.8
能力 2	89.1	72.8	84.1	70.5	81.6	78.4
能力 3	80.1	58.3	80.9	63.2	89.2	60.7
能力 4	75.8	71.5	78.2	71.0	78.7	71.4

要求检验各自变量和自变量的交互效应是否对选拔有显著影响？

7. 一批产品中有一、二、三等品、等外品及废品5种，相应的概率分别为0.8、0.6、0.4、0.06及0.04，若其产值分别为26元、20元、15元、4元及0元，求产值平均值的期望值。

8. 公共汽车门的高度是按成年男子与车门顶碰头的机会不超过1%设计的。设男子身高X（单位：cm）服从正态分布N（180，5），求车门的最低高度。

9. 从一批灯泡中随机地取5只作寿命试验，测得寿命（以小时计）为：1050 1100 1120 1250 1280，设灯泡寿命服从正态分布，求灯泡寿命平均值的95%置信区间。

10. 某电子元件寿命x（以小时计）服从正态分布，μ和σ^2均未知。现测得16只元件的寿命如下：159，280，101，212，224，379，179，264，222，362，168，250，149，260，485，170。问是否有理由认为元件的平均寿命大于225（小时）？

三、实验过程

四、实验结果与分析

五、实验心得

第 9 章 MATLAB 在数字图像处理中的应用

本章学习使用 MATLAB 图像处理技术。了解图像的计算机表示方法，掌握图像的各种加减乘除运算及一些经典的处理方法。例如图像的读取和显示、图像的点运算、图像的几何变换、空间域图像增强、频率域图像增强、彩色图像处理、形态学图像处理、图像分割、特征提取等内容。通过本章学习，进一步理解 MATLAB 在图像处理中的应用，为以后从事图像方面的研究作好准备。

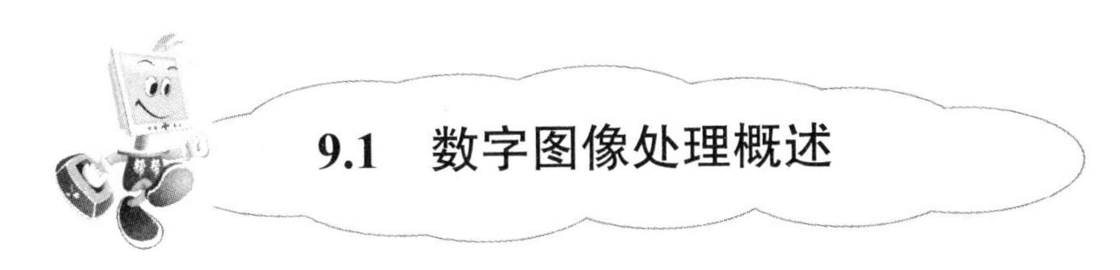

9.1 数字图像处理概述

每个图像本质上是一个非常复杂的数学函数，这个数学函数一般是不能用解析式表示的，由于图像具有不规则性、自然性、复杂性。随着数字摄像技术的诞生，数字图像成为科学研究及应用领域的研究重点。

数字图像处理是指将图像信号转换成数字信号并利用计算机对其进行处理的过程。数字图像处理的目的是改善图像的质量，它以人为对象，以改善人的视觉效果为目的。常用的图像处理方法有图像增强、复原、编码、压缩等。如几何校正、灰度变换、去除噪声等方法进行处理。图像处理技术在许多应用领域受到广泛重视并取得了重大的开拓性成就，属于这些领域的有航空航天、生物医学工程、工业检测、机器人视觉、公安司法、军事制导、文化艺术等，使图像处理成为一门引人注目、前景远大的新型学科。

1. 数字图像处理的主要内容

数字图像处理主要研究的内容有以下几个方面：

（1）图像变换由于图像阵列很大，直接在空间域中进行处理，涉及计算量很大。因此，往往采用各种图像变换的方法，如傅立叶变换、沃尔什变换、离散余弦变换等间接处理技术，将空间域的处理转换为变换域处理，不仅可减少计算量，而且可获得更有效的处理。

（2）图像编码压缩图像编码压缩技术可减少描述图像的数据量，以便节省图像传输、处理时间和减少所占用的存储器容量。编码是压缩技术中最重要的方法，它在图像处理技术中是发展最早且比较成熟的技术。

（3）图像增强和复原，图像增强和复原的目的是为了提高图像的质量，如去除噪声，提高图像的清晰度等。图像增强不考虑图像降质的原因，突出图像中所感兴趣的部分。图像复原是恢复或重建原来的图像。

（4）图像分割是数字图像处理中的关键技术之一。图像分割是将图像中有意义的特征部分提取出来，其有意义的特征有图像中的边缘、区域等。

（5）图像描述是图像识别和理解的必要前提。作为最简单的二值图像可采用其几何特性描述物体的特性，一般图像的描述方法采用二维形状描述，它有边界描述和区域描述两类方法。

（6）图像识别属于模式识别的范畴，其主要内容是图像经过某些预处理（增强、复原、压缩）后，进行图像分割和特征提取，从而进行判决分类。

2. 数字图像处理的基本特点

（1）数字图像处理的信息量很大，对计算机的计算速度、存储容量等要求较高；

（2）数字图像处理占用的频带较宽，在成像、传输、存储、处理、显示等各个环节的实现上，技术难度较大，成本亦高；

（3）数字图像中各个像素是不独立的，其相关性大。在图像画面上，经常有相邻两个像素或相邻两行间的像素，相邻两帧之间的相关性大。图像处理中信息压缩的潜力很大；

（4）由于图像是三维景物的二维投影，一幅图像本身不具备复现三维景物的全部几何信息的能力，要分析和理解三维景物必须作合适的假定或附加新的测量，例如双目图像或多视点图像；

（5）数字图像处理后的图像一般是给人观察和评价的，因此受人的因素影响较大。由于人的视觉系统很复杂，受环境条件、视觉性能、人的情绪爱好以及知识状况影响很大，作为图像质量的评价还有待进一步深入的研究。

3. 数字图像处理的应用

图像是人类获取和交换信息的主要来源，因此，图像处理的应用领域必然涉及到人类生活和工作的方方面面。随着人类活动范围的不断扩大，图像处理的应用领域也将随之不断扩大。

（1）航天和航空技术方面的应用数字图像处理技术在航天和航空技术方面的应用；

（2）生物医学工程方面的应用数字图像处理在生物医学工程方面的应用十分广泛，而且很有成效；

（3）通信工程方面的应用当前通信的主要发展方向是声音、文字、图像和数据结合的多媒体通信；

（4）工业和工程方面的应用在工业和工程领域中图像处理技术有着广泛的应用；

（5）军事公安方面的应用在军事方面图像处理和识别主要用于导弹的精确末制导，各种侦察照片的判读，具有图像传输、存储和显示的军事自动化指挥系统等；公安业务图片的判读分析，指纹识别，人脸鉴别，不完整图片的复原，以及交通监控、事故分析等；

（6）文化艺术方面的应用目前这类应用有电视画面的数字编辑，动画的制作，电子图像游戏，纺织工艺品设计，服装设计与制作，发型设计，文物资料照片的复制和修复，运动员动作分析和评分等等。

4. MATLAB 中常用图像操作

（1）MATLAB 图像处理函数，几乎涵盖了图像处理的所有的技术方法。这些函数按功能可分为图像显示、图像文件 I / O、图像算术运算、几何变换、图像登记、像素值与统计、图像分析、图像增强、线性滤波、线性二元滤波设计、图像去模糊、图像变换、邻域与块处理、灰度与二值图像的形态学运算、结构元素创建与处理、基于边缘的处理、色彩映射表操作、色彩空间变换及图像类型与类型转换。

（2）图像文件格式的读写和显示。MATLAB 提供了图像文件读入函数 imread 用来读取如 bmp、tif、jpg、pcx、tiff、gpeg、hdf、xwd 等格式图像文件；图像写出函数 imwrite，还有图像显示函数 image、imshow 等等。

（3）图像处理的基本运算。MATLAB 提供了图像的和、差等线性运算，以及卷积、相关、滤波等非线性运算。

（4）图像变换。MATLAB 提供了一维和二维离散傅立叶变换(DFT)、快速傅立叶变换(FFT)、离散余弦变换(DCT)及其反变换函数，以及连续小波变换(CWT)、离散小波变换(DWT)及其反变换。

（5）图像的分析和增强。针对图像的统计计算，MATLAB 提供了校正、直方图均衡、中值滤波、对比度调整、自适应滤波等对图像进行的处理。

（6）图像的数学形态学处理。针对二值图像，MATLAB 提供了数学形态学运算函数：腐蚀(Erode)、膨胀(Dilate)算子，以及在此基础上的开(Open)、闭(Close)算子、厚化(Thicken)、薄化(Thin)算子等丰富的数学形态学运算。

以上所提到的 MATLAB 在图像中的应用都是由相应的 MATLAB 函数来实现的。例如在 MATLAB 中，函数 edge ()用于灰度图像边缘的提取，它支持六种不同的边缘提取方法，即 Sobel 方法、Prewitt 方法、Robert 方法、Laplacian2Gaussian 方法、过零点方法和 Canny 方法。

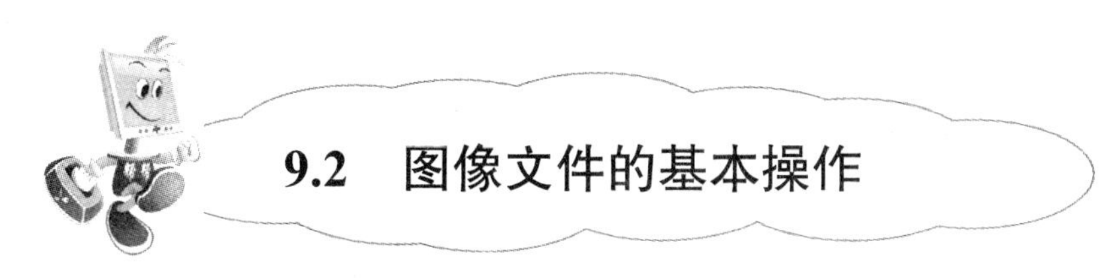

9.2 图像文件的基本操作

MATLAB 为用户提供了专门的函数，以从图像格式的文件中读写图像数据。imread 函数用于读入各种图像文件，imwrite 函数用于输出图像，imfinfo 函数用于读取图像文件的有关信息。把图像显示于屏幕有 imshow 等函数。

1. 图像的读取

函数：imread

功能：用来读取图像

语法：

A=imread(FILENAME，FMT)

说明：FILENAME 指定图像文件的完整路径和文件名。如果在 work 工作目录下只需提供文件名。FMT 为图像文件的格式对应的标准扩展名。

I=imread('C:\image\liujh1.BMP')；%读入图像

图像数据的调用：既然图像数据是存储在数组中，那么调用图像数据就变成了操作数组元素。

2. 图像的写入

函数：imwrite

功能：把图像矩阵写入磁盘文件

语法：imwrite(*A*，FILENAME，FMT)

说明：FILENAME 参数指定文件名，FMT 为保存文件采用的格式。

例如：读取一个当前目录下的 BMP 图像文件，显示后以 JPG 格式的文件存放，程序代码为：

```
A=imread('d:\t.bmp');  % 读入图像
imshow(A);  % 显示图像
imwrite(A，'t.jpg');
info=imfinfo('t.jpg') % 查询图像文件信息
```

3. 图像的显示

函数：imshow

功能：图像的显示

语法：imshow(*I*，[low high])

说明：*I* 为要显示的图像矩阵，[low high]为指定显示灰度图像的灰度范围。高于 high 的像素被显示成白色；低于 low 的像素被显示成黑色；介于 High 和 low 之间的像素被按比例拉伸后显示为各种等级的灰色。

图像的显示函数除 imshow( )外，还可用函数 imview( )、image( )、imagesc( )也可以用来显示图像。函数 montage( )用来在一个窗口中显示多帧图像。

例 9-1　图像读取及灰度变换。

```
figure；%figure 创建一个新的窗口
I=imread('d:\clock.tif')；%读取图像
subplot(1，2，1)，imshow(I)    %输出图像
title('原始图像')      %在原始图像中加标题
subplot(1，2，2)，imhist(I) %输出原图直方图
title('原始图像直方图')   %在原图直方图上加标题
```

程序运行后，像的灰度显示如图9-1所示。

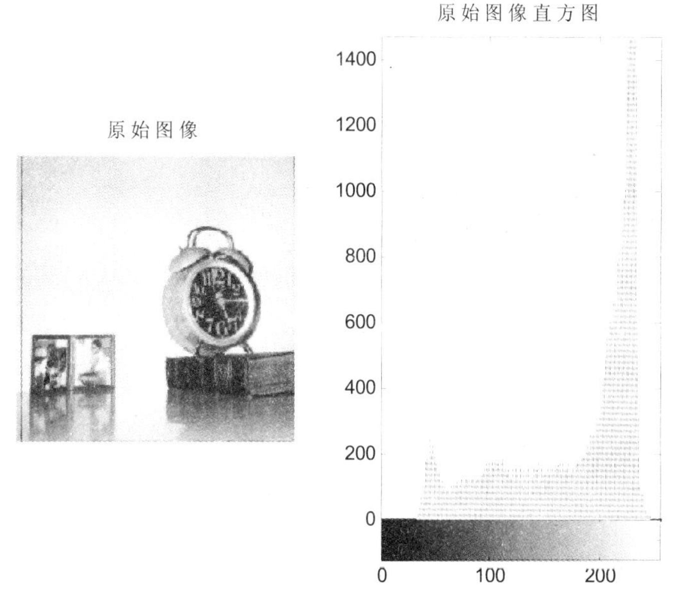

图 9-1　图像的灰度显示

4. 图像的格式转换

MATLAB 图像处理工具箱支持 4 种图像类型，分别为真彩色图像(RGB)、索引色图像、灰度图像(I)和二值图像(BW)。由于有的函数对图像类型有限制，因此这 4 种类型可以用工具箱的类型转换函数相互转换。MATLAB 可操作的图像文件包括 BMP、HDF、JPEG、PCX、TIFF 和 XWD 等格式。

函数：rgb2gray

功能：从RGB图创建灰度图，存储类型不变，将彩色影像转换为黑白影像

语法：I = rgb2gray(RGB)

说明：这个命令是把R.G.B彩色影像转化为黑白的影像。

函数im2uint8是将图像转换成uint8类型，函数im2double将图像转换成double类型。

例9-2　灰度图像显示。

```
I=imread('d:\t.bmp');
I1=rgb2gray(I);
subplot(1, 2, 1);
imshow(I);
title('原图像');
subplot(1, 2, 2);
imshow(I1);
title('灰度图像');
```

通过函数 rgb2gray 变换的灰度图像如图9-2所示。

原图像　　　　灰度图像

图 9-2　灰度图像显示

在图像的写入函数imwrite应用中已谈到可以用此函数转换图像文件的格式。

例9-3　将jpg图像转换为bmp图像。

```
clear
z=imread('D:\Tulips.jpg');
subplot(1，2，1); subimage(z)
title('jpg 图像');
imwrite(z，'D:\Tulips1.bmp'，'bmp');
z=imread('D:\Tulips1.bmp');
subplot(1，2，2); subimage(z)
title('bmp 图像');
```

将 jpg 图像转换为 bmp 图像结果如图 9-3 所示。

jpg图像　　　　bmp图像

图 9-3　图像格式的转换

5. 图像的二值化

将256个亮度等级的灰度图像通过适当的阈值选取，所有灰度大于或等于阈值的像素被判定为属于特定物体，其灰度值为255表示，否则这些像素点被排除在物体区域以外，灰度值为0，表示背景或者例外的物体区域，如公式9-1。

$$f(x)=\begin{cases}0 & x<T \\ 255 & x\geq T\end{cases} \tag{9-1}$$

获得的二值化图像仍然可以反映图像整体和局部特征。在MATLAB中二值化图像的函数为im2bw。

函数：im2bw

功能：二值化图像

语法：im2bw(I，LEVEL)；

说明：I为图像文件的矩阵，阈值法从灰度图、RGB图创建二值图，LEVEL为指定的阈值在（0，1）区间。

例9-4　程序中应用函数im2bw把图像文件进行二值化处理，其中阈值分别为0.4、0.7，试比较不同阈值的图像。

```
I=imread('D:\fl.bmp')；
subplot(1，3，1)；imshow(I)；
title('原图')；
N1=im2bw(I，0.4)；  % 将此图像二值化，阈值为0.4
N2=im2bw(I，0.7)；  % 将此图像二值化，阈值为0.7
subplot(1，3，2)；
imshow(N1)；
title('二值化阈值0.4')；
subplot(1，3，3)；
imshow(N2)；
title('二值化阈值0.7')；
```

不同的阈值处理结果如图9-4所示。

原图　　二值化阈值0.4　　二值化阈值0.7

图 9-4　图像灰度的二值化

例9-5　使用函数 im2bw( )把灰度图像、索引图像、RGB 图像等转化为二值图像并显示结果。编写下面程序，运行后的结果如图9-5所示。

```
A1 = imread('D:\1.jpg')；
B1 = im2bw(A1，0.39)；
A2 = imread('D:\1.bmp')；
B2 = im2bw(A2)；
A3 = imread('D:\2.jpg')；
B3 = im2bw(A3，0.4)；
subplot(2，3，1)；imshow(A1)
subplot(2，3，2)；imshow(A2)
subplot(2，3，3)；imshow(A3)
subplot(2，3，4)；imshow(B1)
subplot(2，3，5)；imshow(B2)
```

```
subplot(2, 3, 6); imshow(B3)
```

图 9-5　灰度的二值化处理图像

9.3　图像的几何变换

图像的几何变换是指图像几何操作后，内部结构比例等发生变化，但整体布局与形状没有改变。包括图像扭曲、图像二维空间变换、距离变换等内容。

1. 图像平移

如果图像在 x 方向与 y 方向分别平移 T_x、T_y，那么按以下变换：

$$[x_1\ \ y_1\ \ 1]=[x_0\ \ y_0\ \ 1]\begin{pmatrix}1 & 0 & 0\\ 0 & 1 & 0\\ T_x & T_y & 1\end{pmatrix}$$

在 MATLAB 中可由以下函数完成。

函数：strel

功能：用来创建形态学结构元素

语法：SE = strel(shape, parameters)

例如：

```
se1 = strel('square', 11)         % 11-by-11 square
se2 = strel('line', 10, 45)        % length 10, angle 45 degrees
se3 = strel('disk', 15)           % disk, radius 15
```

se4 = strel('ball'，15，5)　　　% ball，radius 15，height 5

函数：translate

功能：图像平移，原结构元素 SE 上 y 和 x 方向平移

语法：translate(SE，[y x])

函数：imdilate

功能：对图像实现膨胀操作

语法：

IM = imdilate(IM，SE)

IM = imdilate(IM，NHOOD)

IM = imdilate(IM，SE，PACKOPT)

例 9-6　图像的平移操作。

```
I=imread('d:\t.bmp');
se=translate(strel(1)，[180  190])；%参数[180   190]可以修改，修改后平移距离对应改变
B=imdilate(I，se);
figure；
subplot(1，2，1);
subimage(I)；title('原图像');
subplot(1，2，2);
subimage(B)；title('平移后图像');
```

图 9-6　图像平移

2. 图像运动平移

在 MATLAB 中运动平移可由函数 circshift 完成。

函数：circshift

功能：图像运动平移

语法：

circshift(A，[a　b]);

说明：A 表示移动的图像或矩阵，a>0 表示图像循环向右移动，a<0 表示图像循环向左移动；同理，b>0 表示图像循环向上移动，b<0 表示图像循环向下移动。

例如：

```
A =
        1       2       3
        4       5       6
        7       8       9
>> B=circshift(A，[1，-1])
B =
        8       9       7
        2       3       1
        5       6       4
```

矩阵 A 中的各元素循环地向下及向左移动一个单位。例如原坐标（3，3）移动后成为（4 mod 3，2）。

例 9-7　图像的平移变换。

```
clear;
clc;
velocity_1=1;  %纵向移动像素，正数向下，负数向上，0 则不纵向移动
velocity_2=5;  %横向移动像素，正数向右，负数向左，0 则不横向移动
im=imread('d:\1.bmp');
for i=1:100 %移动次数
    im=circshift(im，[velocity_1 velocity_2]);  %对图像矩阵 im 中的数据进行移位操作
    imshow(uint8(im));  %显示图像
    pause(0.1)
end
```

程序执行结果如图 9-7 所示。

图 9-7　图像平移变换

3. 图像转置

MATLAB 使用 imtransform 函数完成图像空间变换。

函数：imtransform

功能：图像空间变换

语法：

B=imtransform(*A*，TFORM，method)；

说明：其中参数 *A* 是要变换的图像，TFORM 是由 maketform 函数产生的变换结构。

函数：makeform

功能：利用给定的参数建立变换结构

语法：TFORM=makeform(transformtype，Matrix)；%空间变换结构

说明：把该变换结构赋给结构体变量 TFORM。根据得到的结构体变量 TFORM，再调用函数 imtransform(*A*，TFORM)进行变换。

参数transformtype指定了变换的类型，如表9-1所示。常见的'affine'为二维或多维仿射变换，包括平移、旋转、比例、拉伸和错切等。

表 9-1　函数 imtransform 的参数及含义

Transform-type取值	含义	Method取值	含义
affine	仿射变换形式	'bicubic'	双三次插值
projective	投影变换形式	'bilinear'	双线性插值
custom	自定义函数进行变换	'nearest'	最近邻插值
box	产生仿射变换结构		
composite	实现多次调用tformfwd功能		

Matrix为相应的仿射变换矩阵。

二维变换投影可以把一幅图像按照近大远小的规律投影到一个平面上，产生立体的效果。运用好函数 maketform 中的两个向量，能够绘制出很多特殊效果的图形。

例 9-8　根据给定的函数 maketform 中的两个向量求变换矩阵。

```
A=imread('d:\t.bmp');
tform=maketform('affine', [0 1 0; 1 0 0; 0 0 1]);
B=imtransform(A, tform, 'nearest');
subplot(1, 2, 1); imshow(A); title('原图像');
subplot(1, 2, 2); imshow(B); title('转置后图像');
imwrite(B, '转置后图像.bmp');
```

图 9-8　图像的转置

例9-9　不同参数作用下的图像转置。

```
A=imread('D:\t.bmp');
[height, width, dim]=size(A);
tform=maketform('affine', [-1 0 0; 0 1 0; width 0 1]);
B=imtransform(A, tform, 'nearest');
tform2=maketform('affine', [1 0 0; 0 -1 0; 0 height 1]);
C=imtransform(A, tform2, 'nearest');
figure; imshow(A);
figure; imshow(B);
imwrite(B, '水平转置.bmp');
figure; imshow(C);
imwrite(B, '垂直转置.bmp');
```

4. 图像旋转

在MATLAB中使用imrotate函数进行图像的旋转。

函数：imrotate

功能：图像旋转

语法：imrotate(*A*，Angle，Method，Bbox).

说明：参数A为图像矩阵。Angle为旋转角度，正值为逆时针旋转。Method为插值的方法，根据需要可以在nearest、bilinear、bicubic中选择一项，分别表示最近邻插值、双线性插值与双三次插值，默认为最近邻插值。

Bbox为loose时图像底板放大而图像大小不变，显示整个图像，导致图形变小是默认的情况。

例9-10　图像的旋转操作。

```
A=imread('d:\t.bmp');
subplot(1, 2, 1);
```

```
imshow(A);
B=imrotate(A，30，'nearest'，'crop');
subplot(1，2，2);
imshow(B);
imwrite(B，'逆时针中心旋转30度.bmp');
```

调用语句imrotate时，参数'crop'表示图像变小而底板不变。如果语句写成imrotate(B，30)，那么旋转后的图像大小不变，而图像的底板一般会变大。程序执行结果如图9-9所示。

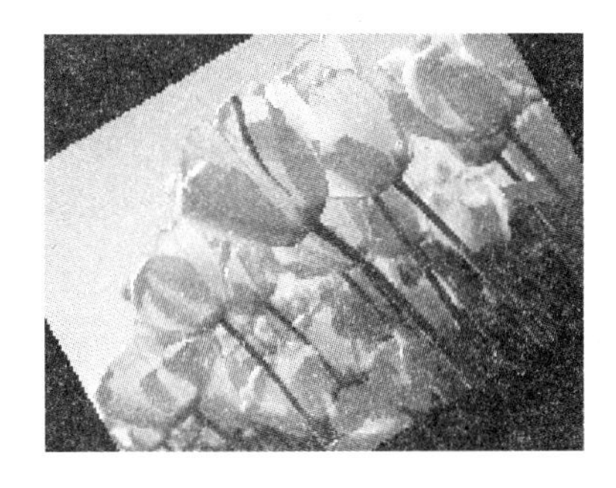

图 9-9 图像的旋转

例9-11 图像的旋转操作。

```
I = imread('D:\2.jpg');
figure，imshow(I);
theta = 0;
for theta=0:0.2:360
   k = imrotate(I，theta);    % Try varying the angle，   theta.
   imshow(k)
   pause(0.1)
end
```

图 9-10 图像的旋转

5. 图像切割

在 MATLAB 中用 imcrop 函数可剪切图像中的一个矩形子图。

函数：imcrop

功能： 剪切图像形成一个矩形子图

语法： *I*=imcrop(*w*，*A*)；

说明： *w* 为原图像，*A* 为剪切的窗口坐标[x_1，y_1，x_2，y_2]，分别是矩形左上角与右下角坐标。

例 9-12　图像的剪切操作。

```
clear
w=imread('d:\t.bmp');
subplot(1，2，1);
imshow(w);
title('原图像')
i=imcrop(w，[150，50，350，150]);
subplot(1，2，2);
imshow(i)
title('窗口[150，50，350，150]剪切后图像')
```

原图像

窗口[150,50,350,150]剪切后图像

图 9-11　图像的剪切

6. 图像大小调整

在 MATLAB 中应用函数 imresize 可调整图像大小。

函数：imresize

功能： 调整图像大小

语法： *B* = imresize(*A*，m，method)

函数可返回一个 *M* 倍于原图像 *A* 的图像 *B*。

例 9-13　获取图像尺寸的操作。

```
A1 = imread('D:\t.bmp');
A2 = imread('D:\a1.tif');
s1=size(A1)
m=s1(1); n=s1(2);
B1=imresize(A2，[m n]);
s2=size(B1)
```

```
s1 =
        768        1024           3
s2 =
        768        1024           3
```

两幅图像原大小是不相同的，首先测试 t.bmp 图像的大小，然后对图像 a1.tif 应用函数 imresize 获取与图像 t.bmp 相同的尺寸。

7. 将影像显示在圆柱体和球体上

在 MATLAB 中应用函数 cylinder、surf、sphere 将影像显示在圆柱体和球体上。

函数：cylinder

功能： 将影像显示在圆柱体上

语法： [*x*，*y*，*z*] = cylinder(*r*，*n*)

说明： *r* 为一向量，表示圆柱体的半径，*n* 为环绕圆形所设置的点数。

函数：surf

功能： 将影像显示在圆柱体上

语法： [*x*，*y*，*z*] = surf(*x*，*y*，*z*)

函数：sphere

功能： 产生球形表面

语法： [*x*，*y*，*z*] = sphere(*n*)

说明： 如果 *n* 值没有指定，则认为 *n* 取 20

函数：wrap

功能： 显示被处理过的表面

语法： warp(*x*，*y*，*z*)

说明： 将影像显示在 *x*，*y*，*z* 平面上

例 9-14　应用 wrap 函数将图像作为纹理进行映射。

```
A=imread('d:\t.bmp');
subplot(1, 2, 1);
imshow(A);
[x, y, z]=sphere;
subplot(1, 2, 2);
warp(x, y, z, A); %用 warp 函数将图像作为纹理进行映射。
```

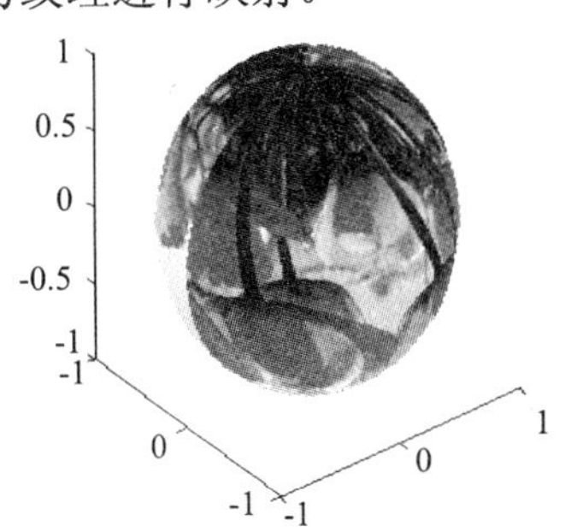

图 9-12　图像的映射

9.4 图像的基本运算

9.4.1 图像的加减运算

图像的加减运算实质上就是两个矩阵或者三维数组进行加减运算。

例9-15 利用 Windows **中的画板分别建立有圆与正方图形的** tif **文件，分别命名为** a1.tif、a2.tif**，然后实现图形的加减运算，程序代码为：**

```
A = imread('D:\a2.tif');
B = imread('D:\a1.tif');
C1= A+B;
C2= B-A;
subplot(2，2，1);   imshow(A)
title('A')
subplot(2，2，2);   imshow(B)
title('B')
subplot(2，2，3);   imshow(C1)
title('A+B')
subplot(2，2，4);   imshow(C2)
title('B-A')
```

程序的运行结果为图9-13所示。请读者分析程序的运行结果，尤其是 A+B 的情况。

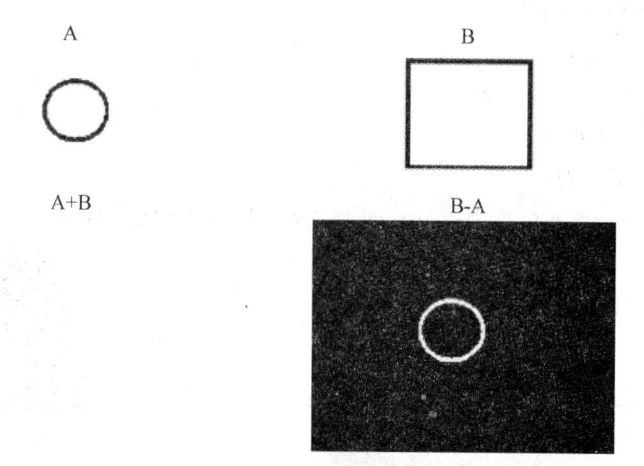

图 9-13 图像的加减运算

【**思考**】在 A+B 的图像中为什么没有显示?

9.4.2 图像的乘除运算

图像的乘除运算主要指图像矩阵与常数进行乘除运算、图像矩阵与图像矩阵对应元素进行乘除运算、图像矩阵与图像矩阵进行矩阵乘法运算等。

1. 图像矩阵与常数进行乘除运算

图像矩阵与常数进行乘除运算就相当于把矩阵所有元素都扩大或缩小一定的倍数。当矩阵（元素）乘以大于1的数时，图像亮度增加；乘以小于1的数时，图像变暗。

2. 图像矩阵间逐元素对应乘除运算

在MATLAB中，两个数组进行逐元素对应相乘使用语句 *A.*B*，即在前一个数组的右下角加上一个点。这种乘法要求A与B两个数组维数相同，运算完后得到相同维数的数组。

3. 两个图像矩阵按照数学上定义的乘法进行运算

两个图像矩阵按照数学上定义的乘法进行运算以后，得到的新图像已经完全失去了原图像的形状，得到的新图像往往是不可思议的。

例 9-16 观察分析图像矩阵乘以或除以常数后图像亮度的改变。

```
A = imread('D:\t.bmp');
A1=double(A);
A2=A1*2;
A3=A1/2;
A2=uint8(A2);
A3=uint8(A3);
subplot(1，3，1);   imshow(A)
subplot(1，3，2);   imshow(A2)
subplot(1，3，3);   imshow(A3)
```

图 9-14 图像的乘除运算

从图9-14可以看出，图像矩阵乘以或除以常数后图像亮度发生改变。

例 9-17 利用矩阵对应相乘把两个图像合成在一起。

```
A = imread('D:\t.bmp');
B = imread('D:\a1.tif');
s=size(A);
m=s(1)，n=s(2);
B1=imresize(B，[m n]);
```

```
A1=double(A);
C=double(B1);
D=A1.*C/128;
D=uint8(D);
subplot(1, 3, 1);   imshow(A)
subplot(1, 3, 2);   imshow(B)
subplot(1, 3, 3);   imshow(D)
```

程序中语句 *B*1=imresize(*B*，[*m n*])是为了把数组 *B* 变为 A 一样大小；语句 *D*=*A*.**C*/128 中除以 128 是为了缩小乘积元素的值；使用语句 *A*=double(*A*)是把数组元素变为双精度数便于计算；使用语句 *D*=uint8(*D*)是为了显示的需要。图 9-15 中实现的合成效果比较好，加法运算出现不了这个效果。一般情况下，乘法能够保留黑色，加法能够保留白色。

图 9-15　图像的乘运算

【思考】为什么一般情况下，乘法能够保留黑色，加法能够保留白色？

9.4.3　二值图像膨胀与腐蚀

1. 二值图像处理

二值图像中所有的像素只能从 0 和 1 这两个值中取，因此在 MATLAB 中，二值图像用一个由 0 和 1 组成的二维矩阵表示。这两个可取的值分别对应于关闭和打开，关闭表征该像素处于背景，而打开表征该像素处于前景。以这种方式来操作图像可以更容易识别出图像的结构特征。

二值图像操作只返回与二值图像的形式或结构有关的信息，如果希望对其他类型的图像进行同样的操作，则首先要将其转换为二进制的图像格式，可以通过调用 MATLAB 提供的 im2bw 函数来实现。

例 9-18　二值化图像处理。

```
I=imread('cameraman.tif');
subplot(1, 2, 1);
imshow(I); title('原图像');
J=im2bw(I);
subplot(1, 2, 2);
imshow(J)
```

title('二值化处理后的图像')

原图和二值化的结果分别如图 9-16 所示。

原图像　　　　　　二值化处理后的图像

图 9-16　原图与二值化的结果图像

2. 二值形态学的基本运算

数学形态学的基础是集合运算，我们把二值图像 A 看作是二维坐标点的集合，包含图像里为 1 的点，B 通常是一个小的集合，作用类似于模板。

膨胀（Dilation）运算A ⊕ B

腐蚀（Erosion）运算A Θ B

开（Open）运算

闭（Close）运算

一般来说对于二值图像，膨胀运算后图像中物体“加长”或“变粗”，腐蚀运算后图像中物体“收缩”或“细化”。本小节先通过一些例题观察分析膨胀与腐蚀后的效果，总结二值图像膨胀与腐蚀运算的方法与原则，最后给出二值图像膨胀与腐蚀运算的准确描述以及简单的应用。

3. 二值图像膨胀运算

膨胀的算符为⊕，A 用 B 来膨胀写作 $A \oplus B$，这里先将 A 和 B 看作是所有取值为 1 的像素点的集合。其定义为：$A \oplus B = \{x \mid [(\hat{B})_x \cap A] \neq \phi\}$

B 膨胀 A 的过程是：先对 B 做关于中心像素的映射，再将其映像平移 x，换句话说，用 B 来膨胀 A 得到的集是 B 平移后与 A 至少有一个非零元素相交时 B 的中心像素的位置的集合。

在 MATLAB 中二值图像膨胀应用函数 imdilate 实现。

函数：imdilate

功能：二值图像膨胀

语法：*I2*=imdilate(*I*，*SE*);

说明：*I* 为原始图像，可以是二值或者灰度图像，*SE* 由函数 strel 实现。

SE=strel(shape，parameters);

shape 指定了结构元素的形状，shape 的取值如表 9-2 所示。

表 9-2　函数 strel 中参数 shape 的取值及含义

shape 取值	功能描述
arbitrary 或为空	任意自定义结构元素
disk	圆形结构元素
square	正方形结构元素
rectangle	矩形结构元素
line	线性结构元素
pair	包含 2 个点的结构元素
diamond	菱形的结构元素
octagon	8 角形的结构元素

parameters 是和输入 shape 有关的参数。在 MATLAB 中运用 dilate 函数来实现膨胀操作。

先通过实例观察分析二值图像膨胀算子的不同效果。

例9-19　对二值图像实施膨胀运算。

设计如下程序，结果显示在图9-16中。

```
I=imread('d:\t.bmp');
I1=rgb2gray(I);
subplot(1，2，1);
imshow(I1);
title('膨胀前的图像');
axis([50，1000，50，700]);
grid on;
axis on;
se=strel('disk'，10);        %生成圆形结构元素
I2=imdilate(I1，se);         %用生成的结构元素对图像进行膨胀
subplot(1，2，2);
imshow(I2);
title('膨胀后的图像');
axis([50，1000，50，700]);
grid on;
axis on;
```

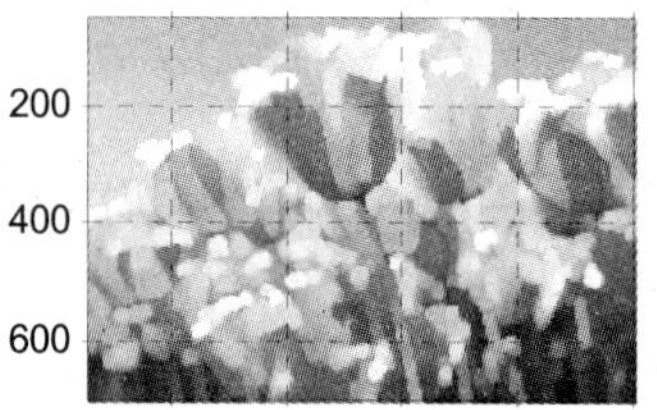

图 9-17　膨胀前后的图像

例 9-20　二值图像的膨胀。

```
I=imread('d:\t.bmp');
subplot(1，3，1);
subimage(I);
title('原图像');
J=im2bw(I);
BW1=bwmorph(J，'dilate');
subplot(1，3，2);
subimage(J);
title('二值处理的图像');
subplot(1，3，3);
subimage(BW1);
title('使用 bwmorph 函数膨胀')
```

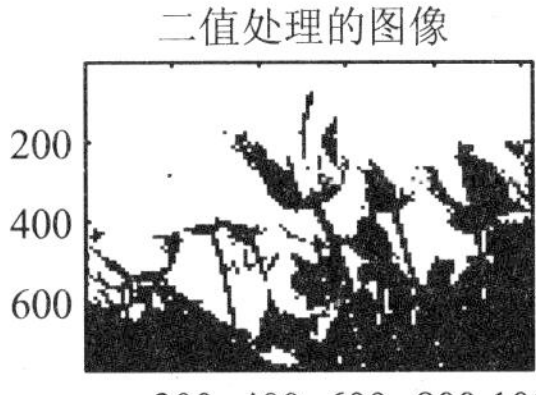

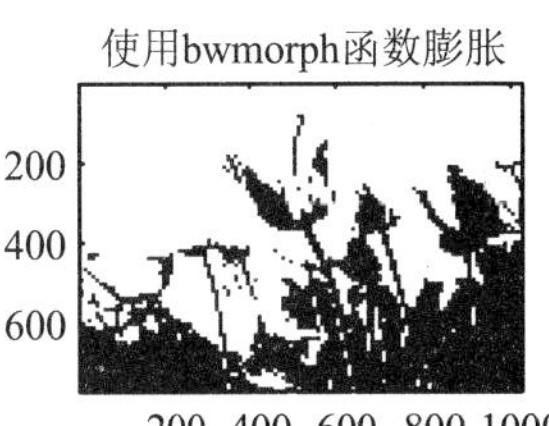

图 9-18　使用 bwmorph 函数膨胀

4. 二值图像腐蚀运算

腐蚀的算符为 Θ，*A* 用 *B* 来腐蚀写作 $A\Theta B$。其定义为 $A\Theta B=\{x|(B)_x\}\subseteq A$，用 *B* 来腐蚀 *A* 得到集合是 *B* 完全包括在 *A* 中时 *B* 的中心像素位置的集合。MATLAB 中用 imerode 函数来实现腐蚀操作。

函数：imerode

功能：二值图像腐蚀

语法：*I2*=imerode(*I*，*SE*);

说明：*I* 为原始图像，可以是二值或者灰度图像，*SE* 通过函数 strel 来得到。函数 strel 的使用格式为：

SE=strel(shape，parameters);

例9-21　对二值图像实施腐蚀运算。

```
I=imread('d:\1.bmp');
I1=rgb2gray(I);
subplot(1，2，1);
imshow(I1);
title('灰度后图像');
axis([0，1400，50，700]);
axis on;
se=strel('disk'，1);                    %生成圆形结构元素
```

```
I2=imerode(I1, se);                %用生成的结构元素对图像进行膨胀
subplot(1, 2, 2);
imshow(I2);
title('腐蚀后图像');
axis([0, 1400, 50, 700]);
axis on;
```

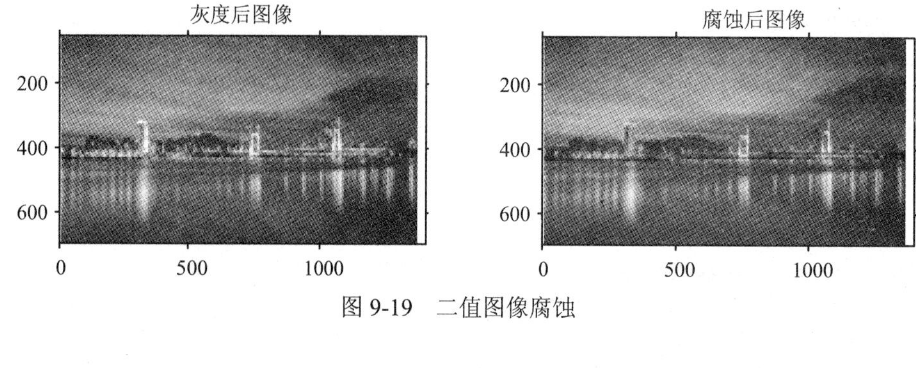

图 9-19　二值图像腐蚀

9.5　灰度图像增强

图像增强是对图像进行操作，得到视觉效果更好或者更有用的新图像。图像增强是在原有图像的基础上进行的，狭义上的图像增强就是加强或减弱灰度图像的明暗对比度，广义上的图像增强除了对灰度图像进行增强外，还包括彩色图像增强等。在这一节中，简单介绍广义的图像增强。

灰度调整指增加灰度图像的明暗对比度，灰度图像就变得更加清楚。增加明暗对比度的一种常用方法是灰度调整方法。灰度调整方法是基于灰度直方图的一种图像增强方法。

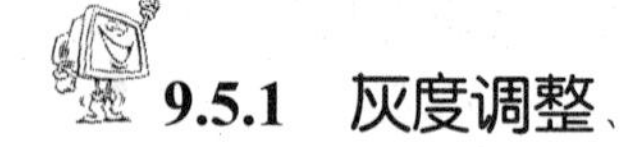

9.5.1　灰度调整

1. 灰度调整

照片或电子方法得到的图像，常表现出低对比度(即整个图像偏亮或偏暗)，为此需要对图像中的每一像素的灰度级进行灰度变换，扩大图像灰度范围，以达到改善图像质量的目的，这一灰度调整过程可用 imadjust 函数实现。

函数：imadjust

功能：调整图像灰度值或颜色映像表。

语法：

J = imadjust(I, [low high], [bottom top], gamma)

newmap = imadjust(map, [low high], [bottom top], gamma)

```
RGB2 = imadjust(RGB1，...)
```

例 9-22　图像灰度调整。

```
A = imread('D:\1.jpg')；colormap
B = imadjust(A，[0.3 0.7]，[])；
subplot(1，3，1)；
imshow(A)
subplot(1，3，2)；
imshow(B)；
C=imadjust(A，[0 1]，[1 0]，1.5)；
subplot(1，3，3)；
subimage(C)；
```

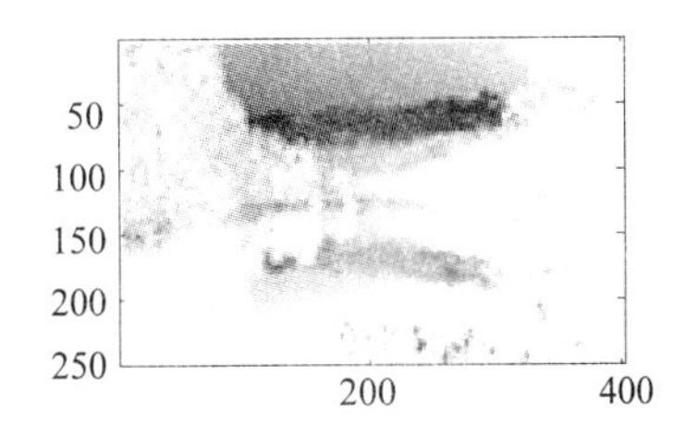

图 9-20　图像灰度调整

例9-23　使用函数 imadjust 对图像进行灰度调整。

编写如下程序：

```
A1=imread('d:\1.tif')；
B1=imadjust(A1，[0.2 0.5]，[0，1])；
B2=imadjust(A1，[0，0.2]，[0.5，1])；
subplot(1，3，1)；imshow(A1)
subplot(1，3，2)；imshow(B1)
subplot(1，3，3)；imshow(B2)
```

程序中语句 B1=imadjust(A1，[0.2 0.5]，[0，1])的第1个参数是要处理的矩阵，第2个参数用来限制输入范围，如果原来图像的颜色值是0至255，那么把小于255*0.2的颜色值置为0，把大于255*0.5的值置为255，再把其他介于中间的值映射到第3个参数决定的区间。这个语句的第3个参数为[0 1]，那么该例题就映射到0至255。

例9-24　使用函数 imadjust 对 RGB 彩色图像进行颜色调整。

设计下面程序：

```
RGB1 = imread('d:\1.bmp')；
RGB2 = imadjust(RGB1，  [0.2  0.3  0；  0.6  0.7  1])；
subplot(1，2，1)；
imshow(RGB1)
subplot(1，2，2)；
imshow(RGB2)
```

程序运行结果如图9-20所示。程序运行时读入图像文件后使用 imadjust 函数进行调整。

调整后的范围是默认的范围[0　0　0；　1　1　1]，也就是把[0.2 0.6]之间的红色映射到[0 1]之间；把[0.3 0.7]之间的绿色映射到[0 1]之间；把[0 1]之间的蓝色映射到[0 1]之间。映射后的结果为图9-20(b)，从图形的效果上看，红色与黄色成分有所增强，而蓝色成分没有变。

(a)

(b)

图 9-21　彩色图像的灰度调整

例 9-25　图像的灰度线性变换

MATLAB 程序实现如下：

```
I=imread('d:\t.bmp');
subplot(2，2，1)，imshow(I);
title('原始图像');
axis([50，1000，50，800]);
axis on;
I1=rgb2gray(I);
subplot(2，2，2)，imshow(I1);
title('灰度图像');
axis([50，1000，50，800]);
axis on;
J=imadjust(I1，[0.1 0.5]，[]);   %局部拉伸，把[0.1 0.5]内的灰度拉伸为[0 1]
subplot(2，2，3)，imshow(J);
title('线性变换图像[0.1 0.5]');
axis([50，1000，50，800]);
grid on;
axis on;
K=imadjust(I1，[0.3 0.7]，[]);   %局部拉伸，把[0.3 0.7]内的灰度拉伸为[0 1]
subplot(2，2，4)，imshow(K);
title('线性变换图像[0.3 0.7]');
axis([50，1000，50，800]);
grid on;
axis on;
```

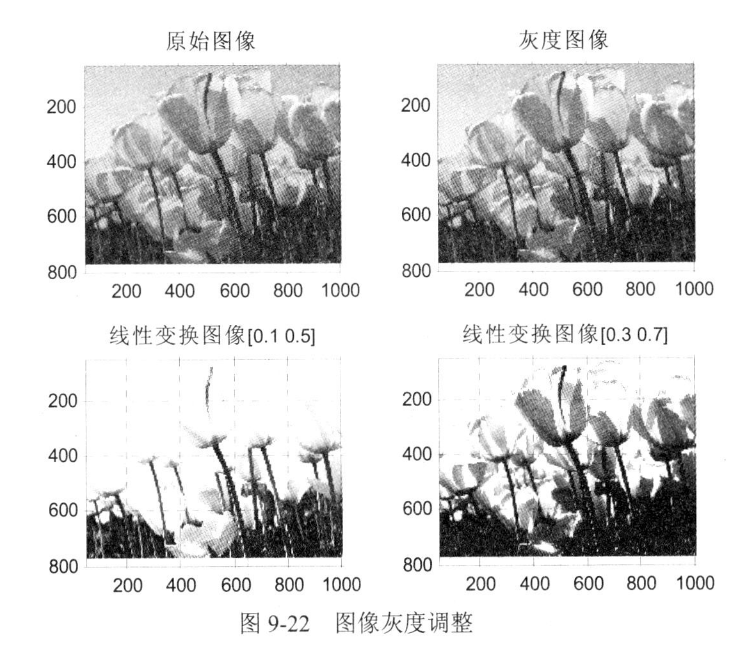

图 9-22 图像灰度调整

2. 灰度直方图

图像的直方图是一个重要的图像颜色统计特征，如果一个灰度图像的颜色值是在0~255范围内的整数，那么计算从0到255共256种颜色每个颜色的象素点个数，得到的一维256个元素的数组就是直方图。

函数：imhist

功能：灰度直方图

语法：imhist(*I*，*n*)

imhist(*X*，map)

[counts，*x*] = imhist(...)

说明：函数 imhist(*I*，*n*)中，*n* 为指定的灰度级数目，缺省值为256；imhist(X，map)计算和显示索引色图像 *X* 的直方图，map 为调色板。用 stem(*x*，counts)同样可以显示直方图。

例9-26

```
I=imread('d:\t.bmp');
W = rgb2gray(I);
subplot(1，2，1);
imshow(W);
title('灰度图像');
[M，N]=size(I);                  %计算图像大小
[counts，x]=imhist(W，32);    %计算有32个小区间的灰度直方图
counts=counts/M/N;              %计算归一化灰度直方图各区间的值
subplot(1，2，2);
stem(x，counts);                 %绘制归一化直方图
title('图像灰度直方图');
```

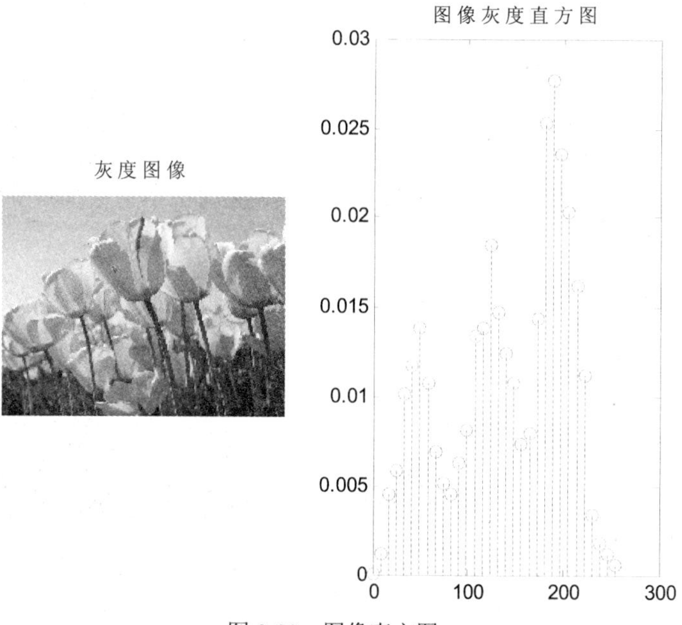

图 9-23　图像直方图

灰度直方图描述了一副图像的灰度级统计信息，主要应用于图像分割和图像灰度变换等处理过程中。从数学角度来说，图像直方图描述图像各个灰度级的统计特性，它是图像灰度值的函数，统计一幅图像中各个灰度级出现的次数或概率。归一化直方图可以直接反映不同灰度级出现的比率。横坐标为图像中各个像素点的灰度级别，纵坐标表示具有各个灰度级别的像素在图像中出现的次数或概率。

例9-27　求灰度图像直方图。

设计下面程序：

```
A= imread('D:\t.bmp');
B0=rgb2gray(A);
B=double(B0);
s=size(B);
h=zeros(1，256);
for i=1:s(1)
    for j=1:s(2)
        k=B(i，j);
        k=floor(k);
        h(k+1)=h(k+1)+1;
    end
end
subplot(1，3，1); imshow(B0);
subplot(1，3，2); imhist(B0);
subplot(1，3，3); plot(h);
```

程序的运行结果如图9-24所示。

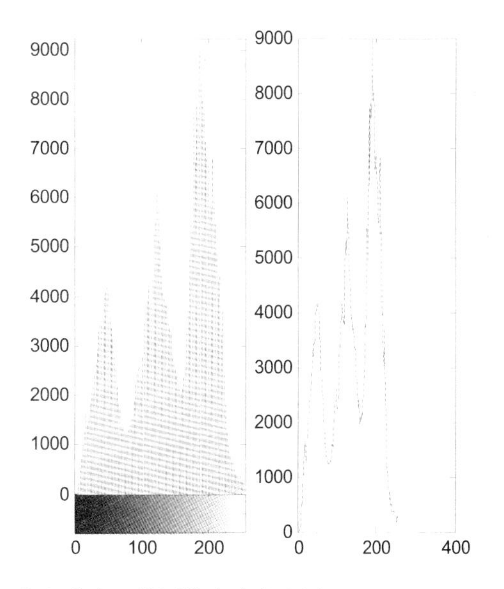

图 9-24 分别用函数 imhist 与程序实现的图像灰度直方图

程序中，语句*h*=zeros(1，256)是先生成一个1行256列的全0数组。语句*h*(*k*+1) = *h*(*k*+1) +1中数组下标用*k*+1，目的是避免下标为0。

例 9-28 将图像转换为 256 级灰度图像，64 级灰度图像，32 级灰度图像，8 级灰度图像，2 级灰度图像。

```
a=imread('D:\1.jpg');
%figure;
subplot(2, 3, 1);
imshow(a); title('原图');
b=rgb2gray(a);  % 这是 256 灰度级的图像
subplot(2, 3, 2);
imshow(b); title('原图的灰度图像');
[wid, hei]=size(b);
img64=zeros(wid, hei);
img32=zeros(wid, hei);
img8=zeros(wid, hei);
img2=zeros(wid, hei);
for i=1:wid
    for j=1:hei
        img64(i, j)=floor(b(i, j)/4);  % 转化为 64 灰度级
    end
end
subplot(2, 3, 3);
imshow(uint8(img64), [0, 63]); title('64 级灰度图像');
for i=1:wid
```

```
    for j=1:hei
        img32(i, j)=floor(b(i, j)/8); % 转化为 32 灰度级
    end
end
%figure;
subplot(2, 3, 4);
imshow(uint8(img32), [0, 31]); title('32 级灰度图像');
for i=1:wid
    for j=1:hei
        img8(i, j)=floor(b(i, j)/32); % 转化为 8 灰度级
    end
end
%figure;
subplot(2, 3, 5);
imshow(uint8(img8), [0, 7]); title('8 级灰度图像');
for i=1:wid
    for j=1:hei
        img2(i, j)=floor(b(i, j)/128); % 转化为 2 灰度级
    end
end
%figure;
subplot(2, 3, 6);
imshow(uint8(img2), [0, 1]); title('2 级灰度图像');
```

图 9-25　图像灰度变换

3. 灰度直方图均衡化

均匀量化的自然图像的灰度直方图通常在低灰度区间上频率较大，使得图像中较暗区域中的细节看不清楚。采用直方图修整可使原图像灰度集中的区域拉开或使灰度分布均匀，从而增大反差，使图像的细节清晰，达到增强目的。直方图均衡化可用histeq函数实现。

函数：histeq

功能： 灰度直方图均衡化

语法：

J = histeq(I，hgram)

J = histeq(I，n)

[J，T] = histeq(I，...)

例9-29　灰度直方图均衡化实例。

```
I = imread('d:\a.jpg');
W = rgb2gray(I);
J = histeq(w);
subplot(2，2，1)
imshow(I)
title('原图像');
subplot(2，2，2)
imshow(w)
title('灰度图像');
subplot(2，2，3)
imshow(I)
title('灰度直方图均衡化');
imhist(w，64)
subplot(2，2，4);
imhist(J，64)
title('灰度直方图');
```

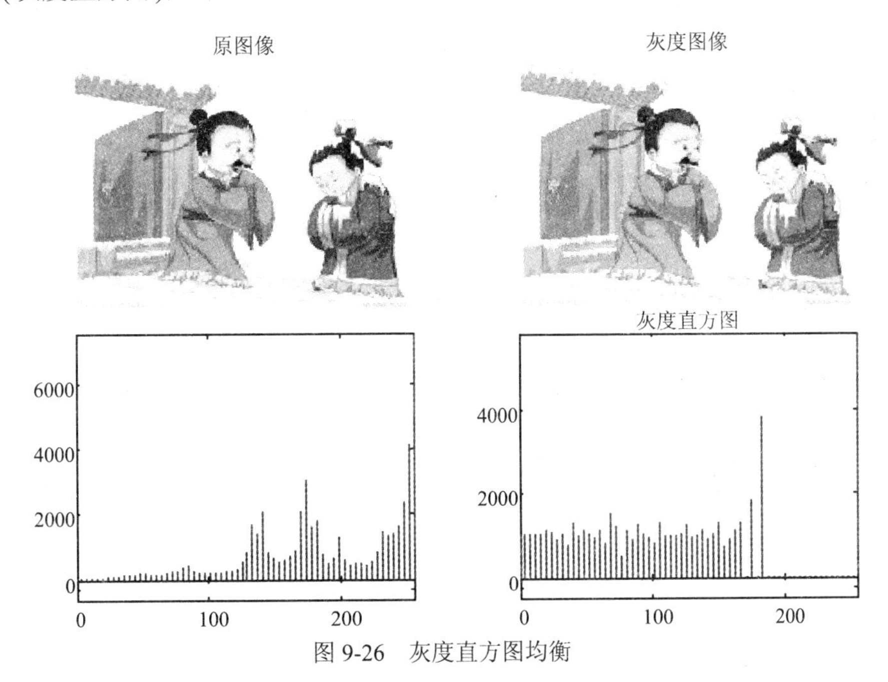

图 9-26　灰度直方图均衡

增强图像质量的对比度的常用函数还有：

（1）函数 stretchlim(A)是用来计算灰度矩阵 A 的最佳输入区间。

例如：

```
I = imread('pout.tif');
J = imadjust(I, stretchlim(I), []);
figure, imshow(I), figure, imshow(J)
```

（2）函数 histeq 能够自动完成图像灰度调整，一般用来增强图像的灰度对比度。

例如：

```
I = imread('tire.tif');
J = histeq(I);
figure,  imshow(I),  figure,  imshow(J)
```

（3）函数 brighten 增加灰度图像的亮度。

例如：

```
surf(membrane);
beta = .5;
brighten(beta);
```

4. 灰度的对数变换

灰度的对数变换的数学表达式如下所示。

$t = c * \log(k + s)$

c为尺度比例常数，s为源灰度值，t为变换后的目标灰度值。k为常数。灰度的对数变换可以增强一幅图像中较暗部分的细节，可用来扩展被压缩的高值图像中的较暗像素。广泛应用于频谱图像的显示中。

注意： log函数会对输入图像矩阵s中的每个元素进行操作，但仅能处理double类型的矩阵。而从图像文件中得到的图像矩阵大多是uint8类型的，故需先进行im2double数据类型转换。

例9-30　灰度的频谱对数变换。

```
I=imread('d:\t.bmp'); %读入图像
F=fft2(im2double(I)); %FFT
F=fftshift(F); %FFT频谱平移
F=abs(F);
T=log(F+1); %频谱对数变换
subplot(1, 2, 1);
imshow(F, []); title('未经变换的频谱');
subplot(1, 2, 2);
imshow(T, []); title('对数变换后');
```

未经变换的频谱　　　　对数变换后

图 9-27　频谱对数变换

例9-31　灰度对数变换。

```
I=imread('d:\t.bmp');
I1=rgb2gray(I);
subplot(1, 2, 1), imshow(I1);
title('灰度图像');
axis([50, 1000, 50, 800]);
grid on;
axis on;
J=double(I1);
J=40*(log(J+1));
H=uint8(J);
subplot(1, 2, 2), imshow(H);
title('对数变换图像');
axis([50, 1000, 50, 800]);
grid on;
axis on;
```

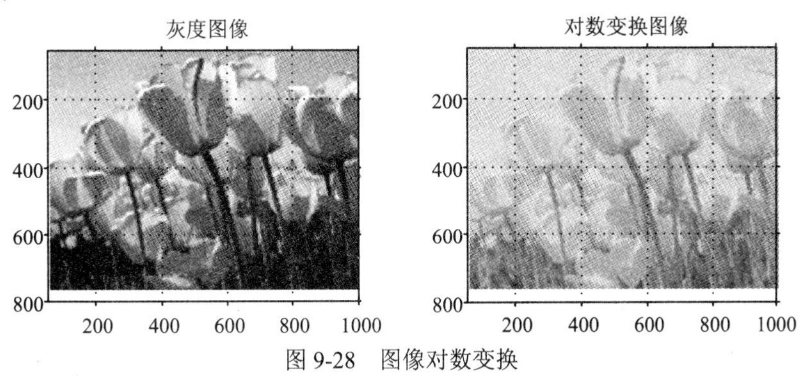

图 9-28　图像对数变换

9.6 空域滤波图像处理

使用空域模板进行的图像处理被称为空域滤波，模板本身被称为空域滤波器。空域滤波器包括：线性滤波器和非线性滤波器。空域滤波处理效果来分类，可以分为平滑滤波器，和锐化滤波器，平滑的目的在于消除混杂在图像中的干扰因素，改善图像质量，强化图像表现特征。锐化的目的在于增强图像边缘，以及对图像进行识别和处理。

9.6.1 空域滤波概述

一般情况下，像素的邻域比该像素要大，也就是说这个像素的邻域中除了本身以外还包括其他像素。在这种情况下，$g(x，y)$在$(x，y)$位置处的值不仅取决于$f(x，y)$在以$(x，y)$为中心的邻域内所有的像素的值。为在邻域内实现增强操作，常可利用模板与图像进行卷积。每个模板实际上是一个二维数组，其中各个元素的取值定了模板的功能，这种模板操作也称为空域滤波。

空域滤波可分为线形滤波和非线形滤波两类，线形滤波器的设计常基于对傅立叶变换的分析，非线形空域滤波器则一般直接对邻域进行操作。

另外各种滤波器根据功能又主要分成平滑滤波和锐化滤波。平滑可用低通来实现，锐化可用高通来实现

平滑滤波器：它能减弱或消除傅立叶空间的高频分量，但不影响在低频分量。因为高频分量对应图像中的区域边缘等灰度值具有较大较快变化的部分，滤波器将这些分量滤去可使图像平滑。

锐化滤波器：它能减弱或消除傅立叶空间的高频分量。

9.6.2 空域滤波增强原理

空域操作是指将每个输入的像素值以及其某个邻域的像素值结合处理而得到对应的输出像素值的过程。滑动空域操作一次处理一个像素，对于 $m*n$ 的邻域，中心像素坐标为：floor(([m，n]+1)/2)。

空域滤波器都是利用模板卷积，主要步骤如下：

（1）将模板在图中漫游，并将模板中心与图中某个像素位置重合；

（2）将模板上的系数与模板下对应的像素相乘；

（3）将所有的乘积相加；

（4）将和（模板的输出响应）赋给图中对应的模板中心位置像素。

例如：应用矩阵

$C=\begin{bmatrix}-1 & -1 & -1\\ -1 & 8 & -1\\ -1 & -1 & -1\end{bmatrix}$**对数据** $A=\begin{bmatrix}1 & 2 & 2 & 2\\ 1 & 1 & 9 & 2\\ 1 & 1 & 1 & 2\\ 1 & 1 & 1 & 1\end{bmatrix}$**进行空域变换，分析值为 9 的(2，3)像素点通过C矩阵的空域变换后的值。**

计算值为 9 的数据点变换后的值，实际上是计算矩阵 C 与 A 的子矩阵 $\begin{bmatrix}2 & 2 & 2\\ 1 & 9 & 2\\ 1 & 1 & 2\end{bmatrix}$ 的对应元素相乘，得 $\begin{bmatrix}-2 & -2 & -2\\ -1 & 72 & -2\\ -1 & -1 & -2\end{bmatrix}$，把新的矩阵所有元素相加得 59，此值就作为(2，3)像素新的值，即相邻像素的差值增大，以提高边缘效应。

例如：

```
A1=imread('D:\1.bmp');
A2=double(A1);
A3=floor((A2(:, :, 1)+A2(:, :, 2)+A2(:, :, 3))/3)
```

例 9-32　紫金花图像进行邻域操作，使紫金花图像的轮廓变得清晰。

编写如右面的程序，绘制出图 9-29 所示图形。

```
A1=imread('d:\t.bmp');
A2=double(A1);
A3=floor((A2(:, :, 1)+A2(:, :, 2)+A2(:, :, 3))/3);
C=[ -1   -1   -1
     -1    8   -1
     -1   -1   -1 ];
for i=2:500
    for j=2:500
        L=A3(i-1:i+1, j-1:j+1).*C;
        A4(i, j)=sum(sum(L));
    end
end
imshow(A4)
```

该程序中，首先把图像读入，然后使用语句 $A2$=double($A1$)把图像数据变为浮点型数据。再通过语句 $A3$=floor(($A2$(:，:，1)+$A2$(:，:，2)+$A2$(:，:，3))/3)把彩色图像变为灰度图像。变为灰度图像的方法就是把三种颜色值加在一起然后除以 3。floor 函数用来实现取整功能。$A3$ 为二维数组，此时 $A3$ 中存储着灰度图像数据。

图 9-29　图像邻域操作

9.6.3　噪声滤除

将开启和闭合结合起来可构成噪声滤除器。开启就是先对图像进行腐蚀后膨胀其结果。闭合就是先对图像进行膨胀后腐蚀其结果。

开启运算可以把结构元素小的突刺滤掉，切断细长搭接而起到分离作用。闭合运算可以把比结构元素小的缺口或孔填充上。将开启和闭合结合起来可构成形态学噪声滤除器。开启结果将背景上的噪声去除了；再进行闭合则将噪声去掉。在 MATLAB 中 imnoise 函数添加噪声，bwmorph 函数的开启和闭合运算。

1. 噪声添加

函数：imnoise

功能：产生图像噪声

语法： *h* = imnoise(*I*，type)

　　　　h = imnoise(*I*，type，parameters)；

说明：参数 parameters 噪声密度，type 对应的噪声类型如下：

gaussian：高斯白噪声

localvar0：均值白噪声

poisson：泊松噪声

salt & pepper：盐椒噪声

speckle：乘性噪声

例9-33　图像噪声操作实例。

```
I = imread('d:\t.bmp');
J = imnoise(I，'salt & pepper'，0.04);      %密度0.04的盐椒噪声
subplot(1，2，1);
imshow(I)
```

```
subplot(1，2，2)；
imshow(J)
```

图 9-30 图像噪声操作

2. 噪声添加

函数：bwmorph

功能：对二值图像进行指定的形态学处理。

语法：BW2 = bwmorph(BW，operation)

BW2 = bwmorph(BW，operation，*n*)

说明：参数 operation 是一个字符串，用于指定进行的形态学处理类型，operation 可以为以下值：

- bothat：进行"bottom hat"形态学运算，即返回源图像减去闭运算的图像；
- branchpoints：查找到骨架中的分支点；
- bridge：进行像素连接操作；
- clean：去除图像中孤立的亮点；
- close：进行形态学闭运算（即先膨胀后腐蚀）；
- diag： 采用对角线填充，去除八邻域的背景；
- dilate： 使用结构元素 ones(3)对图像进行膨胀运算；
- endpoints：找到骨架中的结束点；
- erode：使用结构元素 ones(3)对图像进行腐蚀运算；
- fill：填充孤立的黑点；
- hbreak：断开图像中的 H 型连接；
- majority：如果一个像素的 8 邻域中有等于或超过 5 个像素点的像素值为 1，则将该点像素值置 1；
- open：进行形态学开运算（即先腐蚀后膨胀）；
- remove：如果一个像素点的 4 邻域都为 1，则该像素点将被置 0；该选项将导致边界像素上的 1 被保留下来；
- skel：在这里 n = Inf，骨架提取但保持图像中物体不发生断裂；不改变图像欧拉数；
- spur：去除小的分支，或引用电学术语"毛刺"；
- thicken：在这里 n = Inf，通过在边界上添加像素达到加粗物体轮廓的目的；
- thin：在这里 n = Inf，进行细化操作；

- tophat：进行“top hat”形态学运算，返回源图像减去开运算的图像。

例 9-34　矩阵形态学运算举例。

```
close all; clear; clc;
imgdat1 = logical([1, 0, 0; 1, 0, 1; 0, 0, 1])
retdat1 = bwmorph(imgdat1, 'bridge')
imgdat2 = logical([0, 0, 0; 0, 1, 0; 0, 0, 0])
retdat2 = bwmorph(imgdat2, 'clean')
imgdat3 = logical([1, 1, 1; 1, 0, 1; 1, 1, 1])
retdat3 = bwmorph(imgdat3, 'fill')
```

程序执行结果为：

```
imgdat1 =
     1     0     0
     1     0     1
     0     0     1
retdat1 =
     1     1     0
     1     1     1
     0     1     1
imgdat2 =
     0     0     0
     0     1     0
     0     0     0
retdat2 =
     0     0     0
     0     0     0
     0     0     0
imgdat3 =
     1     1     1
     1     0     1
     1     1     1
retdat3 =
     1     1     1
     1     1     1
     1     1     1
```

例 9-35　加入椒盐噪声的图像通过开启和闭合运算，将图像噪声滤除。

```
I1=imread('d:\t.bmp');
I2=im2bw(I1);
I2=double(I2);
I3=imnoise(I2, 'salt & pepper');
```

```
I4=bwmorph(I3，'open')；
I5=bwmorph(I4，'close')；
subplot(2，2，1)；
subimage(I2)；
title('二值处理的图像')；
subplot(2，2，2)；
subimage(I3)；
title('加入椒盐噪声的图像')
subplot(2，2，3)；
subimage(I4)；
title('开启操作所得的图像')；
subplot(2，2，4)；
subimage(I5)；
title('再关闭操作所得的图像')
```

程序执行结果如图 9-31 所示。

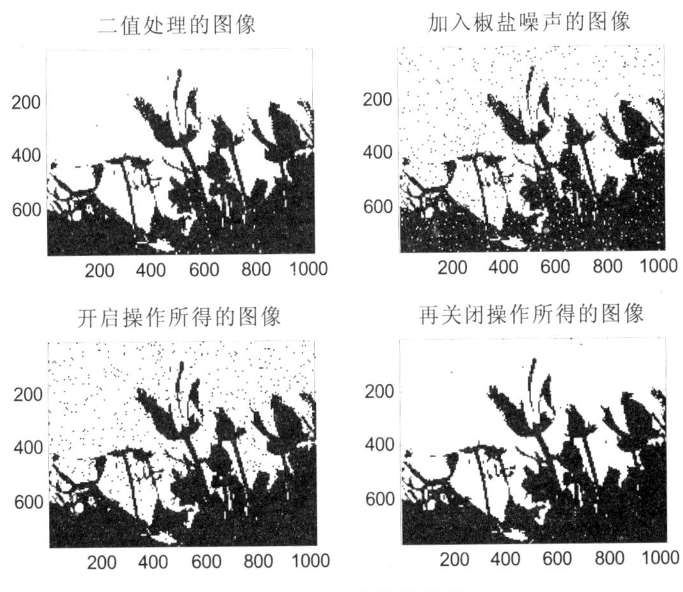

图 9-31 噪声滤除处理

9.6.4 空域滤波

滤波是一种应用广泛的图像处理技术，可以通过滤波来强调或删除图像的某些特征。滤波是一种邻域操作，即处理后的图像每个象素值是原来该象素周围的颜色值经过某种计算得到的。MATLAB 提供了 imfilter 函数进行滤波。

函数：imfilter

功能：函数 imfilter 是 MATLAB 中使用较多的滤波函数。

语法： B = imfilter(A，H，OPTION)

说明： 其中A为要进行滤波的图像矩阵，可以为多维的彩色图像矩阵（数组）；H为滤波操作使用的模板，为一个二维数组，可自己定义。OPTION是可选项，包括：

- 边界选项（'symmetric'、'replicate'、'circular'）
- 尺寸选项（'same'、'full'）
- 模式选项（'corr'、'conv'）

例 9-36 使用函数 imfilter 对图像进行滤波，同时研究该函数的边界参数的意义。

```
I = imread('d:\t.bmp');
h = ones(5，5)/25；
I1 = imfilter(I，h);
I2 = imfilter(I1，h，'replicate');
subplot(1，3，1)，imshow(I)，title('Original')
subplot(1，3，2)，imshow(I1)，title('Filtered')
subplot(1，3，3)，imshow(I2)，title('boundary replication')
```

图 9-32 图像滤波操作

1. 线性平滑滤波器

线性低通滤波器是最常用的线性平滑滤波器。这种滤波器的所有系数都是正的。对 3*3 的模板来说，最简单的操作是取所有系数都为 1。为保证输出图像仍在原来的灰度范围内，在计算 R 后要将其除以 9 再进行赋值。这种方法称为邻域平均法。在 MALAB 中 fspecial 函数生成线性空间滤波器。

函数：filter2

功能： 计算二维线型数字滤波，它与函数 fspecial 连用。

语法： *Y*=filter2(*B*，*X*)

Y=filter2(*B*，*X*，'shape')

说明： 对于 *Y*=filter2(*B*，*X*)，filter2 使用矩阵 *B* 中的二维 FIR 滤波器对数据 X 进行滤波，结果 *Y* 是通过二维互相关计算出来的，其大小与 *X* 一样；对于 *Y*=filter2(*B*，*X*，'shape')，filter2 返回的 Y 是通过二维互相关计算出来的，其大小由参数 shape 确定，其取值如下：

full 返回二维相关的全部结果，size(*Y*)>size(*X*)；

same 返回二维互相关结果的中间部分，*Y* 与 *X* 大小相同；

valid 返回在二维互相关过程中未使用边缘补 0 部分进行计算的结果部分，有 size(*Y*)<size(*X*)。

例 9-37 使用 filter2 滤波器，将一幅影像转换成一幅平面浮雕的影像。

```
RGB=imread('d:\t.bmp');
I=rgb2gray(RGB);        % 把 RGB 图像转换成灰度图像
h=[1 2 1; 0 0 0; -1 -2 -1];
I2=filter2(h, I);
subplot(1, 2, 1), imshow(RGB); title('原图像')
subplot(1, 2, 2), imshow(I2, []); title('滤波后的图像')
colorbar('vert')        % 将颜色条添加到坐标轴对象中
```

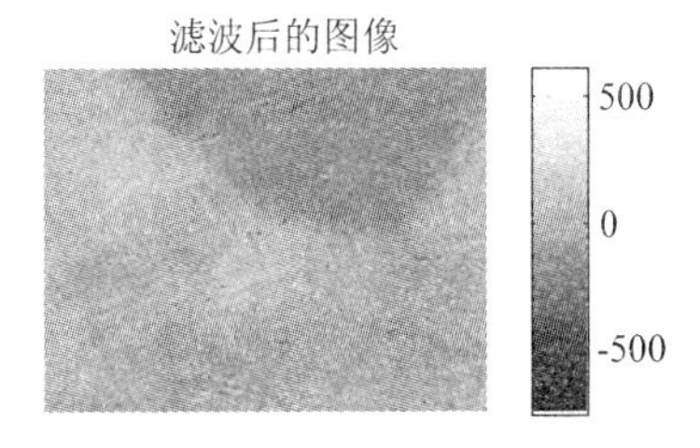

图 9-33　影像转换成平面浮雕

函数：fspecial

功能：产生一个由 T 指定的二维线性滤波器。参数 *T* 可以在下面选项中选取。

语法：*h*=fspecial(type，parameters)

说明：parameters为可选项，是和所选定的滤波器类型type相关的配置参数，如尺寸和标准差等。type为滤波器的类型。其合法值如下：

合法取值	功能
average	平均模板
disk	圆形领域的平均模板
gaussian	高斯模板
laplacian	拉普拉斯模板
log	高斯-拉普拉斯模板
prewitt	Prewitt水平边缘检测算子
sobel	Sobel水平边缘检测算子

H= fspecial('disk'，*r*)中，*r*表示圆形均值滤波器的半径，滤波器的大小为2*r*+1的正方形；

例 9-38　设计 MATLAB 程序，实现均值过滤器的功能。

MATLAB 程序代码设计如下：

```
I=imread('d:\snow.tif');
J=imnoise(I, 'salt & pepper', 0.02);
K=filter2(fspecial('average', 3), J)/255;
subplot(1, 3, 1), imshow(I); title('原图');
subplot(1, 3, 2), imshow(J); title('加入椒盐噪声图像');
subplot(1, 3, 3), imshow(K); title('3*3 的均值滤波器处理结果');
```

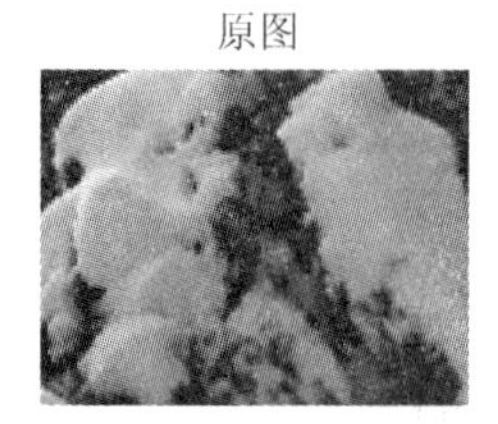

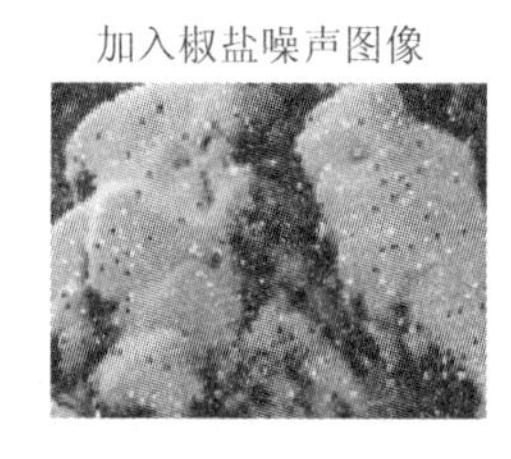

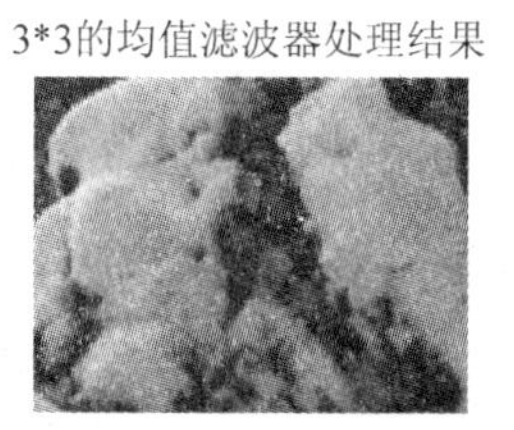

图 9-34　3*3 的均值滤波器处理结果

2. 非线性空间滤波

非线性滤波也是基于邻域操作的，但是不象线性滤波那样，滤波器与对应元素相乘然后相加。非线性滤波不再用线性组合的方法得到新的元素，使用的是统计的方法或非线性组合的方法。

中值滤波器是最常用的非线性平滑滤波器。中值不同于均值，是指排序队列中位于中间位置的元素的值。中值滤波对于某些类型的随机噪声具有非常理想的降噪能力，典型的应用就是消除椒盐噪声。在 MALAB 中应用 medfilt2 实现中值滤波。

函数：medfilt2

功能：中值滤波，是一种非线性滤波操作。。

语法：*h*=medfilt2(*I*1，[*m*，*n*])；

说明：*m*和*n*为中值滤波处理的模板大小，默认3*3。

具体步骤：

（1）将模板在图像中漫游，并将模板中心和图像某个像素的位置重合；

（2）读取模板下对应像素的灰度值；

（3）将这些灰度值从小到大排成一列；

（4）找出这些值排在中间的一个；

（5）将这个中间值赋给对应模板中心位置的像素。

例 9-39　中值滤波举例。

```
I=imread('d:\snow.tif')；
subplot(1，3，1)；imshow(I)；title('原图像')；
J=imnoise(I，'salt & pepper'，0.02)；
subplot(1，3，2)；imshow(J)；title('含噪图像')；
K=medfilt2(J，[3，3])；
subplot(1，3，3)；imshow(K)；title('中值处理后的图像')；
```

中值滤波的结果如图 9-35 所示。

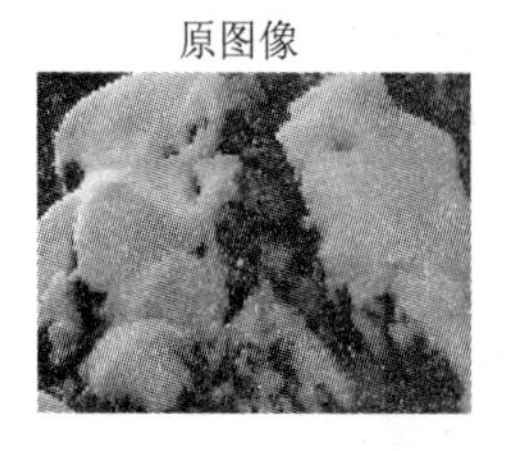

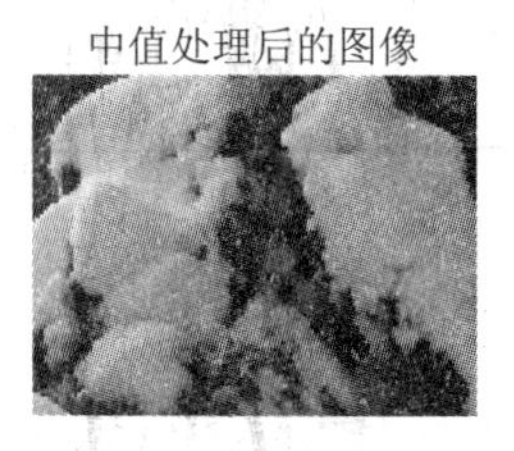

图 9-35　中值滤波结果

3. 线性锐化滤波

在灰度连续变化的图像中，通常认为与相邻像素灰度相差很大的突变点为噪声。灰度突变代表了一种高频分量，低通滤波则可以削弱图像的高频成分，平滑了图像信号，但也可能使图像目标区域的边界变得模糊。而锐化技术采用的是频域上的高通滤波方法，通过增强高频成分减少图像中的模糊，特别是模糊的边缘部分得到了增强，但同时也放大了图像的噪声。线性高通滤波器是最常用的线性锐化滤波器。这种滤波器的中心系数都是正的，而周围的系数都是负的。对 3*3 的模板来说，典型的系数取值是：

[−1 −1 −1；−1　8 −1；−1 −1 −1]

事实上这是拉普拉斯算子，所有的系数之和为0。

图像锐化主要用于增强图像的灰度跳变部分，主要通过运算导数（梯度）或有限差分来实现。主要方法有：Robert交叉梯度、Sobel梯度、拉普拉斯算子、高提升滤波、高斯-拉普拉斯变换。

（1）Robert 交叉梯度

Robert算子是一种梯度算子，它用交叉的差分表示梯度，是一种利用局部差分算子寻找边缘的算子，对具有陡峭的低噪声的图像效果最好。在数学上Robert交叉梯度表示为：

$$g(i,j)=\sqrt{(f(i+1,j+1)-f(i,j))^2+(f(i+1,j)-f(i,j+1))^2}$$

Robert算子的模板可以定义为：

$$w1=\begin{bmatrix}-1 & 0\\ 0 & 1\end{bmatrix}\qquad w2=\begin{bmatrix}0 & -1\\ 1 & 0\end{bmatrix}$$

w1对接近正45°边缘有较强响应，w2对接近负45°边缘有较强响应。

（2）Sobel 交叉梯度

Sobel算子是滤波算子的形式来提取边缘。X、Y方向各用一个模板，两个模板组合起来构成1个梯度算子。X方向模板对垂直边缘影响最大，Y方向模板对水平边缘影响最大。Sobel算子是在以$f(x, y)$为中心的[3 3]邻域上以下述方式计算x方向与y方向的偏导数。

$$w1=\begin{bmatrix}-1 & -2 & -1\\ 0 & 0 & 0\\ 1 & 2 & 1\end{bmatrix}\qquad w2=\begin{bmatrix}-1 & 0 & 1\\ -2 & 0 & 2\\ -1 & 0 & 1\end{bmatrix}$$

w1对水平边缘有较大响应，w2对垂直边缘有较大响应。

（3）prewitt 算子

prewitt算子是加权平均算子，对噪声有抑制作用，但是像素平均相当于对图像进行地同滤波，所以prewitt算子对边缘的定位不如robert算子。模板为：

$$w1=\begin{bmatrix}1 & -1 & 1\\ 1 & -1 & 0\\ 1 & -1 & -1\end{bmatrix}\qquad w2=\begin{bmatrix}1 & 1 & 1\\ 0 & 0 & 0\\ -1 & -1 & -1\end{bmatrix}$$

例9-40 下列MATLAB代码中w1对接近正45°边缘有较强响应，w2对接近负45°边缘有较强响应。

```
A=imread('d:\t.bmp');
I=double(A); %双精度化
w1=[-1 0; 0 1];
w2=[0 -1; 1 0];
G1=imfilter(I, w1, 'corr', 'replicate');
G2=imfilter(I, w2, 'corr', 'replicate');
G=abs(G1)+abs(G2);
subplot(2, 2, 1); imshow(A); title('原图');
subplot(2, 2, 2); imshow(G, []); title('正45°梯度');
subplot(2, 2, 3); imshow(abs(G1), []); title('负45°梯度');
subplot(2, 2, 4); imshow(abs(G2), []); title('Robert梯度');
```

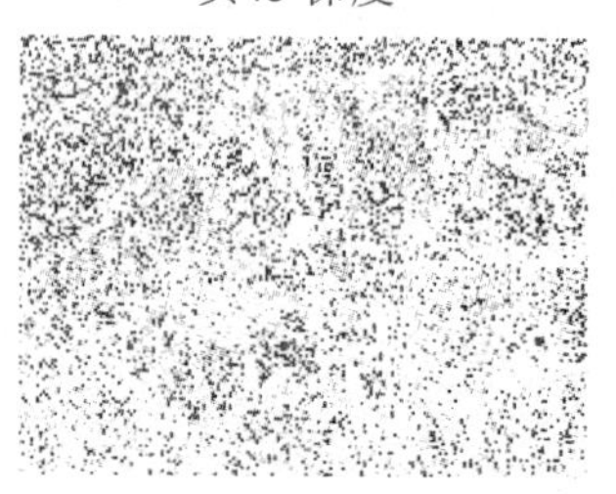

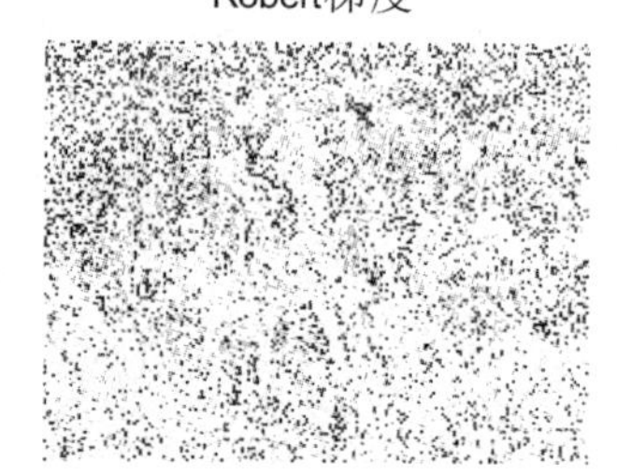

图 9-36 不同滤波模板的的图像处理

例 9-41 不同滤波比较举例。

```
i=imread('d:\a.jpg');
i2=im2double(i);
ihd=rgb2gray(i2);
[thr, sorh, keepapp]=ddencmp('den', 'wv', ihd);
ixc=wdencmp('gbl', ihd, 'sym4', 2, thr, sorh, keepapp);
figure, imshow(ixc), title('消噪后图像 ');
k2=medfilt2(ixc, [7 7]);
figure, imshow(k2), title('中值滤波');
```

```
isuo=imresize(k2，0.25，'bicubic')；
%sobert、robert 和 prewitt 算子检测图像边缘
esobel=edge(isuo，'sobel')；
erob=edge(isuo，'roberts')；
eprew=edge(isuo，'prewitt')；
subplot(2，2，1)；
imshow(isuo)；title('前期处理图像')；
subplot(2，2，2)；
imshow(esobel)；title('sobel 算子提取')；
subplot(2，2，3)；
imshow(erob)；title('roberts 算子提取')；
subplot(2，2，4)；
imshow(eprew)；title('prewitt 算子提取')；
```

程序运行结果如图 9-37 所示。

图 9-37(a) 中值滤波

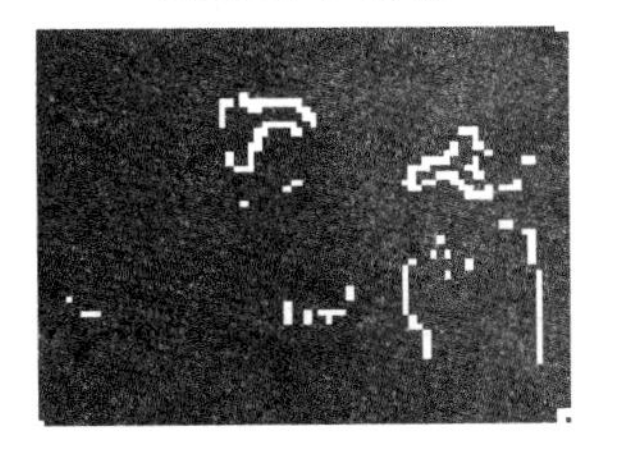
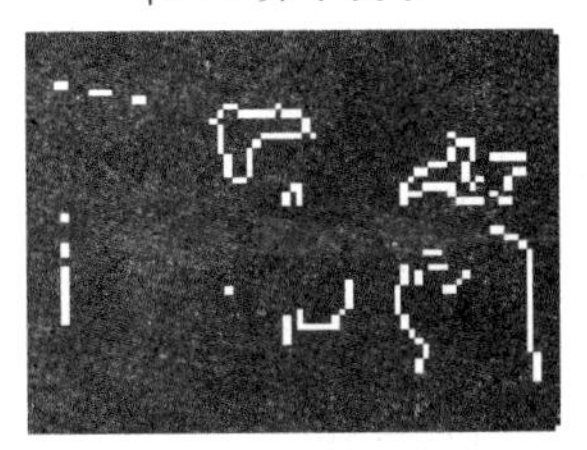

图 9-37(b) 微分算子边缘检测结果比较

（4）Laplacian 算子

拉普拉斯高斯算子是一种二阶导数算子，将在边缘处产生一个陡峭的零交叉。前面介绍的几种梯度法具有方向性，不能对各种走向的边缘都具有相同的增强效果。但是Laplacian算子是各向同性的，能对任何走向的界线和线条进行锐化，无方向性。这是拉普拉斯算子区别于其他算法的最大优点。

对一个连续函数$f(i, j)$，它在位置(i, j)的拉普拉斯算子定义如下：

$$\nabla^2 f = \frac{\partial^2 f}{\partial x^2} + \frac{\partial^2 f}{\partial y^2}$$

在图像边缘检测中，为了运算方便，函数的拉普拉斯高斯算子也是借助模板来实现的。其模板有一个基本要求：模板中心的系数为正，其余相邻系数为负，所有系数的和应该为零。

$$w1 = \begin{bmatrix} 0 & -1 & 0 \\ -1 & 4 & -1 \\ 0 & -1 & 0 \end{bmatrix} \qquad w2 = \begin{bmatrix} -1 & -1 & -1 \\ -1 & 8 & -1 \\ -1 & -1 & -1 \end{bmatrix}$$

（5）Canny 边缘算法

Canny边缘检测是一种比较新的边缘检测算子，具有很好的边缘监测性能，在图像处理中得到了越来越广泛的应用。它依据图像边缘检测最优准则设计canny边缘检测算法：

（1）首先用2D高斯滤波模板进行卷积以消除噪声；

（2）利用导数算子找到图像灰度地沿着两个方向的偏导数（G_x，G_y），并求出梯度的大小：$G = \sqrt{G_x^2 + G_y^2}$。

（3）利用（2）的结果计算出梯度的方向。

例9-42　高通滤波拉普拉斯算子。

```
I=imread('d:\snow.tif');
m=fspecial('laplacian');
I1=filter2(m, I);
h=fspecial('unsharp', 0.5);
I2=filter2(h, I)/255;
subplot(1, 3, 1);
imshow(I);
title('原图')
subplot(1, 3, 2);
imshow(I1);
title('高通滤波 laplacian 算子')
subplot(1, 3, 3);
imshow(I2);
title('高通滤波 unsharp')
```

处理结果如图 9-38 所示。

原图

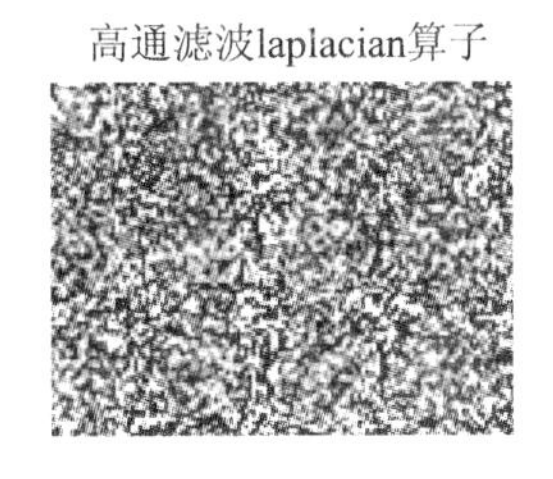

高通滤波laplacian算子

高通滤波unsharp

图 9-38 空域高通滤波

例 9-43 调用 Laplacian 算子、canny 算子检测法检测图像边缘的程序。

```
I=imread('d:\a.jpg');
subplot(2, 1, 1); imshow(I); title('原图');
I1=rgb2gray(I);
elog=edge(I1, 'log');
ecanny=edge(I1, 'canny');
subplot(2, 2, 3);
imshow(elog); title('log 算子提取');
subplot(2, 2, 4);
imshow(ecanny); title('canny 算子提取');
```

程序运行结果如图 9-39 所示。

原图

log算子提取

canny算子提取

图 9-39 log、canny 算子运算

4. 边缘检测结果比较

Roberts算子检测方法对具有陡峭的低噪声的图像处理效果较好，但是利用roberts算子提取边缘的结果是边缘比较粗，因此边缘的定位不是很准确。

Sobel算子检测方法对灰度渐变和噪声较多的图像处理效果较好，sobel算子对边缘定位不是很准确，图像的边缘不止一个像素。

Prewitt算子检测方法对灰度渐变和噪声较多的图像处理效果较好。但边缘较宽，而且间断点多。

Laplacian算子法对噪声比较敏感，所以很少用该算子检测边缘，而是用来判断边缘像素视为与图像的明区还是暗区。

Canny边缘算法不容易受噪声干扰，能够检测到真正的弱边缘。优点在于，使用两种不同的阈值分别检测强边缘和弱边缘，并且当弱边缘和强边缘相连时，才将弱边缘包含在输出图像中。

9.7 频域滤波图像处理

在图像处理技术中，图像的频域滤波处理技术有着广泛的应用，是图像处理的重要工具。常运用于图像压缩、滤波、编码和后续的特征抽取或信息分析过程。例如，傅立叶变换可使处理分析在频域中进行，使运算简单；而离散余弦变换可使能量集中在少数数据上，从而实现数据压缩，便于图像传输和存储。

频域频域滤波处理主要步骤是：

（1）将图像从空域转换到频域；

（2）在频域空间对图像进行增强加工操作；

（3）从频域空间转换回到空域空间；

常用的频域增强方法有低通滤波和高通滤波，变换方法很多，常用的有余弦变换、radon变换、傅里叶变换、小波变换等。

9.7.1 离散余弦变换

设A是一个M行N列的灰度图像（二维数组或矩阵），那么对A实行离散余弦变换就是使用表达式(9-2)进行计算，得到新的M行N列矩阵B

$$B_{pq}=\alpha_p\alpha_q\sum_{m=0}^{M-1}\sum_{n=0}^{N-1}A_{mn}\cos\frac{\pi(2m+1)p}{2M}\cos\frac{\pi(2n+1)q}{2N},0\le p\le M-1,0\le q\le N-1 \tag{9-2}$$

其中：

$$\alpha_p=\begin{cases}1/\sqrt{M}, & p=0\\ \sqrt{2/M}, & 1\le p\le M-1\end{cases}\qquad \alpha_q=\begin{cases}1/\sqrt{N}, & q=0\\ \sqrt{2/N}, & 1\le q\le N-1\end{cases}$$

离散余弦变换(DCT)将图像表示为具有不同振幅和频率的余弦曲线的和。MATLAB提供了函数dct2来计算图像的二维离散余弦变换函数dct2与逆离散余弦变换函idct2。一幅图像的大部分可视特征信息都可以用少量的DCT系数来表示，图像的jpg压缩格式主要是基于离散余弦变换方法。

函数：dct2

功能：进行二维离散余弦变换。

语法：B = dct2(A)

B = dct2(A，m，n)

B = dct2(A，[m n])

说明：B＝dct2(A)计算A的DCT变换B，A与B的大小相同；B＝dct2(A，m，n)和B=dct2(A，[m，n])通过对A补0或剪裁，使B的大小为$m\times n$。

例9-44　利用函数dct2对图像进行离散余弦变换。

```
RGB = imread('d:\t.bmp');
I = rgb2gray(RGB);
subplot(2，2，1);
imshow(RGB)
title('原图像');
subplot(2，2，2);
imshow(I)
title('灰度图像');
J = dct2(I);
subplot(2，2，3);
imshow(log(abs(J))，[])，colormap(jet(64))，　colorbar
title('余弦变换后的图像');
J(abs(J) < 10) = 0;
K = idct2(J)/255;
subplot(2，2，4);
imshow(K)
title('余弦逆变换后的图像');
```

程序运行结果如图9-40所示。

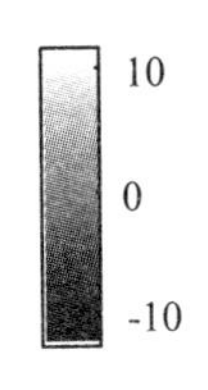

图 9-40　二维离散余弦变换

函数：idct2

功能： DCT 反变换

语法： B=idct2(A)

B=idct2(A，m，n)

B=idct2(A，[m，n])

说明： B＝idct2(A)计算A的DCT反变换B，A与B的大小相同；B＝idct2(A，m，n)和B=idct2(A，[m，n])通过对A补0或剪裁，使B的大小为$m \times n$。逆离散余弦变换就是把一个系数矩阵变换成对应的图像。在数学上表示为：

$$A_{mn}=\sum_{m=0}^{M-1}\sum_{n=0}^{N-1}\alpha_p\alpha_q B_{pq}\cos\frac{\pi(2m+1)p}{2M}\cos\frac{\pi(2n+1)q}{2N}, 0\le p\le M-1, 0\le q\le N-1$$

其中：

$$\alpha_p=\begin{cases}1/\sqrt{M}, & p=0\\ \sqrt{2/M}, & 1\le p\le M-1\end{cases}\qquad \alpha_q=\begin{cases}1/\sqrt{N}, & q=0\\ \sqrt{2/N}, & 1\le q\le N-1\end{cases}$$

例9-45　利用函数idct2对图像进行逆离散余弦变换。

```
D= imread('D:\t.bmp');
D1=rgb2gray(D);
s=size(D1);
D2=dct2(D1);
D3=idct2(D2);
P=zeros(s); P1=P; P2=P; P3=P;
P1(1:10, 1:10)=D2(1:10, 1:10);
P2(1:30, 1:30)=D2(1:30, 1:30);
P3(1:60, 1:60)=D2(1:60, 1:60);
E1=idct2(P1);
E2=idct2(P2);
E3=idct2(P3);
subplot(2, 3, 1);   imshow(D1);   title('a原图像');
subplot(2, 3, 2);   imshow(D2); title('b离散余弦变换');
subplot(2, 3, 3);   image(D3); title('c矩阵D2复原图像');
subplot(2, 3, 4);   image(E1); title('d矩阵P1复原图像');
subplot(2, 3, 5);   image(E2); title('e矩阵P2复原图像');
subplot(2, 3, 6);   image(E3); title('f矩阵P3复原图像');
```

程序首先对灰度图像D1实行离散余弦变换，然后马上使用语句D3=idct2(D2)进行逆变换，这次逆变换的结果显示在图9-41中。

图 9-41 二维离散余弦变换

9.7.2 Radon 变换

MATLAB中提供了函数radon用来完成图像Radon变换，该变换实质上是计算指定方向上图像矩阵的投影。用iradon0函数可实现逆radon变换，并经常用于投影成像中，这个变换能把radon变换反变换回来，因此可以从投影数据重建原始图像。而在大多数应用中，没有所谓的用原始图像来计算投影。例如，x射线吸收重建，投影是通过测量x射线辐射在不同角度通过物理切片时的衰减得到的。原始图像可以认为是通过切面的截面。这里，图像的密度代表切片的密度。投影通过特殊的硬件设备获得，而切片内部图像通过iradon重建。这可以用来对活的生物体或者不透明物体实现无损成像。

函数：radon

功能：计算radon变换

语法：*R*=radon(*I*，theta)

[*R*，*xp*]=radon(...)

函数：iradon

功能：进行反radon变换

语法：I=iradon(P，theta)

I–iradon(P，theta，interp，filter，*d*，*n*)

例9-46 利用逆Radon变换复原图像，程序设计如下。

```
B= imread('D:\clock.tiff');
%B1=rgb2gray(B);
```

```
T=1:2:180;
[C, x]=radon(B, T);
D=iradon(C, T);
subplot(1, 3, 1); imshow(B); title('原图像');
subplot(1, 3, 2); imagesc(T, x, C); title('变换曲线集合');
subplot(1, 3, 3); image(D); title('复原图像');
```

程序运行结果是图9-42所示。

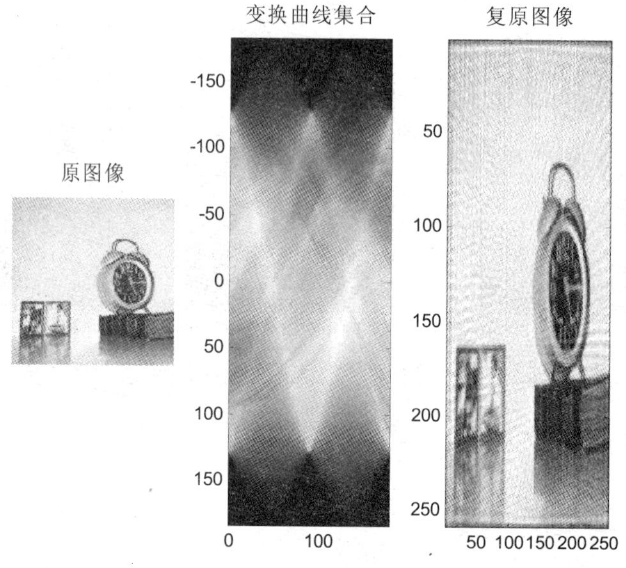

图 9-42 图像逆 radon 变换复原图像

程序中语句T=0:10:180定义了一个向量T，共有19个元素。调用函数语句[C, x]=radon(B, T)中，如果角度T是一个向量，那么[C，x]中的C就是一个二维数组，用来表示多条变换后的曲线。多条变换后的曲线绘制在一起，形成图9-42所示图形，横轴表示180度，纵轴表示每条曲线的高度。从图9-42可以看出复原的结果与原图有些差别，这是由于在Radon变换的过程中损失了一些数据等原因造成的。

例9-47 利用逆Radon变换复原图像，观察复原效果。

```
A= imread('D:\2.jpg');
B=rgb2gray(A);
T=1:2:180;
[C, x]=radon(B, T);
D=iradon(C, T);
subplot(1, 3, 1); imshow(B)
subplot(1, 3, 2); imagesc(T,  x,  C)
subplot(1, 3, 3); image(D)
```

仔细观察图9-42，能够看出原图像与复原图像之间的差别。除了图像细节稍有变化外，图像变窄变高了。原图像B的维数是[480 640]，逆变换后得到的图像D的维数是[566 566]。

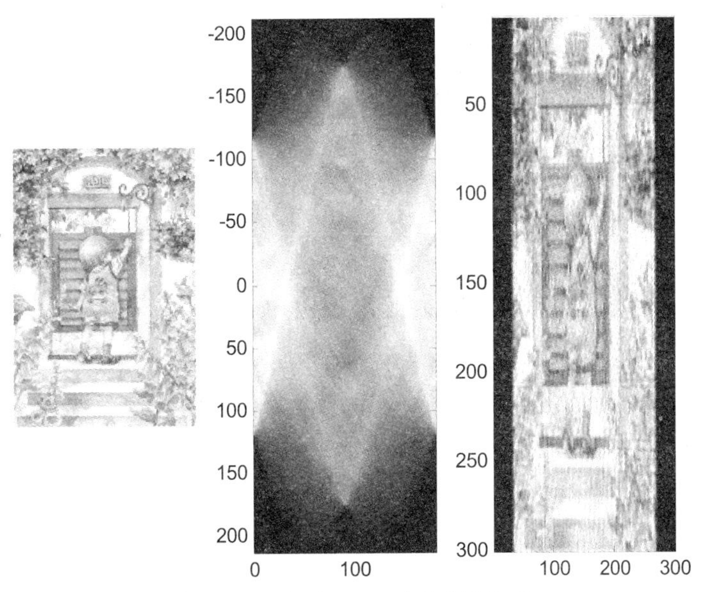

图 9-43　图像逆 radon 变换复原图像

9.7.3　图像傅里叶变换

在图像处理的广泛应用领域中，傅立叶变换起着非常重要的作用，具体表现在包括图像分析、图像增强及图像压缩等方面。利用计算机进行傅立叶变换的通常形式为离散傅立叶变换，采用这种形式的傅立叶变换有以下两个原因：一是离散傅立叶变换的输入和输出都是离散值，适用于计算机的运算操作；二是采用离散傅立叶变化变换，可以应用快速傅立叶变换来实现，提高运算速度。傅里叶变换是数学上，特别是工程数学上常用的变换方法。MATLAB中的二维快速傅里叶变换函数是fft2，该函数对应的逆傅里叶变换函数是ifft2。

函数：fft2

功能：进行二维快速傅里叶变换。

语法：B = fft2(A)

　　　B = fft2(A，m，n)

例9-48　傅里叶变换。

```
load imdemos saturn2
subplot(1，2，1);
imshow(saturn2)
B = fftshift(fft2(saturn2));
subplot(1，2，2);
imshow(log(abs(B))，[]);
colormap(jet(64))，  colorbar      %jet是M软件预定义的色图矩阵
```

程序运行结果如图9-44所示。

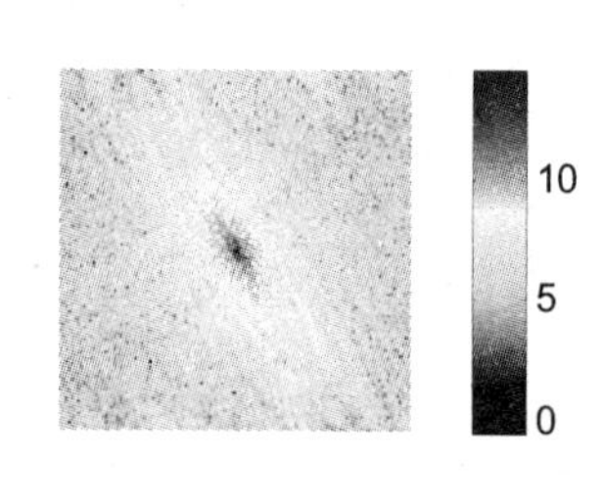

图 9-44　快速傅里叶变换

例9-49　利用傅里叶变换函数变换图像，观察分析变换结果。

```
A= imread('d:\c1.jpg');
B= imread('d:\c2.jpg');
A1=fft2(A);
B1=fft2(B);
subplot(2, 2, 1);   imshow(A)
subplot(2, 2, 2);   imshow(A1); title('1的fft2变换');
subplot(2, 2, 3);   imshow(B)
subplot(2, 2, 4);   imshow(B1); title('2的fft2变换');
```

程序运行结果如图9-45所示。

1

1 的 fft2 变换

2

2 的 fft2 变换

图 9-45　图像傅里叶变换结果

函数：ifft2

功能：进行图像逆傅里叶快速变换。

语法：B = ifft2(A)

说明：A为经过傅里叶快速变换数据矩阵

【思考】下列语句的运行结果。

```
A=uint8(magic(3))
iFt=fft2(A)
iFt1=ifft2(iFt)
iFt2=uint8(iFt1)
```

例9-50　利用傅里叶变换函数变换图像，然后用逆傅里叶变换函数复原图像，观察分析比较。

程序设计如下。

```
A= imread('D:\c1.jpg'); A=rgb2gray(A);
B= imread('D:\c2.jpg'); B=rgb2gray(B);
C= imread('D:\a1.tif');
D= imread('D:\a2.tif');
A1=fft2(A); B1=fft2(B); C1=fft2(C); D1=fft2(D);
A2=abs(ifft2(A1));
B2=abs(ifft2(B1));
C2=ifft2(C1);
D2=ifft2(D1);
subplot(2, 4, 1); imshow(A); title('1的原图');
subplot(2, 4, 2); imshow(B); title('2的原图');
subplot(2, 4, 3); imshow(C); title('方形原图');
subplot(2, 4, 4); imshow(D); title('圆的原图');
subplot(2, 4, 5); imshow(A2); title('1、2的ifft2变换后图形');
subplot(2, 4, 6); imshow(B2);
subplot(2, 4, 7); imshow(C2); title('方形、圆形ifft2变换后图形');
subplot(2, 4, 8); imshow(D2);
```

程序的运行结果如图9-46所示。

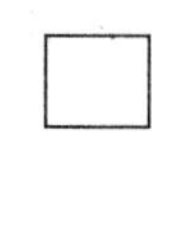

图 9-46　逆傅里叶变换复原图像

程序中首先进行傅里叶变换，然后进行逆傅里叶变换，对逆变换结果取模，因为傅里叶变换后一般是复数，然后重新绘制出来。

【思考】分析下列程序段：

```
A = imread('D:\c1.jpg');
grayFile = rgb2gray(A);
......
iFt=fft2(grayFile)
iFt1=ifft2(iFt)
iFt2=uint8(iFt1)
D=abs(grayFile-iFt2);
E=sum(D(:))
```

由于iFt1是double型数据，而A是uint8型数据，将数据矩阵iFt1进行类型转换。然后通过abs(grayFile-iFt2)验证，分析两个图像差异有多大。

9.7.4　低通滤波与高通滤波

函数：buttap

功能：模拟低通、高通原型滤波器系统函数的零、极点和增益因子

语法：[*z*0，*p*0，*k*0]=buttap(*N*)

说明：用于计算 *N* 阶巴特沃斯归一化（3dB 截止频率 Ωc=1），如果要从零、极点模型得到系统函数的分子、分母多项式系数向量 ba、aa，可调用：[*B*，*A*]=zp2tf（*z*0，*p*0，*k*0）

1. 低通滤波

图像的能量大部分集中在幅度谱的低频和中频度，而图像的边缘和噪声对应于高频部

分。低通滤波能降低高频成分的幅度，此类滤波器能减弱噪声的影响。

例 9-51　低通滤波器设计

```
n=0:0.01:2;     %设定频率点
for ii=1:4    %定义循环，产生不同阶数的曲线
    switch ii
      case 1, N=2;
      case 2, N=5;
      case 3, N=10;
      case 4, N=30;
    end
    [z, p, k]=buttap(N);      %调用 Butterworth 模拟低通滤波器原型函数
    [b, a]=zp2tf(z, p, k);     %将零点极点增益形式转换为传递函数形式
    [H, w]=freqs(b, a, n);     %按 n 指定的频率点给出频率响应
    magH2=(abs(H)).^2;
    hold on;
    plot(w, magH2);
end
xlabel('w/wc');
ylabel('|H(jw)|^2');
title('Butterworth 模拟低通滤波器原型');
text(1.5, 0.18, 'n=2')    %对不同曲线做标记
text(1.3, 0.08, 'n=5')
text(1.16, 0.08, 'n=10')
text(0.93, 0.98, 'n=20')
grid on;
```

程序运行的结果如图 9-47 所示。

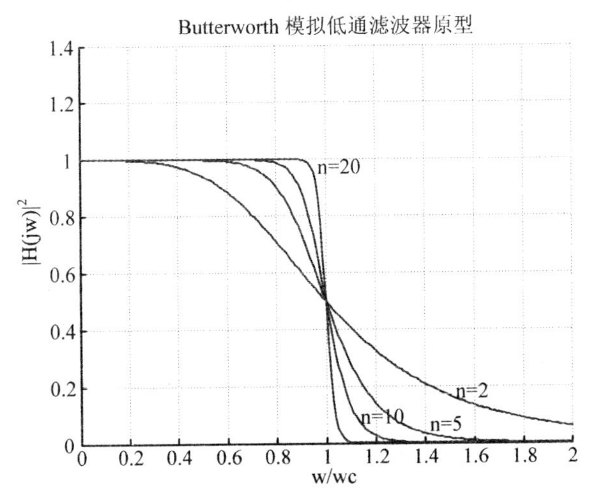

图 9-47　低通滤波器原型

例 9-52 Butterworth 低通滤波器是一种物理上可以实现的低通 n 阶滤波器，截断频率为 d0 的 Butterworth 低通滤波器的转移函数为：

$$H(u,v)=\frac{1}{1+[d(u,v)/d0]^{2n}}$$

用 MATLAB 实现 Butterworth 低通滤波器的代码所示：

```
I1=imread('Saturn.tif');
figure, imshow(I1)
I2=imnoise(I1, 'salt');
figure, imshow(I2)
f=double(I2);
g=fft2(f);
g=fftshift(g);
[N1, N2]=size(g);
n=2;
d0=50;
n1=fix(N1/2);
n2=fix(N2/2);
for i=1:N1
    for j=1:N2
        d=sqrt((i-n1)^2+(j-n2)^2);
        h=1/(1+0.414*(d/d0)^(2*n));
        result(i, j)=h*g(i, j);
    end
end
result=ifftshift(result);
X2=ifft2(result);
X3=uint8(real(X2));
figure, imshow(X3)
```

2. 高通滤波

高通滤波也称高频滤波器，它的频值在 0 频率处单位为 1，随着频率的增长，传递函数的值逐渐增加；当频率增加到一定值之后传递函数的值通常又回到 0 值或者降低到某个大于 1 的值。在前一种情况下，高频增强滤波器实际上是依照能够带通滤波器，只不过规定 0 频率处的增益为单位 1。

例 9-53 高通滤波器的设计。

```
m=0:1:5000;
for ii=1:4
   switch ii
     case 1, N=2;
```

```
        case 2，N=5；
        case 3，N=10；
        case 4，N=30；
    end
    [z，p，k]=buttap(N)；
    [b，a]=zp2tf(z，p，k)；
    [bt，at]=lp2hp(b，a，200*2*pi)；
    [Ht，w]=freqs(bt，at，m)；
    hold on；
    plot(w，abs(Ht))；
end
xlabel('w/pi')；
ylabel('|H(jw)|^2')；
title('模拟高通滤波器')；
text(200，0.28，'n=2')
text(600，0.12，'n=4')
text(1000，0.28，'n=10')
text(1200，0.10，'n=30')
grid on；
```

程序运行结果如图图 9-48 所示。

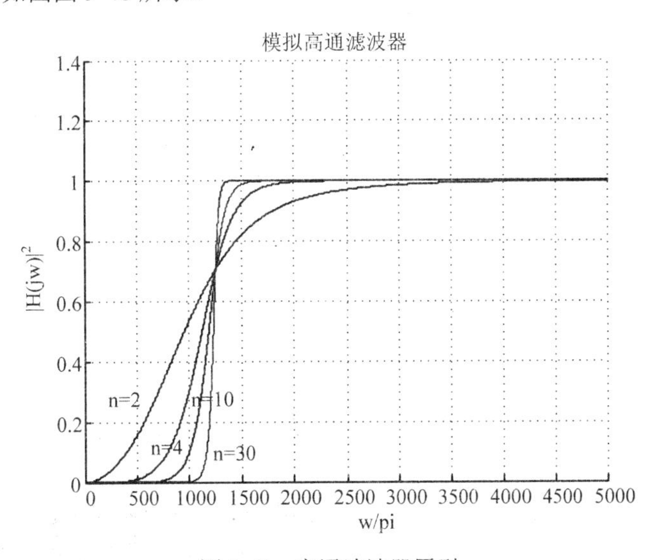

图 9-48 高通滤波器原型

例 9-54 实际应用中，为了减少图像中面积大且缓慢变化的成分的对比度，有时让 0 频率处的增益小于单位 1 更合适。如果传递函数通过原点，则可以称为 laplacian 滤波器。

n 阶截断频率为 d0 的 Butterworth 高通滤波器的转移函数为：

$$H(u,v)=\frac{1}{1+[d0/d(u,v)]^{2n}}$$

MATLAB 实现 Butterworth 高通滤波器代码所示：

```
I1=imread('cameraman.tif');
figure, imshow(I1)
f=double(I1);
g=fft2(f);
g=fftshift(g);
[N1, N2]=size(g);
n=2;
d0=5;
n1=fix(N1/2);
n2=fix(N2/2);
for i=1:N1
     for j=1:N2
          d=sqrt((i-n1)^2+(j-n2)^2);
          if d==0
             h=0;
          else
              h=1/(1+(d0/d)^(2*n));
          end
          result(i, j)=h*g(i, j);
    end
end
result=ifftshift(result);
X2=ifft2(result);
X3=uint8(real(X2));
figure, imshow(X3)
```

原图和处理结果如图 9-49 所示。

图 9-49　原图及经过高通滤波后的图像

函数：butter

功能：滤波器设计

语法：[*b*，*a*]=butter(*n*，*Wn*)

例 9-55　设计一个 10 **阶的带通** butterworth **数字滤波器，通带范围是** 100 **到** 250Hz**，采样频率** 1000Hz**，并画出它的冲击响应。程序为：**

```
n=10；
Wn=[100 250]/1000；
[b，a]=butter(n，Wn)；
[y，t]=impz(b，a，101)；
stem(t，y)
```

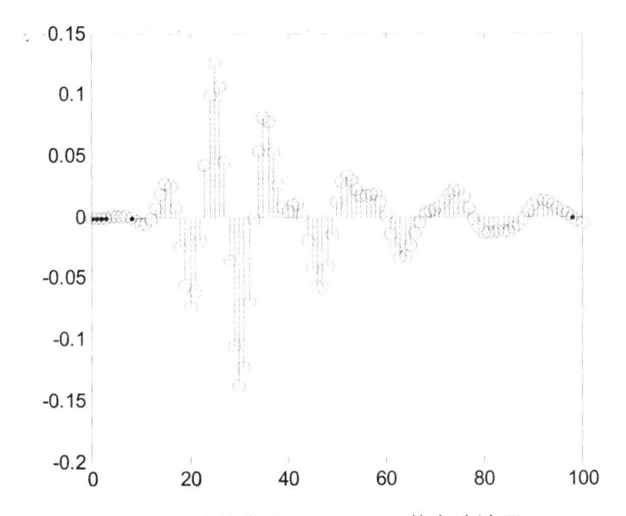

图 9-50　10 阶的带通 butterworth 数字滤波器

9.8　图像分割与边缘检测

1. 图像分割概述

图像分割一般采用的方法有边缘检测（edge detection）、边界跟踪（edge tracing）、区域生长（region growing）、区域分离和聚合等。

图像分割算法一般基于图像灰度值的不连续性或其相似性。

不连续性是基于图像灰度的不连续变化分割图像，如针对图像的边缘有边缘检测、边界跟踪等算法。

相似性是依据事先制定的准则将图像分割为相似的区域，如阈值分割、区域生长等。

2. 边缘检测

边缘检测是一种重要的区域处理方法。边缘是所要提取目标和背景的分界线，提取出边缘才能将目标和背景区分开来。边缘检测是利用物体和背景在某种图像特性上的差异来实现的，这些差异包括灰度、颜色或者纹理特征。实际上，就是检测图像特性发生变化的位置。边缘检测包括两个基本内容：一是抽取出反映灰度变化的边缘点；二是剔除某些边界点或填补边界间断点，并将这些边缘连接成完整的线。如果一个像素落在边界上，那么它的邻域将成为一个灰度级变化地带。对这种变化最有用的两个特征是灰度的变化率和方向。边缘检测算子可以检查每个像素的邻域，并对灰度变化率进行量化，也包括对方向的确定，其中大多数是基于方向导数掩模求卷积的方法。MATLAB工具箱提供的edge()函数可针对sobel算子、prewitt算子、RobertS算子、LoG算子和canny算子实现检测边缘的功能。基于灰度的图像分割方法也可以用简单的MATLAB代码实现。

1. 图像轮廓提取

MATLAB提供了二值图像轮廓提取函数bwperim。

函数：bwperim

功能：bwperim函数计算二进制图像中对象的周长

语法：BW2=bwperim(BW1)

BW2=bwperim(BW1，CONN)

例9-56　使用函数bwperim提取二值图像的轮廓。

程序设计如下：

```
A= imread('d:\aa.bmp');
EA=bwperim(A);
subplot(1，2，1)
imshow(A)；title('原图');
subplot(1，2，2)
imshow(EA)；title('二值图像轮廓图');
```

该程序的运行结果如图9-51所示。

原图

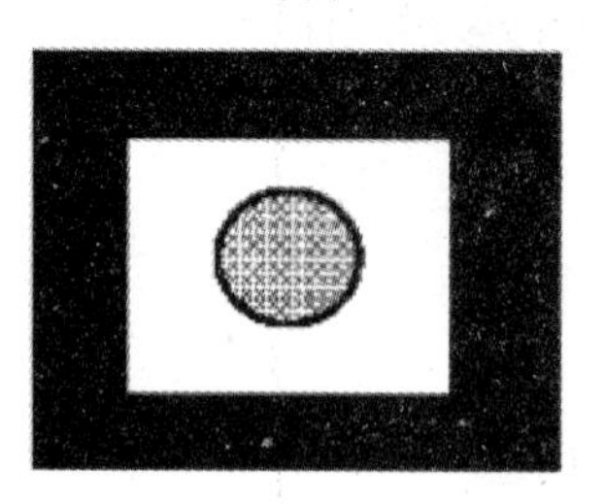

二值图像轮廓图

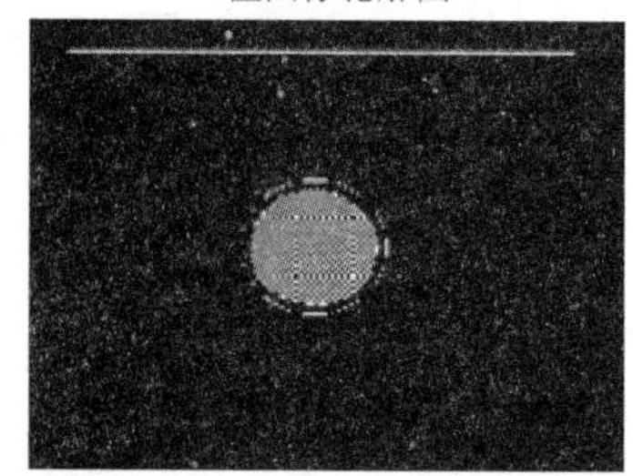

图 9-51　二值图像轮廓提取

函数bwperim是凭借值为1的像素点周围是否有0像素点来提取二值图像轮廓的。如果值为1的像素点周围点的值都为1，那么这个点不是边缘点；如果值为1的像素点周围点的值有多个为0，那么这个点一定为边界点。至于“周围”的含义，在算法中都有严格的定义。

【思考】提取二值图像轮廓的算法是如何设计的？

例 9-57　在 MATLAB 中提供了 bwperim（I，n）函数来提取二值图像中对像的边界像素。其中 n 表示采用何种连接，默认为 4-连接。

MATLAB 代码所示。

```
I1=imread('d:\678.tif');
I2=im2bw(I1);
I3=bwperim(I2);
subplot(1, 2, 1);
subimage(I2);
title('二值处理的图像');
subplot(1, 2, 2);
subimage(I3);
title('边界处理的图像')
```

程序执行结果如图 9-52 所示。

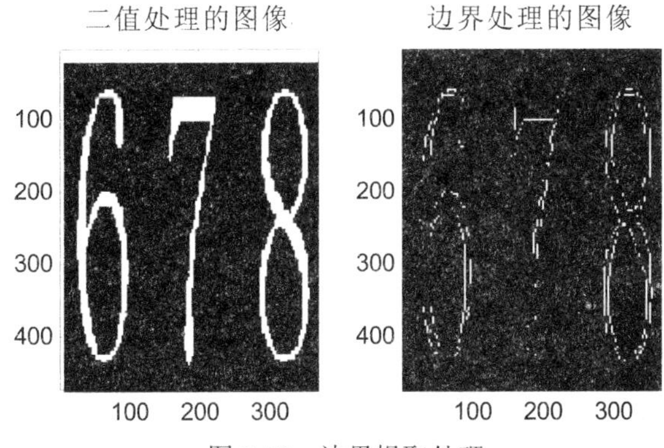

图 9-52　边界提取处理

MATLAB还提供了函数bwtraceboundary与bwboundaries，用来提取二值图像的边界，可以把边界坐标提取出来赋给变量。

例9-58　边界提取实例。

```
clc
clear all
I=imread('d:\t.bmp');
subplot(1, 3, 1);
imshow(I);
title('原始图像');
I1=rgb2gray(I);                    %将彩色图像转化灰度图像
threshold=graythresh(I1);   %计算将灰度图像转化为二值图像所需的门限
BW=im2bw(I1, threshold);     %将灰度图像转化为二值图像
subplot(1, 3, 2);
imshow(BW);
title('二值图像');
```

```
dim=size(BW);
col=round(dim(2)/2)-90;                    %计算起始点列坐标
row=find(BW(:, col), 1);                   %计算起始点行坐标
connectivity=8;
num_points=180;
contour=bwtraceboundary(BW, [row, col], 'N', connectivity, num_points);
%提取边界
subplot(1, 3, 3);
imshow(I1);
hold on;
plot(contour(:, 2), contour(:, 1), 'g', 'LineWidth' , 2);
title('边界跟踪图像');
```

原始图像

二值图像

边界跟踪图像

图 9-53 边界提取

2. 图像边缘检测

函数：edge

功能：基于梯度算子的边缘检测

语法：BW=edge(*I*，type，thresh，direction，'nothinning')

说明：edge函数是专门提取图像边缘的，输入原图像，输出是二值图像，边缘为1，其他像素为0。

（1）type 取值

type 取值	梯度算子
sobel	sobel 算子
prewitt	prewitt 算子
reberts	robert 算子

（2）thresh 是敏感度阈值参数，任何灰度值低于此阈值的边缘将不会被检测到。默认值为空矩阵[]，此时算法自动计算阈值。

（3）direction 指定了我们感兴趣的边缘方向，edge 函数将只检测 direction 中指定方向的边缘，其合法值如下：

direction 取值	边缘方向
horizontal	水平方向
vertical	竖直方向
both	所有方向

edge 函数的基本工作原理是通过图像亮度值（灰度或颜色值）的不连续性来定义边缘。亮度值变化不大的地方不是边缘，亮度值变化大的地方作为图像的边缘。

亮度值变化大小的度量方法是使用一阶导数与二阶导数等，即找到亮度的一阶导数在幅度上比指定的阈值大的地方，或者二阶导数有零交叉的地方。

例9-59　各种边缘提取算法的应用。

```
b1=imread('d:\t.bmp')；
h58=fspecial('gaussian'，5，0.8)；
I=rgb2gray(b1)；
b=imfilter(I，h58)；
bw1=edge(b，'sobel')；%sobel 算子
bw2=edge(b，'prewitt')；%prewitt 算子
bw3=edge(b，'roberts')；%roberts 算子
bw4=edge(b，'log')；  %log 算子
bw5=edge(b，'canny')；%canny 算子
figure；imshow(bw1)；  title('sobel 算子')；
figure；imshow(bw2)；  title('prewitt 算子')；
figure；imshow(bw3)；  title('roberts 算子')；
figure；imshow(bw4)；  title('log 算子')；
figure；imshow(bw5)；  title('canny 算子')；
```

程序运行结果如图 9-54 所示。

canny算子

图 9-54　各种边缘提取算法

小结:

1. 边缘定位精度方面：Roberts 算子和 Log 算子定位精度较高。Roberts 算子简单直观，Log 算子利用二阶导数零交叉特性检测边缘。但 Log 算子只能获得边缘位置信息，不能得到边缘方向信息。

2. 边缘方向的敏感性：Sobel 算子、Prewitt 算子检测斜向阶跃边缘效果较好，Roberts 算子检测水平和垂直边缘效果较好。Log 算子不具有边缘方向检测功能。Sobel 算子能提供最精确的边缘方向估计。

3. 去噪能力：Roberts 算子和 Log 算子虽然定位精度高，但受噪声影响大。Sobel 算子和 Prewitt 算子模板相对较大因而去噪能力较强，具有平滑作用，能滤除一些噪声，去掉一部分伪边缘，但同时也平滑了真正的边缘，降低了其边缘定位精度。

总体来讲，Canny 算子边缘定位精确性和抗噪声能力效果较好，是一个折中方案。

实验九

一、实验目的和要求

掌握图像的显示、图像的各种加减乘除运算及一些经典的处理方法，例如图像的读取和显示、图像的点运算、图像的几何变换、空间域图像增强、频率域图像增强、彩色图像处理、形态学图像处理、图像分割、特征提取等内容。

二、实验内容和原理

1. 程序中应用函数 im2bw 把图像文件进行二值化处理，其中阈值分别为 0.2、0.4、0.6、0.8，试比较原图像及不同阈值的图像，要求图像是你自己的照片。

2. 显示一幅你自己的照片图像，然后对图像进行平移操作，平移后旋转 360 度角。

3. 读取两幅图像的数据，对此两幅图进行加、减运算，并对运算结果进行分析。

4. 调试下列程序代码：利用矩阵对应相乘把两个图像合成在一起。

```
A = imread('D:\t.bmp');
B = imread('D:\a1.tif');
s=size(A);
m=s(1), n=s(2);
B1=imresize(B, [m n]);
A1=double(A);
C=double(B1);
D=A1.*C/128;
D=uint8(D);
subplot(1, 3, 1);   imshow(A)
subplot(1, 3, 2);   imshow(B)
subplot(1, 3, 3);   imshow(D)
```

修改程序，完成两幅相同大小的图像相乘运算。

5. 显示一幅图像，分别对此图像进行二值图像膨胀、腐蚀等运算。

6. 读入一幅图像，应用 imadjust 函数进行灰度调整。要求把[0.3 0.6]之间的红色映射到[0 1]之间；把[0.3 0.7]之间的绿色映射到[0 1]之间；把[0.5 1]之间的蓝色映射到[0 1]之间。

7. 调试下列程序：对图像进行邻域操作，使图像的轮廓变得清晰，此程序可以应用在

什么场合。

```
A1=imread('d:\t.bmp');
A2=double(A1);
A3=floor((A2(:, :, 1)+A2(:, :, 2)+A2(:, :, 3))/3);
C= [ -1   -1   -1
     -1    8   -1
     -1   -1   -1 ];
for i=2:500
    for j=2:500
        L=A3(i-1:i+1, j-1:j+1).*C;
        A4(i, j)=sum(sum(L));
    end
end
imshow(A4)
```

8. 调试下列程序：程序的功能是在加入椒盐噪声的图像通过开启和闭合运算，将图像噪声滤除。

```
I1=imread('d:\t.bmp');
I2=im2bw(I1);
I2=double(I2);
I3=imnoise(I2, 'salt & pepper');
I4=bwmorph(I3, 'open');
I5=bwmorph(I4, 'close');
subplot(2, 2, 1);
subimage(I2);
title('二值处理的图像');
subplot(2, 2, 2);
subimage(I3);
title('加入椒盐噪声的图像')
subplot(2, 2, 3);
subimage(I4);
title('开启操作所得的图像');
subplot(2, 2, 4);
subimage(I5);
title('再关闭操作所得的图像')
```

程序调试后请改写程序，应用于一般图像的除噪。

9. 利用傅里叶变换函数变换图像，然后用逆傅里叶变换函数复原图像，观察分析比较原图像与复原图像的差异。

10. 设计一个10阶的带通butterworth数字滤波器，通带范围是100到250Hz，采样频率1000Hz，并画出它的冲击响应。

三、实验过程

四、实验结果与分析

五、实验心得

第 10 章

MATLAB 在物理学中的应用

计算机在理工科中的低、中、高级应用分别是数值计算、计算机模拟和计算机智能。物理是数学建模应用的最充分、最成熟的领域。在很多理论中都蕴含着很经典的建模思想，物理课本即是最好的建模教材。因此把 MATLAB 作为研究物理的工具，可以实现对物理数据的处理，物理现象的模拟以及解决一些物理问题会有事半功倍的效果，且 MATLAB 的可视化计算功能使得分析更加清晰形象。本章主要介绍 MATLAB 在普通物理学中的计算机模拟，用图形和模拟动画来展示和研究物理学演化过程，使抽象的问题形象化。

10.1　MATLAB 在力学中的应用

大学物理教学中，应用 MATLAB 计算机机辅助教学，使教学内容更加形象直观。它易学、易用、简捷、直观，能提高教学效率，激发学生学习的兴趣。

在应用 MATLAB 对一些物理过程的实现时，首先根据物理题意建立数学模型，然后确定数学模型中各个变量的数值或数值范围，最后应用已经掌握的 MATLAB 程序、命令、函数寻找合适的算法解决问题。

例 10-1　一弹性球作竖直上抛运动，初始高度 h=10 m，向上初速度 v_0=15 m/s，与地相碰的速度衰减系数 k=0.8，计算任意时刻球的速度和位置，并用可视化图形表示。

根据牛顿第二定律有：$m\dfrac{\mathrm{d}^2 y}{\mathrm{d}t^2}=-mg$，即 $\dfrac{\mathrm{d}^2 y}{\mathrm{d}t^2}=-g$

$$v=\frac{\mathrm{d}y}{\mathrm{d}t}=\int -g\mathrm{d}t=v_0-gt$$

$$\int \mathrm{d}y=\int v\mathrm{d}t,\ y_0+v_0t-\frac{1}{2}gt^2$$

```
clear all      %有衰减弹性小球运动程序
v0=15;
h=10;         %初速度、高度
g=-9.8;
k=0.8;       % 重力加速度 衰减系数
T=0;
for t=0:0.05:20
    v=v0+g*(t-T);       %求速度
    y=h+v0*(t-T)+g*(t-T)^2/2;   %求高度
    if y <= 0
        v0= - 0.8*v;
        T=t;     %取球每次落地时所用时间
        h=0;
    end
    subplot(1, 2, 2)  %画球的运动图像
    pause(0.1)
    plot(1, y, 'or', 'MarkerSize', 10, 'MarkerFace', [1, 0, 0])
    axis([0, 2, 0, 25])
    subplot(2, 2, 1)  %画球的速度曲线
    axis([0, 20, -25, 30])
    title('球的速度曲线')
    grid on
    plot(t, v, '*r', 'MarkerSize', 2)
    hold on
    subplot(2, 2, 3) %画球的位置曲线
    axis([0, 20, 0, 25])
    title('球的位置曲线')
    grid on
    plot(t, y, '*r', 'MarkerSize', 2)
    hold on
    disp(['t=', num2str(t, 4), 'v=', num2str(v, 4), 'y=', num2str(y, 2)])
end
```

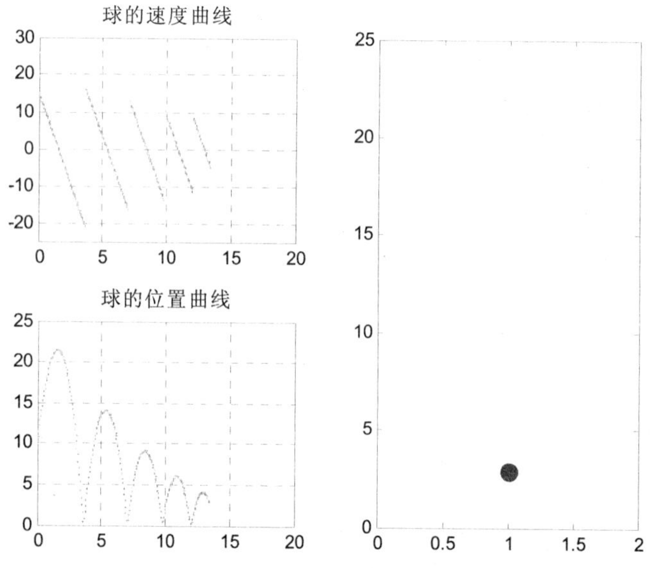

图 10-1 弹性球作竖直上抛运动中球的速度、位置曲线图

例10-2 设一物体以抛射角θ，速度v_0抛出，落点与射点在同一水平面，且不计空气阻力。求物体在空气中飞行的时间、落点距离和飞行的最大高度。

分析：质点运动学，有：

$$x = v_0 \cos\theta t + \frac{1}{2}a_x t^2 \qquad y = v_0 \cos\theta t + \frac{1}{2}a_y t^2$$

解出 t，它就是落点时间 t_i。t_i 有两个解，只取其中的一个有效解，然后求最大飞行距离：$x_{max}=v_0\cos\theta_0 t_1 x_{max}$

MATLAB 程序设计为：

```
clear all
y0=0; x0=5;                    %取初始位置，为了画出竖抛运动，未将x0取在原点
v0=input('v0='); theta=input('theta=');     %输入抛射速率和出射角度
v0x=v0*cosd(theta);
v0y=v0*sind(theta);            %输入初速度的x分量和y分量
ay=-9.81; ax=0;                %加速度的y分量和x分量
tf=roots([ay/2, v0y, y0]);     %解出方程的根，求飞行时间。有两解，只取有效解
tf=max(tf);                    %落点时间
t=0:0.1:tf;                    %为了画图，取时间数组
y=y0+v0y*t+ay*t.^2/2; x=x0+v0x*t+ax*t.^2/2;    %t时刻，质点的位置
xf=max(x),                     %飞行达到的最远距离，即射程
yf=max(y),                     %飞行中达到的最大高度
grid on,  hold on              %画网格，保持图形
plot(x, y),                    %画图，
xlabel('x'), ylabel('y')       %坐标标注
hold off
```

运行该程序时，如果输入的初速度为 v_0=30，出射角 θ 分别取 35，45，55，65，75，85，90，则可画出图 10-2 所示曲线，并在命令窗口中给出相应的射程、飞行时间和最大高度。

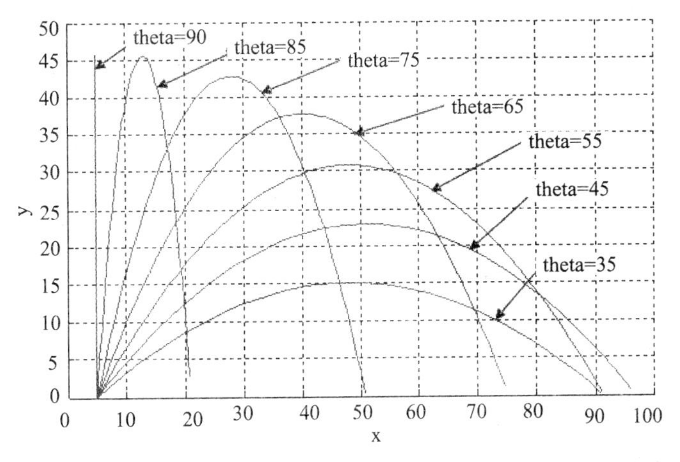

图 10-2　出射角 θ 分别取 35，45，55，65，75，85，90 的曲线

例 10-3　绘制简谐振动的振动的合成曲线。简谐振动的运动学方程是 $x=A_1\sin(\omega_1 t+\theta 1)$，$y=A_2\cos(\omega_2 t+\theta 2)$**可以根据这个方程画出质点简谐振动的合成曲线。**

程序代码如下：

```
t=0:0.05*pi:18*pi;
phi=pi;
for i=1:4
   x=sin(t/i+phi);
   y=1.5*cos(t+phi/i);
   subplot(2，2，i)
   plot(x，y)
end
```

程序运行结果如图10-3所示。

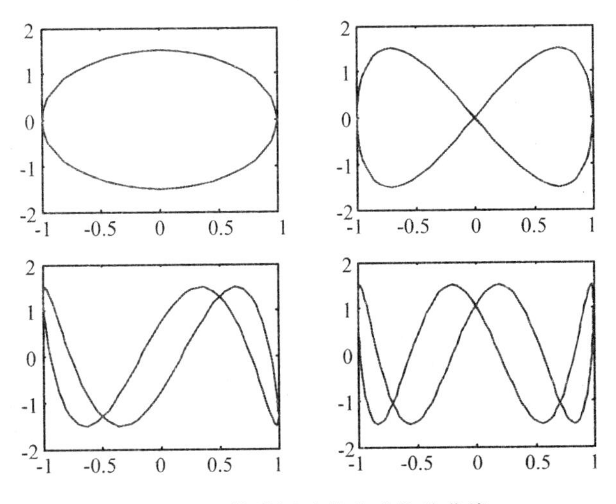

图 10-3　简谐运动的合成位移曲线

实例10-4　已知质点在平面上同时参与x、y方向的简谐振动，质点的运动方程为：

$x=3\sin(5\pi t+\pi/4)$，$y=2\sin(4\pi t+\pi/6)$

绘制出质点在平面上的运动轨迹。

MATLAB 程序代码设计如下：

```
t=0:0.00001:20；%时间 t 从 0 至 20 秒
A1=3；
A2=2；
wx=5*pi；
wy=4*pi；          %对振幅、圆频率赋值
phi1=pi/4；phi2=pi/6；          %对初相位赋值
x1=A1*sin(wx*t+phi1)；          %x 方向上的简谐振动
y1=A2*sin(wy*t+phi2)；          %y 方向上的简谐振动
comet(x1，y1)；                 %画彗星轨迹图
```

程序动态地绘制了质点的运动，绘制结束后质点留下的轨迹如图10-4所示。

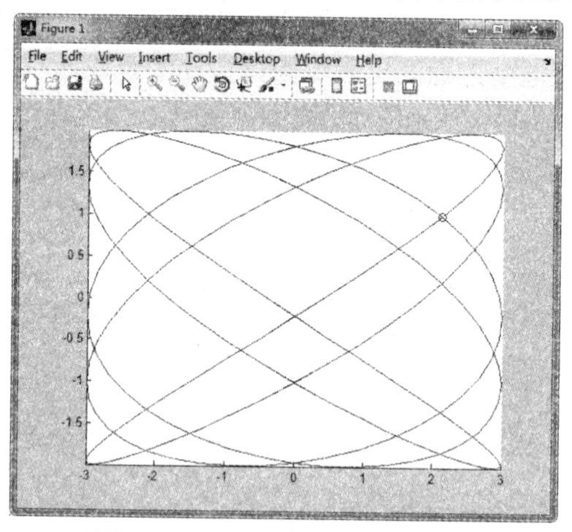

图 10-4　振动合成的李萨如图形

例10-5　演示行波$z=\sin(kr+\omega t)$的传播过程，设$k=\pi$，$\omega=-0.2\pi$。

```
[x，y]=meshgrid(-8:0.1:8)；        %生成数据网格
r=sqrt(x.^2+y.^2)；                %格点距波源的距离r
for t=1:200                        %时间t从1至20秒
   axis([-8 8 -8 8 -8 8])；        %指定坐标轴范围
   hold on                         %维持当前图形坐标设定
   z=sin(pi*r-0.2*pi*t)；          %距波源r处的质点在t时刻的振幅
   mesh(x，y，z)；                  %绘制t时刻的波动状态
   f(t)=getframe；                 %将画面存储到矩阵f 中
   pause(0.1)
   cla；                            %清除屏幕，便于下一步循环的重新绘图
end                                %结束循环
movie(f，1，12)；                   % 电影动画播放
```

程序中应用函数mesh绘制波形，并以帧的方式存储后进行动画播放，程序运行的某一时刻如图10-5所示。有关动画的程序设计请读者参考本书第11章。

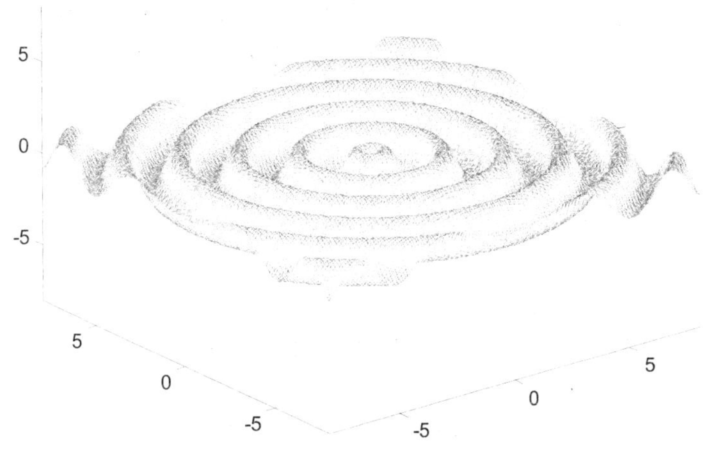

图 10-5　演示行波 z=sin(kr+ωt)的传播过程的可视化

getframe的用法为*M*(*i*)=getframe，*i*为循环变量movie的格式为movie(*M*，*k*，Fps)，表示将*M*所存储的*n*帧画面演示*k*次，每秒Fps帧。默认的*k*=1，Fps=12。本例用MATLAB来研究机械波的相干叠加与驻波的形成。

例10-6　考察分别沿x轴正向和负向传播的两列相干横波，它们的方程为：

$y_1=A_1\sin(x-vt)$

$y_2=A_2\sin(x+vt)$

设时间从t=0开始到t=10结束，考察区间为[0，4]，令$k=\pi$，则$\lambda=2\pi/k=2$，在考察区间上恰好能观察到两个完整波形.设v=1，A=−0.4，A=0.4，则方程为：

$y_1=-0.4*\sin\pi(x-t)$

$y_2=0.4*\sin\pi(x+t)$

请编写程序演示机械波的叠加和驻波的形成过程。程序代码如下：

```
t=0:0.1:10； x=0:1/15:4；          %时间数组和位置坐标数组
for i=1:100                         %设置循环
    x1=x(x>=(4-t(i)));              % 由右向左传播的行波
                                    %坐标位置大于4-t(i)的质元将其位置坐标赋给新的变量x1
    y11=0.4*sin(pi*(x1+t(i)));      %这些位置上的质元在t(i)时刻的位移，赋给变量y11
    x2=x(x<(4-t(i)));               %坐标位置小于4-t(i)的质元将其位置赋给新的变量x2
    y12=x2-x2;                      %这些位置上的质元在t(i)时刻的位移，赋给变量y12
    y1=[y12 y11];                   %将所有质元的位移组合到同一个列矢量y1中
                                    % 由左向右传播的行波

    x3=x(x<=t(i));
    y21=-0.4*sin(pi*(x3-t(i)));
    x4=x(x>t(i));
    y22=x4-x4;
```

```
    y2=[y21 y22];
    y3=y1+y2;                          %质元同时参加两个振动，实现了行波的合成
    y=[y1; y2; y3];                    %将t(i)时刻向左、向右以及合成的波的质
                                       %元位移存放在矢量y中，以便作图分区作图
    for j=1:3
        subplot(3, 1, j)%分区作图
        stem(x, y(j, :), 'b:.');  %火柴杆图
        axis([0, 4, -1, 1]);  %指定坐标轴范围
        grid on%开启网格线
    end
    pause(0.1); %暂停的技巧，否则屏幕由于刷新过快而导致不显示任何图像
end
```

程序的运行结果如图10-6所示，程序在10s内每隔0.1s取一个时刻，在考察区间上每隔1/15取一个质元。在t<4s之前，波前还未走过整个区间，只有部分质元参与了振动，其余质元仍处于静止状态，位移为0，因此需要根据当前时刻$t(i)$找出已经运动和尚未运动的质元，分别对其位移y_{11}、y_{12}赋值.注意$y_{12}=x_2-x_2$和$y_{12}=0$两种赋值是不等效的，前者是长度与x_2相同的矢量，后者只是一个数值。

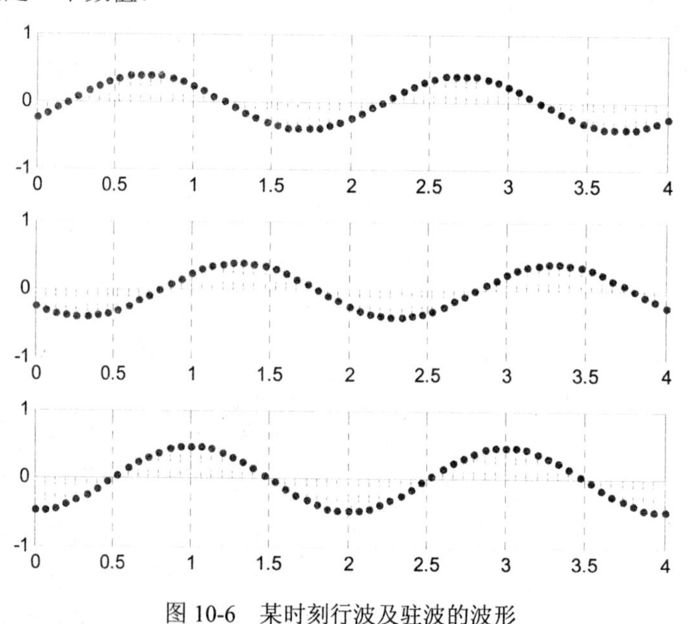

图 10-6　某时刻行波及驻波的波形

整个程序放在一个大的循环结构中，循环变量是时间t，每一次循环对应一个时刻，绘出当前时刻的波形；当进入下一次循环时屏幕自动刷新，绘制下一时刻的波形，由此实现了动画效果。

例 10-7　求运动轨迹和对原点角动量。在经典力学中角动量是指物体到原点的位移和其动量的叉积，即 $L=r\times p$。角动量是矢量。运动的参数方程及质点运动时间在程序运行时输入。

```
clear all;
clc
fprintf('输入 x(t) 的方程; 例如, t.*cos(t) \n');
x = input(':', 's'); % 读入字符串,s 表示输入的为字符串。
fprintf('输入 y(t) 的方程; 例如, t.*sin(t) \n');
y = input(':', 's');
fprintf('输入延续时间; \n');
tf = input('tf= ');
Ns=100;
t=linspace(0, tf, Ns);
dt=tf/(Ns-1); % 分 Ns 个点,求出时间增量 dt
xPlot=eval(x); % 直接对符号表达式求值
yPlot=eval(y);
% 计算各点 x(t), y(t)的近似导数和角动量
p_x = diff(xPlot)/dt;     % p_x = M dx/dt
p_y = diff(yPlot)/dt;     % p_y = M dy/dt
LPlot = xPlot(1:Ns-1).* p_y - yPlot(1:Ns-1).* p_x;
% 画出轨迹及角动量随时间变化的曲线
clf;
figure(gcf); % 清图形窗并把它前移
set(gcf, 'color', 'w')% 置图形背景色为白色
subplot(1, 2, 1),   plot(xPlot, yPlot);
xlabel('x');  ylabel('y');
axis('equal'); grid  % 使两轴比例相同
subplot(1, 2, 2);
plot(t(1:Ns-1), LPlot);
xlabel('t');  ylabel('角动量'); grid
pause,
axis('normal'); % 恢复轴系自动标定
```

程序运行时输入:

```
输入 x(t) 的方程; 例如, t.*cos(t)
:t.*cos(t)
输入 y(t) 的方程; 例如, t.*sin(t)
:t.*sin(t)
输入延续时间;
tf=10
```

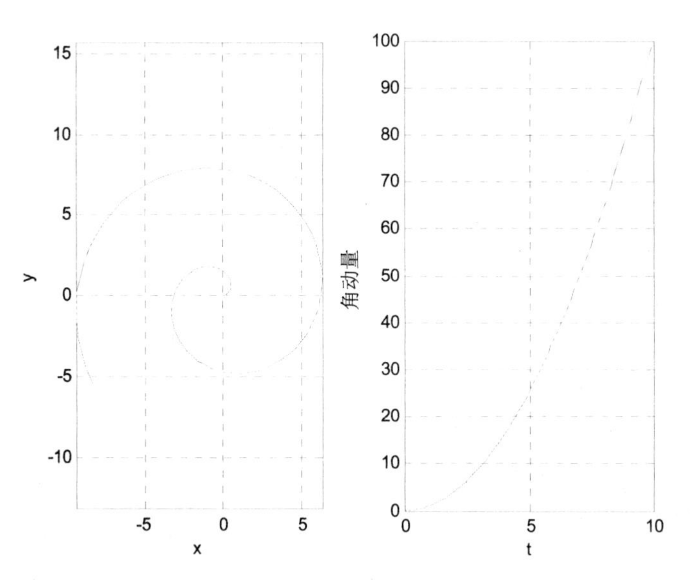

图 10-7　质点的运动轨迹及随时间变化的角动量

例 10-8　多普勒效应验证。多普勒效应是指声源和接受物体的相对运动而发生声源的频率而发生改变（频移）。运动对向接受体频率增高，背向接受体频率降低。

观察者和发射源的频率关系为：*f*1=(*v*+*v*0)/(*v*-*vs*)∗*f* 或 *f*2=(*v*-*v*0)/(*v*+*vs*)∗*f*，其中 *f*1 为运动对向接受体频率，*f*2 为背向接受体频率，*f* 为发射源于该介质中的原始发射频率，*v* 为波在该介质中的行进速度，*v*0 为观察者移动速度，*vs* 为发射源移动速度。请仔细监听程序执行时的频率变化。

```
x0=500; v=100; y0=30;          % 设定声源运动参数
c=330; w=1000;                 % 音速和频率
t=0:0.001:30;    % 设定时间数组
r=sqrt((x0-v*t).^2+y0.^2);   % 计算声源与听者距离
t1=t-r/c;      % 经距离迟延后听者的等效时间
u=sin(w*t)+sin(1.1*w*t);    % 声源发出的信号
u1=sin(w*t1)+sin(1.1*w*t1);   % 听者接受到的信号
sound(u); pause(5);
% 先后将原信号和接受到的信号恢复为声音
sound(u1);
```

程序运行后您是否能分辨两种情况下的声音频率变化情况。

10.2 MATLAB 在电学中的应用

例 10-9 应用基尔霍夫回路电压定律求解。如图 10-7 所示的电路，已知 R1=2 Ω，R2=5Ω，R3=7 Ω，R4=R5=R6=5 Ω，Us1=4V，Us3=3V。求 I1、I2、I3、I4、I5

分析： 根据基尔霍夫回路电压定律，分析 3 个回路的电压情况：

回路 1：I1×R1－I2×R2＋I5×R5=US1

回路 2：I2×R2+I3×R3－I4×R4=-US3

回路 3：I4×R4－I5×R5＋I6×R6=0

根据基尔霍夫节点电流定律

节点 1：-I1-I2+I3=0

节点 2：+I2+I4+I5=0

节点 3：-I3-I4+I6=0

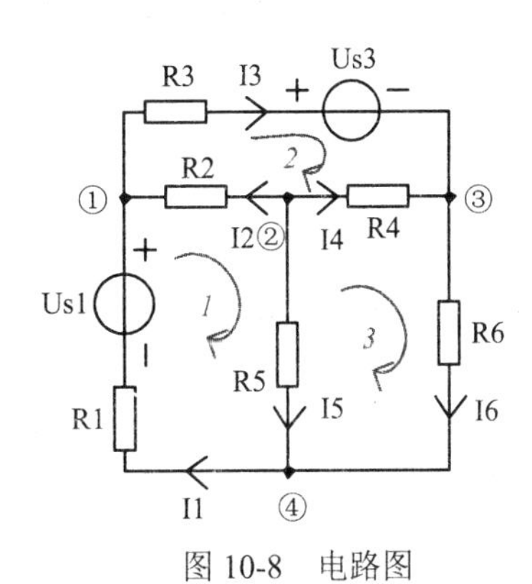

图 10-8 电路图

以 I 为未知量，改写成矩阵形式 AI=B：

```
 A=[2  -5  0  0  5  0;
    0  5  7  -5  0  0;
    0  0  0   5 -5  5;
   -1 -1  1   0  0  0;
    0  1  0   1  1  0;
    0  0 -1  -1  0  1]
B=[4; -3;  0;  0 ; 0 ; 0]
I=linsolve(A, B)
A =
     2    -5     0     0     5     0
     0     5     7    -5     0     0
     0     0     0     5    -5     5
    -1    -1     1     0     0     0
     0     1     0     1     1     0
     0     0    -1    -1     0     1
B =
     4
    -3
     0
     0
     0
     0
```

```
I =
    0.3626
   -0.4006
   -0.0380
    0.1462
    0.2544
    0.1082
```

例10-10　假设在*xoy*平面上*x*=2，*y*=0处有一正电荷，*x*=-2，y=0处有一负电荷，画出此等量异号点电荷的电势分布图。在*xoy*平面上*x*=2，y=0及*x*=-2，y=0处分别有一正电荷，画出此等量异号点电荷的电势分布图。

分析：对电荷的电势来说是标量

U=q/(4πεr)

由各个点电荷叠加而成，其中r=sqrt((x-x0)∗(x-x0)+(y-y0)∗(y-y0))，因而对异种电荷来说，在点(x，y)的电势为：

U=q/(4πεsqrt(x-2)^2+y^2)-q/(4πεsqrt(x+2)^2+y^2)

对同种电荷来说，在点(x，y)的电势为：

U=q/(4πεsqrt(x-2)^2+y^2)+q/(4πεsqrt(x+2)^2+y^2)

程序代码设计如下：

```
subplot(1，2，1)
[x，y]=meshgrid(-5:0.2:5，-4:0.2:4);                              %建立数据网格
z1=1./sqrt((x-2).^2+y.^2+0.01)-1./sqrt((x+2).^2+y.^2+0.01);     %电势的表达式
mesh(x，y，z1)
title('异种点电荷产生的电热')
subplot(1，2，2)
z2=1./sqrt((x-2).^2+y.^2+0.01)+1./sqrt((x+2).^2+y.^2+0.01);     %电势的表达式
mesh(x，y，z2)
title('同种点电荷产生的电热')
```

程序执行的结果如图10-9所示。

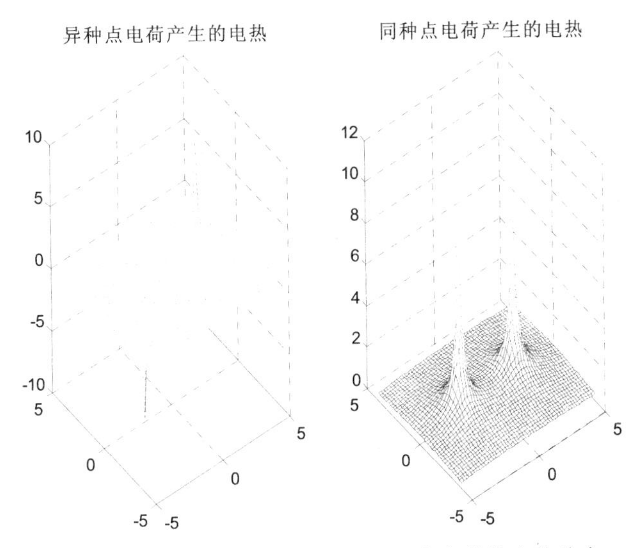

图 10-9 等量异号点电荷、等量同号点电荷的电势分布

选定一系列的 x 和 y 后，就组成了平面上的网格点，再计算对应每一点上的 z 值。-5:0.2:5、-4:0.2:4 分别是选取横坐标与纵坐标的一系列数值，meshgrid 是生成数据网格的命令，[x，y]是 xy 平面上的坐标网格点。

z=1./sqrt((x-2).^2+y.^2+0.01)-1./sqrt((x+2).^2+y.^2+0.01)是场点(x，y)的电势.当场点即在电荷处时，会出现分母为零的情况，因此在 r 里加了一个小量 0.01，这样既可以完成计算，又不会对结果的正确性造成太大影响。

例10-11　等量同号点电荷的电场线的绘制。首先建立电场电力线的二维分布的微分方程，因为电场中任一点的电场方向都沿该点电场线的切线方向，所以满足：

$$\frac{\mathrm{d}y}{\mathrm{d}x}=\frac{E_y}{E_x} \qquad \frac{\mathrm{d}x}{E_x}=\frac{\mathrm{d}y}{E_y}=\mathrm{d}t$$

设二点电荷位于(-2，0)和(2，0)，二点电荷“电量”为q_1和q_2（均等于10），由库伦定律和电场的叠加原理，得出下列微分方程：

$$\dot{x}=\frac{\mathrm{d}x}{\mathrm{d}t}=E_x=\frac{q_1(x+2)}{[(x+2)^2+y^2]^{3/2}}+\frac{q_2(x+2)}{[(x-2)^2+y^2]^{3/2}}$$

$$\dot{y}=\frac{\mathrm{d}y}{\mathrm{d}t}=E_y=\frac{q_1 y}{[(x+2)^2+y^2]^{3/2}}+\frac{q_2 y}{[(x-2)^2+y^2]^{3/2}}$$

解此方程就可以绘制出电场线。下面是由微分方程的函数文件：

```
function ydot=dcx1fun(t，y，flag，p1，p2)   %p1，p2 是参量，表示电量
ydot=[p1*(y(1)+2)/(sqrt((y(1)+2).^2+y(2).^2).^3)+p2*(y(1)-2)/
      (sqrt((y(1)-2).^2+y(2).^2).^3);          %dx/dt=Ex
p1*y(2)/(sqrt((y(1)+2).^2+y(2).^2).^3)+p2*y(2)/(sqrt((y(1)-2).^2+y(2).^2).^3)]；%dy/dt=Ey
```

这里的y是微分方程的解矢量，它包含两个分量，$y(1)$表示x，$y(2)$表示y，解出y后就得到了x与y的关系，即可依此绘制出电场线。

开始编写解微分方程的主程序ex10_11.m：

```
p1=10;  p2=10;  %点电荷所带电量
axis([-5, 5, -5, 5]);   %设定坐标轴范围
hold on
plot(2, 0, '*r');
plot(-2, 0, '*r');                %绘制两源电荷
a=(pi/24):pi/12:(2*pi-pi/24);  %圆周上电场线起点所对应的角度
b=0.1*cos(a); c=0.1*sin(a);   %电场线起点所对应的相对坐标
b1=-2+b; b2=2+b;               %把起点圆周的圆心放置在源电荷处
b0=[b1 b2];                   %初始条件，所有电场线的起点
c0=[c c];                    %的横、纵坐标构成了矢量b0 和c0
for i=1:48            %循环求解48 次微分方程
  [t, y]=ode45('dcx1fun', [0:0.05:40], [b0(i), c0(i)], [], p1, p2);
   %调用ode45 求解，对应一个初条件（起点），求解出一条电场线
plot(y(:, 1), y(:, 2), 'b')                %绘制出此条电场线
end                          %结束循环，共绘制出48 条电场线
```

在确定初始条件时，因为源点处是奇点，这点上微分方程的分母为0，所以电场线不能从源点处绘制，而应当从它附近的邻域圆上绘制。电场线的起点定在以源点为圆心，0.1为半径的圆周上。在程序中就是通过从圆周上取了24个不同的角度（从π/24到2π-π/24，每隔π/12取一个角度），然后算出每个角度上的起点的横、纵坐标值；[*b*1，*c*]和[*b*2，*c*]分别是以两个源点电荷为圆心，0.1为半径的邻域圆周上的起点位置。*b*0=[*b*1 *b*2]，*c*0=[*c c*]是合并矢量，将两个源点处的初始条件组成的矢量放在一起处理。最后结果如图10-10所示。

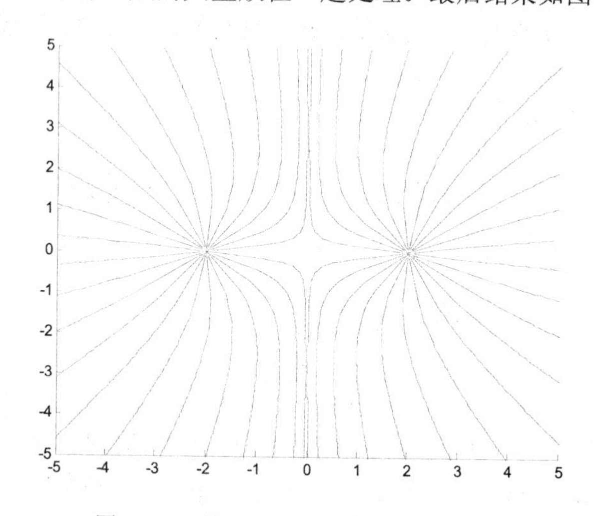

图 10-10　等量同号点电荷的电场线

例 10-12　程序运行时输入电位分布函数，把此函数的电位分布可视化，计算电场并画出等电位线和电场方向。

程序代码设计如下：

```
fprintf('输入电位分布方程 V(x, y) \n');
```

```
fprintf('例如：    log(x.^2 + y.^2) \n');
V = input(': ', 's');                        % 读入字符串 V(x, y)
NGrid = 20;                                   % 绘图的网格线数
xMax = 5;                                     % 绘图区从 x=-xMax 到 x=xMax
yMax = 5;
xPlot = linspace( -xMax, xMax, NGrid);        % 绘图取的 x 值
[x, y]=meshgrid(xPlot);
VPlot=eval(V);
[ExPlot, EyPlot] = gradient(-VPlot);   % 电场是电位的负梯度
clf;  subplot(1, 2, 1), meshc(VPlot);
    % 画含等高线的三维曲面
set(gcf, 'color', 'w')                        % 置图形背景色为白色
xlabel('x');   ylabel('y');  zlabel('电位');
% 规定等高线图的范围及比例
subplot(1, 2, 2),   axis([-xMax xMax -yMax yMax]);
 % 建立第二子图
cs = contour(x, y, VPlot);                    % 画等高线
clabel(cs);   hold on;
% 在等高线图上加上编号
% 在等高线图上加上电场方向
quiver(x, y, ExPlot, EyPlot);
% 画电场 E 的箭头图
xlabel('x');    ylabel('y'); hold off;
```

程序运行时如输入：log(x.^2 + y.^2) ，程序执行的结果如图 10-11 所示。

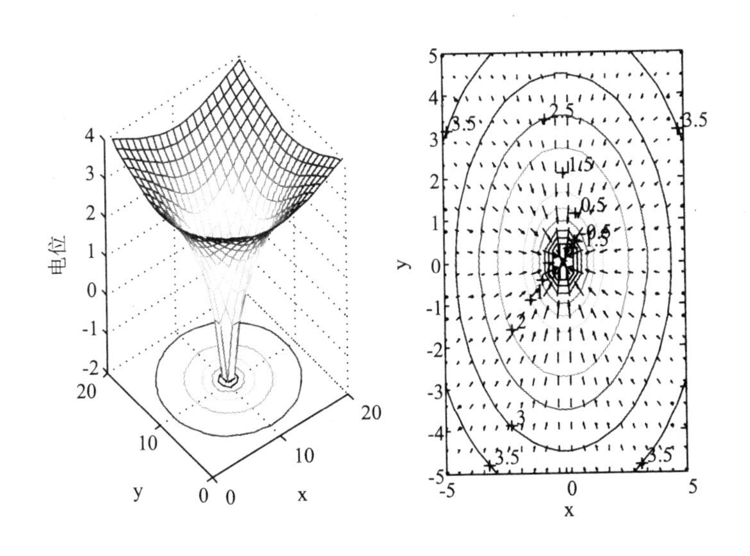

图 10-11 电位的分布图与电位等高线

例10-13 带电粒子在均匀电磁场中的运动。设带电粒子质量为m，带电量为q，电场强度E，沿y方向，磁感应强度B，沿z方向。则带电粒子在均匀电磁场中的运动微分方程为：

$$\ddot{x}=\frac{qB}{m}v_y=\frac{qB}{m}\dot{y}$$

$$\ddot{y}=\frac{q}{m}E-\frac{qB}{m}v_x=\frac{q}{m}E-\frac{qB}{m}\dot{x}$$

$$\ddot{z}=0$$

设：

$$y(1)=x, y(2)=\dot{x}, y(3)=y, y(4)=\dot{y}, y(5)=z, y(6)=\dot{z}$$

则上面微分方程可化作：

$$\frac{\mathrm{d}y(1)}{\mathrm{d}t}=y(2),\quad \frac{\mathrm{d}y(2)}{\mathrm{d}t}=\frac{qB}{m}y(4)$$

$$\frac{\mathrm{d}y(3)}{\mathrm{d}t}=y(4),\quad \frac{\mathrm{d}y(4)}{\mathrm{d}t}=\frac{q}{m}E-\frac{qB}{m}y(2)$$

$$\frac{\mathrm{d}y(5)}{\mathrm{d}t}=y(6),\quad \frac{\mathrm{d}y(6)}{\mathrm{d}t}=0$$

选择E和B为参量，就可以分别研究$E\neq0$，$B=0$和$E=0$，$B\neq0$等情况。首先编写微分方程函数文件ddlzfun.m：

```
function ydot=ddlzfun(t，y，flag，q，m，B，E) %q，m，B，E为参量
ydot=[y(2)；q*B*y(4)/m；y(4)；q*E/m-q*B*y(2)/m；y(6)；0]；
```

其次编写test10-11.m程序

```
q=1.6e-2；
m=0.02；            %为粒子的带电量和质量赋值
B=2；
E=1；          %为电磁场的磁感强度和电场强度赋值
[t，y]=ode23('ddlzfun'，[0:0.1:20]，~[0，0.01，0，6，0，0.01]，
        [ ]，q，m，B，E)；  %用ode23解微分方程组，时间设为20s
%指定初始条件，传递相关参数
plot3(y(:，1)，y(:，3)，y(:，5)，'linewidth'，2)；
                %绘出三维空间内粒子运动的轨迹，线宽2磅
grid on
xlabel('x')；
ylabel('y')；
zlabel('z')；
```

运行结果如图10-12所示。研究时可以采用不同的初始条件和不同的参量观察不同的现象。

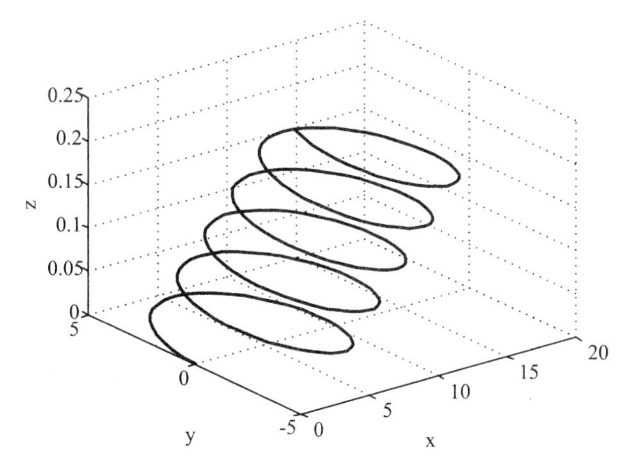

图 10-12 电子在电场与磁场中的运动轨迹

例 10-14 如果有一对相同的载流圆线圈彼此平行且共轴，通以同方向电流，当线圈间距等于线圈半径时，两个载流线圈的总磁场在轴的中点附近的较大范围内是均匀的。故在生产和科研中有较大的实用价值，也常用于弱磁场的计量标准。这对线圈称为亥姆霍兹线圈。编写程序验证亥姆霍兹线圈产生的磁场。

```
clear all;
clc;            % 清工作空间及变量初始化
mu0 = 4*pi*1e-7;                %真空导磁率(T*m/A)
I0 = 5.0;    Rh=1;              %环中电流(A)及环半径，在本题中可任设，不影响结果
C0 = mu0/(4*pi) * I0;           % 归并常数
NGx =21 ; NGy = 21;             % 设定观测点网格数
x=linspace(-Rh, Rh,  NGx); y=linspace(-Rh, Rh,  NGy);
% 设定观测点范围及数组
Nh = 20;                        % 电流环分段数
theta0 = linspace(0, 2*pi,  Nh+1);  %环的圆周角分段
theta1 = theta0(1:Nh);
y1 = Rh*cos(theta1);   %环各段向量的起点坐标 y1, z1
z1 = Rh*sin(theta1);
theta2 = theta0(2:Nh+1);
y2 = Rh*cos(theta2);   %环各段向量的终点坐标 y2, z2
z2 = Rh*sin(theta2);
dlx = 0;              %计算环各段向量 dl 的三个分量
dly = y2-y1;
dlz = z2-z1;
xc = 0;           % 计算环各段向量中点的三个坐标分量
yc = (y2+y1)/2;
zc = (z2+z1)/2;
% 循环计算各网格点上的 B(x, y)值
```

```
for i=1:NGy
    for j=1:NGx
        % 对 yz 平面内的电流环分段作元素群运算，先算环
        %上某段与观测点之间的向量 r
        rx = x(j) - xc;
        ry = y(i) - yc;
        rz = -zc;                    % 观测点在 z=0 平面
        r3 = sqrt(rx.^2 + ry.^2 + rz.^2).^3;      % 计算 r^3
        dlXr_x = dly.*rz - dlz.*ry;        % 计算叉乘积 dlX_r 的 x 和 y 分量
        dlXr_y = dlz.*rx - dlx.*rz;
        Bx(i, j) = sum(C0*dlXr_x./r3);     % 把磁场各段的 x 和 y 分量累加
        By(i, j) = sum(C0*dlXr_y./r3);
    end
end
Bax=Bx(:, 11:21)+Bx(:, 1:11);
  % 把 x<0 区域内的磁场平移叠加到 x>0 的区域以模仿
Bay=By(:, 11:21)+By(:, 1:11);
  % 右边再加一个线圈所增加的磁场
subplot(1, 2, 1),
set(gcf, 'color', 'w')
    % 置图形背景色为白色
mesh(x(11:21), y, Bax); xlabel('x'); ylabel('y');
    % 画出其 Bx 分布三维图
subplot(1, 2, 2),
plot(y, Bax), grid, xlabel('y'); ylabel('Bx');
```

程序执行结果如图 10-13 所示。

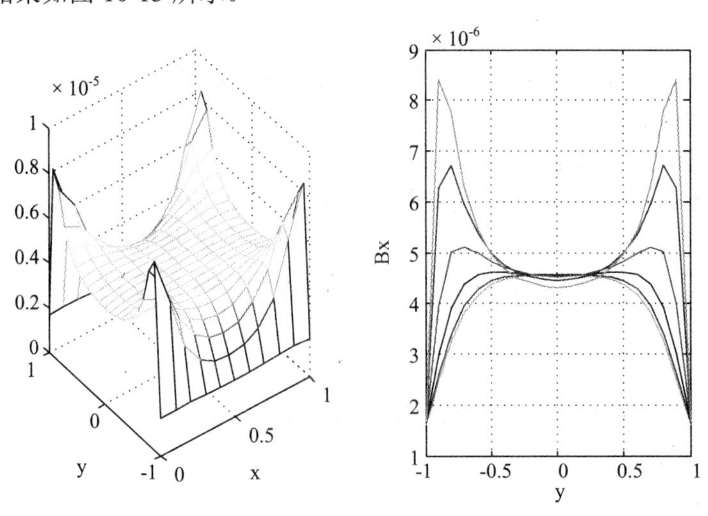

图 10-13　亥姆霍兹线圈产生的磁场分布

例 10-15 LC 电路的暂态问题分析。当一个自感与电阻组成 LR 电路时，在 0 突变到 ε 或 ε 突变到 0 的跃阶电压的作用下，由于自感作用，电路中的电流不会瞬间突变。与此类似，电容和电阻组成的 RC 电路在跃阶电压的作用下，电容上的电压也不会瞬间突变。这种在跃阶电压作用下，从开始发生变化到逐渐趋于稳态的过程叫做暂态过程，请针对 LC 电路进行讨论。

分析：在由电感和电阻串联而成的 LR 电路中，接通电路时，电感会产生自感电动势：$\varepsilon_L=—L(di/dt)$，其中 L 是自感系数，i 为电流，t 为时间。整个电路的状态方程是：$\varepsilon—L(di/dt)=iR$，解这个微分方程，方程的初始条件为：$i|_{t=0}=0$。程序中，$y=i$，$a=\varepsilon$。

MATLAB 程序：syms *a y L R*;

```
A1= dsolve('a-L*Dy=R*y')
A2= dsolve('a-L*Dy=R*y', 'y(0)=0')
A1 =
(a - C2*exp(-(R*t)/L))/R
A2 =
(a - a*exp(-(R*t)/L))/R
```

运算结果是 A1= a/R+exp(-R/L*t)*C1，A2– a/R-exp(-R/L*t)*a/R。

即代入初始条件后，结果为 $i=\varepsilon/R[1—\exp(-Rt/L)]$，

上式中，将 $\tau=L/R$ 定义为 LR 电路的时间常数。即 τ 越大，达到稳态的时间越长。

取不同的 L/R 值做出函数的图像，共取三组，令式中 ε/R=10A，第一组 R/L=0.5，第二组 R/L=1，第三组 R/L=10。

程序设计如下：

```
clear;
t=(0:0.01:10);
y1=10-exp(-0.5*t)*10;
hold on;
y2=10-exp(-1*t)*10;
hold on;
y3=10-exp(-10*t)*10;
plot(t, y1, 'r-')
plot(t, y2, 'b-')
plot(t, y3, 'k-')
legend('τ=0.5', 'τ=1', 'τ=10', 4);
title('接通电源时，不同的时间常数的暂态持续时间比较');
xlabel('t');
ylabel('i');
```

程序运行结果如图 10-14 所示。

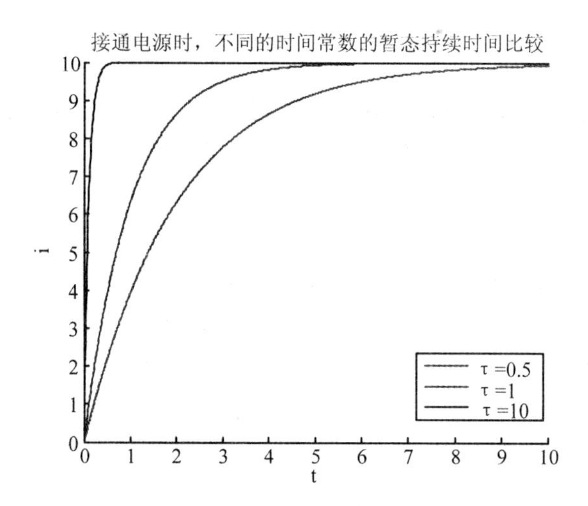

图 10-14 不同的时间常数的暂态持续时间图

当电路达到稳态之后，将电源短接，此时电路状态方程是：$L(di/dt)+iR=0$。处理方法与前相同。初始条件是 $i|_{t=0}=\varepsilon/R$。令 $y=i$，$a=\varepsilon/R$。

程序设计为：

```
clear;
Syms a y L R;
A1= dsolve('-L*Dy=R*y')
A2=dsolve('-L*Dy=R*y', 'y(0)=a')
```

结果是：A1=C1*exp(-R/L*t)；A2 =a*exp(-R/L*t)

即代入初值后：i=εexp(-Rt/L)/R.

同样将τ=L/R定义为时间常数。做图表示其对达到稳态作用的影响。

程序设计为：

```
clear;
t=(0:0.01:10);
y1=exp(-0.5*t)*10;
hold on;
y2=exp(-1*t)*10;
hold on;
y3=exp(-10*t)*10;
plot(t, y1, 'r-')
plot(t, y2, 'b-')
plot(t, y3, 'k-')
legend('τ=0.5', 'τ=1', 'τ=10', 4);
title('短接电源时，不同的时间常数的暂态持续时间比较');
xlabel('t'); ylabel('i');
```

程序运行结果如图 10-15 所示。

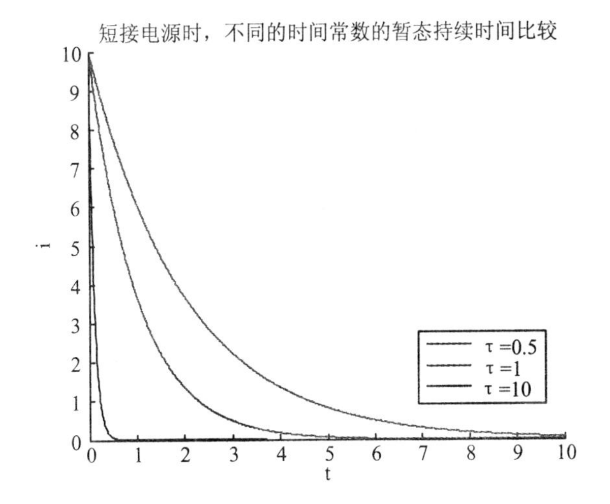

图 10-15 LC 电路的电路方程和时间常数对暂态的影响

例10-16 **用毕奥-萨伐定律计算位于*x-z*平面上的电流环在*x-y*平面上产生的磁场分布。**

编写MATLAB程序为：

```
clear, close all
Rh=input('环的半径Rh=');
I0=input('环的电流I0=');
mu0=4*pi*exp(-7);
NGx=20; NGy=20; C0=1;
x=linspace(-3,  3,  20);
y=x;  Nh=20;
theta0=linspace(0, 2*pi, Nh+1);
theta1=theta0(1: Nh);
x1=Rh*cos(theta1);
z1=Rh*sin(theta1);
theta2=theta0(2: Nh+1);
x2=Rh*cos(theta2);
z2=Rh*sin(theta2);
dly=0; dlx=x2-x1; dlz=z2-z1;
yc=0; xc=(x2+x1)/2; zc=(z2+z1)/2;
for i=1:NGy
    for j=1:NGx
        rx=x(j)-xc; ry=y(i)-yc;  rz=0-zc;
        r3=sqrt(rx.^2+ry.^2+rz.^2).^3;
        dlXr_x=dly.*rz-dlz.*ry;
        dlXr_y=dlz.*rx-dlx.*rz;
        Bx(i, j)=sum(C0*dlXr_x./r3);
```

```
        By(i, j)=sum(C0*dlXr_y./r3);
    end
end
clf;
quiver(x, y, Bx, By);
```

运行时输入：

环的半径Rh=2

环的电流I0=20

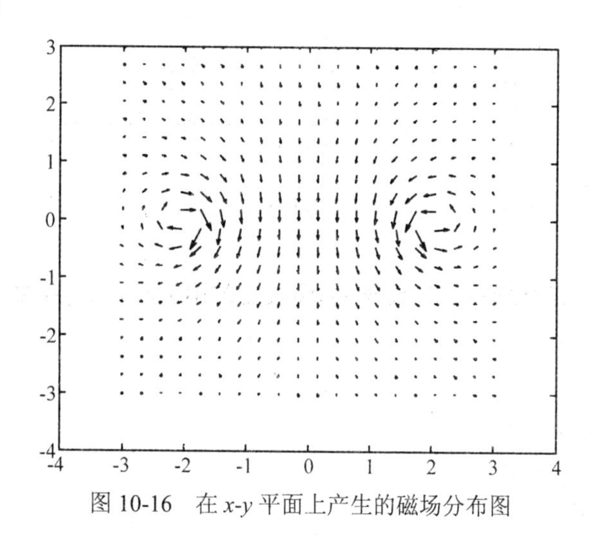

图 10-16　在 *x-y* 平面上产生的磁场分布图

10.3　MATLAB 在光学中的应用

例 10-17　在光学上，牛顿环是一个薄膜干涉现象。光的一种干涉图样，是一些明暗相间的同心圆环。例如用一个曲率半径很大的凸透镜的凸面和一平面玻璃接触，在日光下或用白光照射时，可以看到接触点为一暗点，其周围为一些明暗相间的彩色圆环；而用单色光照射时，则表现为一些明暗相间的单色圆圈。这些圆圈的距离不等，随离中心点的距离的增加而逐渐变窄。它们是由球面上和平面上反射的光线相互干涉而形成的干涉条纹。干涉条纹的半径为：

$$r = \sqrt{(m + 1/2)\lambda R}$$

设波长为 0.005mm，应用 MATLAB 程序设计为：

```
clear;
length=0.005;
D=200;
```

```
range=4;
n=500;
m=100;
ny=linspace(-range, range, n);
nx=ny;
h0=linspace(0, length, m);
[X, Y]=meshgrid(nx, ny);
flag=(X.^2+Y.^2)>=range.^2;
h=image(nx, ny, 255);
axis equal;
axis ([-range, range, -range, range]);
colormap(gray(255));
set(h, 'EraseMode', 'xor');
c1=1; c2=1; c3=m;
for c=c1:c2:c3;
I=4*cos(pi/length*((X.^2+Y.^2)/D+2*h0(c)+length/2)).^2;
Br=(I/4)*255;
Br(flag)=NaN;
set(h, 'xdata', nx, 'ydata', ny, 'cdata', Br);
drawnow;
pause(0.01);
end
```

程序运行结果如图 10-17 所示。

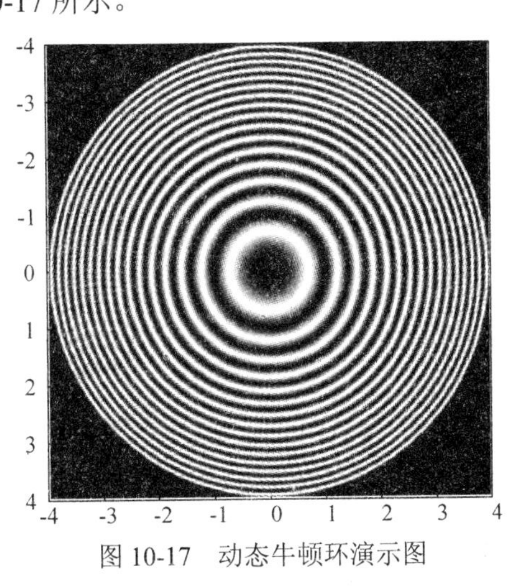

图 10-17　动态牛顿环演示图

例10-18　双缝干涉指两波重叠时组成新合成波的现象。两波在同一介质中传播，相向行进而重叠时，重叠范围内介质的质点同时受到两个波的作用。若波的振幅不大，此时重叠范围内介质质点的振动位移等于各别波动所造成位移的矢量和，称为波的重叠原理。

当单色光经过双缝后，在屏上产生了明暗相间的干涉条纹，如图 10-18 所示。当屏上某处与两个狭缝的路程差是波长的整数倍时，则两列波的波峰叠加，波谷与波谷叠加，形成亮条纹。当屏上某处与两个狭缝的路程差是 半个波长的奇数倍时，在这些地方波峰跟波谷相互叠加，光波的振幅互相抵消，出现暗条纹。发生干涉的条件：相干光源、频率相同，振动方向平行，相位相同或相位差恒定的两列波。

双缝干涉对“缝的宽度”没有要求，即“缝的宽度”不必满足产生衍射的条件。“缝的宽度”可以是 10λ 或者更大，即接近几何光学，这时不必考虑衍射问题。

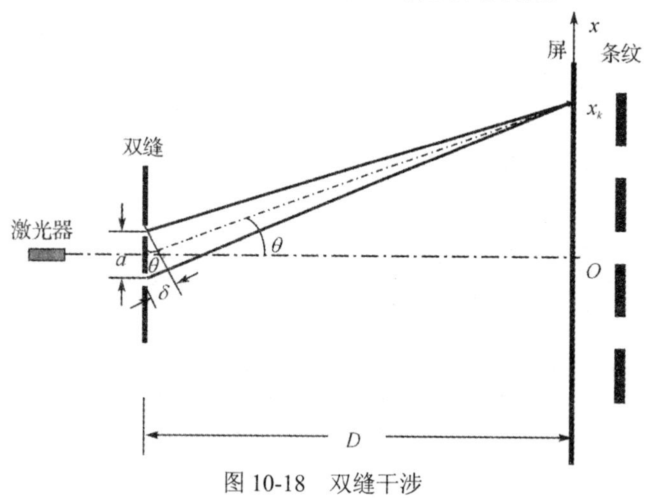

图 10-18　双缝干涉

双缝 S_1 和 S_2 出来的光波一般是球面波，这时如果考虑衍射也是菲涅尔衍射的范围，需要用半波带法或者积分法计算其衍射强度。这可以理解为该衍射光可以忽略，而只考虑干涉光。

$$\therefore I_\theta = 4I_0\cos 2(\frac{\pi d\sin\theta}{\lambda})$$

MATLAB 程序设计在双缝光干涉中的模拟程序：

```
wavelegth=500e-9;
d=0.5*wavelegth;
theta=-2*pi:0.01:2*pi;
intensity=4*cos((pi*d*sin(theta))./wavelegth).*cos((pi*d*sin(theta))./wavelegth);
plot(theta, intensity)
grid on
```

程序运行结果如图 10-19 所示。

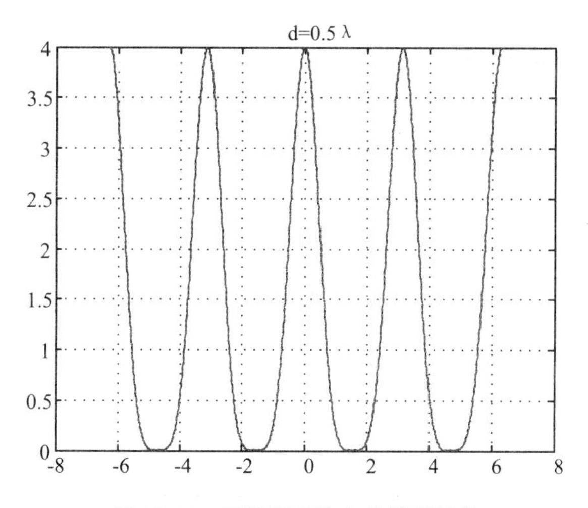

图 10-19 双缝光干涉中的模拟图像

如果而当 $d = 0.01\lambda$ 时，干涉减弱区能量并不为零，从公式上看，当 $\frac{\pi d \sin\theta}{\lambda} < \frac{\pi}{2}$，即 $d < \frac{\lambda}{2\sin\theta}$ 时，任何出的能量都不会是零。而且但两空的间距较小时，除了干涉同时还有衍射发生。

例 10-19 光的单缝衍射。单缝衍射是光在传播过程中遇到障碍物，光波会绕过障碍物继续传播的一种现象，如图 10-20 所示。如果波长与障碍物相当，衍射现象最明显。

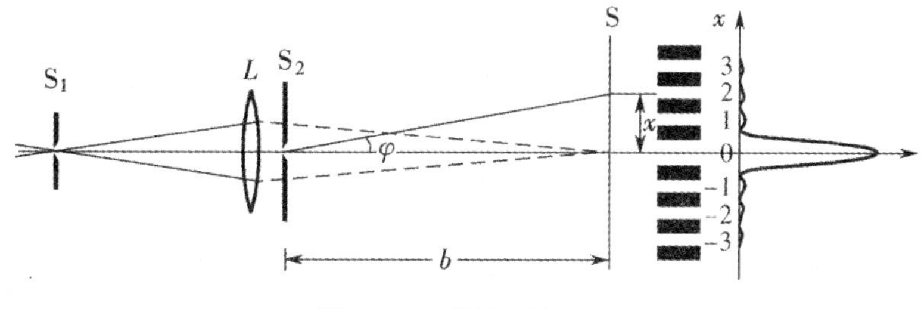

图 10-20 单缝干涉

用MATLAB程序来计算演示光的单缝衍射现象，程序在运行中要输入波长、缝宽、成像距离。程序代码为：

```
clear, close all
w=input('波长w='); a=input('缝宽a='); z=input('距离z=');
ymax=3*w*z/a;
Ny=51;
ys=linspace(-ymax, ymax, Ny);
NPoints=51;
yPoint=linspace(-a/2, a/2, NPoints);
for j=1:Ny
    L=sqrt((ys(j)-yPoint).^2+z^2);
```

```
    Phi=2*pi.*(L-z)./w;
    SumCos=sum(cos(Phi));
    SumSin=sum(sin(Phi));
    B(j)=(SumCos^2+SumSin^2)/NPoints^2;
end
clf, plot(ys, B, '*', ys, B); grid;
```

程序运行时在MATLAB窗口输入：

波长w=500*10^-9

缝宽a=0.0002

距离z=1

程序执行的结果如图10-21所示。

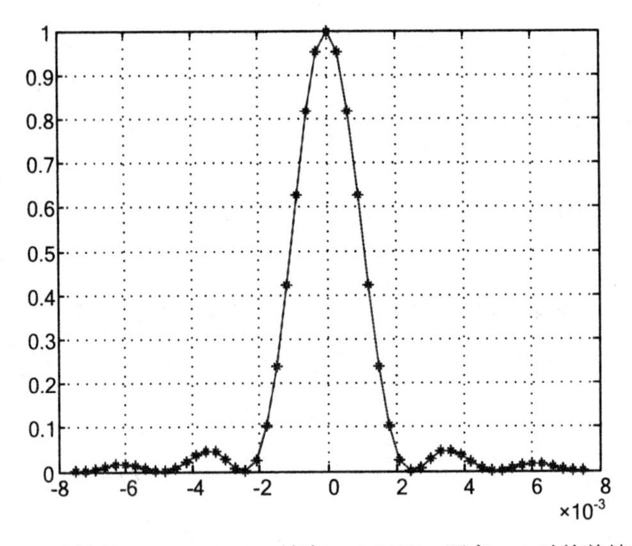

图 10-21　在波长 w=500*10^-9、缝宽 a=0.0002、距离 z=1 时的单缝衍射图

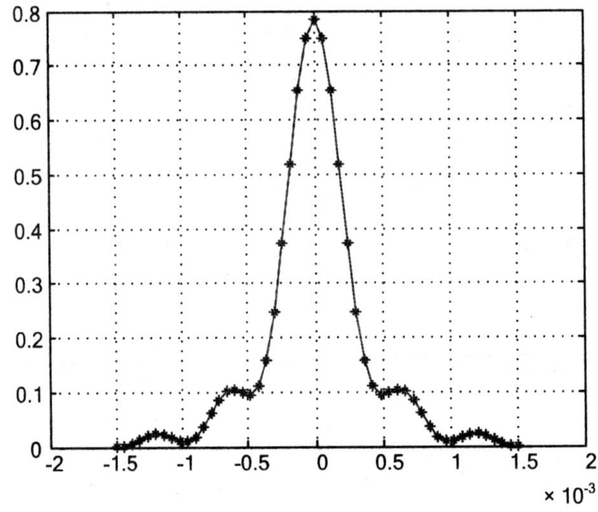

图 10-22　在波长 w=500*10^-9、缝宽 a=0.002、距离 z=1 时的单缝衍射图

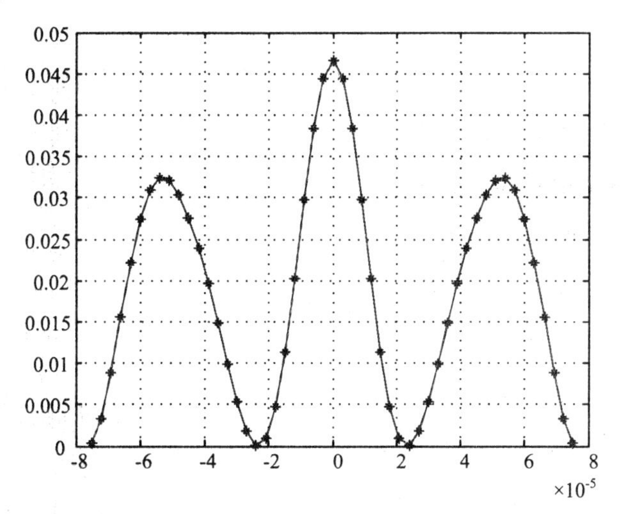

图 10-23 在波长 w=500*10^{-9}、缝宽 a=0.02、距离 z=1 时的单缝衍射图

以上三种情况统称为费涅尔衍射，只有图10-23符合夫琅和费衍射的条件，也称远场条件，即 $\frac{\pi a^2}{4\lambda z} << 1$。

例 10-20 光的双缝衍射。在双缝衍射中通过计算两束光位于θ处的光强度为：

$$I_\theta = I_m\left(\frac{\sin\alpha}{\alpha}\right)^2，其中\ \alpha = \frac{\pi a}{\lambda}\sin\theta$$

当 $\sin\alpha = 0$ 时，$I_\theta = 0$ 因而，衍射极小值发生在 $\alpha = m\pi$ 处。而极大值与干涉不同，它们的大小不同。单色光双缝衍射MATLAB模拟程序设计如下：

```
clear;
wavelegth=500e-9;
d=0.5*wavelegth;
D=40*d;
xmax=5*wavelegth*D/d;
ys=xmax;
nx=200;
xs=linspace(-xmax，xmax，nx);
for i=1:nx
    r12=xs(i)*d/D;
    p=2*pi*r12/wavelegth;
    I(i，:)=4*cos(p/2).^2;
end
br=(I/4.0)*255;
subplot(1，2，1);  image(ys，xs，br);
colormap(gray(255));
subplot(1，2，2); plot(I(:)，xs);
```

程序运行结果如图10-24所示。

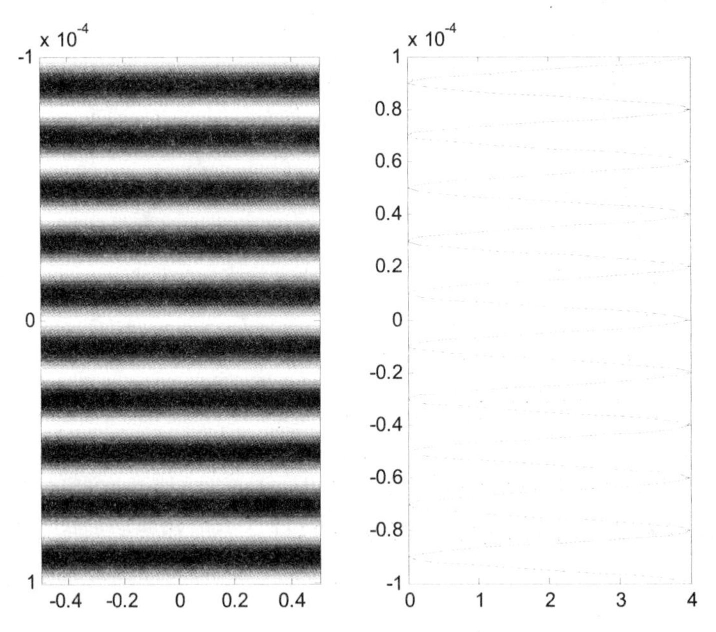

图 10-24 单色光双缝衍射 MATLAB 模拟

例 10-21 夫琅禾费衍射。多缝夫琅禾费衍射可以看作单缝衍射因子和缝间干涉因子的共同作用结果，如图 10-25 所示。

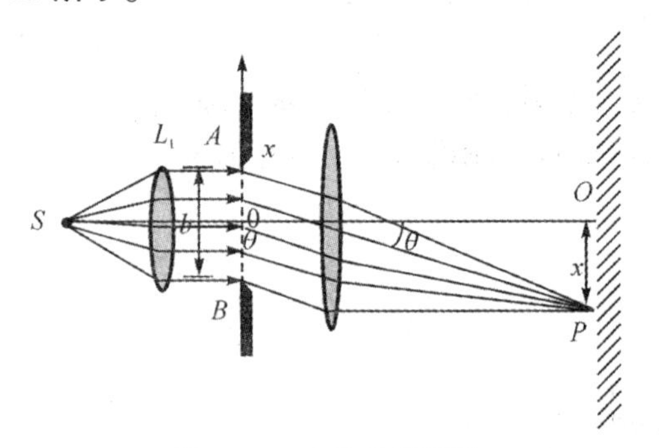

图 10-25 夫琅禾费衍射

单缝衍射因子 $\sin\beta/\beta$，缝间干涉因子为：$\left(\dfrac{\sin N\gamma}{\sin\gamma}\right)^2$ 其中 N 为缝的个数，可以得到多缝夫琅禾费衍射的光强公式：

$$I=\tilde{E}\cdot\tilde{E}^*=I_0\frac{\sin^2\beta}{\beta^2}\frac{\sin^2 N\gamma}{\sin^2\gamma}$$

在 MATLAB 上进行模拟的程序代码为：

```
clear
N=input('N=?');
s=input('d/a=?');
x=linspace(-8，8，5000);
```

```
x2=linspace(-8，8，250)；
I1=(sin(N*pi*x).*sin(N*pi*x))./(N*N*sin(pi*x).*sin(pi*x))；
I2=(sin(pi*x/s).*sin(pi*x/s))./((pi*x/s).*(pi*x/s))；
I=I1.*I2；
I0=(sin(pi*x2/s).*sin(pi*x2/s))./((pi*x2/s).*(pi*x2/s))；
plot(x，I1，'--'，x2，I0，'c.'，x，I)；
gtext({'单缝衍射因子'；'缝间干涉因子'；'缺级现象'})；
xlabel('sinθ (λ/d)')；
ylabel('光强I')；
title('多缝夫琅禾费衍射')；
```

运行程序可以得到如图 10-26 所示的图像。

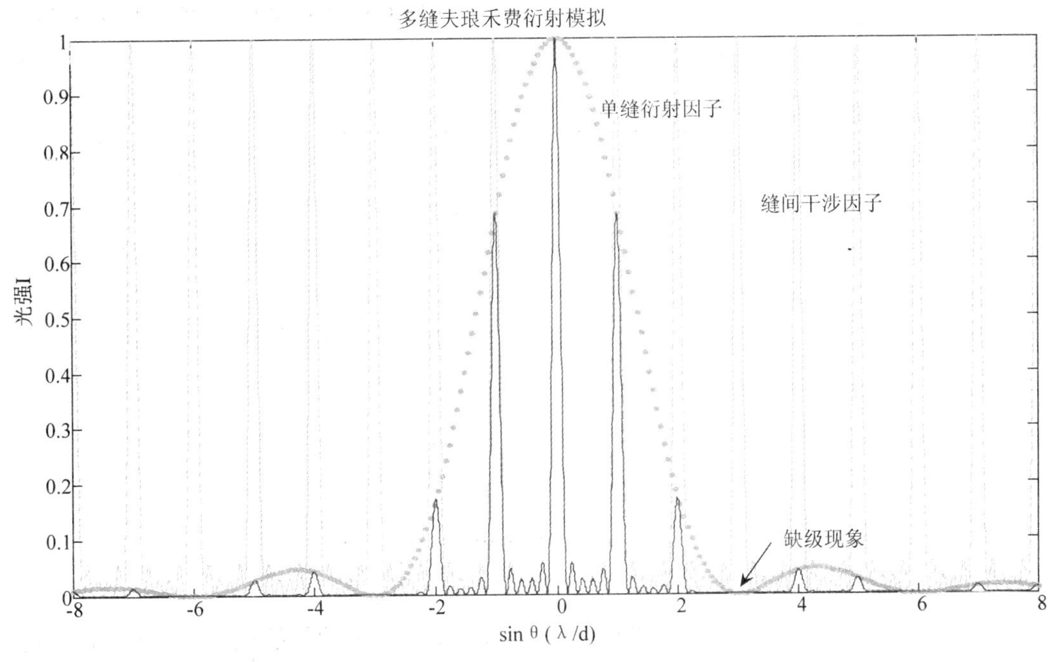

图 10-26 多缝夫琅禾费衍射（N=6、d/a=3）

从图像中可以清楚的看到单缝衍射因子和多缝干涉因子的合成效果，包括缺级现象、主极大、次极大。这就是在屏幕上得到的图像的光强分布了。

例 10-22 衍射与干涉同时发生的情况。对于双缝干涉实验，当两条缝隙远小于波长时，能量将在整个空间中均匀分布，因而可以只考虑干涉。而事实上，衍射是同干涉同时发生的。当缝宽于波长具有可比性时，干涉和衍射就会同时作用于这两束波。并且，衍射的能量曲线将成为干涉能量曲线的包络线。具体分析如下：

由干涉造成的能量分布为 $I_{\theta,in}=I_{m,int}\cos^2\beta$ 其中 $\beta=\frac{\pi d}{\lambda}\sin\theta$

由衍射造成的能量分布为 $I_{\theta,dif}=I_{m,dif}\left(\frac{\sin\alpha}{\alpha}\right)^2$ 其中 $\alpha=\frac{\pi a}{\lambda}\sin\theta$

当两种作用和成时　　　　$I_\theta = I_m(\cos\beta)^2\left(\frac{\sin\alpha}{\alpha}\right)^2$

使用 MATLAB 进行仿真分析，MATLAB 程序设计如下：

```
wavelegth=500e-9;
d=20*wavelegth;
a=5*wavelegth;
theta=-pi/6:0.0001:pi/6;
intensity=(cos((pi*d*sin(theta))/wavelegth).*cos((pi*d*sin(theta))/wavelegth)).*((sin(pi*a*sin(theta)/wavelegth))./(pi*a*sin(theta)/wavelegth).*(sin(pi*a*sin(theta)/wavelegth))./(pi*a*sin(theta)/wavelegth));
intense=(sin(pi*a*sin(theta)/wavelegth))./(pi*a*sin(theta)/wavelegth).*(sin(pi*a*sin(theta)/wavelegth))./(pi*a*sin(theta)/wavelegth);
plot(theta, intense), grid on
```

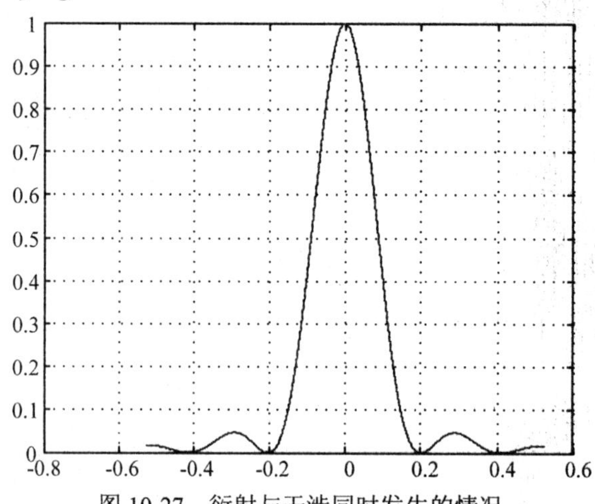

图 10-27　衍射与干涉同时发生的情况

从图 10-27 中可以看出，衍射能量曲线的确形成了干涉曲线的包络线，如果改变缝宽的值，包络线将会改变，而又干涉形成的亮暗条纹的间距不会改变；若改变两缝的间距，则包络线的形状不会改变，而亮暗条纹会变密或是疏。且衍射能量曲线一个波峰内部所包含的干涉能量曲线波峰的个数由 d/a 唯一确定。MATLAB 源程序设计为：

```
wavelegth=500e-9;
a=4*wavelegth;
[x, y]=meshgrid([-pi/2:0.01:pi/2]);
intensity=(sin(pi*a*sin(sqrt((x-0.3).^2+y.^2))/wavelegth))./(pi*a*sin(sqrt((x-0.3).^2+y.^2))/wavelegth).*(sin(pi*a*sin(sqrt((x-0.3).^2+y.^2))/wavelegth))./(pi*a*sin(sqrt((x-0.3).^2+y.^2))/wavelegth)+(sin(pi*a*sin(sqrt((x+0.3).^2+y.^2))/wavelegth))./(pi*a*sin(sqrt((x+0.3).^2+y.^2))/wavelegth).*(sin(pi*a*sin(sqrt((x+0.3).^2+y.^2))/wavelegth))./(pi*a*sin(sqrt((x+0.3).^2+y.^2))/wavelegth);
mesh(x, y, intensity)
```

以上程序段运行情况如图 10-28 所示。

图 10-28 光的衍射 3D 图

实验十

一、实验目的和要求

掌握图像的显示、图像的各种加减乘除运算及一些经典的处理方法，例如图像的读取和显示、图像的点运算、图像的几何变换、空间域图像增强、频率域图像增强、彩色图像处理、形态学图像处理、图像分割、特征提取等内容。

二、实验内容和原理

1. 一弹性球作斜上抛运动，与水平夹角为 60 度，初速度 v_0=30 m/s，与地相碰的速度衰减系数 k=0.8，计算任意时刻球的速度和球的位置，并用可视化图形表示。

2. 已知质点在平面上同时参与 x、y 方向的简谐振动，运动方程为：

$x=3\sin(5\pi t+\pi/4)$，$y=2\cos(4\pi t+\pi/6)$

绘制出质点在平面上的运动轨迹。

3. 调试下列程序：考察分别沿 x 轴正向和负向传播的两列相干横波，它们的方程为：

$y_1=A_1\sin(x-vt)$

$y_2=A_2\sin(x+vt)$

设时间从t=0开始到t=10结束，考察区间为[0，4]，令$k=\pi$，则$\lambda=2\pi/k=2$，在考察区间上恰好能观察到两个完整波形。设v=1，A=-0.4，A=0.4，则方程为：

$y_1=-0.4*\sin\pi(x-t)$

$y_2=0.4*\sin\pi(x+t)$

请编写程序演示机械波的叠加和驻波的形成过程。请参考教材实例 10-5。

4. 假设在 xoy 平面上 x=10，y=0 处有 0.1 库仑正点电荷 A，x=-10，y=0 处有 0.1 库仑负点电荷 B，画出此等量异号点电荷的电势分布图及等位面。假设在 y 轴上距离 A 有 2 处有电量为 0.001 库仑的正电荷（AB 之间），初速度为 0，演示此电荷的运动情况。

5. 参照课本实例 10-12，编写程序演示带电粒子在均匀电磁场中的运动情况。

6. 用毕奥-萨伐定律计算位于 x-z 平面上的电流环在 x-y 平面上产生的磁场分布。

7. 参照课本例 10-16 调试牛顿环干涉条纹，改变牛顿环各参数，观察牛顿环变化情况。

8. 参照课本例 10-17。改变例题中双缝的宽度及波长，模拟双缝干涉条纹。

9. 用 MATLAB 程序来计算演示光的单缝衍射现象，程序在运行中要输入波长、缝宽、成像距离。

10. 参照实例 10-19，模拟光的双缝衍射。在双缝衍射中通过计算两束光位于 θ 处的光强度为：$I_\theta = I_m\left(\dfrac{\sin\alpha}{\alpha}\right)^2$，其中$\alpha = \dfrac{\pi a}{\lambda}\sin\theta$

当$\sin\alpha = 0$时，$I_\theta = 0$因而，衍射极小值发生在 $\alpha = m\pi$处。而极大值与干涉不同，它们的大小不同。请编写单色光双缝衍射的MATLAB模拟程序。

三、实验过程

四、实验结果与分析

五、实验心得

第 11 章 MATLAB 的动画设计

MATLAB 是一种集数值计算、符号运算、可视化建模、仿真和图形处理等多种功能于一体的非常优秀的图形化语言。介绍了 MATLAB 动画及制作原理，包括形变动画、逐帧动画、擦除动画、路径动画、图像灰度动画等内容。应用 MATLAB 进行数值模拟和图像仿真，用生动、形象、逼真的动画展示了力学中的单摆的振动、时钟动态图形、天体的模拟运行、物理中的李萨如图形等，将课程教学中抽象的、复杂的概念以及难以用文字、图形等表达清楚的内容，用生动形象的动画形式体现出来。通过这些例子读者可以较为容易地把 MATLAB 模拟的动画应用到其它学科的多媒体教学中。

11.1 动画的分类

一般可以从制作动画所用素材、制作方法、制作工具等多个角度对动画进行分类，也可以从观赏者是否干预、场景是否运动等对动画进行分类。

（1）从动画制作所用素材可以分为图形动画与图像动画等；

（2）从动画的制作方法可以分为逐帧动画、形变动画与路径动画；

（3）从制作工具上可以分为语言制作动画与软件制作动画；

（4）从观赏者是否参与可以分为普通动画与虚拟现实动画；

（5）从动画的表现上可以分为真实感动画与非真实感动画；

（6）从图形空间维数可以分为二维动画与三维动画。

11.2 动画的制作方法

动画制作的基本原理是把一些图形或图像快速逐帧播放，在人眼与人脑中产生连续的刺激，形成了动画。三维动画主要是靠三维模型的变换实现的，这些变换包括平移、旋转、错切、比例变换，其它线性变换、非线性变换等。有时动画制作可以只凭借逐帧图像来完成，这些是基于图像的动画制作。本章主要从动画的制作方法论述形变动画、逐帧动画与路径动画。

11.2.1 形变动画

1. 图像旋转产生动画

例 11-1 制作图像旋转动画。应用函数 imrotate 对图像旋转而产生的动画。

```
B=imread('D:\t.bmp');
for i=1:0.1:360
    B=imrotate(B，i);
    imshow(B);
    pause(0.1);
end
```

这个程序把名称为 t.bmp 的图像旋转 360 度，出现动画效果。从计算机图形学上看，动画就是绘制的图形发生变化。这个变化不能太快，也不能太慢，要被人的视觉接受，这可以由函数 pause 的参数来控制。在程序执行时，能够使图形变化达到视觉要求。

例 11-2 程序动画制作，下面程序就完成了一个旋转动画。

```
[X，Y]=meshgrid(-10:1:10);
Z=X.^2/36-Y.^2/25;
h=mesh(Z)
for i=1:1:360
   rotate(h，[20，3，56]，i)
   pause(0.1)
end
```

程序中 rotate 函数是 MATLAB 提供的一个图形变换函数。函数 rotate(h，[20，3，56]，i)中，h 是图形句柄，表示 mesh(Z)绘制的图形；[20，3，56]决定了旋转轴方向；i 表示旋转角度，单位是度。程序运行后，观看到的效果是一个面片在飞舞。为了更好的观察面片的变化情况，改动上面程序为：

```
for k=1:1:360
```

```
  for i=1:6
    subplot(2, 3, i)
    [X, Y]=meshgrid(-10:1:10);
    Z=X.^2/36-Y.^2/25;
    h=mesh(Z)
    rotate(h, [20, 3, 56], 5*k*rand())
    axis tight off
    pause(0.02)
  end
end
```

请读者自行调试此程序。

2. 距离变换产生动画

函数：bwdist

功能：距离变换

语法：D = bwdist(BW)

[D，L] = bwdist(BW)

[D，L] = bwdist(BW，METHOD)

说明：BW 是输入的二值图像，METHOD 规定了求距离时的使用方法，默认情况下是欧拉距离，D 是返回与 BW 同样维数的距离矩阵，L 是返回的标签矩阵。

例 11-3　使用函数 bwdist 中的距离参数 cityblock 制作动画。

```
B1=zeros(50, 50, 50);
B1(25, 25, 25)=1;
D2=bwdist(B1,  'cityblock');
for i=1:360
   isosurface(D2, i), axis equal, view(3), axis off
   pause(0.2)
end
```

程序运行结果是随着 i 增加，图形边数增加，产生了动画效果。

3. 图像块移动产生动画

函数：imcrop

功能：对图像进行切割

语法：imcrop(A，[i，j，m，n])

说明：参数 A 是被切割图像矩阵，(i，j) 表示被切割区域的左上角顶点，(m，n) 表示被切割区域的右下角顶点。

例 11-4　利用图像块切割函数制作图像块移动动画。

```
A=imread('D:\a2.jpg');
for i=1:0.1:100
     y=200+200*sin(i);
```

```
    A1=imcrop(A, [i, i, y+i, y+i]);
    imshow(A1);
    pause(0.5);
end
```

动画的效果是图像块在一个窗口中按给定的参数移动。

例 11-5　图像块逐渐放大制作出的动画效果。

```
A=imread('D:\a2.jpg');
for i=1:0.5:100
    y=150*abs(sin(i));
    A1=imcrop(A, [150-y, 150-y, y+20, y+30]);
    imshow(A1);
    pause(0.4);
end
```

程序的运行结果使图像块逐渐扩大，形成动画。

【思考】使用 imcrop 函数，图像动画效果先从图像中间开始显示小块，逐渐向四周扩大显示范围，连续起来形成了动画。提示：考虑循环体语句：

```
for i=1:50
    a=a-1;
    b=b+1;
    A1=imcrop(A, [a, a, b, b]);
    imshow(A1)
end
```

4. 图像的缩放产生动画

函数：imresize

功能：调整图像大小

语法：B = imresize(A, m, method)

函数可返回一个 m 倍于原图像 A 的图像 B。

例 11-6　使用 imresize 函数缩小或放大图像。下列语句把原图像逐渐增大到 500 行 500 列图像，行数增加，使用插值函数完成颜色的填补。

```
for i=10:500
    c=imread('d:\a2.jpg');
    c2=imresize(c, [i, i]);
    imshow(c2);
    pause(0.2);
end
```

【思考题】把图像放大到原来的 3 倍，如何修改程序？

5. 图像变换

在 MATLAB 中可以使用 radon 变换制作动画。

函数：radon

功能：计算radon变换

语法：R=radon(I，theta)

[R，xp]=radon(...)

例 11-7　通过 radon 变换产生的动画。

```
A=imread('D:\111.jpg');
A1=rgb2gray(A);
for i=0:5:60
    [R，xp] =radon(A，i)
    imagesc(i，xp，R);
    pause(0.2)
end
```

程序的演示结果是随着角度的增加，Radon 变换变化的结果。

6. 膨胀与腐蚀产生的动画

函数：imdilate

功能：对图像实现膨胀操作

语法：

IM = imdilate(IM，SE)

IM = imdilate(IM，NHOOD)

IM = imdilate(IM，SE，PACKOPT)

例 11-8　图像膨胀与腐蚀的动画效果例，使用膨胀与腐蚀制作动画。

```
A=imread('D:\t.bmp');
for i=1:360
  se=strel('square'，i);
  A2=imdilate(A，se);
  A3=imerode(A，se);
  subplot(1，2，1)，imshow(A2);
  subplot(1，2，2)，imshow(A3);
  pause(0.5)
end
```

程序运行时您会发现图像在慢慢的变化，纹理边界通过膨胀与腐蚀使图像渐渐模糊。

7. 形变产生的动画

首先给定一个物体的初始形状，然后给定终止形状，中间过程的各个帧使用插值计算来实现。插值计算的关键是找好初始与终结两个时刻的对应顶点（关键点），然后计算中间各帧的顶点（关键点），最后，使用类似 surf 的函数绘制每一帧。一般的形变动画都是靠计算给出中间帧，这虽然增加了计算时间，但是不需要存储大量的中间图像，节省了存储空间。

例 11-9　作动画演示 peaks 图形逐渐趋近于平面的过程。

```
p=peaks(100);
```

```
h=axes('Position', [0, 0, 1, 1], 'visible', 'off')
for i=1:10
    p1=p/i; surf(p1)
    set(h, 'Zlim', [0 10])
    axis off;
    pause(0.3)
end
```

程序运行时，随着 i 的增加，曲面的高度逐渐缩小，形成了动画效果。为了更好的观察，设置固定了坐标系的 Z 轴范围为[0 10]。

例 11-10　作动画演示一个图形逐渐演化成 peaks 图形的过程。

```
p=peaks(151);
s=sphere(150);
for i=300:-2:0
    p1=s+100*p/(i+1);
    surf(p1);
    axis off;
    pause(0.2);
end
```

程序中，先使用 peaks 函数产生图形数据，再使用 sphere 函数产生数据，然后对这些数据进行组合，实现从一个图形到 peaks 图形的转变。

注意：

1. p 与 s 的维数必须一致；

2. sphere 函数产生数据后，使用 surf 函数对这些数据进行绘制不能产生球体。如果演示从 sphere 曲面变成一个球体，可以使用下面程序。

```
[X1, Y1, Z1]=peaks(16);
[X2, Y2, Z2]=sphere(15);
for i=1:5:100
    Z3=Z1/i+Z2;
    surf(X2, Y2, Z3)
    axis square off
    pause(0.1)
end
```

11.2.2　逐帧动画

在时间帧上逐帧绘制帧内容称为逐帧动画，由于是一帧一帧的画，所以逐帧动画具有非常大的灵活性，几乎可以表现任何想表现的内容。创建逐帧动画的方法有：

（1）用导入的静态图片建立逐帧动画。例如用 jpg、png 等格式的静态图片连续导入 Flash 中，就会建立一段逐帧动画。

（2）绘制矢量逐帧动画。例如用鼠标或压感笔在场景中一帧帧的画出帧内容。

（3）文字逐帧动画。例如用文字作帧中的元件，实现文字跳跃、旋转等特效。

（4）导入序列图像。例如可以导入 gif 序列图像、swf 动画文件或者利用第 3 方软件（如 swish、swift 3D 等）产生的动画序列。

由于逐帧动画的帧序列内容不一样，不仅增加制作负担而且最终输出的文件量也很大，但它的优势也很明显：因为它相似与电影播放模式，很适合于表演很细腻的动画，如 3D 效果、人物或动物急剧转身等等效果。MATLAB 中逐帧动画用到的函数 getfrname、moviein 和 movie。其中，getframe 函数的功能是截取一幅画面信息，形成一个大的列向量；moviein(*n*)函数的功能是建立一个足够大的 *n* 列矩阵，用来保存 *n* 幅画面的数据，以备播放。movie(*m*，*n*)函数功能是播放 *m* 所定义的画面 *n* 次，默认时一次。movie(m，k)以每秒 k 幅图形的速度播放由矩阵 *m* 的列向量所组成的画面。

函数：movie

功能：放映影片动画

语法：movie(m，n)

说明：movie(m，n)以每秒 n 幅图形的速度播放由矩阵 m 的列向量所组成的画面。

例 11-11　使用 movie 函数播放图像。首先在 D 盘分别建立文件 ljh1.bmp、ljh2.bmp、ljh3.bmp、ljh4.bmp，设计如下程序，实现图像播放。

```
for i=1:4
    k=int2str(i);
    k1=strcat('d:\ljh', k, '.bmp');
    a1=imread(k1);
    image(a1);
    m(:, i)=getframe;
end
movie(m, 15)
```

在这个程序中，使用了图像播放函数 movie(*m*，15)，该函数能够按照固定时间间隔播放存储在多维数组 *m* 中的图像。

k=int2str(*i*)是把 *i* 从数值形式变成字符形式，然后赋给变量 *k*；

*k*1=strcat('*d*:\ljh'，k，'.bmp')；是把字符串 *d*:\ljh 与 *k* 连接后再连接.bmp，得到了图像文件存储的位置；

*a*1=imread(*k*1)是读入图像数据赋给数组变量 *a*1；然后在图形窗口中使用 image(*a*1)显示数组 *a*1 所代表的图像；

m(:，*i*)=getframe 是从图形窗口上取当前图形（图像），把数据赋给数组变量 *m* 的第 *i* 页。

movie(*m*，15)是连续播放 15 次。

本例程序中的语句 image(*a*1)是不可缺少的，因为 getframe 需要从图形窗口中获得图像数据。

例 11-12　产生函数 sin(sqrt((11-j)*(x.^2+y.^2)))./sqrt((11-j)*(x.^2+y.^2)+eps)的帧动画。

```
clear; clc;
```

```
[x, y]=meshgrid(-8:.1:8);
for j=1:20
f=@(x, y)(sin(sqrt((11-j)*(x.^2+y.^2)))./sqrt((11-j)*(x.^2+y.^2)+eps));
z=f(x, y);
pause(0.5);
surf(x, y, z); shading interp;
M(j) = getframe;
end
```

程序运行结果如图 11-1 所示。

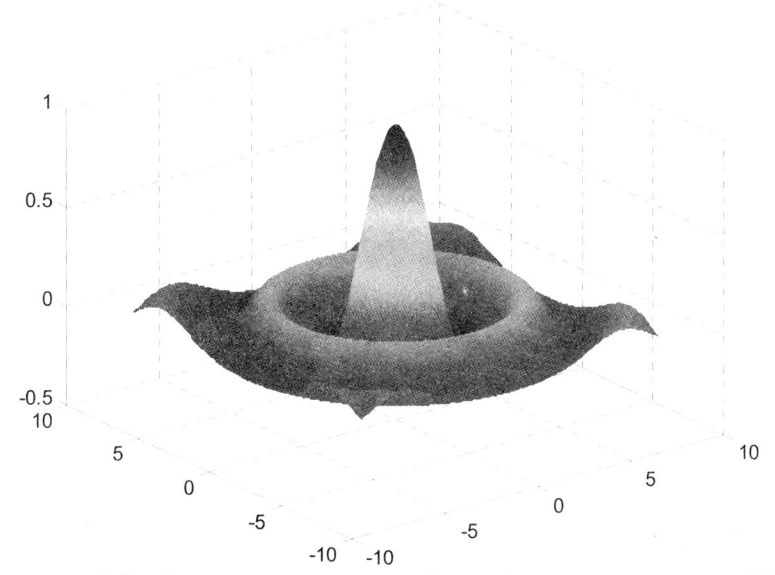

图 11-1　产生函数 sin(sqrt((11-j)*(x.^2+y.^2)))./sqrt((11-j)*(x.^2+y.^2)+eps)动画

11.2.3　路径动画

路径动画制作方法也是动画制作软件常用的一个方法。物体沿着设定的路径运动，路径可以是规则的几何曲线，也可以是手工绘制的曲线。

例 11-13　作一个球体沿一段正弦曲线运动。

```
x=0:0.1:1;
y=sin(x);
h=axes('Position', [0, 0, 0.1, 0.1])
for i=1:10
    set(h, 'Position', [x(i), y(i), 0.1, 0.1])
    sphere(15);
    axis off
    pause(0.1)
```

```
end
```

因为程序中的正弦曲线是自变量取 0～1 之间的一段，所以看上去像是沿直线运动。程序关键是每次重新设置绘图坐标轴的起始位置。

11.2.4 图像灰度动画

1. 图像颜色的变化

例 11-14 逐渐减少 RGB 图像的绿色成分，完成一个颜色渐变的动画。

编写程序如下：

```
I=imread('D:\a2.jpg');
I1=I(:, :, 2);
s=size(I1);
a=ones(s(1), s(2));
I2=double(I1);
for i=1:500
   I2(:, :)=I2(:, :)-a*i;
   I(:, :, 2)=I2(:, :);
   imshow(I)
   pause(0.5);
end
```

程序运行时您会观察到图像逐渐减少 RGB 中的绿色成分，完成一个颜色渐变的动画。如图 11-2 所示是图像颜色渐变过程中一些中间帧的显示。

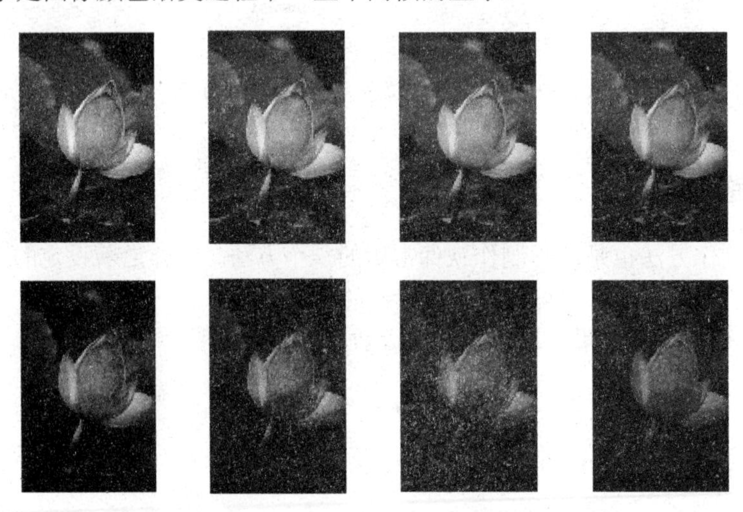

图 11-2 图像颜色渐变过程中一些中间帧的显示

例 11-15 逐渐减少一幅彩色（RGB 图像）人脸照片的红色成分，完成一个颜色渐变的动画。

```
I=imread('D:\k.jpg');
```

```
I1=I(:，:，1);
s=size(I1);
a=ones(s(1)，s(2));
I2=double(I1);
for i=1:50
    I2(:，:)= I2(:，:)-a*i;
    I (:，:，1)= I2(:，:);
    imshow(I);
    pause(0.5);
end
```

程序中照片文件 D:\k.jpg 凡是红色像素，经过渐变红色像素逐渐消失。

2. 图像亮度的变化

例 11-16　逐渐减少灰度图像的亮度，完成一个亮度渐变的动画。

```
I=imread('D:\k.jpg');
I1=rgb2gray(I);
imshow(I1)
s=size(I1);
a=ones(s(1)，s(2));
I2=double(I1);
for i=1:200
    imshow(I2);
    I2(:，:)= 1.2*I2(:，:)-a*i*0.03-50;          % I2(:，:)= I2(:，:)-a*i*0.04;
    pause(0.5);
end
```

该程序完成了一个亮度渐变动画。

【思考题】为了把亮度渐变情况记录下来，使用下面程序把一些中间帧绘制出来。

11.2.5　质点动画

用 comet()等函数绘制彗星图，它能演示一个质点的运动。质点运动轨迹动画方式是最简单的动画产生方式，顾名思义，就是产生一个顺着曲线轨迹运动的质点来操作。

MATLAB 中提供了 comet 和 comet3 命令来实现质点运动轨迹动画的绘制。

函数：comet

功能：实现质点运动轨迹动画

语法：comet(xdata，ydata，p)

说明：参数 p 是指彗星的尾巴的长度，可以是常数或者 size(x)大小的向量，首先求解出质点完整的运动轨迹坐标 x，y 和 z，然后使用 comet 或者 comet3 直接绘制动点。

例 11-17　质点运动的动画演示。

```
%程序来自 http://www.matlabsky.com
vx = 100*cos(1/4*pi);
vy = 100*sin(1/4*pi);
t = 0:0.001:15;
x = vx*t;
y = vy*t-9.8*t.^2/2;
comet(x, y)
```

程序运行结果如图 11-3 所示。

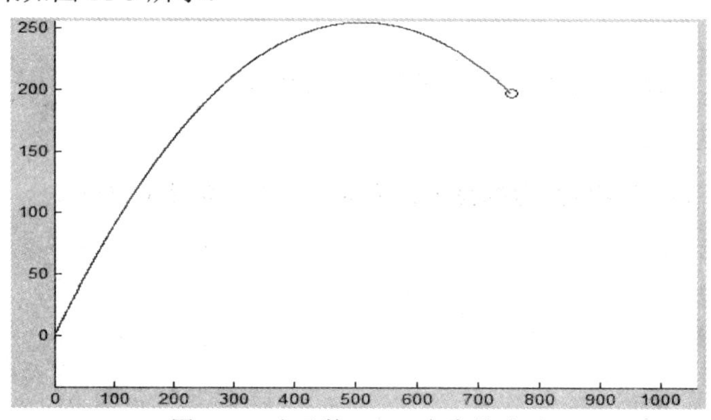

图 11-3　由函数 comet 产生的动画

11.3　逐帧动画设计

11.3.1　逐帧动画的函数

从不同的视角拍下一系列对象的图形，并保存到变量中，然后按照一定的顺序像电影一样播放。电影动画的好处就是，运行一次可以多次播放，甚至可以直接生成 avi 文件，直接独立与 MATLAB 环境播放。在 MATLAB 中的函数 moviein 与 getframe 等完成逐帧动画设计，使用函数 movie 播放逐帧动画。

1. getframe 函数

getframe 函数可将当前图形窗口作为一个画面取下并保存，截取一幅画面信息，称为动画中的一帧，一幅画面信息形成一个很大的列向量。

函数：getframe

功能：将当前图形窗口作为一个画面取下并保存

语法：m=getframe;

说明： 它将每一帧画面信息数据截取下来整理成列向量。该函数截取图形的点阵信息，图形窗口的大小，对数据向量的大小影响较大，窗口越大，所需存储容量越大。而图形的复杂性对数据容量要求没有直接的关系。

2. moviein 函数

函数 m=moviein(nframes)用来建立一个足够大的 nframes 帧幅图分配足够内存空间 m，用来保存 nframes 幅画面的数据，以备播放。

函数：moviein

功能： 分配存放指定数量帧的内存空间

语法： *m*=moviein(nframes)

3. movie 函数

MATLAB 提供了动画制作函数 movie，使用 movie 函数生成动画就称为电影动画。生成动画必须有很多帧图形连续播放，如果这些图形是绘制而成的，就叫这种动画为绘制图形的电影动画。movie(*n*)表示以每秒 *n* 幅的速度播放动画。

函数：movie

功能： 以指定的速度播放动画

语法：

movie(*M*)，将矩阵 *M* 中的动画帧播放一次

movie(*M*，*n*)，将矩阵 *M* 中的动画帧播放 *n* 次

movie(*M*，*n*，fps)，将矩阵 *M* 中的动画帧以每秒 fps 帧的速度播放 *n* 次

例 11-18　逐帧播放一个不断变化的眼球程序段。

```
m=moviein(20);   %建立一个 20 个列向量组成的矩阵
for j=1:20
    plot(fft(eye(j+10)));   %绘制出每一幅眼球图并保存到 m 矩阵中
    m(:，j)=getframe;
end
movie(m，10);   %以每秒 10 幅的速度播放画面
```

程序运行的某一时间点的截图如图 11-4 所示。

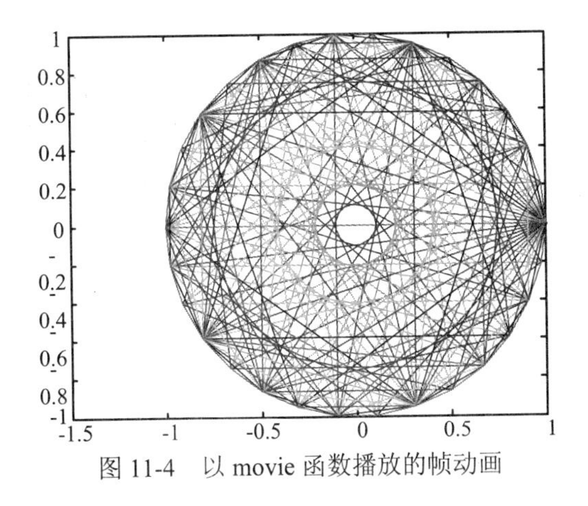

图 11-4　以 movie 函数播放的帧动画

【思考】把程序中语句 plot(fft(eye(j+10)))；替换成：rectangle('Position'，[4，5，15，10]，'Curvature'，j/20)；请再次调试程序。

在动画制作方法中，电影动画制作中程序完成了一个简单的逐帧动画。

```
M=moviein(20);
for j=1:20
    sphere(j+10);
    axis equal
    M(:, j)=getframe;
    pause(0.5);
end
movie(M, 10);
```

该程序段就是使用了 moviein()、getframe 与 movie()这几个函数，完成了一个从多面体转化成球体的动画。其实，这几个函数是通用的逐帧动画制作函数，利用这几个函数，可以制作出各种各样的逐帧动画。

4. pause 延迟等待函数

函数：pause

功能：延迟等待函数

语法：pause(n)

例在程序中如果出现 pause(5)，那么在执行到这句话的时候，停留 5 秒，然后继续。

例 11-19　使用 pause 函数制作动画

```
for i=-2*pi:0.5:2*pi
   R=[cos(i) sin(i) 0; -sin(i) cos(i) 0; 0 0 1];
   vert=[1 1 1; 1 2 1; 2 2 1; 2 1 1; 1 1 2; 1 2 2; 2 2 2; 2 1 2];
   vert=vert*R;
   fac=[1 2 3 4; 2 6 7 3; 4 3 7 8; 1 5 8 4; 1 2 6 5; 5 6 7 8];
   pause(0.3)
   patch('faces', fac, 'vertices', vert, 'FaceVertexCData', hsv(8), 'FaceColor', 'interp');
   view(3)
end
```

程序是先绘制一个长方体，然后隔 0.3 秒又绘制出另外一个长方体，新长方体的顶点坐标经过了变换，此变换是乘以矩阵 R 完成的，该矩阵是绕 Z 轴旋转矩阵。如此下去，绘制出下一页所示的图形，从而完成了此动画，如图 11-5 所示。

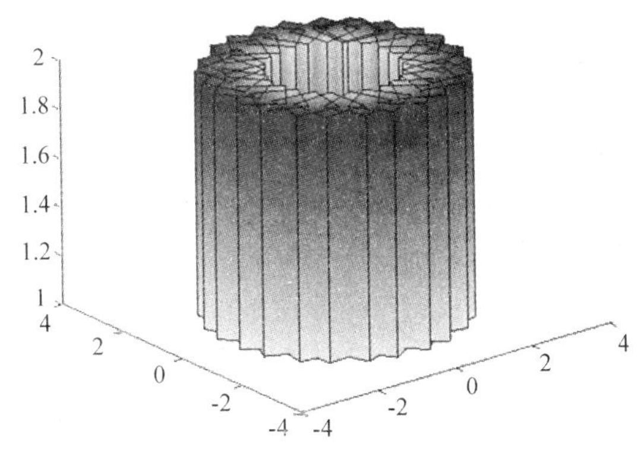

图 11-5　旋转而成的动画

【思考】如果把 R=[cos(i) sin(*i*) 0；-sin(*i*) cos(*i*) 0；0 0 1]；变换成 R=[cos(*i*) 0 sin(*i*)；0 1 0；-sin(*i*) 0 cos(*i*)]；那么就是绕 Y 轴旋转。程序的运行结果是演示图像逐渐被腐蚀与膨胀的过程。

5. timer 时间函数

函数：timer

功能：创建计时器对象

语法：Mtimer=timer('TimerFcn'，'file1'，'StartFcn'，'file2'，'StopFcn'，'file3'，'ErrorFcn'，'file4')

说明：一个计时器中可以同时对多个 M 文件进行不同的定时操作。如上述语句表示该计时器对象执行如下操作：

- 将'file1'作为基本计时器代码执行；
- 当使用 start 函数启动计时器时执行'file2'；
- 当使用 stop 函数终止计时器时执行'file3'；
- 出错时执行'file4'。

例如：

有语句：

```
mytimer=timer('TimerFcn'，'fPatch'，'StartDelay'，6);
start(mytimer)
```

程序运行后，用 start（）函数激活计数器对象，6 秒钟后才执行程序 fPatch.m。

6. 创建一个 AVI 多媒体文件

函数：avifile

功能：创建一个 AVI 多媒体文件

语法：

```
aviobj = avifile(filename)
aviobj = avifile(filename，'Param1'，Val1，'Param2'，Val2，...)
```

说明：aviobj = avifile(filename) 创建一个 AVI 文件，其名称为 filename，AVI 文件对象的所有属性均取默认值。如果文件名中并不包含扩展名，则 avifile 为 filename 自动添加扩展名.avi。AVI 是一种存储声音和图像数据的文件格式。

11.3.2 逐帧动画的创建过程

MATLAB 中，创建电影动画的过程分为以下四步：

第一步：调用 moviein 函数对内存进行初始化，创建一个足够大的矩阵，使之能够容纳基于当前坐标轴大小的一系列指定帧。

第二步：调用 getframe 函数生成每个帧。该函数返回一个列矢量，利用这个矢量，就可以创建一个电影动画矩阵。

getframe 函数可以捕捉动画帧，并保存到矩阵中。一般将该函数放到 for 循环中得到一系列的动画帧。该函数格式有：

(1) *F*=gefframe，从当前图形框中得到动画帧

(2) *F*=gefframe(*h*)，从图形句柄 *h* 中得到动画帧

(3) *F*=getframe(h，rect)，从图形句柄 *h* 的指定区域 rec 中得到动画帧

第三步.调用 movie 函数按照指定的速度和次数运行该电影动画。

当创建了一系列的动画帧后，可以利用 movie 函数播放这些动画帧。该函数的主要格式有：

(1) movie(*M*)，将矩阵 *M* 中的动画帧播放一次

(2) movie(*M*，*n*)，将矩阵 *M* 中的动画帧播放 *n* 次

(3) movie(*M*，*n*，fps)，将矩阵 *M* 中的动画帧以每秒 fps 帧的速度播放 *n* 次

第四步：调用 movie2avi 函数可以将矩阵中的一系列动画帧转换成视频文件 avi 文件。这样，即使脱离了 matlab 环境都可以播放动画。

帧动画的一般格式是：

```
%录制电影动画
for j=1:n
%
%这里输入绘图命令
%
M(j) = getframe;
end
movie(M)
%单帧显示方法
f = getframe(gcf);
colormap(f.colormap);
image(f.cdata);
```

例 11-20　旋转动画的实现。

```
[X，Y，Z]=peaks(30);
surfl(X，Y，Z);
axis([-3 3 -3 3 -10 10]);
shading interp;
```

```
m=moviein(15);
for i=1:15
view(-37.5+24*(i-1), 30);
m(:, i)=getframe;
pause(0.5);
end
movie(m);
```

例 11-21　一共 15 张墙纸图片，存储在 D:\picture 文件夹下，修改前述的动画制作程序，完成编号图像动画制作。

```
for i=1:15
        k=int2str(i);
        k1=strcat('D:\picture\', k, '.jpg');
        a1=imread(k1);
        image(a1);
        m(:, i)=getframe;
end
movie(m, 2)
```

从上例可以看到，只要把图像编号，就可以制作出逐帧动画，也就是可以完成序列图像播放。目前，有些动画作品就是先手工绘制，然后扫入计算机，进行动画编辑与制作。

例 11-22　如实现播放一个直径不断变化的球体 MATLAB 的程序如下：

```
[x, y, z]=sphere(50);
m=moviein(30);        %建立一个 30 列大矩阵
for i=1:30
    surf(0.2*i*x+10, 0.2*i*y+10, 0.2*i*z+10) %绘制球面
    m(:, i)=getframe;    %将球面保存到 m 矩阵
    pause(0.1);
end
movie(m, 10);        %以每秒 10 幅的速度播放球面
```

例 11-23　行进中的帧动画

```
s =0.2;    x1=0;   % 确定起始点横坐标 x1 及其增量
nframes = 50;   % 确定动画总帧数
for k = 1:nframes
   x1= x1+s;   % 确定画图时横坐标终止值 x1
   x =0:0.01:x1;   y =sin(x)+2*cos(x/2);
   plot(x, y);   % 在 x=[0 x1]作 y=sin(x)曲线
   axis([0 4*pi -3 3]) % 定义坐标轴范围
   grid off % 不显示网格线
   M(k) = getframe;    % 将当前图形存入矩阵 M(k)
   pause(0.5);
```

```
end
movie(M，10) % 重复10次播放动画M
```

程序运行时质点沿曲线运动的动画截面如图11-6所示。

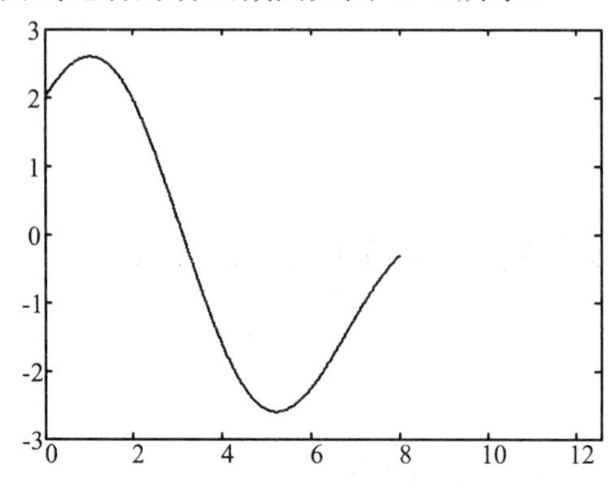

图11-6　质点沿曲线运动的动画

例11-24　三维图形的影片动画。

```
clf；shg，
x=3*pi*(-1:0.05:1)；
y=x；
[X，Y]=meshgrid(x，y)；
R=sqrt(X.^2+Y.^2)+eps；
Z=sin(R)./R；
h=surf(X，Y，Z)；
colormap(jet)；
axis off
n=12；
mmm=moviein(n)；
for i=1:n
      rotate(h，[0 0 1]，25)；
      mmm(:，i)=getframe；
end
movie(mmm，5，10)
```

程序运行时产生如图11-7所示的不断旋转的动画。

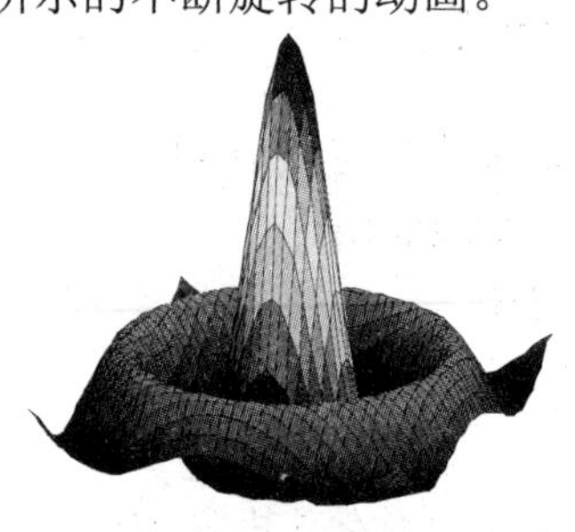

图11-7 不断旋转的动画

11.4 路径动画

在本章的第二节中，已初步介绍了路径动画制作方法，它是动画制作软件常用的一个方法。首先为动画设定一个路径，路径可以是规则的几何曲线，也可以是手工绘制的曲线；然后先把物体放到始点位置，再放到终点位置，确认后，让物体沿曲线运动。三维物体路径动画制作过程中，需要处理好消隐问题。根据使用的具体语言或软件来处理消隐问题，MATLAB 语言函数可以自动实现消隐，因而使用 MATLAB 可以很容易地实现路径动画。

例 11-25　作一个球体沿正弦曲线运动一个周期。

程序设计如下：

```
x=0:0.1:2*pi;
y=sin(x);
h=axes('Position', [0, 0, 0.1, 0.1])
for i=1:62
    set(h, 'Position', [x(i)/(2*pi), y(i)/(2*pi)+0.5, 0.1, 0.1])
    sphere(15); axis off; pause(0.1);
end
```

该程序能够实现一个球体沿正弦曲线运动一个周期。如图 11-8 所示。

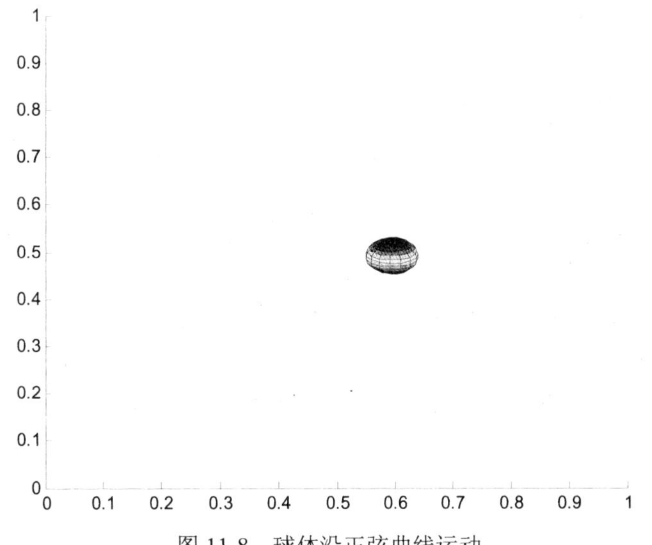

图 11-8　球体沿正弦曲线运动

从上面的例子可以看出，只要给出路线，就可以沿着路线绘制物体，形成路径动画。下面例子实现了一个球体沿着一条空间曲线运动。

11.5 擦除动画的设计

动画在图形窗口中按照一定的算法连续擦除和重绘图形对象，而形成动画，这种方法是 MATLAB 中使用最多的方法。

例 11-26 二维擦除动画

```
x = -pi:pi/30:pi;
h = plot(x, cos(x), 'o', 'MarkerEdgeColor', 'k', 'MarkerFaceColor', 'r', 'MarkerSize', 8, 'EraseMode', 'Xor')
for j = 1:1200
   y = sin(0.8*x+0.006*j);
   set(h, 'ydata', y);
   drawnow;
   pause(0.1);
end
```

使用 MATLAB 的绘图函数不断重复绘制图形对象，重绘过程中递增式地改变图形对象位置将产生动画效果。在重绘对象的过程中之所以能产生动画效果是由于对原来的图形对象进行了擦除处理。

MATLAB 中，创建擦除重绘动画的过程分为以下三步：

第一步：设置重绘对象的擦除模式'EraseMode'模式

MATLAB 的图形绘制函数允许采用不同的擦除模式来擦除原来的对象，不同的擦除模式将产生不同的动画效果。擦除模式是通过没置“EraseMode”属性来完成的，一共有三种擦除模式：

（1）none：重新绘制图形对象时不擦除原来的对象，这种模式可动态演示图形的生成过程，如曲线和旋转曲砸的生成过程。

（2）background：在重新绘制图形对象之前。用背景色重绘对象来达到擦除原来图形对象的目的。该模式会擦除任何对象和它下面的任何图形。

（3）Xor：在重新绘制图形对象之前，只擦除原来的对象，不会擦除其他对象或图形。这种模式能产生图形对象移动的效果。

第二步：在循环语句中使用 set 更改图形的 xdata，ydata 和 zdata 等坐标数据。

第三步：使用 darwnow 命令刷新屏幕。

擦除重绘模式动画的一般格式是：

```
%擦除重绘模式动画
%选择一个擦除模式
set(h, 'erasemode', erasemode)   %h 执行动画图像句柄，一般由 line 或者 plot 创建
%
```

```
%需要执行一些图形计算命令
%
%循环语句中更新坐标数据，一般使用 for 或者 while
for i=1:n
    %
    %必要的 MATLAB 命令
    %
    set(h, 'xdata', xdata, 'ydta', ydata)%更新图像的坐标数据
    drownnow   %刷新屏幕
    %
    %其它 MATLAB 语句
    %
end
```

例 11-27　应用擦除重绘原理设计动画——运动的小球。程序运行时首先显示如图 11-9 的轨道，有一个小球从轨道的上端沿轨道从上向下运动，到最下层时，由竖线运动到最上层轨道。

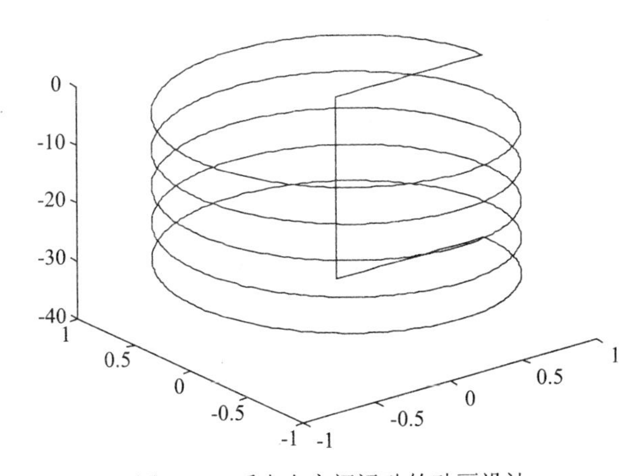

图 11-9　质点在空间运动的动画设计

```
function f=anim_ball(K, ki)   %程序来自http://www.4math.cn
t1=(0:1000)/1000*10*pi;
x1=cos(t1); y1=sin(t1); z1=-t1;
t2=(0:10)/10;
x2=x1(end)*(1-t2); y2=y1(end)*(1-t2); z2=z1(end)*ones(size(x2));
t3=t2;
z3=(1-t3)*z1(end); x3=zeros(size(z3)); y3=x3;
t4=t2;
x4=t4; y4=zeros(size(x4)); z4=y4;
x=[x1 x2 x3 x4]; y=[y1 y2 y3 y4]; z=[z1 z2 z3 z4];
```

```
h=figure('numbertitle', 'off', 'name', '擦除动画演示(运动的小球)——MATLABsky')
plot3(x, y, z, 'b')
axis off
%绘制红点
%擦除模式设为xor
h=line('Color', [1 0 0], 'Marker', '.', 'MarkerSize', 40, 'EraseMode', 'xor');
n=length(x);
i=1; j=1;
%循环改变坐标，表现为小球运动
while 1
if ~ishandle(h)
    return;
end
set(h, 'xdata', x(i), 'ydata', y(i), 'zdata', z(i));
drawnow;
pause(0.0005) %这里设置小球运动速度?
 i=i+1;
 if nargin==2 & nargout==1
   if(i==ki&j==1);
       f=getframe(gcf);
   end  %获取指定的帧，保存到f中
end
if i>n
  %判断是否运行了一周，是将i设置为1，并将运行周数j加1
  i=1; j=j+1;
  %判断是否到指定的运行周数，是退出
  if j>K; break; end
  end
end
```

程序演示红色小球沿一条封闭旋螺线运动的实时动画，函数调用有两种格式，一是仅演示实时动画的调用格式为anim_ball(*K*)，*K*红球运动的循环数；第二种方式是既演示实时动画又拍摄照片的调用格式为f=anim_ball(*K*，*ki*)，*ki*指定拍摄照片的瞬间，取1到1034间的任意整数，*f*为存储拍摄的照片数据，可用image(f.cdata) 观察照片产生封闭的运动轨线。

例11-28　擦除动画实例——单摆运动的设计。

```
%程序来自http://www.matlabsky.com
axis on
h=figure('numbertitle', 'off', 'name', '擦除动画演示(挂摆横梁)')
%绘制横梁
plot([-0.2; 0.2], [0; 0], '-k', 'linewidth', 20);
```

```
%画初始位置的单摆
g=0.98; %重力加速度，可以调节摆的摆速
l=1; %摆长
theta0=pi/4; %初始角度
x0=l*sin(theta0); %初始x坐标
y0=-l*cos(theta0); %初始y坐标
axis([-0.75, 0.75, -1.25, 0]);
axis off
%创建摆锤，擦除模式为
xorhead=line(x0, y0, 'color', 'r', 'linestyle', '.', 'erasemode', 'xor', 'markersize', 40);
%创建摆杆
body=line([0; x0], [-0.05; y0], 'color', 'b', 'linestyle', '-', 'erasemode', 'xor');
%摆的运动
t=0; %时间变量
dt=0.01; %时间增量
while 1
   t=t+dt;
   theta=theta0*cos(sqrt(g/l)*t); %单摆角度与时间的关系
   x=l*sin(theta);
   y=-l*cos(theta);
   if ~ishandle(h)
       return
   end
   set(head, 'xdata', x, 'ydata', y); %改变擦除对象的坐标数据
   set(body, 'xdata', [0; x], 'ydata', [-0.05; y]);
   drawnow; %刷新屏幕
end
```

程序的运行结果如图11-10所示。

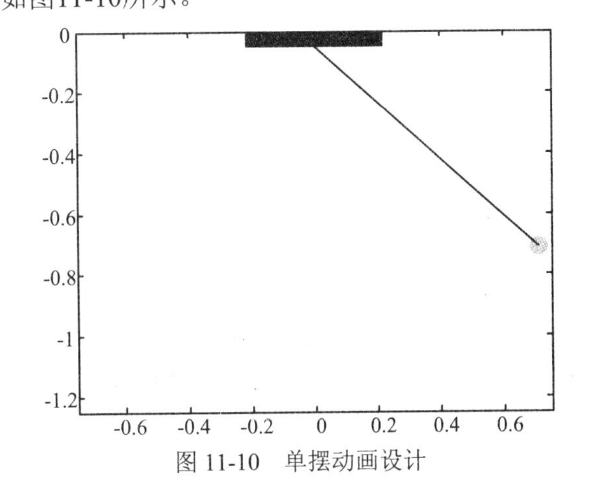

图 11-10 单摆动画设计

例11-29　擦除动画实例——时钟的设计。

```
%MATLAB 时钟动画演示
%程序选之 http://www.matlabsky.cn
try
close all
hfig=figure('NumberTitle', 'off', 'name', ...
'Clock Animation Demo--by MATLABSky', 'MenuBar', 'none');
theta=linspace(0, 6.3, 1000);
x1=8*cos(theta);
y1=8*sin(theta);
plot(x1, y1, 'b', 'linewidth', 1.4)  %绘制外表盘
hold on
axis equal
x2=7*cos(theta); y2=7*sin(theta);
plot(x2, y2, 'y', 'linewidth', 3.5)  %绘制内表盘
fill(0.4*cos(theta), 0.4*sin(theta), 'r');    %绘制指针转轴
axis off
axis([-10 10 -10 10])
set(gca, 'position', [[0.13 0.05 0.775 0.815]])
title(date, 'fontsize', 18)
for k=1:12;
   xk=9*cos(-2*pi/12*k+pi/2);
   yk=9*sin(-2*pi/12*k+pi/2);
   plot([xk/9*8 xk/9*7], [yk/9*8 yk/9*7], 'color', [0.3 0.8 0.9]);
   text(xk, yk, num2str(k), 'fontsize', 16, 'color', ...
   [0.9 0.3 0.8], 'HorizontalAlignment', 'center');  %表盘时刻标度
end
% 计算时针位置
ti=clock;
th=-(ti(4)+ti(5)/60+ti(6)/3600)/12*2*pi+pi/2;
xh3=4.0*cos(th);
yh3=4.0*sin(th);
xh2=xh3/2+0.5*cos(th-pi/2);
yh2=yh3/2+0.5*sin(th-pi/2);
xh4=xh3/2-0.5*cos(th-pi/2);
yh4=yh3/2-0.5*sin(th-pi/2);
hh=fill([0 xh2 xh3 xh4 0], [0 yh2 yh3 yh4 0], [0.6 0.5 0.3]);
% 计算分针位置
tm=-(ti(5)+ti(6)/60)/60*2*pi+pi/2;
```

```
xm3=6.0*cos(tm);
ym3=6.0*sin(tm);
xm2=xm3/2+0.5*cos(tm-pi/2);
ym2=ym3/2+0.5*sin(tm-pi/2);
xm4=xm3/2-0.5*cos(tm-pi/2);
ym4=ym3/2-0.5*sin(tm-pi/2);
hm=fill([0 xm2 xm3 xm4 0], [0 ym2 ym3 ym4 0], [0.6 0.5 0.3]);
% 计算秒针位置
ts=-(ti(6))/60*2*pi+pi/2;
hs=plot([0 7*cos(ts)], [0 7*sin(ts)], 'color', 'w', 'linewidth', 2);
set(gcf, 'doublebuffer', 'on');
while 1;
ti=clock; %每次读取系统时间，并进行运算
% 计算时针位置
th=-(ti(4)+ti(5)/60+ti(6)/3600)/12*2*pi+pi/2;
xh3=4.0*cos(th);
yh3=4.0*sin(th);
xh2=xh3/2+0.5*cos(th-pi/2);
yh2=yh3/2+0.5*sin(th-pi/2);
xh4=xh3/2-0.5*cos(th-pi/2);
yh4=yh3/2-0.5*sin(th-pi/2);
set(hh, 'XData', [0 xh2 xh3 xh4 0], 'YData', [0 yh2 yh3 yh4 0])
% 计算分针位置
tm=-(ti(5)+ti(6)/60)/60*2*pi+pi/2;
xm3=6.0*cos(tm);
ym3=6.0*sin(tm);
xm2=xm3/2+0.5*cos(tm-pi/2);
ym2=ym3/2+0.5*sin(tm-pi/2);
xm4=xm3/2-0.5*cos(tm-pi/2);
ym4=ym3/2-0.5*sin(tm-pi/2);
set(hm, 'XData', [0 xm2 xm3 xm4 0], 'YData', [0 ym2 ym3 ym4 0])
% 计算秒针位置
ts=-(ti(6))/60*2*pi+pi/2;
set(hs, 'XData', [0 7*cos(ts)], 'YData', [0 7*sin(ts)])
drawnow;
pause(0.09)
end
catch
return
```

```
end
```

程序运行结果如图 11-11 所示。

图 11-11　擦除方式的动画设计

11.6　MATLAB 动画实现的应用实例

例 11-30　擦除动画实例——太阳 | 地球 | 月亮 | 卫星绕转演示动画。

```
%by dynamic
%程序选自://www.matlabsky.com
clear; clc; close all
%定义几组变量.分别代表的含义是:
%相对圆心坐标 半径    最近距离    最远距离      周期        角速度         旋转角度
x0=0;   y0=0;   r0=80;   Lmin0=0;   Lmax0=0;   T0=2160;   w0=0*pi/T0;   q0=0;
x1=0;   y1=0;   r1=40;   Lmin1=25;  Lmax1=30;  T1=1080;   w1=pi/T1;     q1=0;
x2=0;   y2=0;   r2=20;   Lmin2=8;   Lmax2=10;  T2=180;    w2=pi/T2;     q2=0;
x3=0;   y3=0;   r3=10;   Lmin3=3;   Lmax3=05;  T3=30;     w3=pi/T3;     q3=0;
%初始化
hh=figure('numbertitle', 'off', 'name', '太阳 | 地球 | 月亮 | 卫星绕转演示动画');
%设置擦除方式
sun=line(0, 0, 'color', 'r', 'linestyle', '.', ...
'erasemode', 'xor', 'markersize', r0);       %太阳
earth=line(x0, y0, 'color', 'k', 'linestyle', '.', 'erasemode', ...
'xor', 'markersize', r1);  %地球
moon=line(x1, y1, 'color', 'b', 'linestyle', '.', 'erasemode', 'xor', ...
'markersize', r2);  %月亮 satellite=line(x2, y2, 'color', 'g', 'linestyle', '.', 'erasemode', ...
'norm', 'markersize', r3);  %卫星
```

```
%添加标注
axis off
title('太阳 | 地球 | 月亮 | 卫星', ...
'fontname', '宋体', 'fontsize', 9, 'FontWeight', 'demi', 'Color', 'black');
text(-50, 50, '太阳'); %对太阳进行标识
line(-55, 50, 'color', 'r', 'marker', '.', 'markersize', 80);
text(-50, 40, '地球'); %对地球进行标识
line(-55, 40, 'color', 'k', 'marker', '.', 'markersize', 40);
text(-50, 30, '月亮'); %对月亮进行标识
line(-55, 30, 'color', 'b', 'marker', '.', 'markersize', 20);
text(-50, 20, '卫星'); %对卫星进行标识
line(-55, 20, 'color', 'g', 'marker', '.', 'markersize', 10);
%绘制轨道
s1=[0:.01:2*pi];
line(Lmax1*cos(s1), Lmin1*sin(s1), 'linestyle', ':'); %画地球的轨迹，是个椭圆
axis([-60, 60, -60, 60]); %调整坐标轴
%开始画图
t =0;
while 1
if ~ishandle(hh)
return;
end
q0=t*w0; q1=t*w1; q2=t*w2; q3=t*w3; t=t+1; %设置运动规律
if t >= 4320;
t = 0;
end%到了一个周期就重置
%设置太阳圆心的坐标(在这个程序里，太阳圆心的坐标是不变的，所以可以省略)
x0 = Lmax0 * cos(q1); y1 = Lmin0 * sin(q1);
x1 = x0 + Lmax1 * cos(q1); y1 = y0 + Lmin1 * sin(q1); %设置地球圆心的坐标
x2 = x1 + Lmax2 * cos(q2); y2 = y1 + Lmin2 * sin(q2); %设置月亮圆心的坐标
x3 = x2 + Lmax3 * cos(q3); y3 = y2 + Lmin3 * sin(q3); %设置卫星圆心的坐标
set(sun, 'xdata', x0, 'ydata', y0); %画太阳
set(earth, 'xdata', x1, 'ydata', y1); %画地球
set(moon, 'xdata', x2, 'ydata', y2); %画月亮
set(satellite, 'xdata', x3, 'ydata', y3); %画卫星
line('xdata', x2, 'ydata', y2, 'color', 'y'); %设置月亮的轨迹
line('xdata', x3, 'ydata', y3, 'color', 'r'); %设置卫星的轨迹
drawnow;
end
```

程序运行效果如图 11-12 所示。

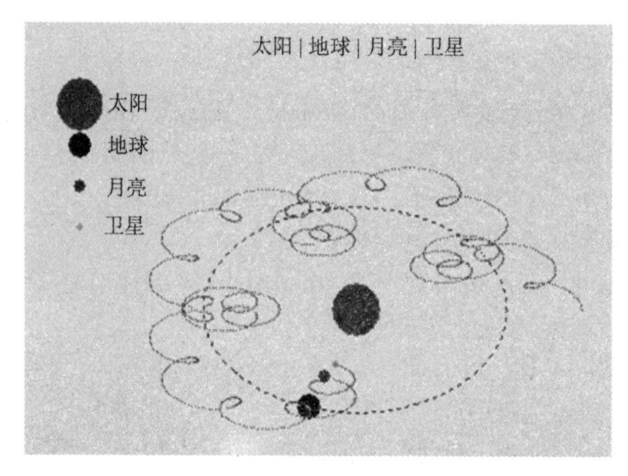

图 11-12 程序的运行效果

例 11-31 李萨如图形的动画实现当两个互相垂直的简谐振动频率不同时，合成的轨迹与频率之比和两者的相位都有关系，图形一般较为复杂，很难用数学式子表达。当两者的频率成整数比时，轨迹是闭合的，运动是周期性的。用 MATLAB 进行数值模拟及数值用动态图形仿真后的李萨如图形的动态运动过程如图 11-13 所示。

MATLAB 程序设计为：

```
clear all;
t=linspace(0, 2*pi, 200)';
m=1;
%%画出 1:n 的动图
for n=1:1:3
   for k=-100:1:100                    %%利用 k 的循环算法实现李萨如图的运动
      X=3*cos(n*t+pi*k/100)+8*i*sin(t);
      subplot(2, 2, m);
      plot(X);
      ylabel('T1:T2=1:n');
      pause(0.05)                      %%实现画面的静止，从而实现动画
   end
m=m+1;
end
%%画出 2:3 的动图
for k=-100:1:100
      X=3*cos(3*t+pi*k/100)+8*i*sin(2*t);
      subplot(2, 2, m);
      plot(X);
      ylabel('T1:T2=2:3');
      pause(0.05)
```

```
end
```

程序运行的效果如图 11-13 所示。

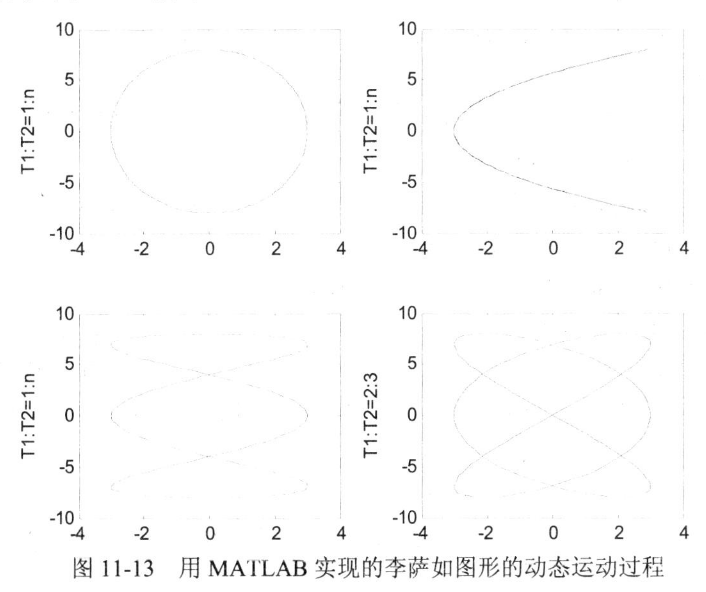

图 11-13 用 MATLAB 实现的李萨如图形的动态运动过程

例 11-32 基于 GUI 的动画设计。沿曲线滚动的小球：滑标用来改变小球的滚动速度，菜单“网格线”用来对坐标轴加网格；单击“开始”按钮时实现小球沿给定曲线实时滚动，单击“停止”按钮后小球停止滚动，并在对应区域显示小球循环滚动的次数以及终点的坐标值。

MATLAB 程序代码为：

```
clc; clear all; close all;
h0=figure('toolbar', 'none', 'position', [450 280 370 230], ...
    'name', '沿曲线滚动的小球');        %创建图形窗口
h_axes=axes('Position', [0.07 0.37 0.55 0.55]);          %创建坐标轴
t=0:pi/50:8*pi;
y=sin(2*t)+2*cos(t/2)+sin(t/2);
plot(t, y, 'k');
h_menu=uimenu('label', '网格线', 'Position', 3);              %创建菜单
h_submenu1=uimenu(h_menu, 'label', 'Grid on', 'callback', ...
    ['grid on; set(h_submenu1, "checked", "on"); ', ...
    'set(h_submenu2, "checked", "off"); ']);              %创建下拉菜单
h_submenu2=uimenu(h_menu, 'label', 'Grid off', 'checked', 'on', 'callback', ...
    ['grid off; set(h_submenu1, "checked", "off"); ', ...
    'set(h_submenu2, "checked", "on"); ']);              %创建下拉菜单
h_line=line('color', [0 0.5 0.5], 'linestyle', '.', 'markersize', 25, 'erasemode', 'xor');     %
创建小球
h_button1=uicontrol('Units', 'normalized', 'position', [0.65 0.82 0.15 0.1], 'string', '开始', ...
    'fontsize', 10, 'callback', 'move');
h_button2=uicontrol('Units', 'normalized', 'position', [0.82 0.82 0.15 0.1], 'string', '停止',
```

```
'fontsize', 10, 'callback', ['k=0; set(h_edit1, "string", m);
p=get(h_line, "xdata"); ', ...
     'q=get(h_line, "ydata"); set(h_edit2, "string", p); ', ...
     'set(h_edit3, "string", q); ']);
h_button3=uicontrol('Units', 'normalized', 'position', [0.75 0.05 0.15 0.1], 'string', '退出',
'fontsize', 10, 'callback', 'close(h0); ');
h_text1=uicontrol('style', 'text', 'Units', 'normalized', 'position', [0.65 0.64 0.15 0.1], 'string',
'循环次数', 'fontsize', 10, 'backgroundcolor', [.8 .8 .8]);
h_edit1=uicontrol('style', 'edit', 'Units', 'normalized', ...
     'position', [0.82 0.66 0.15 0.09]);
h_text2=uicontrol('style', 'text', 'Units', 'normalized', 'position', [0.65 0.44 0.15 0.15], ...
     'string', '小球终点横坐标', 'fontsize', 10, 'backgroundcolor', [.8 .8 .8]);
h_edit2=uicontrol('style', 'edit', 'Units', 'normalized', ...
     'position', [0.82 0.45 0.15 0.13]);
h_text3=uicontrol('style', 'text', 'Units', 'normalized', 'position', [0.65 0.23 0.15 0.15], ...
     'string', '小球终点纵坐标', 'fontsize', 10, 'backgroundcolor', [.8 .8 .8]);
h_edit3=uicontrol('style', 'edit', 'Units', 'normalized', ...
     'position', [0.82 0.24 0.15 0.13]);
h_panel=uipanel('Units', 'normalized', 'position', [0.04 0.04 0.6 0.2], ...
     'title', '小                    小球运动速度                    大', 'fontsize', 9);
h_slider=uicontrol(h_panel, 'Style', 'slider', 'units', 'normalized', ...
     'Position', [0 0.1 1 0.7], 'min', 0, 'max', 1);
```

编写动画形成的子程序，设子程序名为 move.m

```
i=1; k=1; m=0;
n=length(y);
speed=get(h_slider, 'value');
while 1
     if k==0
          break;
     end
     if k~=0
          set(h_line, 'XData', t(i), 'YData', y(i));
          drawnow;
          pause(0.08*(1-speed));
          i=i+1;
          if i>n
               m=m+1;
               i=1;
          end
```

```
        end
    end
```

程序运行结果如图 11-14 所示。程序运行时您在界面输入循环次数、小球终点的横坐标与纵坐标，通过滑动条调节小球运动的速度。

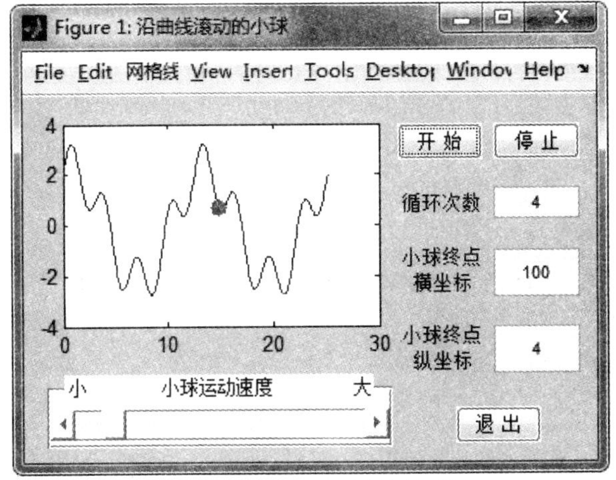

图 11-14 基于 GUI 设计的动画

由于 MATLAB 在数值计算和绘图能力上具有极佳的视觉化能力，对二维与三维绘图方面具有独特的优点，计算中有很多的函数可以使用，结果的可视化简单易行，因此将其应用于各种算法的数据处理以及图像动态仿真，把教学中抽象的、微观的、复杂的概念用生动形象的动画形式体现出来。

实验十一

一、实验目的和要求

掌握 MATLAB 动画制作原理，掌握形变动画、逐帧动画、擦除动画、路径动画、图像灰度动画等设计原理、设计过程。

二、实验内容和原理

1. 当两个互相垂直的简谐振动频率不同时，合成的轨迹与频率之比和两者的相位都有关系，图形一般较为复杂，很难用数学式子表达。当两者的频率成整数比时，轨迹是闭合的，运动是周期性的。用 MATLAB 进行数值模拟及数值用动态图形仿真后的李萨如图形的动态运动过程。

2. 一弹性球作斜上抛运动，与水平夹角为 60 度，初速度 v_0=30m/s，与地相碰的速度衰减系数 k=0.8，计算任意时刻球的速度和球的位置，并用可视化图形表示。

3. 调试下列程序（质点运动的动画演示）。

```
vx = 100*cos(1/4*pi);
vy = 100*sin(1/4*pi);
t = 0:0.001:15;
x = vx*t;
y = vy*t-9.8*t.^2/2;
comet(x, y)
```

修改程序，圆沿着水平线运动，演示圆周上的某个质点的运行轨迹。

4. 调试下列程序：下面程序使用 getframe 函数装载上述几幅图像，使用 movie 函数播放这几幅图像就是一个动画。

```
for i=1:3
    k=int2str(i);
    k1=strcat('d:\', k, '.jpg');
    a1=imread(k1);
    image(a1);
    m(:, i)=getframe
end
movie(m, 10)
```

程序运行前，你准备一系列连续动作图，命名为k1.jpg、k2.jpg、...、kn.jpg等。

5. 调试程序：如实现播放一个直径不断变化的球体MATLAB的程序如下：

```
[x，y，z]=sphere(50)；
m=moviein(30)；      %建立一个30列大矩阵
for i=1:30
    surf(0.2*i*x+10，0.2*i*y+10，0.2*i*z+10) %绘制球面
    m(:，i)=getframe；  %将球面保存到m矩阵
    pause(0.1)；
end
movie(m，10)；      %以每秒10幅的速度播放球面
```

修改程序，显示此函数sin(sqrt((11-j)*(x.^2+y.^2)))./sqrt((11-j)*(x.^2+y.^2)+eps)的动画。

6. 调试课本例11-28擦除动画实例——单摆运动的设计。

7. 调试课本例11-29擦除动画实例——时钟的设计。

8. 调试课本例11-30擦除动画实例—太阳｜地球｜月亮｜卫星绕转演示动画。

三、实验过程

四、实验结果与分析

五、实验心得

第 12 章 MATLAB 的可视化计算实例

本章以完整文章的形式给出了二个实例：①基于 MATLAB 的数值模拟和动画仿真在多媒体教学中的应用；②基于 MATLAB 的 CT 图像重构。安排这二个实例的目的在于读者通过本书的学习，能够把所学的内容应用于可视化科学计算，应用于平时的工作与研究中，起到抛砖引玉的作用。

12.1 动画处理实例

基于 MATLAB 的数值模拟和动画仿真在多媒体教学中的应用

摘　要：MATLAB 是一种集数值计算、符号运算、可视化建模、仿真和图形处理等多种功能于一体的非常优秀的图形化语言。本文介绍用 MATLAB 对力学中的一些振动问题进行数据模拟并进行动画仿真，通过这些例子读者可以较为容易地把 MATLAB 模拟的动画应用到其它学科的多媒体教学中。

关键词：MATLAB；数值模拟；动画仿真；多媒体教学

1. 引言

在信息技术占主导地位的今天，计算机的普及应用给社会和科技带来了一次空前的发展，也给教育教学改革带来了历史的飞跃。在大学各学科的教学中，有些内容抽象不易理解，像分析力学、量子力学等课程，适时恰当地选用多媒体来辅助教学，使抽象的内容具体化、清晰化，能更好的培养学生的自主创新能力。

MATLAB 功能强大，非常适合一般的科学工作者进行数值处理与建模仿真。随着MATLAB 版本的不断升级，其所含的工具箱的功能也越来越丰富，因此，应用范围也越来越广泛，成为涉及数值分析的各类工程师不可不用的工具。应用 MATLAB 函数，可以求解各类学科的问题，包括信号处理、图像处理、控制系统辨识、神经网络等。本文应用 MATLAB 进行数值模拟和图像仿真，用生动、形象、逼真的动画展示了力学中的弹簧振子的振动、李萨如图形、双摆的振动，将课程教学中抽象的、复杂的概念以及难以用文字、图形等表达清楚的内容，用生动形象的动画形式体现出来。

2. MATLAB 动画实现的原理

用动画仿真某一运动过程，首先给出问题求解的方程或描述，然后用 MATLAB 进行数值模拟，动画的实现是在程序设计中往往采用循环的方式来实现，在循环中显示要运动的物体，物体运动的速度可用函数 pause 来控制，如实现播放一个直径不断变化的球体 MATLAB 的程序如下：

```
[x, y, z]=sphere(50);
m=moviein(30);            %建立一个 30 列大矩阵
for i=1:30
    surf(i*x, i*y, i*z)       %绘制球面
    m(:, i)=getframe;         %将球面保存到 m 矩阵
end
movie(m, 10);              %以每秒 10 幅的速度播放球面
```

3. MATLAB 动画实现的应用实例

（1）弹簧振子的动画实现

在小振动的情况下，弹簧振子的机械振动可以作为简谐振动，振动的微分方程为：

$D^2x/dt^2+k/mx=0$

此演示程序中，形象地表示弹簧振子在作简谐振动的过程中，同时呈现球运动的位移随时间变化的动态正弦曲线。如图 12-1 所示。源程序参见 ex1.m。

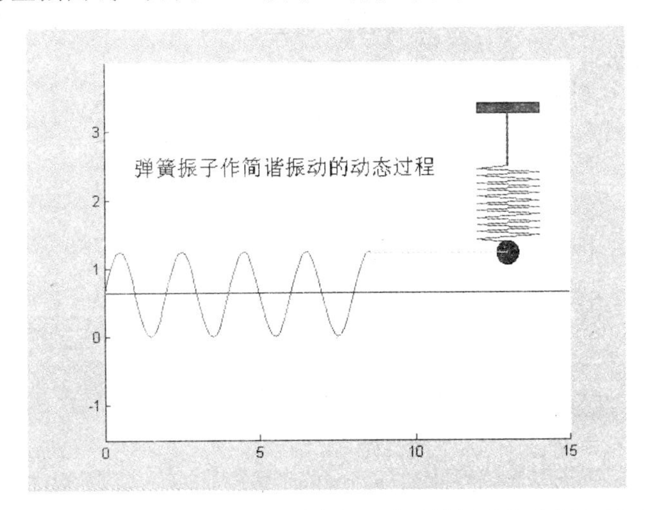

图 12-1 用 MATLAB 实现的弹簧振子作简谐振动的动态运动过程

（2）李萨如图形的动画实现

当两个互相垂直的简谐振动频率不同时，合成的轨迹与频率之比和两者的相位都有关系，图形一般较为复杂，很难用数学式子表达。当两者的频率成整数比时，轨迹是闭合的，运动是周期性的。用MATLAB进行数值模拟及数值用动态图形仿真后的李萨如图形的动态运动过程如图12-2所示。源程序参见ex2.m。

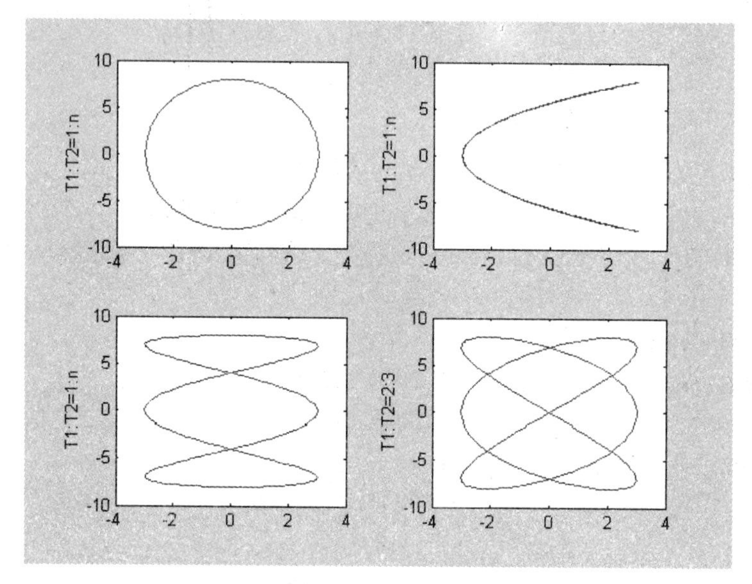

图 12-2　用 MATLAB 实现的李萨如图形的动态运动过程

（3）拉格朗日方程的动画实现

拉格朗日方程的表述如下：

$$\frac{\mathrm{d}}{\mathrm{d}t}\left(\frac{\partial^2 L}{\partial \dot{q}_j}\right)-\frac{\partial^2 L}{\partial \dot{q}_j}=0,\ \ j=1,2,...,k$$

其中 q_j 表示广义坐标，它可以是位移或角度等；$L=T-V$，为拉格朗日函数，T 为系统动能，V 为系统势能。

使用拉格朗日方程可以轻松建立运动关系方程，但是求解该方程往往非常复杂，在此讨论拉格朗日方程中典型的一个绞链连接的双摆问题，如图 12-3 所示。

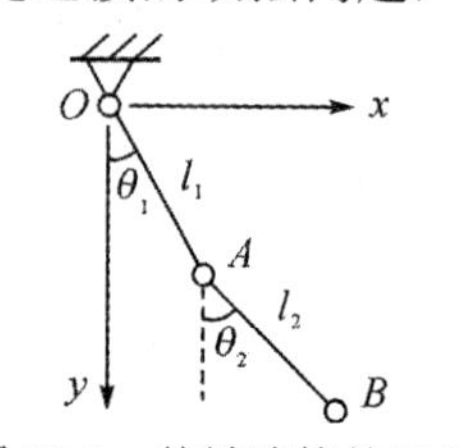

图 12-3　绞链连接的双摆

为了简化问题，假定两个单摆的质量 m 和长度 l 都相等，并用光滑的绞链连接在一起，两个摆只能在同一个竖直平面内运动。

以摆偏离平衡位置的摆角 θ_1、θ_2 为广义坐标，系统的拉格朗日函数为：

$$\mathrm{L}=\mathrm{m}l^2(\frac{\partial^2\theta_1}{\partial t^2})+\frac{1}{2}ml^2(\frac{\partial^2\theta_2}{\partial t^2})+ml^2\frac{\mathrm{d}\theta_1}{\mathrm{d}t}\frac{\mathrm{d}\theta_2}{\mathrm{d}t}\cos(\theta_2-\theta_1)+mgl(2\cos\theta_1+\cos\theta_2)$$

应用 MATLAB 的数值模拟和图像仿真，求得双摆运动过程，用图像的模拟结果如图12-4所示。源程序参见 ex3.m。

4. 结束语

本文讨论了基于 MATLAB 动画实现的原理以及在力学中的应用：一个自由度的谐振动问题、李萨如图形、拉格朗日方程中研究多自由度的小振动问题。这些问题在很多物理领域都具有重要意义，例如分子物理中的分子光谱，固体物理中的晶格振动以及电磁学中的耦合振动，声学中的振动问题。

由于 MATLAB 在数值计算和绘图能力上具有极佳的视觉化能力，对二维与三维绘图方面具有独特的优点，计算中有很多的函数可以使用，结果的可视化简单易行，因此将其应用于各种算法的数据处理以及图像动态仿真，把教学中抽象的、微观的、复杂的概念用生动形象的动画形式体现出来。

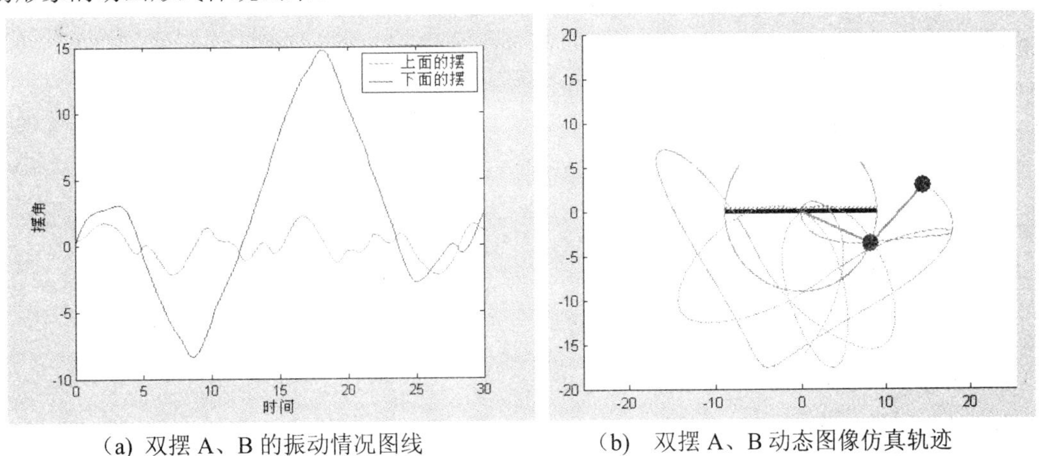

(a) 双摆 A、B 的振动情况图线　　(b) 双摆 A、B 动态图像仿真轨迹

图 12-4

附源程序

(1) ex1.m

```
rectangle('position', [12, 8.5, 2, 0.3], 'FaceColor', [0.5, 0.3, 0.4]);
axis([0, 15, -1, 10]);
hold on
plot([13, 13], [7, 8.5], 'r', 'linewidth', 2);
y=2:.2:7;
M=length(y);
x=12+mod(1:M, 2)*2;
x(1)=13;
x(end-3:end)=13;
```

```
D=plot(x, y);
C=0:.1:2*pi;
r=0.35;
t1=r*sin(C);
F1=fill(13+r*cos(C), 2+t1, 'r');
set(gca, 'ytick', [0:2:9]);
set(gca, 'yticklabels', num2str([-1:3]'));
plot([0, 15], [3.3, 3.3], 'black');
H1=plot([0, 13], [3.3, 3.3], 'y');
Q=plot(0, 3.8, 'color', 'r');
Q=plot(0, 3.8, 'color', 'r');
td=[]; yd=[];
T=0;
text(1, 7, '弹簧振子作简谐振动的动态过程', 'fontsize', 15);
set(gcf, 'doublebuffer', 'on');
while T<12;
pause(0.2);
Dy=(3/2-1/2*sin(pi*T))*1/2;
Y=-(y-2)*Dy+7;
Yf=Y(end)+t1;
td=[td, T];
yd=[yd, Y(end)];
set(D, 'ydata', Y);
set(F1, 'ydata', Yf, 'facecolor', rand(1, 3));
set(H1, 'xdata', [T, 13], 'ydata', [Y(end), Y(end)]);
set(Q, 'xdata', td, 'ydata', yd);
T=T+0.1;
end
```

（2）ex2.m

```
clear all;
t=linspace(0, 2*pi, 200)';
m=1;
%%画出 1:n 的动图
for n=1:1:3
  for k=-100:1:100                    %%利用 k 的循环算法实现李萨如图的运动
    X=3*cos(n*t+pi*k/100)+8*i*sin(t);
    subplot(2, 2, m);
    plot(X);
```

```
    ylabel('T1:T2=1:n');
    pause(0.05)                  %%实现画面的静止，从而实现动画
  end
m=m+1;
end
%%画出 2:3 的动图
for k=-100:1:100
    X=3*cos(3*t+pi*k/100)+8*i*sin(2*t);
    subplot(2, 2, m);
    plot(X);
    ylabel('T1:T2=2:3');
    pause(0.05)
end
```

（3）ex3.m

```
l=9;
 [t, u]=ode45('jjsbfun', [0:0.01:30], [0.5, 0.2, 0.1, 2.8], [], l);
 y1=-l*cos(u(:, 1)); %\fs{计算球 1 的坐标}
 x1=l*sin(u(:, 1));
 y2=y1-l*cos(u(:, 3)); %\fs{计算球 2 的坐标}
 x2=x1+l*sin(u(:, 3));
 figure(1)
 set(gcf, 'unit', 'normalized', 'position', [0.03 0.1 0.5 0.5]); %\fs{设置窗口坐标}
 cla;
 plot(t, u(:, 1), 'g', t, u(:, 3), 'r')%\fs{画位移曲线}
 xlabel('时间'); ylabel('摆角');
 legend('上面的摆', '下面的摆');
 pause(0.5)
 figure(2)
 set(gcf, 'unit', 'normalized', 'position', [0.5 0.4 0.5 0.5]); %\fs{设置窗口坐标}
 cla;
 axis([-10 10 -20 20])
 axis equal
 hold on
 a10=line([-9, 9], [0, 0], 'color', 'k', 'linewidth', 3.5); %\fs{画横梁}
%\fs{下面的循环语句是画横梁顶部的虚线}
a20=linspace(-9, 9, 36);
for i=1:35
      a30=(a20(i)+a20(i+1))/2;
```

```
        plot([a20(i), a30], [0, 0+0.5], 'color', 'b', 'linestyle', '-', 'linewidth', 1);
end
    ball1a=line(x1(1), y1(1), 'color', [0.5 0.6 0.4], 'linestyle', '-', 'linewidth', 1, ...
    'erasemode', 'none');
ball1=line(x1(1), y1(1), 'color', 'r', 'marker', '.', 'markersize', 40, 'erasemode', 'xor');
ball2a=line(x2(1), y2(1), 'color', [0.5 0.6 0.4], 'linestyle', '-', 'linewidth', 1, ...
    'erasemode', 'none');
ball2=line(x2(1), y2(1), 'color', 'r', 'marker', '.', 'markersize', 40, 'erasemode', 'xor');
gan1=line([0, x1(1)], [0, y1(1)], 'color', 'g', 'linewidth', 2, 'erasemode', 'xor');
gan2=line([x1(1), x2(1)], [y1(1), y2(1)], 'color', 'g', 'linewidth', 2, 'erasemode', 'xor');
for i=1:length(u)
        set(ball1, 'xdata', x1(i), 'ydata', y1(i));
        set(ball2, 'xdata', x2(i), 'ydata', y2(i));
        set(ball1a, 'xdata', x1(i), 'ydata', y1(i));
        set(ball2a, 'xdata', x2(i), 'ydata', y2(i));
        set(gan1, 'xdata', [0, x1(i)], 'ydata', [0, y1(i)]);
        set(gan2, 'xdata', [x1(i), x2(i)], 'ydata', [y1(i), y2(i)]);
        drawnow
end
```

（4）函数程序

```
function ydot=jjsbfun(t, y, flag, l)
g=9.8;
ydot=[y(2);   (l*y(2)^2*sin(y(3)-y(1))*cos(y(3)-y(1))+g*sin(y(3))*cos(y(3)-y(1))...
              + l*y(4)^2*sin(y(3)-y(1)) - 2*g*sin(y(1)))/ (2*l-l*(cos(y(3)-y(1)))^2) ;
      y(4);   (-l*y(4)^2*sin(y(3)-y(1))*cos(y(3)-y(1))+2*g*sin(y(1))*cos(y(3)-y(1))...
              -2*l*y(2)^2*sin(y(3)-y(1))-2*g*sin(y(3)))/(2*l-l*(cos(y(3)-y(1)))^2)];
```

12.2 图像处理实例

基于 MATLAB 的 CT 图像重构

摘　要：应用 MATLAB 图像处理的方法，对 CT（computerized tomography）图像投影、图像重构的原理进行了研究。CT 图像成像平面上的射线强度是入射强度与入射光路上累计吸收率之乘积，因而可用矩阵投影的方法模拟射线束穿过待测组织在与射线束垂直的成像平面上成像，并用 MATLAB 的基本函数进行了模拟；讨论了 randon 变换，并用 randon 变换对不同的投影数目进行图像重建。

关键词 MATLAB；CT；randon 变换；图像重构

1. 引言

医学图像对疾病的诊断是最直观、最便捷的。如何从人体中提取信息、处理并变换这些信息，为人们的疾病与健康状态做出判断与决策，这对医疗与保健工作将起到积极的作用，医学图像处理的任务就是研究医学图像处理和分析的理论和方法。对此，图像重构一直倍受关注。

CT 图像重建是按照采集后的数据，求解图像矩阵中像素，然后重新构造图像的过程；而图像矩阵的求解由计算机完成，在 X-CT 图像重建的解析法中，当前最常用的是采用卷积运算的滤波反投影法，也称卷积反射影法。本文尝试利用 MATLAB 来模拟医学成像中的 CT 部分，对 CT 的基本计算原理和图像处理进行模拟。

2. CT 的基本原理

电子计算机 X 线体层摄影 CT 是一种通过计算机处理 X 线扫描结果而获取人体断层影像的技术。其基本工作过程包括：①投影数据收集；②影像重建：③影像显示。CT 系统主要包括扫描部分（包括线阵排列的电子辐射探测器、高热容量调线球管、旋转机架），快速计算机硬件和先进的图像重建、显示、记录与图像处理系统及操作控制部分。

CT 是用 X 线束对人体的某一部分一定厚度的层面进行扫描。扫描架的一端放置 X 线管球，另一端放置探测器，如图 12-5 所示。扫描时，X 线管球与探测器同步移动，X 线穿射人体，经部分吸收后为检测器所接收，检测器接受射线的强弱取决于人体截面内的组织密度。例如，骨组织的，密度较高，其吸收的 X 线较多，检测器则测到一个比较弱的信号；脂肪组织密度低，其吸收的线较少，检测器则测得一个比较强的信号。所测得的不同强度的信号经过模-数转换变成数字，经过计算机的处理得到可产生图像的数据，从而得到该层面的各个单位容积的 X 线吸收值即 CT 值，并排列成数字矩阵。这些数据信息经数模转换（DAC）后再形成模拟信号，用计算机进行变换处理后输出至显示设备上显示出图像，因此又称为计算机断层成像。

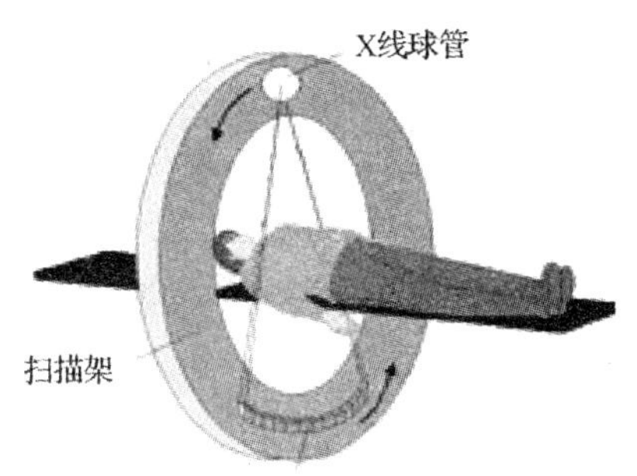

图 12-5　CT 系统及原理图

3. 理论算法

图像的投影就是图像在某一方向上的线性积分，对于数字图像来说就是在该方向上的

累加求和。二维函数$f(x, y)$的投影就是其沿某个方向θ的线性积分。$f(x, y)$在垂直方向上的二维线性积分就是$f(x, y)$在x坐标的投影；$f(x, y)$在水平方向上的二维线性积分就是$f(x, y)$在y轴上的投影，如图12-6所示。

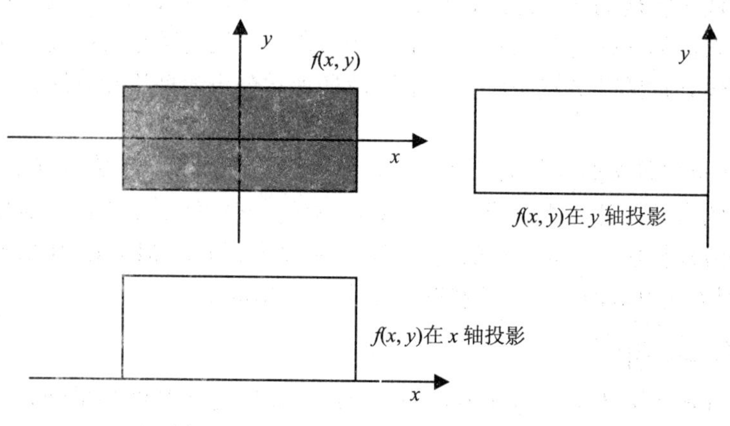

图 12-6　图像在 x、y 轴的投影

图像的Radon变换是指将计算机图像变换为在某一指定角度射线方向上投影的变换方法，图12-7是Radon变换的关系示意图。设投影方向为角度θ，图像$f(x, y)$在任一角度θ上的Radon变换的投影为：

$$R_\theta(x') = \int_{-\infty}^{+\infty} f(x'\cos\theta - y\sin\theta, x'\sin\theta - y'\cos\theta)\mathrm{d}y'$$

其中（x，y）和（x'，y'）分别为变换前后的坐标系统，它们之间的变换关系为：

$$\begin{bmatrix} x' \\ y' \end{bmatrix} = \begin{bmatrix} \cos\theta & \sin\theta \\ -\sin\theta & \cos\theta \end{bmatrix} \begin{bmatrix} x \\ y \end{bmatrix}$$

MATLAB 图像处理工具箱提供了 radon 函数和 iradon 函数，用来计算图像在指定角度上的 Radon 变换与 Radon 逆变换。

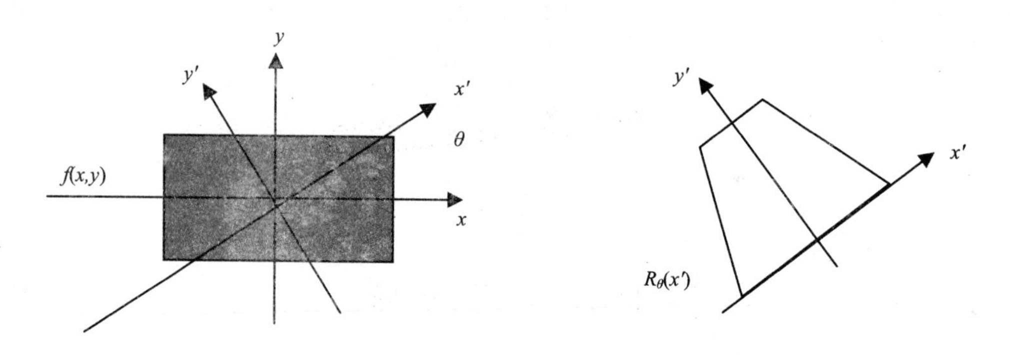

图 12-7　Radon 变换的几何关系

在X-CT射线吸收重建过程中，投影是通过测量放射线沿不同角度穿透物理标本的衰减过程而构造出来的，原始图像可以认为是通过切面的截面，图像的密度代表切片的密度。

Radon逆变换通过平行波束的投影来重建图像，在平行波束的几何关系中，每个投影通过把特定的角度穿过一系列线积分组合得到，如图12-8所示。在图中，$f(x, y)$代表图像亮度，$R_\theta(x')$代表θ方向投影，平行波束辐射的强弱代表物体的密度、质量等的积分。

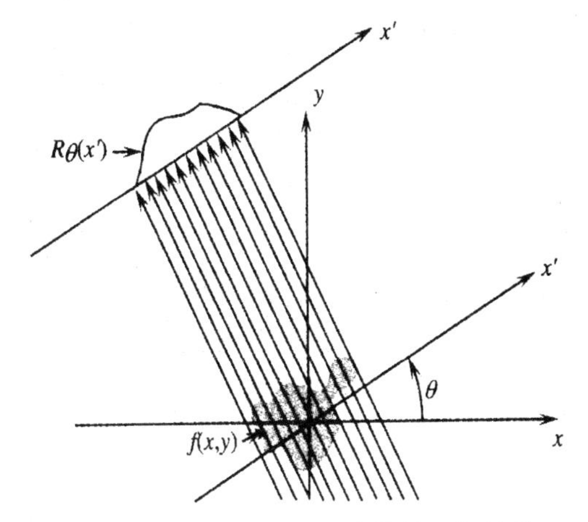

图 12-8　平行波束 Radon 逆变换的几何关系

4. MATLAB 原理模拟

本文通过 MATLAB 软件来模拟反投影法重建 CT 图像。开始是构造一个空的图像矩阵，内存中将每个数据的初始值定为 0。在简单的反投影中，每个投影值倍加到其测量方向上所有的象素中。一般来讲，扫描物体内以及表现在衰减曲线中的每个细节不仅会影响图像点的象素值，而且还会对整个图像造成影响。假设有一个 S 截面 512*512 需要测量，为了对比原图和重建图的差别，先用 MATLAB 构造一个需要测量的立体图形，如图 12-9 所示。

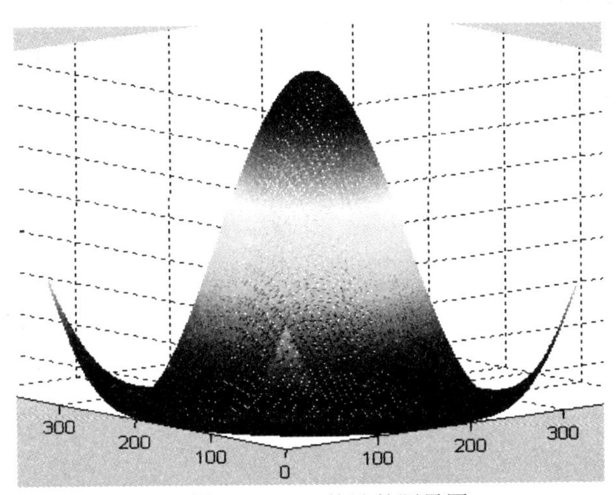

图 12-9　用 MATLAB 构造的测量图

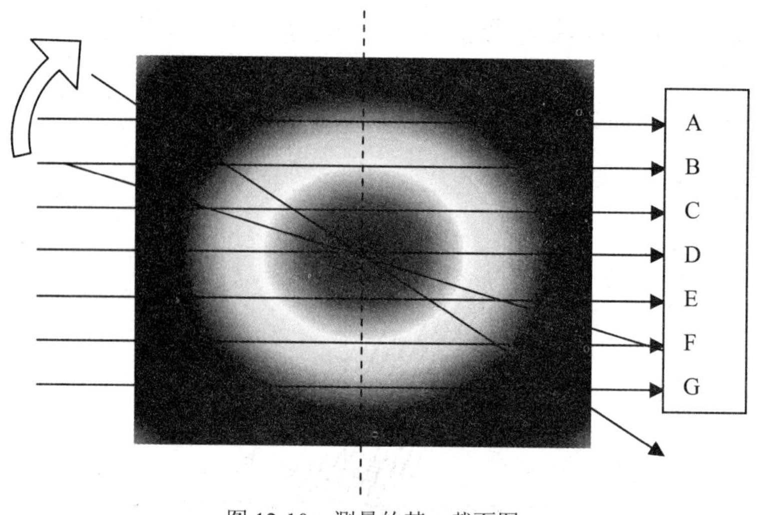

图 12-10　测量的某一截面图

图 12-10 是图 12-9 中需要测量的一个截面，它由 512*512 个象素构成，不同的颜色代表着不同的衰减率。本图是一个中心对称的，吸收率或高度随中心距离的变化而变化，且满足余弦表达式的图形。这样的一个简单图形在重建时的效果较好，误差小，伪影小，能够获得较为成功的重建图像。

CT 只能测出穿过某一个直线方向的总的衰减，如图 3 中的各个方向的直线通过图形后的 I_0–I 值。在图中在每一个方向平行的测量多次，相当于扫描整个图片，得到一组 I_0–I 值，用 A、B、C、D、E、F、G 表示；旋转一定角度，重复扫描一次，又得到一组 I_0–I 值，用 A'、B'、C'、D'、E'、F'、G'表示；直到扫描 360 度后停止，这时可以获得了许多组 I_0–I 值。重建图形与扫描同时进行，每个方向的一组数据扫描结束后，将每一个测得的值加在测出该值的路径上的所有象素中，同样旋转 360 度，即可得出一个重建图像。为了容易理解 CT 成像原理，用 6*6 的矩阵进行分析。首先建立一张 6*6 的零矩阵 *a*，相当于一张 6*6 个像素的 CT 底片，建立一个 6*1 的单位矢量 *t*，用于存放每个方向的扫描数据，相当于上图中的 ABCDEFG……，图像矩阵为 *z*。

$$a=\begin{bmatrix}0&0&0&0&0&0\\0&0&0&0&0&0\\0&0&0&0&0&0\\0&0&0&0&0&0\\0&0&0&0&0&0\end{bmatrix}\qquad t=\begin{bmatrix}1\\1\\1\\1\\1\\1\end{bmatrix}$$

假定 *z* 为：

$$z=\begin{bmatrix}1&1&1&0&0&0\\1&1&0&0&0&0\\1&0&0&1&1&1\\0&0&0&1&1&1\\0&0&1&1&1&1\\1&1&1&1&1&1\end{bmatrix}.$$

循环从 0 开始到 360 度结束，等效于 CT 机对某物体进行绕行 360 度的扫描，步长为 90 度，旋转后分别保存在矩阵 $b0$～$b3$ 中，旋转时不改变图像大小，与真实的 CT 机旋转测量系统是等效的。b0（即为 z）、$b1$、$b2$、$b3$ 分别为矩阵 z 旋转 0、90、180、270 度所产生的矩阵。

矩阵 $b0$、$b1$、$b2$、$b3$ 与单位矢量 t 相乘，将 b_j (j=0～3)中每一行的和求出保存在 q_j 中，q_j 亦为 6 行 1 列的矢量，CT 中称为衰减曲线或衰减投影，矩阵 q_j 中的第 i 行对应着原图第 i 行的总衰减值 I_0-I，上述完成了一个方向上的全图扫描。所对应的 q_j 分别为：

$$b0=\begin{bmatrix}1&1&1&0&0&0\\1&1&0&0&0&0\\1&0&0&1&1&1\\0&0&0&1&1&1\\0&0&1&1&1&1\\1&1&1&1&1&1\end{bmatrix}\qquad b1=\begin{bmatrix}0&0&1&1&1&1\\0&0&1&1&1&1\\0&0&1&1&1&1\\1&0&0&0&1&1\\1&1&0&0&0&1\\1&1&1&0&0&1\end{bmatrix}$$

$$b2=\begin{bmatrix}1&1&1&1&1&1\\1&1&1&1&0&0\\1&1&1&0&0&0\\1&1&1&0&0&1\\0&0&0&0&1&1\\0&0&0&1&1&1\end{bmatrix}\qquad b3=\begin{bmatrix}1&0&0&1&1&1\\1&0&0&0&1&1\\1&1&0&0&0&1\\1&1&1&1&0&0\\1&1&1&1&0&0\\1&1&1&1&0&0\end{bmatrix}$$

重建图过程：对于重构图的零矩阵a，依次将第i行衰减投影对应的所有元素都加上该衰减值，即$a(i，j)=a(i，j)+q(i，1)+c$，c为常量，不影响图像的重构。这样，使用反投影法完成了一幅CT图的重建。

例如应用上述算法对图12-6进行重构，在CT成像过程中实际上不需要知道图12-9，只需知道CT扫描衰减率的二维分布即可。重构后的平面图与三维立体图如图12-11所示。

对照原图与重构图可以发现，重构图的复原部分只有图像内切圆的部分，这时由于矩形图像旋转时的边角缺失引起的，在实际中不存在这个问题。重构图的质量比原图有所下降，第一个原因是由于演示程序的简单，图像分辨率低，扫描方向少和计算机性能的局限。重构立体图像（b）边沿红色柱形是由于重构图（a）圆周外红色部分所引起。第二个原因是重建过程中每个投影值都被加到其测量方向上的所有象素中了，使得每一个像素都能够影响整个图像。

$$q0=\begin{bmatrix}3\\2\\4\\3\\4\\6\end{bmatrix}\quad q1=\begin{bmatrix}4\\4\\4\\3\\3\\4\end{bmatrix}\quad q2=\begin{bmatrix}6\\4\\3\\4\\2\\3\end{bmatrix}\quad q3=\begin{bmatrix}4\\3\\3\\4\\4\\4\end{bmatrix}$$

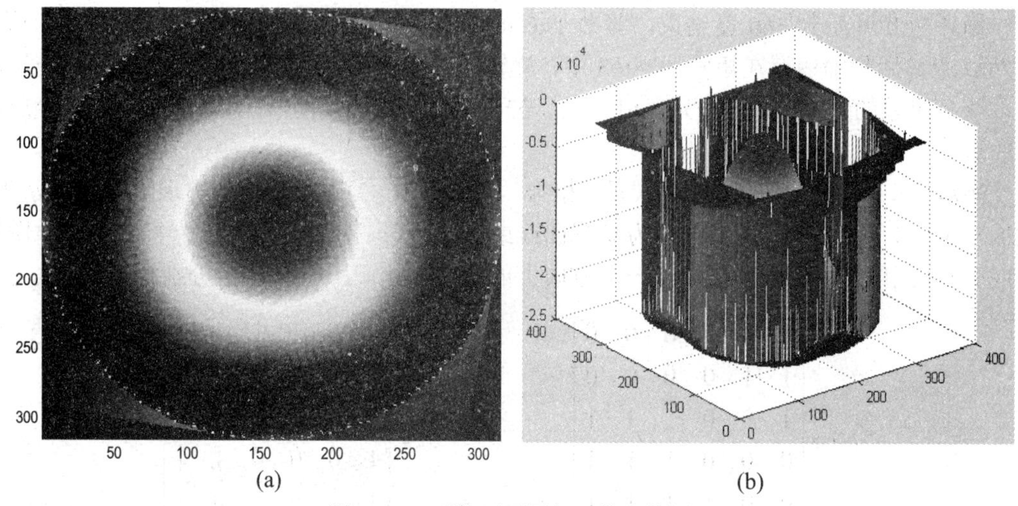

(a) (b)

图 12-11 重构平面图与三维立体图

5. MATLAB 实验模拟

为了对上述算法进行了比较和研究，利用 MATLAB 中函数 phantom 制作了测试图像：Sheep-Logan 的大脑图，如图 12-12 所示。下面采用了 6 种不同参数的大脑 Radon 变换，采用的参数如表 12-1 所示。首先，根据 theta 范围及步长，应用 Radon 变换，求得图像矩阵 R1～R6，然后利用逆 Radon 变换，重构图像 I1～I6。其结果如图 12-13 所示。

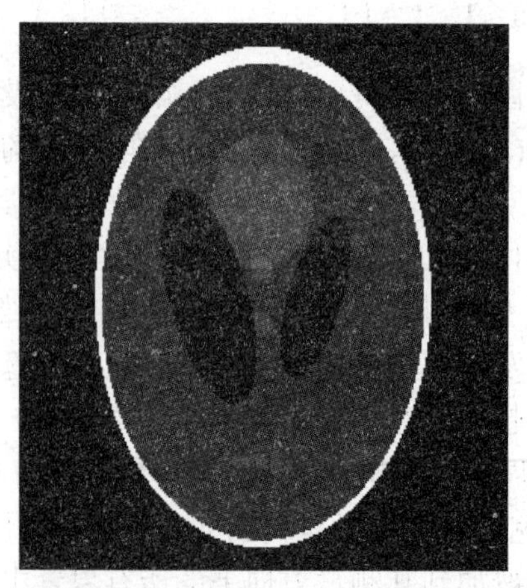

图 12-12 Sheep-Logan 的大脑图

表 12-1　图像重建中 theta 的取值及投影数目

图像	theta 范围及步长	投影数目
R1	0:20:180	10
R2	0:10:180	19
R3	0:5:180	37
R4	0:2:180	91
R5	0:1:180	181
R6	0:0.5:180	361

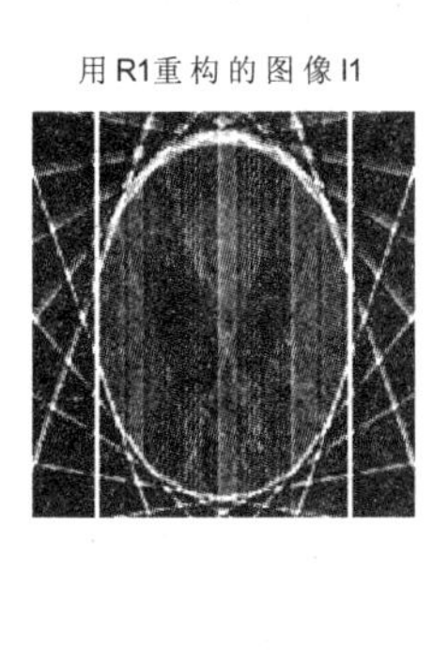

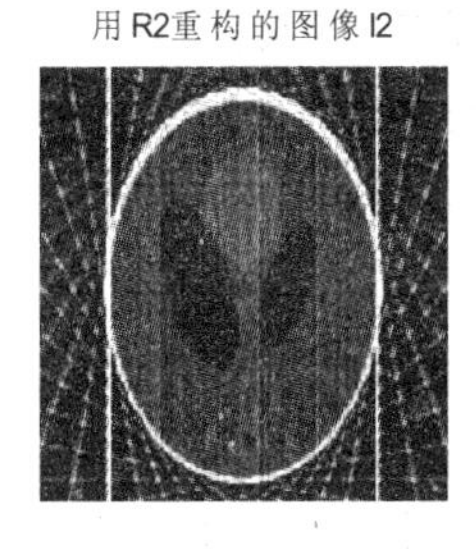

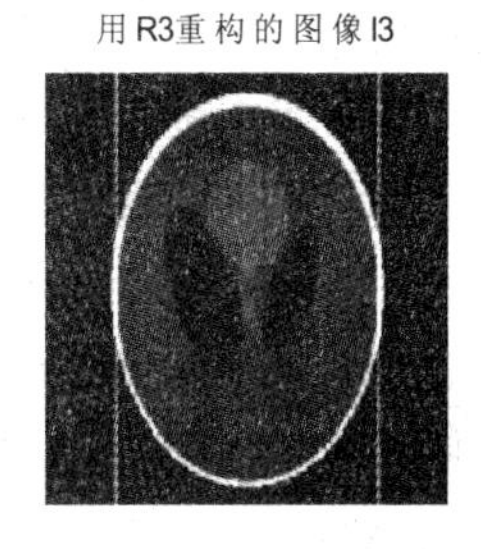

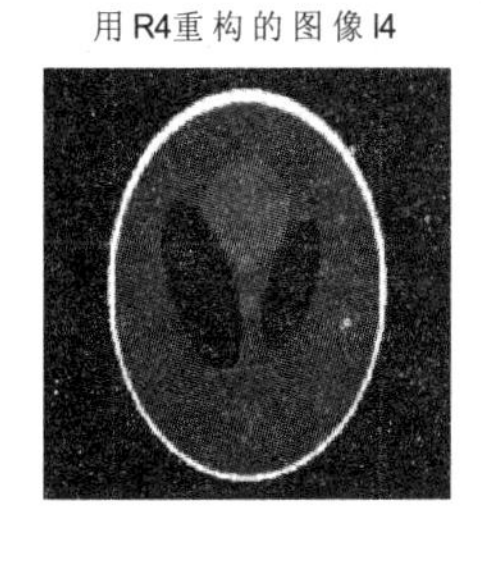

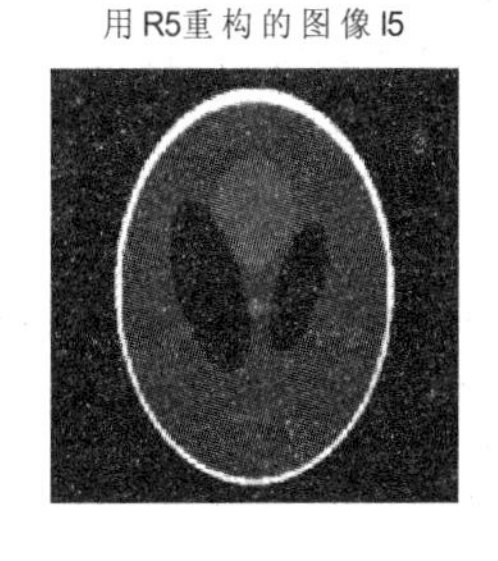

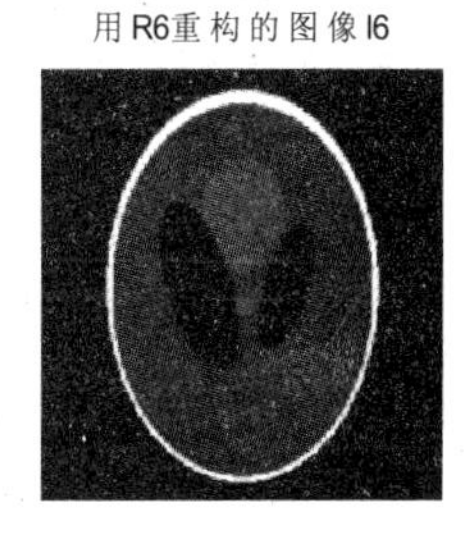

图 12-13　重构图像的比较

比较以上重构的图像，I1 图像中有很多虚假点，重构图像的效果最差，因为它使用的投影数目最少，只用了 10 个投影数目；I1～I6 重构图像的质量逐步提高，重构图像 I6 的效果最好，已接近原图，因为它使用了 361 投影数目。所以增加重构图像的投影角度的数目，可以使重构图像的质量大大提高。

6. 结论

本文采用可视化程序设计语言 MATLAB 的图像处理方法，对 CT 图像投影、图像重构的原理进行了研究。首先构造一个空的图像矩阵，作为 CT 的底片，然后从 0 度到 360 度进行扫描，测出每个方向上的投影值作为这一方向上总的衰减，重建图形与扫描同时进行，对每个方向的一组数据扫描结束后，将每一个测得的值加在测出该值的路径上的所有象素中，即可得出一个重建图像，从原理上论述了三维图像的重构，并用进行了模拟。

参考文献

[1] 张铮，杨文平，石博强，李海鹏.MATLAB 程序设计与实例应用.中国铁道出版社，2003.

[2] 胡守信，李柏年.基于 MATLAB 的数学实验.科学出版社，2005.

[3] 王家文，曹宇.MATLAB 6.5 图形图像处理.国防工业出版社，2004.

[4] 刘正君.MATLAB 科学计算与可视化仿真宝典[M].北京：电子工业出版社，2009.

[5] 周博，谢东来，张宪海等.MATLAB 科学计算[M].北京：机械工业出版社，2010.

[6] 杨展如.分形物理学[M].上海：上海科技教育出版社，1996.

[7] 李水根，吴纪桃.分形与小波[M].北京：科学出版社，2002.

[8] 张水胜，万莉娟.MATLAB 在近似计算中的应用[J].高师理科学刊，2006，26(3):94-96.

[9] 张志涌.精通 MATLAB6.5[M].北京:北京航天航空大学出版社，2003.

[10] 陈怀琛.MATLAB 及在电子信息课程中的应用[M].北京：电子工业出版社，2006.

[11] 程佩青.数字信号处理教程[M].北京：清华大学出版社，2001.

[12] 林正炎，苏中根.概率论[M].杭州：浙江大学出版社，2005.

[13] 张厚粲，徐建平.现代心理与教育统计学[M].北京：北京师范大学出版社，2002.

[14] 石博强.MATLAB 数学计算范例教程[M].北京：中国铁道出版社，2005.

[15] 杨治良.实验心理学[M].杭州：浙江教育出版社，2003.

[16] 吴泽华.大学物理[M].杭州：浙江大学出版社，2006.

[17] 赵凯华.新概念物理教程－光学[M].北京：高等教育出版社，2004.

[18] 董长虹，赖志国，余啸海. MATLAB 图像处理与应用[M]. 北京：国防工业出版社，2004：90-97

[19] 周金萍．图形图像处理与应用实例[M]．北京：科学出版社．2003：247-256

[20] 王曙燕，周明全，耿国华.医学图像的关联规则挖掘方法研究[J].计算机应用，2005，(6)：1408-1409.

[21] Perner P.Image mining: issues, framework，a generic tool and its application to medical-image diagnosis[J]. Engineering Applications of Artificial Intelligence, 2002, 15(2): 205-216.

[22] 唐强，方文波，刘杰.基于 MATLAB 平台的分形图形的模拟[J].武汉科技学院学报，Vol.21 No.5，5-8.

[23] 杨根兴，徐雷.MATLAB 从入门到精通[M].北京：人民邮电出版社，2010.

[24] 王沫然. MATLAB 与科学计算[M].北京：电子工业出版社，2003.

[25] 胡晓冬，董辰辉. MATLAB 从入门到精通.北京：人民邮电出版社，2010.

[26] http://www.mathwork.com/

[27] http://wenku.baidu.com/

[28] http://hi.baidu.com/

[29] http://www.cnblogs.com/

[30] http://www.doc88.com/

[31] http://www.docin.com/

[32] http://www.doc88.com/p-281930834973.html

[33] http://www.docin.com/p-296623763.html

[34] http://blog.sina.com.cn/s/blog_51ed652e01009ftj.html

[35] http://blog.sina.com.cn/s/blog_5f529e3f0100celm.html

[36] http://download.csdn.net/detail/victory_li/1836491

[37] http://wenku.baidu.com/link?

[38] http://www.doc88.com/p-29996152230.html

[39] http://www.4math.cn/

[40] http://www.matlabsky.com/

[41] http://www.mathworks.com/products/finance/

内容简介

本书的主要内容有：基于MATLAB的可视化计算概述、MATLAB的基本运算、MATLAB中的矩阵运算及应用、MATLAB在编程方面的应用、MATLAB在图形设计上的应用、MATLAB在计算数学中的应用、MATLAB在信号分析与处理中的应用、MATLAB在概率论与数理统计中的应用、MATLAB在数字图像处理中的应用、MATLAB在物理学中的应用、MATLAB的动画设计、MATLAB可视化计算实例。

图书在版编目(CIP)数据

MATLAB可视化科学计算 / 刘加海等主编. —杭州：浙江大学出版社，2014.6(2017.4重印)

ISBN 978-7-308-13275-6

Ⅰ.①M… Ⅱ.①刘… Ⅲ.①Matlab软件—高等学校—教材 Ⅳ.①TP317

中国版本图书馆CIP数据核字（2014）第109908号

MATLAB可视化科学计算

主编　刘加海　严　冰　季江民　陈忠宝

责任编辑　武晓华

封面设计　刘依群

出版发行　浙江大学出版社

（地址：杭州市天目山路148号　邮编：310007）

（网址：http://www.zjupress.com）

排　　版　杭州林智广告有限公司

印　　刷　富阳市育才印刷有限公司

开　　本　787mm×1092mm　1/16

印　　张　27.75

字　　数　676千

版 印 次　2014年6月第1版　2017年4月第4次印刷

书　　号　ISBN 978-7-308-13275-6

定　　价　56.00元
